现代节能原理

周少祥　宋之平　著

科学出版社

北京

内 容 简 介

　　本书是节能理论的基础性读物,核心内容是能源利用的单耗分析理论,包括不可逆性因素分析、产品燃料单耗构成计算、节能及能效评估等理论与方法。针对具有典型代表性的余热回收、燃煤火电机组、供热与制冷、海水淡化和高炉炼铁等,本书给出了详细的案例分析,并对能源输运损耗问题开展了初步的热力学分析。为便于读者理解和掌握现代节能理论,本书还简要介绍了热力学基础知识。

　　本书可供从事节能技术研究和能源管理等相关工作的人员阅读与参考。

图书在版编目(CIP)数据

现代节能原理 / 周少祥,宋之平著. —北京:科学出版社,2022.10

ISBN 978-7-03-073607-9

Ⅰ. ①现⋯　Ⅱ. ①周⋯　②宋⋯　Ⅲ. ①节能-研究　Ⅳ. ①TK01

中国版本图书馆CIP数据核字(2022)第198350号

责任编辑:范运年　王楠楠 / 责任校对:王萌萌
责任印制:吴兆东 / 封面设计:蓝正设计

科 学 出 版 社 出版

北京东黄城根北街 16 号
邮政编码:100717
http://www.sciencep.com

北京建宏印刷有限公司 印刷
科学出版社发行　各地新华书店经销

＊

2022 年 10 月第 一 版　开本:720 × 1000 1/16
2022 年 10 月第一次印刷　印张:28
字数:562 000

定价:198.00 元
(如有印装质量问题,我社负责调换)

前　言

　　1985 年，宋之平和王加璇编著了中国第一部节能原理专著。1992 年，宋先生在《中国电机工程学报》上发表了题为"单耗分析的理论和实施"的论文。这是基于热力学第二定律的方法，分析从燃料到产品的全过程，因而是最完整的能效分析方法。其基本理念为耗能产品生产的燃料单耗等于其理论最低燃料单耗与生产过程中各种不可逆因素所致附加燃料单耗的和。基于单耗分析理论，定量计算附加燃料单耗产生的原因、大小及分布，可为节能技术开发与应用提供有力的理论支撑；只要掌握完整的热平衡数据，即可开展能源利用的热力学第二定律效率计算和正反平衡审计，有利于国家层面的全口径能效评价；应用单耗分析方法，可以方便地开展能源利用的理论节能潜力和现实节能潜力分析、余热资源价值评估以及节能量计算等。这些是单耗分析理论的主要优势，也是其他理论方法所无法具备的，因此单耗分析理论是本书的核心。

　　应用单耗分析理论，本书开展了一些典型能源利用系统的案例分析研究。由于单耗分析方法的先进性和完备性，在分析一些能源利用系统的不可逆损失时，形成了一些新的认识，希望对有兴趣的读者有所启发。

　　本书题名《现代节能原理》，是 1985 年版《节能原理》的升级版。本书由周少祥执笔，部分内容取自 1985 年版《节能原理》。本书撰写过程中，得到杨勇平教授、胡三高教授、芮晓明教授、梁双印教授和王锡副教授等同事朋友的关心、帮助和支持，在此谨表示深深的谢意。北京交通大学的陈梅倩教授给予了大力支持和帮助，特此表示诚挚的谢意。硕士研究生梁枫、刘浩、姜媛媛、孔维盈、裴晓晨、李瑶、王修荣、董万银以及本科生王玉杰、李靖文等做出了他们的贡献，在此一并表示衷心的感谢。本书得到国家自然科学基金资助。项目名称：基于热力学第二定律的能源利用评价体系(项目编号：51376059)。

　　受专业、时间、精力及数据来源等所限，本书所分析的案例对象还很有限，对此深感愧疚。另外，笔者学识水平有限，书中难免有不足之处，如有幸得以斧正，万分感激。笔者电子邮箱：zsx@ncepu.edu.cn，32876694@qq.com。

周少祥

2022 年 2 月 23 日

目　　录

第1章 绪 论

1.1 能源简况

1.1.1 世界化石能源探明储量

根据 2021 年《BP 世界能源统计年鉴》，截至 2020 年底，全球石油剩余探明储量 2444×10^8 t，储产比(储量与年开采量的比值)53.5 年；天然气剩余探明储量 188.1×10^{12} m^3，储产比 48.8 年；煤炭剩余探明储量 10741.08×10^8 t，储产比 139 年；化石能源的总体储产比达百余年。根据目前的能源供需情况，今后很长一个时期不大可能出现能源短缺的危机。但是，地球上化石能源的储量总体来讲是十分有限的，人类进行如此巨大的消费，可能会在今后某个时期遭遇能源危机。在找到安全可靠、经济可行的替代能源之前，节能的重要性是不言而喻的。

化石能源剩余探明储量居世界前五位的国家及其储量见表 1.1。

表 1.1 化石能源剩余探明储量居世界前五位的国家及其储量

	煤炭		石油		天然气	
	国家	储量/10^8t	国家	储量/10^8t	国家	储量/10^{12}m^3
1	美国	2489.41	委内瑞拉	480	伊朗	32.1
2	中国	1431.97	沙特阿拉伯	409	俄罗斯	37.4
3	俄罗斯	1621.66	加拿大	271	卡塔尔	24.7
4	澳大利亚	1502.27	伊朗	217	土库曼斯坦	13.6
5	印度	1110.52	伊拉克	196	美国	12.6

注：数据来自 2021 年《BP 世界能源统计年鉴》。

1.1.2 中国能源简况

根据《中国统计年鉴 2021》，截至 2020 年底，我国石油剩余探明技术可采储量 36.19×10^8 t，天然气剩余探明技术可采储量 62665.78×10^8 m^3，煤炭证实储量与可信储量之和 1622.88×10^8 t。

2020 年我国一次能源生产总量 40.8×10^8 t 标准煤，其中原煤产量占 67.6%，原油产量占 6.8%，天然气产量占 6.0%，一次电力及其他能源占 19.6%。其中，电力折算标准煤的系数根据当年平均发电煤耗计算。

根据中华人民共和国自然资源部编写的《中国矿产资源报告 2022》，截至 2021

年底，我国石油剩余探明技术可采储量 36.89×10^8t，天然气剩余探明技术可采储量 $63392.67\times10^8m^3$，煤炭证实储量与可信储量之和 2078.85×10^8t，煤层气剩余探明技术可采储量 $5440.62\times10^8m^3$，页岩气剩余探明技术可采储量 $3659.68\times10^8m^3$。2021 年一次能源生产总量 43.3×10^8t 标准煤，较上年增长 6.2%；消费总量 52.4×10^8t 标准煤，增长 5.2%，能源自给率 82.6%。2021 年能源消费结构中煤炭占 56%，石油占 18.5%，天然气等能源占 8.9%，水电、核电、风电等非化石能源占 16.6%。

根据国家能源局《水电发展"十三五"规划(2016-2020 年)》，我国水能资源可开发装机容量约 6.6×10^8kW，年发电量约 $3\times10^{12}kW\cdot h$，按利用 100 年计算，相当于 1000×108^t 标准煤，在常规能源资源剩余可开采总量中仅次于煤炭。根据国家能源局《2020 年全国水利发展统计公报》、国家能源局 2020 年全国电力工业统计数据及国家统计局网站，截至 2020 年底，我国常规水电装机容量 3.6972×10^8kW，占全国全口径发电设备容量的 16.8%；2020 年全国水电生产电力量 $13552.1\times10^8kW\cdot h$，占全国电力生产量的 17.42%。我国水能资源总量、投产装机容量和年发电量均居世界首位。

1.2 能量与能源

1.2.1 能量

20 世纪 90 年代末，笔者所在学校的一位老先生给了笔者一份题为"技术能量系统——基本概念"的国际标准(ISO13600—1997)的复印件，说："太让人震惊了，国际专家竟然定义'能量是遵守热力学定律的物理量'。"笔者也很吃惊，不能理解为什么会这样定义能量。另外，该标准还给了一个注释：与所有其他物理量一样，能量是一个抽象概念。事实上，在人类从事的各种社会生活及生产实践中，能量被赋予了太多的意义及使命。对于能量的认识，可谓仁者见仁，智者见智。也许正是因为概念定义上的问题，这份标准后来被废止。

关于能量这一概念，更多的是将其定义为系统做功的能力，如国际标准(ISO 17741—2016)的定义：能量是系统产生外部影响或做功的能力。但这样的定义其实也不够严谨，因为根据热力学第二定律，热能只有一部分有做功能力，取决于其载体与环境的温度差，这部分的做功能力称为㶲(exergy)。剩余的那一部分则称为㶲(anergy)(宋之平和王加璇，1985)，表示这一部分能量没有做功能力。二者之和为能量。热能的做功能力(E)也称为热量㶲，用公式表示为

$$E = (1 - T_0 / T)Q \tag{1.1}$$

式中，Q 为热量；T_0 和 T 分别为环境和承载热量 Q 的物质所处的热力学温度。

煅 (A) 为

$$A = (T_0 / T)Q \tag{1.2}$$

能量(热量)等于热量㶲+煅，即

$$Q = E + A \tag{1.3}$$

这里的环境是指地球环境。环境温度随地理位置和时间变化，因此热量㶲的大小随之变化。所谓的煅，也只是相对于地球环境的。能源利用系统排入地球环境的热量，以及地气系统接受的太阳能及地热能等，在地球上都可称为煅。但相对于宇宙 2.7K 的背景环境，它们不再是煅，而有巨大的做功能力，只是人们无法构建"太空型"热机利用这一巨大的温差进行热功转化而已。这里值得一提的是，地气系统中水的蒸发、升迁、凝结及降水，会形成巨大的风能资源和水能资源，其本质就是地气系统的环境热量(煅)相对于宇宙环境之做功能力的一种释放，即地气系统可以视为一个热机，以水及蒸汽为媒介，以地表为高温热源、天空为低温热源，不断地蒸发(膨胀)、升迁、凝结(收缩)和降水，完成"热能动力循环"，不断提供风能资源。降水落到地表，从高原向海洋进发，输出水能资源。与此同时，海水蒸发而形成的降水，是太阳能作用下的海水淡化过程。

归结起来，能量有动能、势能、电能、热能及辐射能和物质的化学能等几种形式。一切自然的过程及人类所做的一切事情都不可避免地与一种或多种形式的能量有关。能源动力设备(如燃煤火电机组)的一个重要功能就是把燃料的化学能转化为流体的热能，继而转化为流体动能和机械动能，最后转化为电能，以方便人们使用。能量不仅存在形式的不同，还存在品质上的差异，因此，能量是极为复杂的物理量。

能量可以在形式上相互转化，但不能创造或毁灭，这一性质称为能量守恒，为无数实践所证实，任何违反能量守恒定律的尝试都以失败而告终。能量守恒定律无法通过理论推导证明，属于公理性定律。它表明除非有能量进入或排出系统，否则该系统的总能量保持不变。

1.2.2 能源

能源不仅是一种自然资源，它还是现代社会有序运转的重要支撑。能源问题是涉及民众生活品质、社会稳定、经济增长和国家安全的重大问题。

能源及技术具有显著的时代特征。火的使用是人类从茹毛饮血的原始状态走向文明的一个标志。工业化是煤炭作为能源的大规模使用所带来的一场技术革命，创造了建立现代社会制度的物质基础。而电气化和智能化时代的到来，更与能源技术的进步息息相关。

为便于管理,《综合能耗计算通则》(GB/T 2589—2020)对能源进行了分类。一般说来,一次能源主要包括煤炭、石油、天然气、水能、风能、太阳能、生物质能等;二次能源主要包括热力、电力及由一次能源转化生产而来的其他种类的能源,如煤气、焦炭、汽油、柴油、液化石油气和氢能等。

一次能源中的煤炭、石油和天然气等也称化石能源,化石能源是一经燃烧就不可能再生的能源。当然,核能也是一种不可再生能源。与此对应的是可再生能源,包括水能、风能、太阳能、生物质能、潮汐能和波浪能等。

能源与能量有十分紧密的关系。但是,能量的内涵比能源的内涵要大很多。作为能量形式之一的化学能比作为能源的煤炭、石油及天然气等的意义广泛很多,比如,能够燃烧的物质都具有化学能,但并不都适合作为能源。因此,比较而言,能量具有更为一般的意义,能源则在一定程度上反映着科学技术的现状及局限性,因为所有的物质都具有能量,但并不一定能够成为合适的能源。因此,现代科学技术的一个重要使命就是开发和利用新能源。

1.3　节能工作要点

1.3.1　管理节能

生活工作在现代电气化时代,人们几乎所有行为或多或少涉及能源问题。小到居家生活、手机通信、购物休闲、驾车旅行、乘坐飞机等,大到电厂发电、钢厂炼钢、石油化工、燃气输运等,无不与能源相关。

而关于如何实现节能,人们往往首先想到的是能源高效利用。其实,正确的节能理念及节能要点是:能不用的不用、能少用的少用以及在此基础上的能源高效利用。事实上,在能源利用环节,最重要的节能就是不让能源在不经意之间浪费了,无论所使用的能源属于谁,每一个人都应该成为这一科学节能理念的自觉践行者。管理节能是第一位的,能源高效利用的理论与技术则是实施管理节能的一种技术支撑。

一般来讲,管理节能的关键是尽可能缩短能源浪费的时间,实现"能不用的不用,能少用的少用"的节能理念,不让能源在不经意之间被白白地浪费掉是管理节能的根本。相比高效节能技术,管理节能是简单实用的节能方式,在节能工作中占有举足轻重的地位,甚至比节能技术本身更重要。事实上,无论采用了多么高效的节能技术,当没有必要开启时,都要让设备处于停机状态;或者当实际负荷需求减小时,一定要让设备减负荷,尽管低负荷时设备的效率往往低于额定负荷下的效率。当然,实施管理节能有时是举手之劳,非常简单,只需扳动开关即可,有时则需要一定的技术手段作为保障。比如,针对各种照明灯设施、计算机等的长时间待机,需要的只是节能意识和责任心;而对于火电机组的调峰以及泵与风机的调速等，则需要根据实际运行特性选择合适的技术手段。以泵与风机变负荷调速为例，如果负荷变化不大且相对稳定，宜选择经济实用的双速电机，若负荷变化相对频繁，则可选择变频技术或永磁涡流传动技术等。当然，采用何种调速技术，还应该考虑设备的运行安全，避免出现急速猛烈调整对设备的损害。火电机组调峰，则是众多的泵与风机、磨煤机、调节阀等热工设备的协调联动，技术要求之高不言而喻。

当然，管理节能并不限于上述这些内容，科学的调度和决策也是管理节能的一部分。比如，交通运输是国民经济的重点耗能行业，科学合理地组织运力、运量及路径等对于降低运输能耗至关重要。城镇交通网络建设以及交通管理等对于交通运输节能也非常重要。

管理节能工作的重点在于加强能源管理系统建设和维护管理人员的责任意识，杜绝一切"跑、冒、滴、漏"现象，把设备和管道的泄漏率降到最低限度。加强能源管理系统设备建设，促进管理节能的信息化、自动化和智能化，对保障管理节能取得实效具有举足轻重的作用。当然，即便系统设备再先进、再智能，管理节能也离不开有责任感的维护管理人员，这是其得以执行的根本保障。

实施管理节能的首要任务是对管理职责范围内的用能情况做准确的计量和分析，在此基础上，才能搭建管理节能的框架和智能化能源管理系统。对一般企事业单位来说，应对各个用能设备及各种能源消耗做深入细致的审计计量，掌握它们的负荷特性。具体来讲，就是要针对水、电、煤、油、气、冷、热等各种能源消耗，掌握它们的总消耗量及负荷变化特性，并针对各工艺设备或功能等做必要的分解，然后开展综合分析，并制定切实可行的能源管理方案和实施细则，有条件的要建设智能化的能源管理系统。

但是，由于能源系统的多样性和复杂性、企事业单位的规模和效益情况不同，以及管理人员素质参差不齐和能源管理标准的不完善等，管理节能还存在诸多的问题。其中第一位的就是能源管理的标准体系还不够健全和合理。事实上，从国家和地区以及国民经济各个行业的角度看，管理节能需要有科学的技术指标来制定相应的标准，以此来指导和规范企事业单位的管理节能，这需要建立科学的统一化能源利用评价体系。而要使节能管理行之有效，必须有制度保障。

需要特别指出的是，一台能源利用设备，一旦建好投产，如果没有设计和制造上的缺陷，原则上在新的一段时期，其性能是最好的。而随着使用，设备会发生磨损及老化，它的性能只会越来越差，不可能越来越好，这应该是一项基本规律，不可抗拒。管理节能必须尊重这一规律。

1.3.2　规划与设计节能

从能源高效利用的节能角度看，规划与设计节能的目标就是建设一个在其服役的全寿期内能高效、可靠、安全运行的系统设备。要满足这样的要求，就必须对拟投资建设的设备及系统所应用的领域有充分的了解，全面掌握候选原材料、设备及系统的热力学性能，并对设备及系统所承担的负荷特性及其可能的变化发展进行充分的预估。因此，规划与设计节能是节能工作的重中之重，目的是在损失发生之前就采取措施。

从设计制造角度看，要取得节能效果，首先，要选择在国内乃至全球具有足够先进性的技术，这样才能保证设备在其服役的全寿期内有优良的性能；其次，一台好的设备不仅要在额定(或设计)工况下具有优良的热力学性能，还要在变工况条件下有很好的适应性，即应具有良好的负荷调节能力；最后，设备要有足够长的使用寿命。这些都是设计阶段应该进行详细论证的问题，是设计节能的关键环节。

从技术层面看，根据热力学原理，影响能源利用效率提高的根本原因是系统中各个热力过程的不可逆性，即能源利用系统设备的分析必须基于热力学第二定律，热力学第一定律分析往往不得要领。不可逆性的种类有直接混合进行的燃烧及化学反应、温差传热、流动阻尼或节流、扩散与混合、摩擦与扰动以及余热排放等。热力过程的不可逆损失可能是多种不可逆因素叠加的结果，需要加以甄别；有些损耗还会进一步导致其他损耗的增大。要使能源系统设备具有优良的热力学性能，就必须分清主次，展开针对性的研究分析，并确定合适的技术方案和措施。

以燃烧化石能源的锅炉为例，其最大的损耗来自燃料燃烧及其热传递。这里有两个层次，其一是燃料在锅炉中的燃烧放热温度水平，其二是工质吸热温度水平。由于燃料和作为助燃剂的空气都来自环境，如果温度过低，就会影响燃烧放热温度水平，从而制约锅炉第二定律效率的提高。工质的吸热温度应与燃烧放热温度保持合理的水平，否则过大的传热温差必然造成很大的不可逆损失。现代大型电站锅炉燃烧放热平均温度和工质吸热平均温度都较先前的锅炉有很大的提高，因而锅炉第二定律效率显著提高。另外，燃烧放热温度与锅炉不完全燃烧热损失有密切的关系，如果燃料及空气温度过低，则燃烧条件变差，不完全燃烧热损失会因此增大，燃料及空气的预热对此有重要的改善。现代大型电站锅炉的不完全燃烧损失已经很小，一个重要原因就是空气预热。而燃煤工业锅炉不完全燃烧损失往往比较大，大多是因为锅炉未采用空气预热或预热不足。当然，工业锅炉不完全燃烧损失较大的另一个重要原因是未采用煤炭制粉工艺，燃烧条件差。因此，深入开展热力学过程的第二定律分析是实现设计节能的根本保障。本书的一个重要内容就是详细讲解各种热力学过程的不可逆损失及熵产计算。

设计节能的判别标准其实非常简单，对于任何能源利用系统，所排放的余热损失越小，其能源利用效率就越高。换句话说，设计节能的根本就是尽可能地减小余热排放，而不是余热高效利用。这里需要补充说明的是，锅炉设备有点特殊，除要求余热损失越小越好之外，还要求工质吸热平均温度越高越好，这实际上是对电站锅炉的要求，也就是几乎所有的工业锅炉生产的热量，都可以用现代大型火电机组以热电联产的方式提供，以遵循"温度对口、梯级利用"之能源高效利用的原则。当然，热电联产的实施也需要良好的预先设计和规划。

另外，对于余热本身，人们也应该有正确的认识，不能简单地将能源利用系统排到环境的热量统统称为余热，而要加上限制条件。这一限制条件就是能源利用系统的设计条件或设计工况。如果设备运行时，余热排放介质的温度高于设计值过多，则说明设备没有达到设计节能的目标，这时应该做的是着手对设备加以改进完善，以让其达到原设计目标。不能把在这样"好"的余热资源条件下的回收利用的"好"效果归结为余热的高效利用，因为这根本上就是本末倒置的。比如，对于水泥窑炉余热发电技术，当烟气温度因某种原因升高时，余热发电量会显著提高，余热利用的效果"明显"提高，但是这是以牺牲水泥窑炉效率为代价的，是得不偿失的。

从"能不用的不用"的节能角度看，一些公用设施智能化启停非常重要，如能够自动关停的水龙头和声控开关等，它们的投用起到了很好的节能节水作用，但普遍存在一些问题，如声控开关的智能化不足、许多自动关停水龙头的使用寿命偏低等，这些问题急需改进。对于智慧城市，通过智能化，不仅可以解决或缓解城市交通拥堵问题，还可以间接地起到节能作用，缩短汽车等交通工具的停车等待时间，这就等于延长"不用"的时间，会有明显的节能减排效益。智慧城市建设，对规划与设计节能提出了更高的要求。

从"能少用就少用"的节能角度看，设计节能的一个重要措施就是保温。对于锅炉这类高温运行的设备，散热损失在其总热损失中所占份额并不大，但是，由于这类设备容量很大，散热损失的绝对量不容小觑。对于民用和公共建筑等，墙壁散热损失在建筑能耗中占有很大的比重，因此保温设计是建筑节能的一个重点。为适应建筑节能设计的要求，国家颁布了《公共建筑节能设计标准》（GB 50189—2015）。但从能源高效利用的角度出发，建筑节能的另一个重点应该是根据建筑采暖的用能需求，以热电联产方式真正实现按质用能。说到这里，必须指出，中国夏热冬冷的长江流域地区，冬季供热的呼声越来越高，这也是应该加以解决的民生工程问题。这片区域面积广大、人口众多，如果仍采用目前的供热技术，不做根本性的改进，会极大地推高全国总能耗水平。可结合"海绵"城市建设与热电联产技术及工业余热的储存，建筑保温设计及改造，末端热辐射地板、风机盘管以及热泵温度提升等低品位供热技术等解决该问题。

1.4 能效评价体系及评价基准

1.4.1 节能的理论限度

要追求能源高效利用,就必须清楚地了解节能的理论限度。对于任何一个耗能产品的生产,节能的理论限度是燃料的化学能100%地用于产品的生产,没有任何的不可逆损失。这时生产该产品的燃料单耗最低,称为该产品的理论最低燃料单耗。如果生产该产品的实际燃料单耗已知,其与理论最低燃料单耗之差就是该产品生产的理论节能潜力。

事实上,一个耗能产品的实际生产过程由许多工艺过程(热力过程)组成,每一个热力过程或多或少地存在一些不可逆性。对于某一个具体的热力过程而言,节能的理论限度在于其任何的不可逆性为零。以换热器为例,其可能存在的不可逆性有温差传热、流动阻尼、散热以及工质泄漏等,其理论节能限度就是这些不可逆性得到有效的克服。工程上,散热和工质泄漏这类不可逆性已经得到了有效的控制,但难以完全消除。如果设备维护不当,就会出现明显的缺陷而导致不可逆性增加,如保温层及密封件破损等。流动阻尼是黏性流体的固有特性,维持一定的流速是保证传热过程有效进行以及水力工况稳定的关键。传热温差增加,传热面积可以减小,但不可逆性会随之加重。可逆传热要求冷热流体的传热温差为零,相应的要求是传热面积至少为无穷大,这是不可能实现的。

也就是说,实际热力过程的不可逆性不可能完全消除,只能在一定程度上减小,并取决于技术经济条件。通常,能源成本的降低总伴随着投资成本的增大,需通过二者的平衡优化进行取舍。新材料、新工艺和新技术的研究与使用,是技术经济环境变化的推动。

另外,换热器作为热力设备,自身存在着不可逆损失,但其在能源利用系统中,有时却能起到节能降耗的效果,如燃煤火电机组热力系统的回热加热器,其自身存在上述各种不可逆损失,但是它使给水温度得以升高,从而提高工质在锅炉中的吸热平均温度,继而提高机组的发电效率,即起到节能降耗的作用。

1.4.2 能源利用的分析决策与评价基准

能源经济活动与时间序列有直接的关系,从可持续发展角度看,为切实实现节能减排的约束性指标、有效优化能源结构,必须考虑下列与时间序列有关的三层决策要素:一是新建耗能项目的市场准入;二是现有耗能设备或生产工艺在规定考核时期内的节能减排特性及其潜力;三是老、旧、低效技术设备的关停和淘汰。不同层面的决策问题对应不同的评判标准,需要严格加以区分。

　　开展能源利用的分析决策，最重要的是要掌握终端产品燃料单耗这一性能指标，这要求准确计量所消耗的燃料量。由于燃料种类很多，需要统一折算。为此，国家制定了《综合能耗计算通则》(GB/T 2589—2020)，规定以燃料的低位热值作为燃料的统一折算标准。

　　众所周知，同一种耗能产品的生产可以有多种技术手段，但归结起来不外乎电驱动型、直燃型和联产型三种。如果是简单的直燃型设备，则以标准煤消耗量计算其燃料单耗即可。对于电驱动型设备，其生产的产品燃料单耗可以用电网火电机组平均供电煤耗率(或供电燃料单耗)来计算。对于联产型设备，如果是热电联产，则需要参考电驱动型设备的单位产品的电耗率指标等定义，基于可比性原则，通过确定其单位供热当量电耗，再计算燃料单耗。如果联产型设备以发电为辅，则可以用电网火电机组平均供电燃料单耗计算其发电煤耗，将这部分煤耗视为对设备主产品生产的燃料单耗的节省。

　　稍加分析不难看出，上述计算方法实质上是将电网火电机组的平均供电燃料单耗作为能源利用的性能评价基准，这一方法应该以标准的形式确定下来。而评价基准的确立可以大大简化终端产品燃料单耗的计算，这是能源利用性能评价与分析绕不过去的问题(周少祥和宋之平，2008)。

　　火电机组年度供电燃料单耗代表了电力工业的技术水平，而电力工业技术发展迅猛，已然成为国民经济发展的重要支撑及基础产业。发电效率的提高可以直接降低以电能为输入的能源产业的一次能源消耗，电力行业的节能减排有益于整个国民经济的节能减排。由于电力技术是在不断发展的，其发、供电燃料单耗逐年减小，建立以供电燃料单耗为统一化的能源利用评价基准，可以方便地考察电力工业进步对国民经济各行业节能减排的影响和作用。

　　为适应能源利用的三种层次的决策分析，可以考虑将评价基准相应地分为三个层面：①针对新建项目审批，取电网主力机组额定工况的供电燃料单耗作为评价基准，目的在于使这些项目在建成后的相当长一个时期仍具有先进的节能减排特性；②针对现役设备的评估，以上年度电网平均供电燃料单耗为评价基准；③如果考虑今后若干年的节能减排策略，则以反映电力技术进步的电网平均供电燃料单耗的平滑预测值为基准，同时，预测值应该与目标值良性互动。

1.4.3　建立统一化能源利用评价体系的重要性和紧迫性

　　一个国家节能减排的政策、措施及效果评价离不开科学方法的支撑。目前国际上广泛采用的能源利用效率计算的法定方法基本上都是基于热力学第一定律的，不仅忽略了不同形式的能量(如热、电)之间以及不同温度的热能之间的品质差异，也忽略了不同一次能源之间的品质差异，因此不能科学、客观地反映能源利用效率。更重要的是，对于高耗能的物质性产品，如钢铁、铝、硅、食盐和海水淡化等生产，其产品物理显热可以忽略不计，因此无法计算基于热力学第一定律的热效率。这意味着一个国家和地区总体的能源利用效率的计算迄今仍面临着极大的困难，这一现状对节能减排工作的开展十分不利。

热力学第二定律被认为是节能分析与评价不可或缺的工具。1980 年我国著名热工专家吴仲华先生在为中央书记处讲课时，依据热力学第二定律提出了著名的"温度对口、梯级利用"这一能源高效利用原则（吴仲华，1988）。国内外研究热力学第二定律分析及应用的学者也很多，但时至今日，人们却未能建立能够定量反映这一原则的能源利用评价指标和标准。这一问题业已成为能源利用系统分析、评价及优化理论和方法存在的最核心、最根本的不足。

（1）由于能源利用从生产供应、网络输配到终端用户使用的全过程往往被分割成利益诉求不同的集团（俗称条块分割），加上现行的法定能效评价体系固有的不足，现行的能效评价体系无法提供宏观决策需要的、具有可比性的"终端"产品单耗及生产效率（能效）指标，网络输配对终端能源效率的影响无法统一核算，产品燃料单耗与效率（能效）之间无法相互印证，各行业之间的效率（能效）评价无法开展。另外，单位耗能产品的污染物排放指标更无从计算（周少祥等，2006a），这一现状对于能源重大问题研究非常不利。

（2）能量形式之间可以相互转化，若要满足某一用能需求，有多种技术可供选用，而不同的技术使用不同品质的能量（能源）。以海水淡化为例，有反渗透（reverse osmosis，RO）、压汽蒸馏（mechanical vapor compression，MVC）、多效蒸馏（multi-effect distillation，MED）及多级闪蒸（multi- stage flash distillation，MSF）等技术可供选用，由于它们可分别使用电能、热能或核能等不同品质的能源，现行能源利用的分析与评价方法所提供的性能指标之间缺乏可比性，无法用于它们之间的横向比较（周少祥和胡三高，2001a,b）。这类问题还有很多，如热电冷联产与压缩制冷之间也是这样（周少祥等，1999）。这一现状还影响到国家能源政策的制定，如热、电价格不合理的问题由来已久，一直备受争议，至今仍困扰着热电联产事业的健康发展等。

（3）"谁消费、谁排放、谁付费"体现着市场经济条件下权利与义务的自然属性。科学的能源利用评价体系应能提供反映这一自然属性的量化指标，这是理顺能源市场关系、促进节能减排、争取国际能源市场话语权的关键。只有完全掌握能效及环境代价的真实数据，才有可能制定切实可行的政策措施。

从国家及各行政区域的角度，能源消耗、污染物排放及社会成本的总量控制涉及经济社会的可持续发展，其关键在于准确掌握终端产品的燃料单耗以及单位污染物排放指标。我国能源分布严重不均，需特别关注能源输运特性及其影响、煤的高效清洁利用与水资源条件的制约与促进等，这是中国特有的现实与挑战，如何核算也急需科学的评价体系。

　　华北电力大学是国内最早研究节能的单位，1985 年该校宋之平和王加璇编著了国内第一部节能原理专著。1992 年，宋之平先生在《中国电机工程学报》上发表了名为"单耗分析的理论和实施"的学术论文，为建立基于热力学第二定律的能效标准体系奠定了理论基础。经过华北电力大学师生多年的补充和完善，已形成一套集科学性、严谨性和完整性于一体的，具备实际可操作性的统一化能源利用评价指标体系。这一指标体系具有如下优点：①提供了能源利用效率的第二定律计算方法，仅需热平衡数据，即可开展能源利用第二定律效率的统计学分析及正、反平衡审计；②提供了终端产品燃料单耗的计算方法，使终端能源利用第二定律效率的计算大大简化，对于生产同类产品的不同工艺系统之间的节能评价至关重要；③可用于开展理论节能潜力和现实节能潜力的分析与诊断；④提供了余热利用节能潜力的计算方法，以及余热、余压及余燃料回收利用的节能量计算方法；⑤提供了各种不可逆损失所致煤耗增量及终端产品燃料单耗增量的计算方法，可以解构产品燃料单耗的构成，为节能技术发展方向提供技术支撑；⑥给出了热电联产机组的节能条件等。这些构成了本书的核心内容。

　　本书的研究对象是能源利用，所应用的理论基础是热力学，因此本书所述第一定律和第二定律仅限于热力学范畴，无涉其他。单耗分析是基于热力学第二定律的方法，据此计算得到的能源利用第二定律效率即为针对燃料利用的热力学第二定律效率或㶲效率。

第 2 章 热力学基础知识

2.1 热力状态与状态参数

热力状态是指工质或流体流经所研究的热力系统某一部位时所处的宏观物理状况，通常用温度、压力和比容等参数进行表征。热力系统的热力状态是工质或流体热力状态的集合。由于热力系统的负荷随时间变化等，工质的热力状态既有空间上的不平衡性，又有时间上的变化特性。热力系统处于稳定状态时，工质的热力状态不随时间变化。热力状态随时间变化的规律称为热力系统的动态特性，反之，热力状态仅随负荷变化的规律称为热力系统的静态特性。动态特性是实现热力系统安全运行和控制所必须掌握的重要热力学特性。从节能的角度看，首先需要关注的是热力系统的稳态特性以及各种参数变化的影响。热力系统动态过程中的节能措施，也是根据不同工况下的静态特性，结合热力设备的运行和调节特性来实现的。比如，火电机组滑压启停是广泛采用的节能技术，其核心就是协同锅炉、汽轮机、给水泵及控制阀等的负荷调节特性。

通常，用作工质的物质大多数是纯物质，也可以是混合物，如混合制冷剂等。要很好地实现热力系统的设计功能，关键的一步就是必须使热力系统各设备的结构与其工质的热力状态很好地配合。工质热力状态与热力系统要求的配合对其安全、经济及可靠运行至关重要。也就是说，只有精确掌握工质的热物理性质，才可能设计制造出性能优良的热力系统和设备。因此，应对工质的热力学性质给予高度关注。

把工质本身作为研究对象(有时也称为热力学体系)开展物质热力学性质的实验研究是一项非常重要的基础性研究。掌握工质的热力学性质，对于学习热力学理论以及认识工程实际有直接的帮助。

从热力学角度看，物质具有三态：气态、液态和固态。作为工质时，一般使用具有流动性的气态和液态。

描述物质体系热力学状态的基本参数有比容(或密度)、温度、压力以及内能、焓、熵、㶲等。温度、压力和比容(或密度)可以通过测量直接确定，而其他大多数状态参数，如内能、焓等不能通过测量直接确定，只能根据状态参数的性质与热力学定律计算得到。

在没有外界影响的条件下，热力系统的宏观物理性质不随时间改变的状态称为热力学平衡状态。达到热力学平衡的充分必要条件是系统内部以及系统与外界之间不存在任何不平衡势差，因此，状态参数是描述热力系统平衡状态的物理量。如果出现温度差、密度差、压力差以及化学势差等不平衡势差，就会随之产生物质或能量的转化或传递。

2.1.1　状态参数的类型与性质

1. 状态参数的类型

状态参数分为强度量和广延量两种类型。强度量是与物质质量无关的物理量，如压力 p、温度 T 等；广延量是与物质质量呈比例的物理量，如容积 V、内能 U、焓 H、熵 S、㶲 E、自由能 F 和自由焓 G 等。广延量除以质量可转变为强度量，称为比容 v、比内能 u、比焓 h、比熵 s、比㶲 e、比自由能 f 和比自由焓 g 等。在化学热力学计算中，还经常使用摩尔比容、摩尔比焓等强度量，是广延量与其摩尔质量之比，本书中小写变量表示比参数。

广延量具有可加性，系统的总广延量是系统各部分广延量之和，而强度量则不具有可加性。

2. 状态参数的性质——麦克斯韦关系式

设 x、y 为确定热力系统状态的两个状态参数，z 为与系统有关的另一个物理量，如果 z 是状态参数，则下述关系必然成立：

$$\oint \mathrm{d}z = \oint \left(\frac{\partial z}{\partial x} \mathrm{d}x + \frac{\partial z}{\partial y} \mathrm{d}y \right)$$
$$= \oint (X(x,y)\mathrm{d}x + Y(x,y)\mathrm{d}y) = 0 \tag{2.1}$$

式中，$X(x,y) = \partial z / \partial x$，$Y(x,y) = \partial z / \partial y$，代表状态参数 z 的变化率。

状态参数为状态的单值函数，其变化与路径无关，可表示为坐标点，因此也称为点函数或态函数。对于状态参数，下述关系成立：

$$\frac{\partial X}{\partial y} = \frac{\partial Y}{\partial x} \tag{2.2}$$

或

$$\frac{\partial^2 z}{\partial x \partial y} = \frac{\partial^2 z}{\partial y \partial x} \tag{2.3}$$

式 (2.2) 也称为麦克斯韦关系式。

3. 温度

温度是物体冷热程度的标志。温度的热力学定义：物体的温度是用以判别它与其他物体是否处于热平衡状态的参数。如果两个相互接触的物体之间存在温差，就会发生热传递，其结果是较冷的物体温度升高，较热的物体温度降低，直至温度相同而达到热平衡。而当两个物体的温度相等时，它们之间的宏观热传递停止，这一状态称为热平衡状态。

衡量物体温度高低的标尺称为温标。常用的温标有热力学温度 T 与摄氏温度 t，其换算关系如式(2.4)所示：

$$t = T - 273.15 \tag{2.4}$$

其他温标及其换算关系参见热力学相关文献。

4. 比容和密度

比容是单位质量的物质所占的容积。若以 m 表示质量，V 表示所占容积，则比容为

$$v = V / m \tag{2.5}$$

密度是比容的倒数，就是单位容积内所含物质的质量：

$$\rho = 1 / v = m / V \tag{2.6}$$

5. 压强

压强是单位面积上所受的垂直作用力，是分子微粒撞击容器壁面的平均效果，用 p 表示。工程上习惯称压强为压力，本书中的压力均指压强。压力的标准单位是帕斯卡(Pa)，其他常用单位还有巴(bar)、工程大气压(at)、标准大气压(atm)、毫米汞柱(mmHg)、米水柱(mH_2O)等。

表 2.1　常用压力的单位换算关系

	Pa	bar	at	atm	mmHg	mH_2O
1Pa	1	10^{-5}	1.01972×10^{-5}	0.98692×10^{-5}	750.06×10^{-5}	10.1974×10^{-5}
1bar	10^5	1	1.01972	0.98692	750.06	10.1974
1at	0.980665×10^5	0.980665	1	0.96784	735.56	10
1atm	1.01325×10^5	1.01325	1.03323	1	760	10.3328
1mmHg	133.3223	1.333223×10^{-3}	1.3595	1.3158×10^{-3}	1	13.395×10^{-3}
$1mH_2O$	9806.375	0.09806375	0.09997	0.096781	73.5538	1

物理学上，将纬度 45°的海平面上的常年平均大气压定为标准大气压，以此作为压力的度量单位，而将压力为 1atm、温度为 0℃的状况称为物理标准状况。

压力可以用压力表(计)测量，所得到的数值称为表压 p_g。它是与当地大气压力 p_0 平衡之后得到的数值。物质体系的绝对压力 p 是被测体系的真实压力。当体系压力低于大气压力时，这一体系常称为真空或负压体系，其测量仪表也称为真空表，所得到的数值称为系统的真空度 p_v。若以绝对压力为 0 作基线，表压(真空度)、绝对压力与大气压力 p_0 的关系如图 2.1 所示。

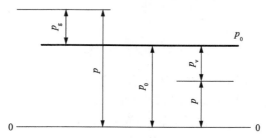

图 2.1　绝对压力、大气压力和表压(真空度)之间的关系

工程上为区别表压与绝对压力，常常在压力的单位后缀一个"(g)"、"(ABS)"或"(a)"等，分别表示表压和绝对压力，如 MPa(g)、MPa(ABS)或 MPa(a)。

2.1.2　热力学第零定律

如果两个物体中的每一个都与第三个物体处于热平衡，则它们彼此之间也必定处于热平衡，二者的温度相同。这一规律称为热力学第零定律。

热力学第零定律是温度概念的实验基础，也是温度测量和经验温标建立的理论基础。

2.1.3　热力学第一定律——能量守恒定律

物质是能量的一种表现形式。不同的物质及其状态蕴藏着不同形式和大小的能量。能量既不能被创造，也不能被消灭。不同能量形式之间可以相互转化。能量也可以在不同系统之间传递。在能量转化及传递过程中，其总量保持不变。这就是能量守恒定律，也称热力学第一定律。

能量不可能无中生有地创造出来，因此不可能制造出不消耗能量的永动机。不消耗能量的永动机归为第一类永动机，是热力学发展进程中对错误认识及尝试的一个重要总结。

热力学第一定律也可表述为第一类永动机是不可能造成的。

2.1.4　内能等其他状态参数

内能是物体内部的微观能量，包括分子热运动的动能和分子间相互作用形成的势能。内能的国际单位是焦耳(J)。内能是一个广延量。图 2.2 所示的容器内盛有一定量的气体，取这部分气体为热力系统，这是一个闭口系统。

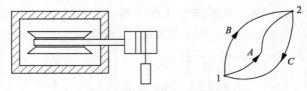

图 2.2　封闭简单可压缩系统

先将容器绝热，使用重物对气体做功，其温度由 1 点升高至 2 点。然后让容器对环境放热，气体温度降低又回到原先的状态。无论是由 A、B 还是其他路径升温，也无论是由 C 还是其他任何路径降温，都有

$$\oint (\delta Q - \delta W) = 0 \tag{2.7}$$

式中，Q 为系统吸收的热量；W 为体系的对外做功量。

对比式(2.1)关于状态参数的性质，不难理解式(2.7)括号内的物理量是一个状态参数。于是，有

$$\mathrm{d}U = \delta Q - \delta W \tag{2.8}$$

或

$$\mathrm{d}u = \delta q - \delta w \tag{2.9}$$

式中，U 为体系的内能；u 为单位质量的比内能；q 为吸热量；w 为容积功。

内能的绝对值是无法计算的，应用时计算的只是内能的变化量。

类似地，其他状态参数也可以确定或得到定义。

对于焓，有

$$\begin{cases} H = U + pV \\ h = u + pv \end{cases} \tag{2.10}$$

对于熵，有

$$\begin{cases} \mathrm{d}S = \delta Q / T \\ \mathrm{d}s = \delta q / T \end{cases} \tag{2.11}$$

对于㶲，有

$$\begin{cases} E = H - T_0 S \\ e = h - T_0 s \end{cases} \tag{2.12}$$

对于自由能，有

$$\begin{cases} F = U - TS \\ f = u - Ts \end{cases} \tag{2.13}$$

对于自由焓，有

$$\begin{cases} G = H - TS \\ g = h - Ts \end{cases} \tag{2.14}$$

式中，H、S、E、F、G 分别为体系的焓、熵、㶲、自由能和自由焓；h、s、e、f、g 分别为体系的比焓、比熵、比㶲、比自由能和比自由焓；p、T、V 分别为体系的压力、温度和容积；T_0 为环境温度。

自由能 $F(f)$ 也称为亥姆霍兹函数，自由焓 $G(g)$ 也称为吉布斯函数，又名化学势 (王竹溪，2014)。

2.1.5　状态参数之间的关系——热力学一般关系式

以下分析主要针对 1kg 或 1mol 工质进行，用比参数表述。

由于 $\mathrm{d}u = \delta q - \delta w$，对于简单可压缩均匀热力系统的可逆过程，有吸热量 $\delta q = T\mathrm{d}s$ 和容积功 $\delta w = p\mathrm{d}v$，因此有如下热力学关系式：

$$\mathrm{d}u = T\mathrm{d}s - p\mathrm{d}v \tag{2.15}$$

$$\mathrm{d}h = T\mathrm{d}s + v\mathrm{d}p \tag{2.16}$$

$$\mathrm{d}f = -s\mathrm{d}T - p\mathrm{d}v \tag{2.17}$$

$$\mathrm{d}g = -s\mathrm{d}T + v\mathrm{d}p \tag{2.18}$$

应用麦克斯韦关系式，针对式 (2.15)~式 (2.18)，有

$$(\partial p / \partial s)_v = -(\partial T / \partial v)_s \tag{2.19}$$

$$(\partial v / \partial s)_p = (\partial T / \partial p)_s \tag{2.20}$$

$$(\partial s / \partial v)_T = (\partial p / \partial T)_v \tag{2.21}$$

$$(\partial s / \partial p)_T = -(\partial v / \partial T)_p \tag{2.22}$$

这一组关系式在一些热力过程的解析上能发挥重要的作用。针对式(2.15)～式(2.18)，可以求得各个状态参数之间的关系，如针对式(2.16)，有

$$T = (\partial h / \partial s)_p \tag{2.23}$$

$$v = (\partial h / \partial p)_s \tag{2.24}$$

在 2.4.3 节可以看到，上述关系式可以用于在 hs 图上表示㶲参数。这类关系式很多，只要知道任意一个函数，就可以通过求偏导数的方法得出状态方程和其他状态参数，可帮助认识和解释一些热力过程。

2.1.6　比热容

比热容是一个可测量的物理量。工质的比热容等于其得到或失去的热量与所致温度变化的比值。计算内能、焓、热量时都要用到比热容。

$$c = \delta q / \mathrm{d}T \tag{2.25}$$

比热容的物理意义为单位量物质升高 1K 或 1℃所需的热量，其国际单位有 $\mathrm{J/(K \cdot kg)}$ 和 $\mathrm{J/(K \cdot mol)}$ 等。

由式(2.9)，有 $\delta q = \mathrm{d}u + p\mathrm{d}v$。比内能 u 是状态参数，设 $u = u(T, v)$，则有

$$\mathrm{d}u = \left(\frac{\partial u}{\partial T}\right)_v \mathrm{d}T + \left(\frac{\partial u}{\partial v}\right)_T \mathrm{d}v$$

所以

$$\delta q = \left(\frac{\partial u}{\partial T}\right)_v \mathrm{d}T + \left[p + \left(\frac{\partial u}{\partial v}\right)_T\right]\mathrm{d}v$$

对于定容过程，$\mathrm{d}v = 0$，所以 $\delta q = (\partial u / \partial T)_v \mathrm{d}T$。
根据比热容的定义式[式(2.25)]，有

$$c_v \equiv (\partial u / \partial T)_v \tag{2.26}$$

由式(2.16)，有 $\delta q = \mathrm{d}h - v\mathrm{d}p$。比焓 h 是状态参数，设 $h = h(T, p)$，则有

$$\mathrm{d}h = \left(\frac{\partial h}{\partial T}\right)_p \mathrm{d}T + \left(\frac{\partial h}{\partial p}\right)_T \mathrm{d}p$$

所以

$$\delta q = \left(\frac{\partial h}{\partial T}\right)_p dT + \left[\left(\frac{\partial h}{\partial p}\right)_T - v\right]dp$$

对于定压过程，$dp=0$，所以 $\delta q = (\partial h / \partial T)_p dT$，根据比热容的定义式，有

$$c_p \equiv \left(\frac{\partial h}{\partial T}\right)_p \tag{2.27}$$

c_v 和 c_p 是物质状态的单值函数，可以视为状态量。式 (2.26) 和式 (2.27) 表明，c_v 和 c_p 是强度量，在物质的热力学性质计算以及热力过程的分析中起着重要的作用。并且，式 (2.26) 和式 (2.27) 可以作为比定容热容和比定压热容的定义式。

如果针对物质的摩尔质量进行计算，则可得到摩尔比定容热容 $C_{v,m}$ 和摩尔比定压热容 $C_{p,m}$。

2.1.7　状态参数的计算

对于物质的热力学状态参数，许多热力学书籍和数据手册都给出了详细的计算方法 (Barin, 1995; Çengel and Boles, 2002)。比如，物质比定压热容用式 (2.28) 计算：

$$c_p(T) = a + bT + cT^2 + dT^3 + eT^{-2} + fT^{-3} \tag{2.28}$$

式中，$a\sim f$ 为回归得到的系数。不同物质及不同温度段，所需系数不同，应用时需加以注意。对于许多气体，不必使用式 (2.28) 的所有项，尤其是在温度范围不大的情况下；对于液体，比定压热容通常可以视为常数。由于临界点处的液体表面张力为 0，其气化过程不再形成气泡。在此点，比定压热容为无穷大，所发生的相变过程称为 λ 相变。

针对不同温度段的比定压热容 c_p，比焓用式 (2.29) 计算：

$$h(T) = h(298.15) + \int_{298.15}^{T_1} c_{p1}(T)dT + \Delta h_1 + \int_{T_1}^{T_2} c_{p2}(T)dT + \Delta h_2 + \cdots \tag{2.29}$$

式中，$h(298.15)$ 为纯物质在 298.15K (25℃) 和 100kPa 下的生成焓，对于单质物质，$h(298.15)$ 取值为 0；Δh_1 为 T_1 温度下的相变潜热 (或相变焓升)；Δh_2 为 T_2 温度下的相变潜热 (或相变焓升)。

与此相应，比熵用式 (2.30) 计算：

$$s(T) = s(298.15) + \int_{298.15}^{T_1} \frac{c_{p1}(T)}{T}dT + \frac{\Delta h_1}{T_1} + \cdots \tag{2.30}$$

2.2　理想气体及其热力学性质

2.2.1　理想气体状态方程

理想气体是一种假想的气体。理想气体分子之间无作用力，分子本身不占有体积，分子之间以及分子与容器壁之间的碰撞是完全弹性碰撞，严格遵守如下状态方程：

$$pv = RT$$

或

$$pV = mRT \tag{2.31}$$

式中，$R = R_M / M_n$ 为气体常数，其中 R_M 为通用气体常数，R_M =8.314J/$(K \cdot mol)$，M_n 为气体分子的摩尔质量。

反过来也可以说，严格遵守上述状态方程的气体是理想气体。实际气体分子占有一定的体积，在相同的比容和温度下，压力会低于理想气体压力。显然，实际气体温度和比容越高、压力越低，分子体积的影响就越小，其性质就越接近理想气体。实际气体中，最接近理想气体的气体为氦气。

水蒸气的气体常数为 461.5J/$(K \cdot kg)$。饱和水蒸气是典型的实际气体，根据 IAPWS IF97 水和水蒸气热物性数据，15℃饱和水蒸气的比容为 77.88074m³/kg，与理想气体的比容 77.96079m³/kg 相比，绝对误差为 0.08005m³/kg，相对误差为 0.103%。而 100℃饱和水蒸气的比容为 1.67186m³/kg，与理想气体比容 1.69801m³/kg 相比，绝对误差为 0.02615m³/kg，相对误差为 1.54%。也就是说，低压水蒸气可以视为理想气体，精度足够高。

2.2.2　理想气体的内能和焓

1850 年焦耳实验证明自由膨胀过程中，理想气体内能保持不变。由于内能是状态参数，设 $u = u(T, p)$，有

$$du = \left(\frac{\partial u}{\partial T}\right)_p dT + \left(\frac{\partial u}{\partial p}\right)_T dp$$

由于自由膨胀过程中 $\delta u = 0$，$\delta T = 0$，$\delta p < 0$，必然有 $(\partial u / \partial p)_T = 0$，即理想气体内能与压力无关。

设 $u = u(T, v)$，有

$$du = \left(\frac{\partial u}{\partial T}\right)_v dT + \left(\frac{\partial u}{\partial v}\right)_T dv$$

由于自由膨胀过程中 $\delta u = 0$，$\delta T = 0$，$\delta v < 0$，必然有 $(\partial u / \partial v)_T = 0$，即理想气体内能与比容无关。综上，理想气体内能只与温度有关。

对于理想气体，$h = u + pv = u + RT$，由于内能只与温度有关，理想气体焓也只与温度有关。

由式 (2.26) 和式 (2.27)，有

$$du = c_v dT \qquad\qquad (2.32)$$

$$dh = c_p dT \qquad\qquad (2.33)$$

显然，式 (2.32) 和式 (2.33) 适合于理想气体任何过程。

2.2.3　理想气体熵

根据 $ds = \delta q / T$，对于可逆过程，结合式 (2.15) 和式 (2.16)，有

$$Tds = \delta q = du + pdv = dh - vdp$$

$$ds = \frac{1}{T}du + \frac{p}{T}dv = \frac{1}{T}dh - \frac{v}{T}dp$$

对于理想气体 $pv = RT$，其全微分方程式为 $dT / T = dv / v + dp / p$，因此，有

$$
\begin{aligned}
ds &= \frac{c_v}{T}dT + \frac{R}{v}dv \\
&= \frac{c_p}{T}dT - \frac{R}{p}dp \qquad\qquad (2.34)\\
&= \frac{c_p}{v}dv + \frac{c_v}{p}dp
\end{aligned}
$$

上述简要推导表明，理想气体的各种状态参数可以根据其他状态参数计算。尽管严格意义上的理想气体并不存在，但是理想气体反映了气体的基本性质，可以作为实际气体及其热力过程分析与计算的近似，这给实际工程的热力学分析与计算带来很大的方便。

2.2.4　理想气体比热容及计算

比热容是物质的重要特性参数。由于理想气体内能和焓是温度的单值函数，根据式 (2.26) 和式 (2.27)，不难理解理想气体比定压热容和比定容热容仅是温度的

函数。

对于定熵过程，ds=0，根据理想气体状态方程的全微分，经过简单推导，不难得到迈耶公式：

$$c_p - c_v = R \tag{2.35}$$

迈耶公式表明尽管理想气体比定压热容和比定容热容随温度的变化而变化，但是它们的差值恒等于气体常数，与气体的压力、比容和温度无关。

由式(2.25)～式(2.27)及式(2.34)，有

$$c_v = \left(\frac{\delta q}{\mathrm{d}T}\right)_v = \left(\frac{\partial u}{\partial T}\right)_v = T\left(\frac{\partial s}{\partial T}\right)_v \tag{2.36}$$

$$c_p = \left(\frac{\delta q}{\mathrm{d}T}\right)_p = \left(\frac{\partial h}{\partial T}\right)_p = T\left(\frac{\partial s}{\partial T}\right)_p \tag{2.37}$$

2.2.5 理想气体混合物的热力学性质

1. 混合气体的成分

对于一定质量 $m = \sum m_i$ 构成的混合气体，某组元 i 的质量分数为

$$\zeta_i = \frac{m_i}{m} \tag{2.38}$$

同样，对于一定物质的量 $n = \sum n_i$ 构成的理想混合气体，某组元 i 的摩尔分数为

$$x_i = \frac{n_i}{n} \tag{2.39}$$

质量分数和摩尔分数的换算关系为

$$\zeta_i = \frac{x_i M_{\mathrm{n},i}}{\sum x_i M_{\mathrm{n},i}} \tag{2.40}$$

$$x_i = \frac{\zeta_i / M_{\mathrm{n},i}}{\sum \zeta_i / M_{\mathrm{n},i}} \tag{2.41}$$

式中，$M_{\mathrm{n},i}$ 为组元 i 的摩尔质量。

由气体的摩尔质量 $M_{\mathrm{n},i} = m_i / n_i$ 这个关系式，可得混合气体的平均摩尔质量：

$$\overline{M}_n = \frac{m}{n} = \frac{m}{\sum n_i}$$
$$= \frac{m}{\sum m_i / M_{n,i}} = \frac{1}{\sum \zeta_i / M_{n,i}} \tag{2.42}$$

或

$$\overline{M}_n = \frac{m}{n} = \frac{\sum m_i}{n}$$
$$= \frac{\sum n_i M_{n,i}}{n} = \sum x_i M_{n,i} \tag{2.43}$$

2. 道尔顿分压定律

理想气体混合物遵循理想气体状态方程。对于 n 摩尔理想气体混合物，有

$$pV = nR_M T \tag{2.44}$$

对于 n_i 摩尔的组元 i 理想气体，其状态方程可以写成如下形式：

$$p_i V = n_i R_M T \tag{2.45}$$

因此，理想气体混合物的总压力等于各组元分压力之和，这就是道尔顿分压定律。

$$p = \sum p_i \tag{2.46}$$

由道尔顿分压定律，有

$$\frac{p_i}{p} = \frac{n_i}{n} = x_i \qquad 或 \qquad p_i = x_i p \tag{2.47}$$

由式(2.45)，某组元 i 理想气体的状态方程式还可以写成如下几种形式：

$$p_i V = \frac{m_i}{M_{n,i}} R_M T$$
$$p_i v_i = R_i T \tag{2.48}$$
$$p_i = \rho_i R_i T$$

式中，$R_i = R_M / M_{n,i}$ 为组元 i 的气体常数；$\rho_i = m_i / V = 1/v_i$，v_i 为组元 i 的比容。

理想气体混合物的密度用式(2.49)表示：

$$\rho = \sum m_i / V = \sum \rho_i = \sum \frac{p_i}{R_i T} \tag{2.49}$$

在求得混合气体平均摩尔质量[式(2.42)和式(2.43)]的基础上，平均气体常数可以用式(2.50)或式(2.51)计算。

$$\bar{R} = \frac{R_M}{\bar{M}_n} = R_M \sum \frac{\zeta_i}{M_{n,i}} = \sum \zeta_i \frac{R_M}{M_{n,i}} = \sum \zeta_i R_i \tag{2.50}$$

$$\bar{R} = \frac{R_M}{\bar{M}_n} = \frac{R_M}{\sum x_i M_{n,i}} \tag{2.51}$$

3. 理想气体混合物的比热容

如果已知各组元的比热容，则理想气体混合物的比定压热容和比定容热容分别为

$$c_p = \sum \zeta_i c_{p,i} \tag{2.52}$$

$$c_v = \sum \zeta_i c_{v,i} \tag{2.53}$$

如果已知各组元的摩尔比热容，则理想气体混合物的摩尔比定压热容和摩尔比定容热容分别为

$$c_{p,m} = \sum x_i c_{p,m,i} \tag{2.54}$$

$$c_{v,m} = \sum x_i c_{v,m,i} \tag{2.55}$$

4. 理想气体混合物的参数计算

如果已知理想气体混合物的成分($x = \{x_1, x_2, \cdots, x_k\}$)及各自的摩尔物性参数，就可以计算出理想气体混合物的相应参数：

$$h(T,p,x) = \sum x_i h_i(T,p) \tag{2.56}$$

$$s(T,p,x) = \sum x_i s_i(T,p) - R_M \sum x_i \ln x_i \tag{2.57}$$

$$e(T,p,x) = \sum x_i e_i(T,p) + R_M T_0 \sum x_i \ln x_i \tag{2.58}$$

$$f(T,p,x) = \sum x_i f_i(T,p) + R_M T \sum x_i \ln x_i \tag{2.59}$$

$$g(T,p,x) = \sum x_i g_i(T,p) + R_M T \sum x_i \ln x_i \qquad (2.60)$$

由式(2.57)不难理解,x_i 是小于 1 的数,因此理想气体混合物的熵大于各组元熵之和,从热力学视角看,这是由于混合是多种物质相互之间的自由膨胀与扩散过程,导致扩散㶲(或膨胀功)损失。后面关于扩散㶲的分析以及第 4 章关于典型不可逆过程的热力学分析都涉及这一问题。

相应地,理想气体混合物的㶲、自由能和自由焓都有所减小。但是,$\sum x_i \ln x_i$ 只与摩尔分数有关,因此式(2.57)的应用会出现同一气体的混合亦存在熵产的悖论,也称吉布斯佯谬(曾丹苓等,1980),说明混合气体熵的计算存在一定的不足。

如果已知单位质量的物性参数,则理想气体混合物的相应参数计算如下:

$$h(T,p,x) = \sum \zeta_i h_i(T,p) \qquad (2.61)$$

$$s(T,p,x) = \sum \zeta_i s_i(T,p) - \sum \zeta_i R_i \ln x_i = \sum \zeta_i s_i(T,p) - \bar{R} \sum x_i \ln x_i \qquad (2.62)$$

$$e(T,p,x) = \sum \zeta_i e_i(T,p) + T_0 \sum \zeta_i R_i \ln x_i = \sum \zeta_i e_i(T,p) + \bar{R} T_0 \sum x_i \ln x_i \qquad (2.63)$$

$$f(T,p,x) = \sum \zeta_i f_i(T,p) + T \sum \zeta_i R_i \ln x_i = \sum \zeta_i f_i(T,p) + \bar{R} T \sum x_i \ln x_i \qquad (2.64)$$

$$g(T,p,x) = \sum \zeta_i g_i(T,p) + T \sum \zeta_i R_i \ln x_i = \sum \zeta_i g_i(T,p) + \bar{R} T \sum x_i \ln x_i \qquad (2.65)$$

式中,$\bar{R} = \sum \zeta_i R_i$ 为混合气体的平均气体常数,见式(2.50)。

环境温度和压力下的空气,由于远离临界点,可以视为理想气体混合物。环境空气的成分如表 2.2 所示(Lemmon,2000)。

表 2.2 环境空气的成分

气体	在干空气中的摩尔分数	在 25℃、101.325kPa 和 50%相对湿度空气中的摩尔分数
N_2	0.7808	0.7686
O_2	0.2095	0.2062
Ar	0.0093	0.0092
CO_2	0.0004	0.0004
水蒸气	0	0.0156

2.3 湿空气及其热力学性质

大气中总含有一定量的水蒸气,含有水蒸气的空气称为湿空气。这是因为在环境温度和压力的变化范围内,水蒸气会发生凝结成水的现象。大气中水蒸气的份额一般不超过其饱和分压力对应的摩尔分数，因此大气中的水蒸气含量随地理位置和季节的不同而不同，有比较大的差异。在大气温度下，水蒸气在大气中的份额有限，对应饱和温度(压力)较低，视为理想气体的误差很小，因此，大气环境下的湿空气也可以视为理想气体混合物。表 2.2 也给出了 25℃、101.325kPa(1atm)和 50%相对湿度空气中的摩尔分数。

为了特别表示水蒸气的分压力，简化湿空气物性计算，经常用式(2.66)表示湿空气的压力：

$$p = p_a + p_w \tag{2.66}$$

式中，p_a 为所有干空气成分的分压力之和；p_w 为水蒸气的分压力。

湿空气密度等于干空气密度(ρ_a)与水蒸气密度(ρ_w)之和：

$$\rho = \rho_a + \rho_w = \frac{p_a}{R_a T} + \frac{p_w}{R_w T} \tag{2.67}$$

式中，R_a 为干空气的气体常数，$R_a = 287 \text{J}/(\text{K} \cdot \text{kg})$；$R_w$ 为水蒸气的气体常数，$R_w = 461.5 \text{J}/(\text{K} \cdot \text{kg})$。

湿空气的含湿量定义为 1kg 干空气的水蒸气量：

$$d = \frac{m_w}{m_a} = \left(\frac{p_w V}{R_w T}\right) \bigg/ \left(\frac{p_a V}{R_a T}\right) = \frac{R_a}{R_w} \cdot \frac{p_w}{p_a} \tag{2.68}$$

将干空气和水蒸气的气体常数值代入式(2.68)，得

$$d \approx 0.622 \frac{p_w}{p_a} \tag{2.69}$$

大气中，水蒸气的凝结温度完全取决于其分压力。为表征湿空气接近饱和状态的程度，热力学定义了湿空气的相对湿度，它等于水蒸气的分压力与相同温度下的饱和水蒸气压力($p_{w,s}$)之比：

$$\phi = \frac{p_w}{p_{w,s}} \times 100\% \tag{2.70}$$

ϕ 值越大说明空气越潮湿，越接近饱和状态。图 2.3 给出了 101.325kPa 湿空气的焓湿图。

湿空气的露点温度 t_s 是指在给定含湿量 d 之下(或给定水蒸气分压力之下)，使空气冷却到饱和状态(相对湿度为 100%)时的温度。露点温度在大气物理学和空调系统中具有重要意义，是研究气象变化的重要参数。空调系统的除湿功能就是

将湿空气冷却至露点温度以下，使水蒸气凝结而与空气分离的。

　　若含湿量为 $d$kg，湿空气的焓值 h 等于 1kg 干空气的焓和 $d$kg 水蒸气的焓的总和：

$$h = 1.01t + (2500 + 1.84t)d \qquad (2.71)$$

式中，t 为湿空气温度；常数 2500kJ/kg 为 0℃时水的汽化潜热；系数 1.01kJ/(K·kg) 和 1.84kJ/(K·kg) 分别为干空气和水蒸气的比定压热容。

　　式(2.71)计算的是 1kg 干空气的湿空气焓，用小写符号表示。但需要澄清的是，湿空气的焓值 h 并不是针对单位湿空气质量的比参数。

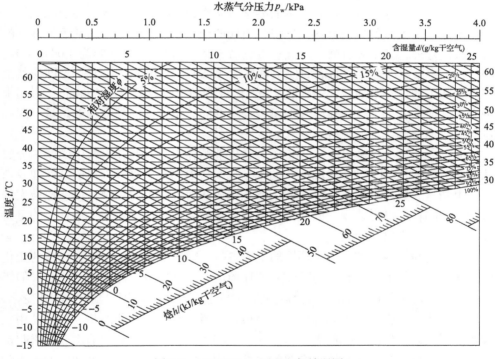

图 2.3　101.325 kPa 下湿空气焓湿图

2.4　热力学参考环境与状态参数㶲

2.4.1　环境、参考环境及其热力学特性

　　根据热力学理论，㶲(也称为可用能、可用性等)是体系相对于环境具有的做功能力，因此参考环境是热力学分析的基础内容。

　　㶲概念的产生源于基本的科学事实。人们之所以能够使用机器从事生产活动，就是因为存在着某些天然物质与环境之间的不平衡，这些物质称为能源。人们所做的一切，就是用设计制造的设备将这类物质引向与环境平衡的状态，如燃料燃烧释放热量，热量得到利用及转化，烟气排放到环境中，或一次性地输出"功"，或以此来改变存在于环境中的其他物质的状态，实现生产目的。

人类生产生活都是在地表、大气环境中进行的。对于一定的实用目的来讲，热力学将环境视为一个无限大的物质库、热库和容积库，即热力学的研究对象在有限时间范围内，对环境造成的影响可以忽略不计。首先，这一认识是热力学分析所必需的，环境参数也常常作为标准确定下来。热力系统的分析计算需预先确定设计环境温度、环境压力、大气成分和大气湿度等，否则其结果就失去了比较的基础。其次，这一认识也有基本的科学事实作为支撑，如燃烧需要消耗氧气，工业革命以来大量的化石燃料被燃烧，引起的变化在各种文献给出的氧气浓度的有效数值之外，完全被忽略。大气总质量为 5.26×10^{18} kg，比热容为 1.004kJ/（K·kg），2012 年全球全年化石能源使用量高达 1.08477×10^{13} kg 油当量[①]，即便其全部燃烧产生的热量被地球大气吸收，大气温度升高也仅仅只有约 0.086℃，影响十分有限。而事实上，大气在吸收燃料燃烧热的同时也不断向外空辐射热量，因此可以假设大气环境温度维持不变。

但是，作为大气微量成分的 CO_2，自工业革命以来，其在大气中的摩尔分数从 0.00028 增加到目前的约 0.0004 的水平，而目前的绝大多数大气成分标准尚未及时更新这一数据。另外，能源利用系统排放的污染物可对局域环境造成极大的影响，其副作用已经显现。因此，对参考环境的认知与设定对于人类社会的可持续发展是一个重要的问题。

众所周知，温度和压力是环境的主要参数，随地理位置、季节和昼夜的变化而变化。空气是绝大多数热力学体系的环境。干空气成分总体上相对稳定，但工业化以来，大气中 CO_2 的浓度持续增加。大气湿度或含湿量等也随时、随地变化，冬夏、南北差异很大，不同高度差异也很大。能源利用、工业冷却、市政公用、农业灌溉及人民生活等排放大量水蒸气，这些水蒸气对环境的影响迄今未引起足够的关注。海洋是一些与海水有关的体系所面对的环境，海水温度和成分构成随地理位置和时间变化，也必然对相关设备的设计和运行产生影响，也是必须加以关注的问题。比如，海水淡化是海水的分离过程，海水的浓度、温度及成分构成不仅对分离过程的能耗产生影响，而且直接影响设备的结垢与腐蚀特性，而沿岸海水又受到河流入海、降水等因素影响。因此，真实环境的参数是变化的，在热力系统的分析计算与设计时，要认真对待环境参数条件，并加以利用，以使其完整和精确地实现设计功能。

---

① BP Statistical Review of World Energy, 2013.

　　以标准形式确定的环境参数称为环境参考态，相应的环境称为参考环境。《能量系统㶲分析技术导则》(GB/T 14909—2021)给出的环境参考态的温度和压力分别是 25℃和 100kPa，与热化学的规定相同(Barin，1995)，但不同领域选用的环境参考态也有所不同，针对天然气制定的国际标准 ISO 13443—2005 的环境参考态的温度和压力分别是 15℃和 101.325kPa，而《天然气》(GB 17820—2018)规定的环境参考态为 20℃和 101.325kPa。所有这些会导致标准执行上的混乱，对能源交易的质量换算及能效计算等产生影响。本书选择参考环境的温度和压力是 25℃和 100kPa。

　　Szargut(1989)根据能源利用和物质生产的共性，对物质的化学㶲做了更一般的定义：一种物质的化学㶲等于它通过可逆方式转变到它在参考环境中的基准物质状态时所做的最大功。这里的物质既包括作为能源的各种燃料，也包括铁、铝、硅等单质，还包括食盐、海水淡化的产品淡水等化合物。因此，基准物质可以分为三种基准物质形态：环境大气的气体成分、地壳外层的基准物质以及海水的成分等。举例说明，燃料燃烧的产物排放到环境之中，参考环境是大气环境。对于单质，如铝、硅、铁等的生产，其参考环境是其在地壳外层中各自最稳定的基准物质，如铝的基准物质是氧化铝，硅的基准物质是二氧化硅，而铁的基准物质是三氧化二铁等。所有单质的基准物质构成基准物质体系(简称基准物系)。《能量系统㶲分析技术导则》(GB/T 14909—2021)给出了基准物系。海水淡化的参考环境则是海水成分，生产铝所需的原料氧化铝的参考环境是氧化铝矿。氧化铝的生产是一个物质提纯过程，与海水淡化的淡水提纯本质上是一致的，矿藏中氧化铝含量越高，意味着所需分离提纯的能量消耗越低。

　　参考环境是㶲分析计算的标准条件，一经确立，其所有的热力学参数均保持不变。因此，参考环境具有如下热力学性质：①它是一个无穷大的能量库、物质库，具有无穷大的热容量；②当其吸收和失去一定的热量时，其温度保持不变；③当其接受和输出一定的物质时，其压力保持不变；④参考环境往往处于单一相态，如果温度和压力保持不变，则它的比焓和比熵保持不变；⑤参考环境往往又是一个多元体系，比熵不变意味着其摩尔成分亦保持不变，如表 2.2 所示。

2.4.2　物理㶲和化学㶲

　　体系与环境的平衡分两类：约束性平衡和非约束性平衡。如果体系与环境间仅仅达到了机械平衡与热平衡，具有与环境相同的压力和温度，则称体系与环境间达到约束性平衡，也称为物理寂态。当一个热力学体系从其所处的状态，经可逆的过程达到环境温度和压力，最终与环境处于约束性平衡时，所能输出的最大功即物理㶲。除此之外，物理㶲还包括热力学体系的动能和势能。因此，针对 1kg

工质，其物理㶲的一般表达式可以写成

$$e = e(T, p) - e(T_0, p_0) + 0.5v^2 + gz \tag{2.72}$$

式中，T_0、p_0 为环境温度和压力；v 为运动速度；z 为重力高度；g 为重力加速度。

式(2.12)直接给出了㶲的定义式，式中有环境温度 T_0，说明㶲参数与环境参数有直接关系。事实上，根据热力学理论，㶲是热力学体系从所处的热力学状态经可逆过程达到与环境相平衡的状态时所做的功。换言之，㶲是热力学体系相对于环境状态的最大做功能力。

式(2.12)是忽略体系运动速度和重力势能的物理㶲表达式。针对 1kg 工质，如果环境状态 (T_0, p_0) 下体系的㶲用 $e_0 = h_0 - T_0 s_0$ 表示，物理㶲可以写成

$$e = h - h_0 - T_0(s - s_0) \tag{2.73}$$

物理㶲还可分解成机械㶲 (e_m) 和热量㶲 (e_h) 两部分，分别代表热力学体系与环境的温度差和压力差对应的理论最大功量，如式(2.74)所示：

$$\begin{cases} e_\mathrm{m} = e(t, p, x) - e(t, p_0, x) \\ e_\mathrm{h} = e(t, p_0, x) - e(t_0, p_0, x) \end{cases} \tag{2.74}$$

如果一个体系与环境间不仅达到约束性平衡，且其每一个组元均处于稳定的相态，其成分构成与其环境完全一致，则称体系与环境间达到非约束性平衡，也称为寂态。显然，一个处于物理寂态、具有环境温度和压力的热力学体系相对于寂态，仍具有做功能力。将热力学体系经可逆过程，从物理寂态达到寂态所做的最大功称为化学㶲。

化学㶲有两种，一种是热力学体系相对于环境的浓度差所具有的化学㶲，也称为扩散㶲，如淡水和 NaCl 等相对于各自在海水中的浓度差所具有的做功能力。

物质扩散㶲的一般表达式如下：

$$e^0 = e(T_0, p_0, x) - e(T_0, p_0, x_0) \tag{2.75}$$

式中，$x = \{x_1, x_2, x_3, \cdots, x_k\}$ 为体系内各物质成分的摩尔分数；$x_0 = \{x_1^0, x_2^0, x_3^0, \cdots, x_k^0\}$ 为体系内各物质成分在寂态环境中的摩尔分数。

对于寂态环境的摩尔成分构成 $x_0 = \{x_1^0, x_2^0, x_3^0, \cdots, x_k^0\}$，环境温度和压力下的 1kg 某理想气体 i 相对于这一寂态环境的扩散㶲可以近似用式(2.76)计算：

$$e_i^0(T_0, p_0) = -RT_0 \ln x_i^0 \tag{2.76}$$

每一种气体相对于其他气体或整个气体空间都存在扩散㶲。如果混合成的气

体为 1kg，且摩尔成分构成为 $x = \{x_1, x_2, x_3, \cdots, x_k\}$，则各气体的摩尔扩散㶲之和用式 (2.77) 计算[对比式 (2.63)]：

$$\sum e_i^0(T_0, p_0, x) = -\bar{R}T_0 \sum x_i \ln x_i \tag{2.77}$$

现在考虑一定物质构成的混合气体扩散至寂态环境的扩散㶲，如燃料燃烧产生的烟气混入大气的过程。混合气体扩散至寂态环境不同于式 (2.76) 描述的纯气体相对于寂态环境，也不同于式 (2.77) 描述的气体混合过程。鉴于混合气体（如烟气）是已经事先混合好的，它们相对于寂态环境的扩散㶲等于各自气体相对于寂态的扩散㶲[式 (2.76)] 之和减去它们在形成混合气体时的扩散㶲[式 (2.77)]。

$$\begin{aligned} e^0 &= e(T_0, p_0, x) - e(T_0, p_0, x_0) \\ &= \sum x_i e_i^0(T_0, p_0) - \sum e_i^0(T_0, p_0, x) \\ &= \bar{R}T_0 \sum x_i \ln(x_i / x_i^0) \end{aligned} \tag{2.78}$$

这里基于理想气体进行讨论是为了使扩散㶲的概念便于理解，实际气体和物质的扩散过程要复杂许多（宋之平和王加璇，1985）。

扩散㶲还可以用容积功 $\delta w = p \mathrm{d}v$ 求取，相当于理想混合气体各组元独自由其分压力 p_i 可逆膨胀至在寂态环境中的分压力 p_i^0，相应地，比容由 v_i 到达 v_i^0。各组元的容积功之和为该混合气体的扩散㶲，如式 (2.79) 所示：

$$\begin{aligned} e^0 &= \sum x_i \int_{v_i}^{v_i^0} p_i \mathrm{d}v_i = \sum x_i \int_{v_i}^{v_i^0} \frac{R_i T_0}{v_i} \mathrm{d}v_i \\ &= \bar{R}T_0 \sum x_i \ln(v_i^0 / v_i) \\ &= \bar{R}T_0 \sum x_i \ln(p_i / p_i^0) \\ &= \bar{R}T_0 \sum x_i \ln(x_i / x_i^0) \end{aligned} \tag{2.79}$$

另一种化学㶲是作为热力学体系的单质或化合物等相对于参考环境下其基准物质所具有的化学㶲或化学功，比如，铁作为热力学体系相对于 Fe_2O_3，碳作为热力学体系相对于大气中的二氧化碳，一氧化碳作为燃料相对于大气中的二氧化碳等，用式 (2.80) 表示：

$$e^0 = -\Delta g_R^0 = -(\Delta h_R^0 - T_0 \Delta s_R^0) \tag{2.80}$$

式中，Δg_R^0 为标准反应自由焓；Δh_R^0 为标准反应焓；Δs_R^0 为标准反应熵。

式 (2.80) 计算的是物质在参考环境温度和压力下相对于其基准态物质的化学㶲或化学功。由于物质的焓和熵随温度和压力变化，反应过程的化学㶲等也将随温度和压力变化。

需要说明的是，由于未考虑扩散作用，将单质或化合物的标准反应自由焓的绝对值作为化学㶲，这一结论值得商榷，参见第 3 章燃料㶲分析的相关内容。

2.4.3　工质㶲的图示

根据式(2.73)，工质㶲的大小可以表示为 Ts 图上阴影部分的面积(宋之平和王加璇，1985)，如图 2.4 所示。M 点相当于工质由状态 A 经历定熵膨胀到环境温度时的状态。

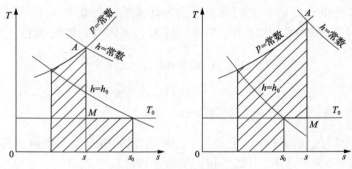

图 2.4　工质㶲在 Ts 图上的表示

工质㶲可用技术功($-v\mathrm{d}p$)表示，在 pv 图上可以表示为图 2.5 的阴影部分的面积，代表工质从所处状态先经定熵过程，再经定温过程到环境温度和压力所做的功。环境温度 T_0 下，水蒸气处于负压状态，因此水蒸气定熵膨胀到环境温度时，设备要进入真空状态，然后通过定温压缩达到环境压力，需要扣除这一压缩过程的功耗。

$$e = -\int_{p}^{P_{\mathrm{m}}} v_{(s)}\mathrm{d}p - \int_{P_{\mathrm{m}}}^{P_0} v_{(T_0)}\mathrm{d}p \tag{2.81}$$

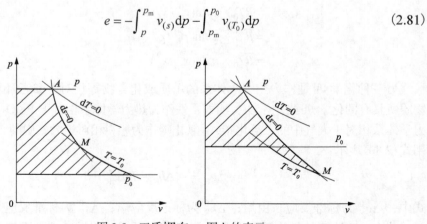

图 2.5　工质㶲在 pv 图上的表示

由工质㶲的表达式 $e = h - h_0 - T_0(s - s_0)$，以及式(2.23)，可得 $T_0 = (\partial h / \partial s)_{p_0} =$

$\tan\theta$，由于 $\overline{AB}=(h-h_0)_s$，$\overline{BC}=T_0(s_0-s)=\tan\theta(s_0-s)$，所以有 $e=\overline{AB}+\overline{BC}$，因此工质㶲在 hs 图上可以表示为直线 $\overline{AC}$ 的距离，如图 2.6(a) 所示。若初始 A 点处于 (p_0,T_0) 右侧，工质㶲为 $e=\overline{AB}-\overline{BC}$，在 hs 图仍为直线 $\overline{AC}$ 的距离，如图 2.6(b) 所示。如果 A 点的焓值在环境状态以下，由于 $\overline{AB}=|(h-h_0)_s|$，$\overline{BC}=T_0|s-s_0|=\tan\theta|s-s_0|$，对于图 2.7(a) 和图 2.7(b) 的情况，工质㶲 $e=-\overline{AB}+\overline{BC}$。如果 $\overline{AB}<\overline{BC}$，则工质㶲为正；如果 $\overline{AB}>\overline{BC}$，则工质㶲为负。对于图 2.7(c) 的情况，工质㶲 $e=-\overline{AB}-\overline{BC}$，工质㶲为负。

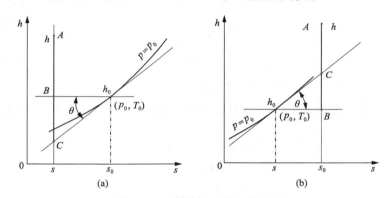

图 2.6 工质㶲在 hs 图上的表示

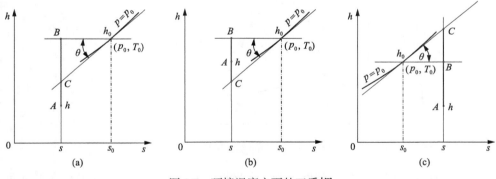

图 2.7 环境温度之下的工质㶲

工质㶲标志着工质具有的做功能力，以做功为正、耗功为负。制冷系统中，工质焓值会常常处于环境状态之下，工质㶲为负值是常态。根据热力学原理，通常情况下，工质不可能自发地出现㶲值为负的状态，必须经由制冷过程才能使其达到㶲值为负的状态，这决定了制冷系统是一个耗功系统。

这里讨论的工质㶲仅包括热量㶲和机械㶲，针对 1kg 工质进行分析，用比参数表示。

2.5　热力过程

2.5.1　功的定义及其热力学意义

在物理学和数学中，将力 $\vec{f}$ 与其位移的内积作为功的定义：

$$dw = \vec{f} \cdot d\vec{l} \tag{2.82}$$

力及其位移可以用 xy 坐标轴上的分量 $P(x, y)$ 和 $Q(x, y)$ 表示：

$$
\begin{aligned}
\vec{f} &= P(x, y)\vec{i} + Q(x, y)\vec{j} \\
d\vec{l} &= dx\vec{i} + dy\vec{j}
\end{aligned}
\tag{2.83}
$$

式中，$\vec{i}$、$\vec{j}$ 分别为 x、y 轴的单位向量。

则在力 $\vec{f}$ 的作用下，产生从 A 经 B 到 C 的一段位移（图 2.8）所做的功为

$$\Delta w = \int_{ABC} \vec{f} \cdot d\vec{l} = \int_{ABC} [P(x, y)dx + Q(x, y)dy] \tag{2.84}$$

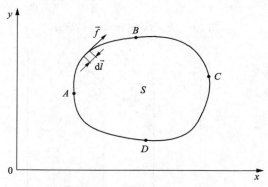

图 2.8　力、位移及力所做的功

如果这一作用力下的位移路径为一条顺时针正向封闭曲线 $ABCDA$，则其所做的功可以应用格林定理表示为

$$\oint_{ABCDA} [P(x, y)dx + Q(x, y)dy] = \iint_S \left(\frac{\partial Q(x, y)}{\partial x} - \frac{\partial P(x, y)}{\partial y} \right) dxdy \tag{2.85}$$

物理和数学的这一处理过程有三个前提：其一是基于质点假设，可以忽略物体的形状和大小；其二是假设力 $\vec{f}$ 及其分量 $[P(x, y), Q(x, y)]$ 在区域 S 上连续可

微；其三是所经历的路径由分段光滑的曲线构成。

在热力学中，坐标变量代表着状态参数。因此，坐标系中的任意一点代表着工质的一种热力状态。任一线段（路径）都代表着一个热力过程。在热力过程中，工质状态会发生变化，会输出功或消耗功，当然也会吸热或放热。

事实上，只有热力学才区别热和功的不同，在热力学中，驱动物质、能量等发生迁移、转化的力有多种，如温差（dT）、压力差（dp）、密度差（$d\rho$）或浓度差、熵差（ds）及焓差（dh）等，都可以作用于物质系统，导致状态变化。但从数学分析表达式上看，二者没有区别。而从热力学视角看，如果"某种力"沿一条封闭曲线作用一圈，则意味着完成了一个热力循环，式（2.85）表示可以通过面积分求热力循环的功量。

2.5.2　热力过程

如果一个热力系统处于平衡态，则其内部物质处于均匀一致状态，有确定的热力参数。如果驱使其状态变化的不平衡因素都不存在，则其平衡态也不会自发破坏。但是，当热力系统所处的外界条件发生变化时，热力系统与其外界环境之间出现了驱使其状态变化的不平衡因素，则热力系统的状态会因此发生变化。热力系统状态，如相态、温度、压力以及容积等发生变化的过程统称为热力过程。在热力过程中，热力系统与外界会发生热量、功以及物质交换，定量分析热力系统与外界所发生的热量、功及物质交换是热力学的基本内容，因此需对热力过程有充分的认识。

1. 准平衡过程

准平衡过程是热力学分析的一个基础性概念，是为了对所研究的体系与外界变化做定量描述而提出的。与普通物理基于质点假设研究物质运动不同，热力学研究的是由大量分子构成的体系的变化特性及其影响。体系内部是否处于热力学平衡态，温度、压力和密度等状态参数分布是否均匀，对于能否建立数学方程对其所经过的热力过程进行定量描述至关重要。实际热力过程中，体系内部往往处于不平衡热力状态。比如，管内黏性流体流动的径向流速存在不均匀性；如果通过管壁使其受热或冷却，则其径向温度也必然存在不均匀性，所以热力系统内部处于不平衡状态是常态。

为利用确定的状态参数对热力系统与外界的变化进行定量描述，热力学定义了准平衡过程的概念。准平衡过程是指热力系统所经历的一系列状态都无限接近于平衡态，这往往要求过程进行的速度无限缓慢，因此又称为准静态过程（曾丹苓等，1980）。体系实施准平衡过程的条件是推动过程进行的不平衡势差为无限小、过程进行得无限缓慢（王竹溪，2014）。相应地，准平衡过程中热力系统内部的不均匀性忽略不计，其过程可以在状态参数坐标图上用连续曲线表示。而非平衡过程则由于热力系统的状态不确定，不能在坐标图上用连续曲线表示。

2. 可逆过程

实际热力过程都是不可逆过程，不可逆性是能量耗散的根本原因，直接后果是降低能源利用效率。尽管实际热力过程都是不可逆过程，但是研究可逆过程，并分析不可逆性产生的原因、大小及分布，对于节能及提高能源利用效率至关重要。

关于可逆过程，通常是这样认识的：如果热力系统经历某一热力过程后，可以逆着这一过程回到初始状态，且不在外界留下任何影响，则称这一过程为可逆过程。判别过程是不是可逆过程，关键并不在于系统是否能回到初始状态，而在于系统在回到初始状态的同时是不是对外界没有任何影响（曾丹苓等，1980）。

关于可逆过程与准平衡过程的关系，一般是这样认识的：可逆过程首先应是准平衡过程，过程中每一个状态均无限接近热力学平衡态，满足力平衡、热平衡、相平衡及化学平衡条件；同时在过程中不宜包含任何耗散效应，如摩擦、磁滞、电阻等（曾丹苓等，1980）。

由于实际的热力过程都是在一定时间和空间制约下进行的，都是非平衡过程（不可逆过程），过程参数也是不确定的。准平衡概念的提出，为热力学分析摆脱时空变量的束缚、建立"静态"热力学方程创造了条件。

但是反过来，热力过程是否可逆的分析与判断，其实无须借助准平衡概念，只需根据过程的熵产分析或㶲分析即可。如果热力过程的做功能力得以完全实现并输出，则这一热力过程就是可逆过程，可逆过程的熵产为 0。反之，如果热力过程的做功能力未能完全实现并输出，存在做功能力的损失，则这一热力过程必然存在不可逆性，是不可逆过程，不可逆过程的熵产大于 0。熵产是热力过程的做功能力被损耗的度量。熵产小于 0 的过程不可能发生。

$$\begin{cases} S^{gen} = 0, & \text{可逆过程} \\ S^{gen} > 0, & \text{不可逆过程} \end{cases} \tag{2.86}$$

这是经典热力学提供的最本质的、最一般化的描述过程进行方向的不等式（判别式）。更简易的判别方法可以参照自发过程进行的方向，如热总是从高温自发地传输到低温、工质总是从高势能位自发传输到低势能位等。

任何实际过程都是不可逆过程，其中的不可逆因素可能不止一个。典型不可逆过程的熵产分析将在第 4 章开展。

根据热力学第二定律，热力过程的熵变 ΔS 等于过程的熵流 $\Delta_e S$ 与熵产 S^{gen} 之和。

$$\Delta S = \Delta_e S + S^{\text{gen}} \tag{2.87}$$

因此，不可逆过程的熵变大于熵流：

$$\Delta S - \Delta_e S > 0 \tag{2.88}$$

对于放热过程，熵流为负，这一过程的熵变的绝对值小于熵流的绝对值。若热力过程的熵产 $S^{\text{gen}} = 0$，过程的熵变 ΔS 等于熵流 $\Delta_e S$，由式（2.11），则有

$$\Delta S = \Delta_e S = \int_Q \frac{1}{T} \delta Q \tag{2.89}$$

因此，这一热力过程为可逆过程。

对于化学反应过程，如果可以输出的化学功 $(-\Delta G)$ 不能输出，那么这一反应过程一定存在不可逆性。事实上，如果化学反应是反应物直接混合进行反应，那么反应过程的化学功肯定无法得以输出，因此造成不可逆损失。因此，对于混合进行的化学反应过程，应满足

$$\begin{cases} \Delta G = 0, & \text{可逆反应} \\ \Delta G < 0, & \text{不可逆反应} \end{cases} \tag{2.90}$$

$\Delta G = 0$，反应的化学功为 0，反应物的自由焓与产物的自由焓相等，这一化学反应即为可逆反应。可逆化学反应中，反应物的化学势与产物的化学势相等，这意味着吉布斯自由焓就是化学势。$\Delta G > 0$ 的反应不可能发生。化学反应过程的熵产将在第 4 章介绍。

对于等温等容进行的化学反应过程，如果其亥姆霍兹函数的变化量 $\Delta F < 0$，则反应过程不可逆；如果 $\Delta F = 0$，则反应过程可逆；如果 $\Delta F > 0$，则反应不可能进行。

如果研究对象是单位工质体系所进行的热力过程，上述分析可以用比参数。

3. 热力学第二定律

热力学第二定律是人们根据经验总结出来的有关热现象的第二个经验定律（曾丹苓等，1980）。在热力学第二定律成为理论的进程中，出现过几种表述方法，它们之间完全等同。克劳修斯说法（1850 年）：不可能把热从低温物体传至高温物体而不引起其他变化。开尔文说法（1851 年）：不可能从单一热源取热使之完全变成有用功而不产生其他影响。普朗克说法：不可能造一个机器，在循环动作中把一个重物升高而同时使一个热库冷却。

在热力学发展的历史上，除了出现过第一类永动机的设想之外，还出现过从单一热源取热，使之完全变成有用功的第二类永动机的设想。因此，热力学第二定律的表述可以归结为"第二类永动机是不可能制造成功的"。

　　这里要说的是，开尔文说法最直接也最简洁地表达了热力学第二定律所揭示的实质，那就是任何热机，无论其循环本身是否可逆，都存在对环境的影响，都必须向环境排出热量，从而导致环境的熵增加，环境的熵增就是热机循环造成的熵产。而热机循环中每一个热力过程又必然存在不可逆性，这些不可逆性都将增加循环对环境的热排放，从而导致熵产的进一步增大。

2.5.3　热力过程的功量

　　功的热力学定义是热力系统与外界以机械方式相互作用而传递的能量。当系统做功时，其对外界的作用可用在外界举起重物的单一效果来代替。

　　功是描述热力过程的物理量，不是状态参数。为了计算方便，规定系统对外界做功为正，得到功为负。功量的国际单位是焦耳($1J=1N \cdot m$)或瓦($1W=1J/s$)等。

　　在热力学中，技术功和容积功是两种最普通的功的形式。针对 1kg 工质，有技术功：

$$\delta w_t = -v \mathrm{d}p \tag{2.91}$$

容积功：

$$\delta w = p \mathrm{d}v \tag{2.92}$$

　　可逆过程的功量可以用 pv 图的面积表示，技术功 $w_t = -\int_1^2 v \mathrm{d}p$，如图 2.9 阴影部分所示，容积功 $w = \int_1^2 p \mathrm{d}v$，如图 2.10 阴影部分所示。

　　与可逆过程的功量相对应，非平衡过程中系统与外界交换的功量为非平衡功。由于系统处于非平衡态，没有确定的状态参数，非平衡过程所完成的功不可能像可逆过程那样用系统内部参数来描述(计算)，需通过外部参数的测量来确定过程的功量。

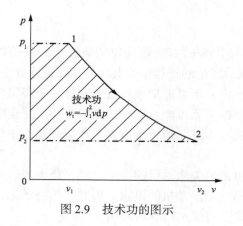

图 2.9　技术功的图示

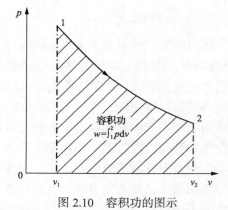

图 2.10　容积功的图示

实际热力过程都是不可逆过程。实际热力过程的功量小于可逆过程的功量。

2.5.4 热力过程的热量

热量是热力系统与外界之间仅仅依靠温差传递的能量。与功比较，热量的传递不能像功的传递一样可以折算为举起重物的单一效果，所以它是与功不同的另一种能量传递方式，这意味着功和热量不等价。

热量是描述过程的物理量。热力学规定系统吸热为正，放热为负。与功一样，热量的国际单位也是焦耳或瓦（1W=1J/s）等。

根据式(2.11)，针对 1kg 工质，可逆过程的热量计算式为

$$\delta q = T \mathrm{d}s \tag{2.93}$$

热量 $q = \int_1^2 T \mathrm{d}s$ 可以表示为 Ts 图上阴影部分的面积，如图 2.11 所示。

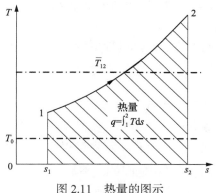

图 2.11 热量的图示

工程中，以传热为目的的热力过程都以等压过程为基础。

2.5.5 热力过程的热量㶲

对于等压过程，1kg 工质所交换的热量都可以用式(2.93)计算。伴随着热量的交换，必然有热量㶲的交换。

根据式(2.73)，对于图 2.11 所示的等压吸热过程 1→2，其㶲的变化为

$$\Delta e_{12} = e_2 - e_1 = h_2 - h_1 - T_0(s_2 - s_1) \tag{2.94}$$

根据熵的定义式 $\mathrm{d}s = \delta q / T$，等压吸热过程 1→2 的热力学平均温度为

$$\bar{T}_{12} = \frac{h_2 - h_1}{s_2 - s_1} \tag{2.95}$$

于是，等压吸热过程 1→2 的热量㶲可以写成

$$\Delta e_{12} = \left(1 - \frac{T_0}{\overline{T}_{12}}\right)(h_2 - h_1) = \left(1 - \frac{T_0}{\overline{T}_{12}}\right)q \tag{2.96}$$

通常，$\overline{T}_{12} > T_0$，吸热过程的 $q = h_2 - h_1 > 0$，因此 $\Delta e_{12} > 0$，即工质吸收热量，工质的㶲增大。如果是放热过程，其焓值变化为负（$h_2 - h_1 < 0$），这时工质因放热而造成㶲减小。

等压吸热过程 $1 \to 2$ 与横坐标围成的面积（图 2.11 中的阴影部分）是过程的吸热量 $h_2 - h_1$；而这一吸热过程中，工质的㶲量变化为等压吸热过程 $1 \to 2$ 与环境温度（T_0）线围成的面积，其物理意义是吸热量具有的理论最大做功量。

式（2.96）的计算结果等于吸热过程与环境温度（T_0）线围成的面积，其热力学意义是吸热过程的热力学平均温度 $\overline{T}_{12}$ 与环境温度之间的卡诺循环的做功量。$1 - T_0 / \overline{T}_{12}$ 为卡诺循环效率，显然，$\overline{T}_{12}$ 越高，热量㶲越大，$\overline{T}_{12}$ 是表征热量 $q = h_2 - h_1$ 的热力学品质的参数。$1 - T_0 / \overline{T}_{12}$ 的物理意义是 $\overline{T}_{12}$ 的热量在理论上可以转变成功的比例，是热量的比㶲。

环境温度之下进行的吸热、放热过程更特殊，将在第 8 章制冷系统单耗分析中进行讨论。

2.5.6 理想气体热力过程

理想气体热力过程的分析计算是开展实际工程问题热力学分析的基础。常见热力过程主要有定温过程、定压过程、定容过程和定熵过程，它们的 pv 图和 Ts 图如图 2.12 所示。介于这些过程之间的、满足 $pv^n = $ 定值的热力过程，在热力学教科书中称为多变过程。多变指数 n 取不同的数值，可以代表不同的上述定值过程。比如，当 $n = 0$ 时，对应定压过程；当 $n = 1$ 时，对应定温过程；当 $n = k$（$k = c_p / c_v$，称为绝热系数）时，对应绝热过程（或定熵过程）；当 $n = \pm\infty$ 时，对应定容过程。

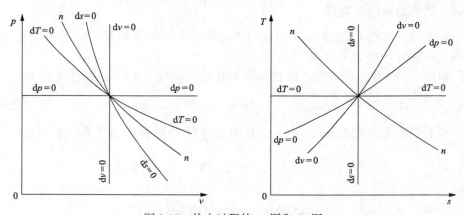

图 2.12　热力过程的 pv 图和 Ts 图

因此，热力过程的功量和热量可以借助多变过程（pv^n=定值）进行分析计算。对于从状态点 1 至状态点 2 的理想气体多变过程，其功量和热量可以用统一的形式表达。

对于理想气体多变过程，$\Delta u = c_v (T_2 - T_1)$，$\Delta h = c_p (T_2 - T_1)$。

（1）多变过程的比容积功：

$$w = \frac{1}{n-1} p_1 v_1 \left[1 - (p_2 / p_1)^{(n-1)/n} \right] \tag{2.97}$$

（2）多变过程的比技术功：

$$w_t = \frac{n}{n-1} p_1 v_1 \left[1 - (p_2 / p_1)^{(n-1)/n} \right] = nw \tag{2.98}$$

（3）多变过程的比热量：

$$q = \Delta u + w = \frac{n-k}{n-1} c_v (T_2 - T_1) = c(T_2 - T_1) \tag{2.99}$$

（4）多变过程的比热容：

$$c = \frac{n-k}{n-1} c_v \tag{2.100}$$

对定压过程，$n = 0$，$c = kc_v = c_p$，$\Delta h = c_p \Delta T = T \Delta s$，$w = p \Delta v$，$w_t = 0$，$q = \Delta h$。

对定温过程，$n = 1$，$c = \pm \infty$，$\Delta h = 0$，$w = w_t = RT \ln(v_2 / v_1) = RT \ln(p_1 / p_2)$，$q = T \Delta s = w = w_t$。

对定容过程，$n = \pm \infty$，$c = c_v$，$\Delta u = c_v \Delta T$，$w = 0$，$w_t = -v \Delta p$，$q = c_v (T_2 - T_1)$。

对定熵过程，$n = k$，$c = 0$，$\Delta h = c_p \Delta T$，$w_t = -\int_1^2 v \mathrm{d}p$ [式（2.98），$n = k$]，$q = 0$。

2.6 热 力 循 环

只要工质经过一系列热力过程，又返回初始状态，就可以称其完成了一个热力循环。实际工程中，根据燃料和实际工质特性，可以设计出很多循环，如著名的卡诺循环、兰金循环、布雷顿循环、斯特林循环、联合循环等。在这些循环中，卡诺循环具有重要价值。

热力循环的基础性分析多针对 1kg 工质开展，所有计算均用比参数。

2.6.1 卡诺循环

卡诺循环由两个定温过程和两个定熵过程构成，如图 2.13 所示。1→2 为工

质在温度为 T_h 的高温热源的定温吸热过程，2→3 为定熵膨胀过程，3→4 为工质在温度为 T_c 的低温热源的定温放热过程，4→1 为定熵压缩过程，从而完成一个热力循环。

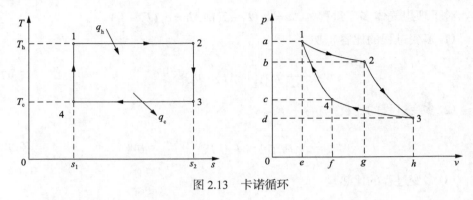

图 2.13　卡诺循环

卡诺循环吸热量（也称为耗热量）为

$$q_h = h_2 - h_1 = T_h(s_2 - s_1) \tag{2.101}$$

卡诺循环放热量（也称为冷源损失）为

$$q_c = h_3 - h_4 = T_c(s_3 - s_4) = T_c(s_2 - s_1) \tag{2.102}$$

卡诺循环完成的功量为

$$w = q_h - q_c = (T_h - T_c)(s_2 - s_1) \tag{2.103}$$

卡诺循环热效率为

$$\eta_c = \frac{w}{q_h} = 1 - \frac{q_c}{q_h} = 1 - \frac{T_c}{T_h} \tag{2.104}$$

卡诺循环是理想循环，其效率仅与冷热源温度有关，与工质的种类和物性无关。卡诺循环效率是 T_h 与 T_c 之间所能进行的热力学循环发电的最高效率。

如果应用式（2.85）进行循环功量的计算，无论是用热量（Tds）、技术功（$-vdp$）、容积功（pdv），还是定压下的自由焓变（$dg = -sdT$）进行计算，当工质完成一个循环时，所输出的功量都是一样的，都等于循环围成的面积，如表 2.3 所示。需要说明的是，前三种能量形式及其物理意义都非常清晰，但是，尽管自由焓被认为是化学势，定压下的自由焓变（$dg = -sdT$）的物理意义却并不清楚，这个问题值得研究。

表 2.3 循环功量的计算

能量形式		定温吸热 1→2	定熵膨胀 2→3	定温放热 3→4	定熵压缩 4→1	总和
热量	Tds	$T_h(s_2-s_1)$	0	$T_c(s_1-s_2)$	0	
等压下的自由焓变	$-sdT$	0	$-s_2(T_c-T_h)$	0	$-s_1(T_h-T_c)$	面积 12341
容积功	pdv	面积 12ge1	面积 23hg2	−面积 34fh3	−面积 41ef4	
技术功	$-vdp$	面积 12ba1	面积 23db2	−面积 34cd3	−面积 41ac4	

2.6.2 兰金循环

兰金（Rankine，英国科学家，1820～1872 年）循环是基于实际工质热物理性质的理论循环，如图 2.14 所示。兰金循环由定压吸热 1→2、定熵膨胀 2→3、定压冷凝放热 3→4 及定熵压缩 4→1 过程组成。从原理上，兰金循环需要锅炉、汽轮机、凝汽器和水泵各一台，分别实现工质的定压吸热、定熵膨胀、定压冷凝放热以及定熵压缩过程。

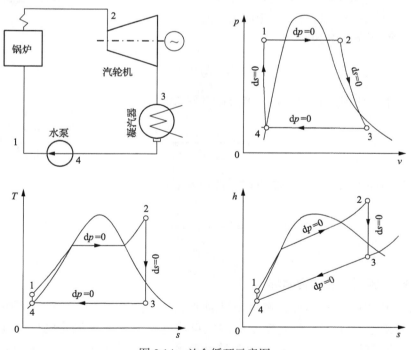

图 2.14 兰金循环示意图

实施兰金循环发电的最大优点是可以选择在地球上大量存在、易于取得的水作为工质，且用水泵就可以使液态工质增压（4→1），相对于布雷顿循环中针对气体的压缩机，水泵制造难度低、造价也较低廉。另外，兰金循环中，定压吸热和放热过程也易于实现。

由于水及水蒸气热物理性质的限制，单纯的兰金循环效率很低。现代燃煤火电机组在兰金循环的基础上，通过提高主蒸汽温度和压力（汽轮机的进汽温度和压力）、采取回热抽汽加热给水、提高锅炉给水温度，以及采用蒸汽再热等技术措施，发电效率得到很大的提高。

兰金循环的吸热量：

$$q_h = h_2 - h_1 = \overline{T}_h(s_2 - s_1) \tag{2.105}$$

式中，$\overline{T}_h = (h_2 - h_1)/(s_2 - s_1)$ 为吸热过程 1→2 的热力学平均温度。

兰金循环的放热量为

$$q_c = h_3 - h_4 = \overline{T}_c(s_3 - s_4) \tag{2.106}$$

式中，$\overline{T}_c$ 为放热过程 3→4 的热力学平均温度。由于兰金循环的放热过程多为工质凝结过程，理论上这是一个定温定压过程。

兰金循环做功量为

$$w = h_2 - h_3 \tag{2.107}$$

如果不计压缩过程的功耗，兰金循环热效率为

$$\eta = \frac{w}{q_h} = \frac{h_2 - h_3}{h_2 - h_1} \tag{2.108}$$

兰金循环的反平衡热效率可以近似用式 (2.109) 计算：

$$\eta = 1 - \frac{q_c}{q_h} = 1 - \frac{\overline{T}_c}{\overline{T}_h} \tag{2.109}$$

2.6.3　布雷顿循环及联合循环

布雷顿（Brayton）循环是燃气轮机的理论循环，如图 2.15 所示，由压气机中的定熵压缩过程 4→1、燃烧室中的定压吸热过程 1→2、燃气轮机（也称透平机）的定熵膨胀过程 2→3 以及排出烟气冷却至环境温度的定压放热过程 3→4 组成。事实上，烟气的定压放热过程在系统之外进行，如果烟气携带的余热不能得以回收利用，它将作为系统的冷源损失出现。烟气温度很高，因此造成的热损失很大。

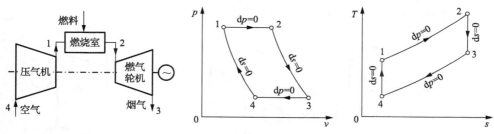

图 2.15　布雷顿循环示意图

布雷顿循环的吸热量:

$$q_h = h_2 - h_1 = \overline{T}_h(s_2 - s_1) \tag{2.110}$$

式中, $\overline{T}_h$ 为吸热过程 1→2 的热力学平均温度。

布雷顿循环的放热量为

$$q_c = h_3 - h_4 = \overline{T}_c(s_3 - s_4) \tag{2.111}$$

式中, $\overline{T}_c$ 为放热过程 3→4 的热力学平均温度。

布雷顿循环做功量为

$$w = h_2 - h_3 \tag{2.112}$$

压缩过程功耗为

$$w_c = h_1 - h_4 \tag{2.113}$$

布雷顿循环热效率为

$$\eta = \frac{w - w_c}{q_h} = \frac{h_2 - h_3 - (h_1 - h_4)}{h_2 - h_1} \tag{2.114}$$

布雷顿循环的反平衡热效率如下:

$$\eta = \frac{h_2 - h_1 - (h_3 - h_4)}{h_2 - h_1}$$
$$= 1 - \frac{q_c}{q_h} = 1 - \frac{\overline{T}_c}{\overline{T}_h} \tag{2.115}$$

为提高发电效率,由布雷顿循环和兰金循环叠加构成的联合循环被提出。在联合循环中,布雷顿循环作为顶循环,兰金循环作为底循环,燃气轮机的排气余热作为兰金循环的热源,从而使能源利用效率得以提高。联合循环的流程示意图

及 *Ts* 图如图 2.16 所示。

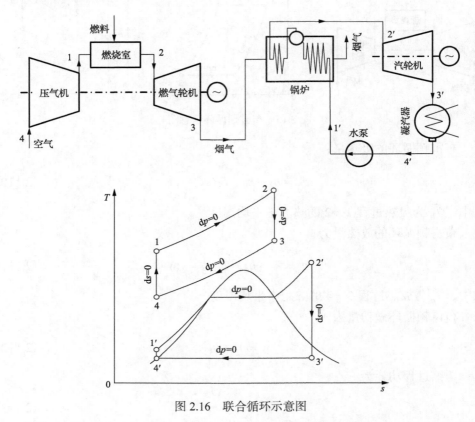

图 2.16　联合循环示意图

　　联合循环的发电量为顶循环和底循环发电量之和，其效率结合布雷顿循环和兰金循环的热力计算得出。

　　实际热力循环的流程远比这里给出的示意图复杂，而且实际热力过程都是不可逆过程，因此实际循环的热力计算要复杂许多，但计算方法是一样的。

2.6.4　斯特林循环

　　斯特林 (Stirling) 循环是由两个定容过程和两个定温过程组成的理想循环，其循环示意图如图 2.17 所示。实际能实现的是上述理想循环参数范围内的椭圆形循环。需注意的是，这一表述仅是为了说明两个定容及定温过程的端点状态无法到达，并不表示实际斯特林循环完全遵循椭圆形循环路径进行。

　　热机在定温膨胀过程 1→2 中从高温热源吸热，而在定温压缩过程 3→4 中向低温热源放热。斯特林发动机是通过气体受热膨胀、遇冷压缩而产生动力的。它是一种外燃闭式发动机，使用的工质通常为氢、氦和氮。

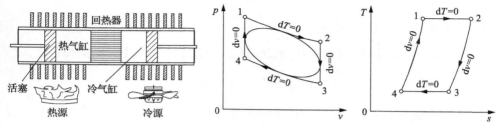

图 2.17　斯特林循环示意图

燃料燃烧产生热量，气体在热气缸受热膨胀使活塞运动，在冷气缸冷却收缩，活塞运动是用来驱动发电机或触发压力波驱动的压缩过程。

2.7　化学反应过程

2.7.1　化学反应的表示方法

考察一个稳定流动的化学反应器，如图 2.18 所示。设反应物 A_1、A_2…由一端进入，生成物… A_{k-1}、A_k 由另一端流出。反应式可一般地表示为

$$-\alpha_1 A_1 - \alpha_2 A_2 - \cdots = \cdots + \alpha_{k-1} A_{k-1} + \alpha_k A_k \tag{2.116}$$

式中，A_1、A_2、$\cdots$、A_k 为反应物和生成物的分子式；α_1、α_2、$\cdots$、α_k 为化学反应计量数，体现着体系内的物质消长关系。

化学反应的结果是反应物的消失和生成物的出现，反应物的系数为负，生成物的系数为正，因此，式 (2.116) 可写成

$$\sum \alpha_i A_i = 0 \tag{2.117}$$

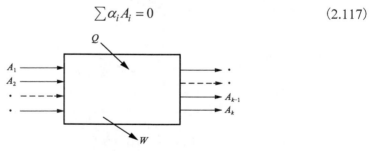

图 2.18　化学反应器示意图

对于氨的合成反应 $3H_2 + N_2 \rightleftharpoons 2NH_3$，可以表示为，$A_1 = H_2$，$\alpha_1 = -3$；$A_2 = N_2$，$\alpha_2 = -1$；$A_3 = NH_3$，$\alpha_3 = 2$。

为了方便，通常会基于物质平衡原理，将所研究的物质的化学反应计量数处理成 1。

2.7.2　化学反应的热力学分析

把热力学第一定律应用到稳定流动的化学反应器，如果不计动能和势能，有

$$Q-W=H^{\text{out}}-H^{\text{in}}=H_2-H_1 \tag{2.118}$$

式中，Q 为输入反应器的热量；W 为对外做功量；H_1 和 H_2 分别为反应物和生成物的焓值。

如果没有功的输出，则

$$Q=H^{\text{out}}-H^{\text{in}}=H_2-H_1 \tag{2.119}$$

式 (2.119) 中的热量以及相应焓的变化，可能由两种原因造成：一种是物理变化；另一种是化学变化。为了简单说明，假设反应完全且反应物的焓与生成物的焓分别只与温度有关，则该稳定的化学反应过程可以形象地表示为图 2.19 中的线段 $1\rightarrow R\rightarrow Pr\rightarrow 2$，此时的式 (2.119) 可以写成

$$Q=H_2-H_1=(H_2-H_{\text{Pr}})+(H_{\text{Pr}}-H_{\text{R}})+(H_{\text{R}}-H_1) \tag{2.120}$$

式中，H_{R} 为反应物的焓；H_{Pr} 为生成物的焓；$H_{\text{Pr}}-H_{\text{R}}$ 为反应过程的焓变，简称反应焓，对应冶金、化工生产工艺的核心单元，如炼铁过程中由 Fe_2O_3 经还原反应生成铁的过程；$H_{\text{R}}-H_1$ 和 H_2-H_{Pr} 分别为反应物和生成物经历物理变化的焓变，对应冶金、化工行业中化学反应过程的原料预热以及产物的余热回收利用等。

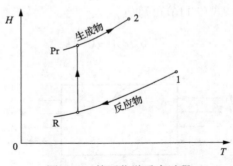

图 2.19　等压化学反应过程

1. 混合热

不同流体在等压混合过程中会发生温度的变化，要维持温度不变，就必须对混合物进行加热或冷却。这里以两种流体混合为例，做简单的描述。混合前，二者温度和压力相同，其焓值之和为

$$h_1 = xh_A + (1-x)h_B \tag{2.121}$$

式中，x 和 $1-x$ 分别为流体 A 和流体 B 的摩尔分数；h_A 和 h_B 分别为两种流体混合前的摩尔比焓。

两种流体混合后，若要维持温度不变，则二者混合后的焓值为

$$\begin{aligned} h_2 &= xh_A + (1-x)h_B + \Delta q_{mix} \\ &= x\overline{h}_A + (1-x)\overline{h}_B \end{aligned} \tag{2.122}$$

式中，Δq_{mix} 为这两种流体的摩尔混合热；$\overline{h}_A$ 和 $\overline{h}_B$ 为同温同压下混合物中流体 A 和流体 B 的摩尔比焓，称为偏摩尔比焓。

摩尔混合热 Δq_{mix} 是在定温定压条件下，每生成 1mol 混合物需要加入或排出的热量。如果混合过程放热，混合物升温，则混合热为负值；如果混合过程吸热，混合物降温，则混合热为正值。多数情况下，物质的定温定压混合都释放热量，溴化锂与水混合、水和氨混合都会放热，即混合热为负值。混合过程是一个不可逆过程，混合热的数值不可能通过理论推导获得，只能通过实验测得。理想气体混合时不产生混合热，低压气体接近理想气体，混合热也很小，可忽略不计。

2. 反应焓、反应熵和反应自由焓

定温定压下，反应物完全转化为生成物的化学变化过程中焓的变化称为反应焓（ΔH_R）：

$$\Delta H_R \equiv (H_{Pr} - H_R)_{p,T} \tag{2.123}$$

燃烧反应的反应焓又称为燃烧焓。一般来讲，燃烧产物的 H_{Pr} 低于同温同压下反应物的 H_R，即燃烧焓往往是负值，对应吸热为正、放热为负的热量计量方法。燃料的热值，在数值上等于参考环境温度和压力下的燃烧焓，但其正负号与燃烧焓相反。对于一个具体的化学反应，反应焓一方面与参与反应的各物质的量有关，另一方面与反应的温度和压力有关。

反应物和生成物多为多组元的混合物，考虑到混合热的存在，故严格地讲，反应焓需要用各组元的偏摩尔比焓 $\overline{h}_i$ 计算（宋之平和王加璇，1985），即

$$\Delta H_R = (H_{Pr} - H_R)_{p,T} = \sum_{Pr} n_i \overline{h}_i - \sum_R n_i \overline{h}_i \tag{2.124}$$

相应地，反应自由焓可以写成

$$\Delta G_R = (G_{Pr} - G_R)_{p,T} = \sum_{Pr} n_i \overline{g}_i - \sum_R n_i \overline{g}_i \tag{2.125}$$

式中，$\bar{g}_i$ 为反应过程中组元 i 的偏摩尔比自由焓。

但是，如果假设反应物不混合地进入，生成物不混合地流出，则反应焓可以用各组元的摩尔比焓 h_i 求和计算式（2.126）计算。

$$\Delta H_R = (H_{Pr} - H_R)_{p,T} = \sum_{Pr} n_i h_i - \sum_R n_i h_i \tag{2.126}$$

相应地，反应熵用式（2.127）计算：

$$\Delta S_R = (S_{Pr} - S_R)_{p,T} = \sum_{Pr} n_i s_i - \sum_R n_i s_i \tag{2.127}$$

式中，s_i 为各组元的摩尔比熵。

反应自由焓用式（2.128）计算：

$$\Delta G_R = (G_{Pr} - G_R)_{p,T} = \sum_{Pr} n_i g_i - \sum_R n_i g_i \tag{2.128}$$

式中，g_i 为组元 i 的摩尔比自由焓。

等温等压下进行的可逆化学反应的反应自由焓 $\Delta G_R = 0$。

如果在反应物或生成物中选某一物质 i 作为研究对象，以它的物质的量 n_i 除式（2.128）的两边，参考式（2.117），将反应物和生成物合并为一式得

$$\Delta g_R = \sum_i \alpha_i g_i \tag{2.129}$$

如果化学反应是按化学反应计量数进行的完全反应，则式（2.129）的计算值是针对 1mol 所研究物质的反应自由焓。如果反应在 25℃ 和 100kPa 的参考环境下进行，则此时的反应自由焓称为该物质的标准反应自由焓，记为 Δg_R^0。

$$\Delta g_R^0 = \sum_i \alpha_i g_i^0 \tag{2.130}$$

将 $g = h - Ts$ 代入式（2.130），得

$$\begin{aligned} \Delta g_R^0 &= \sum_i \alpha_i h_i^0 - T_0 \sum_i \alpha_i s_i^0 \\ &= \Delta h_R^0 - T_0 \Delta s_R^0 \end{aligned} \tag{2.131}$$

式中，$\Delta h_R^0 = \sum_i \alpha_i h_i^0$ 为标准反应焓；$\Delta s_R^0 = \sum_i \alpha_i s_i^0$ 为标准反应熵。

反应焓、反应熵和反应自由焓会随反应的温度和压力的变化而变化，分析研

究这些参数的变化对于认识和理解化学反应过程有重要价值。一般来讲，反应自由焓的正负可以说明反应是否可以进行及是否可逆，反应焓可以说明反应是放热反应还是吸热反应。

标准反应焓、标准反应熵和标准反应自由焓都是假定条件下的计算值。

如果化学反应的生成物是单一化合物，而反应物均为单质分子，则式(2.131)计算得到的是该化合物的标准生成自由焓，用 g_f^0 表示。相应地，h_f^0 为标准生成焓。由于热化学规定 25℃ 和 100kPa 的参考环境下的单质比焓为 0（Barin, 1995），这时该化合物的标准生成焓 h_f^0 就等于该化合物的比焓。以 CO_2 为例，它由 C 和 O_2 化合（燃烧）生成，在环境温度和压力下的 $C + O_2 \rightleftharpoons CO_2$ 反应中，$\Delta h_R^0 = h_{f,CO_2}^0 = h_{CO_2}^0$，角标 f 代表化合物的生成。这对于计算燃料的热值等很有帮助。

为了方便，本书中涉及化学反应的实例计算多以"反应物不混合地进入，生成物不混合地流出"假设为前提，虽与实际情况有出入，但计算结果可以反映其中的热力学实质。

2.7.3 盖斯定律

化学过程的热效应与其经历的中间状态无关，而只与系统的初始及终了状态有关。这就是著名的盖斯定律。盖斯定律是能量守恒定律在化学过程中应用的必然结果，但它的提出其实远在热力学第一定律之前（曾丹苓等，1980），是化学反应过程热平衡计算的基本原则。

2.7.4 绝热燃烧温度

假设燃料燃烧产生的全部热量仅用来加热燃烧产物本身，则这一燃烧过程称为绝热燃烧过程。这时，燃烧产物的温度达到最大值。这一温度称为绝热燃烧温度或理论燃烧温度。

假定燃料与助燃剂都处于环境温度，经绝热燃烧，有

$$-\Delta H_R^0 = \Delta H_{Pr} = \int_{T_0}^{T^*} \sum M_i c_{p,i,Pr} \mathrm{d}T \tag{2.132}$$

式中，ΔH_R^0 为燃料的燃烧焓；ΔH_{Pr} 为燃烧产物从环境温度至绝热燃烧温度的焓变；$\sum M_i$ 为产物各组元质量之和；$c_{p,i,Pr}$ 为燃烧产物中组元 i 的比定压热容；T^* 为绝热燃烧温度。

绝热燃烧温度除了可以应用式(2.132)计算之外，还可以根据绝热燃烧无对外传热、反应前后反应物的焓与产物的焓相等计算。

如果燃料或助燃剂初始温度高于环境温度，则绝热燃烧温度因此升高。

2.8　化　学　势

2.8.1　吉布斯函数与化学势

根据内能的一般关系式。

$$\mathrm{d}u = T\mathrm{d}s - p\mathrm{d}v$$

如果体系内物质的量 n 由于相变或者化学变化不再是常量，那么体系的广延量可以表示为

$$U = nu; \quad S = ns; \quad V = nv \tag{2.133}$$

对这些广延量进行微分，有

$$\begin{aligned} \mathrm{d}U &= n\mathrm{d}u + u\mathrm{d}n \\ \mathrm{d}S &= n\mathrm{d}s + s\mathrm{d}n \\ \mathrm{d}V &= n\mathrm{d}v + v\mathrm{d}n \end{aligned} \tag{2.134}$$

将式(2.15)与式(2.133)和式(2.134)结合起来，可得

$$\mathrm{d}U = T\mathrm{d}S - p\mathrm{d}V + \mu\mathrm{d}n \tag{2.135}$$

式中，μ 为化学势，$-\mu\mathrm{d}n$ 为化学功。

$$\mu \equiv u + pv - Ts \equiv h - Ts \equiv g \tag{2.136}$$

从式(2.136)不难看出，吉布斯函数(宋之平和王加璇，1985)为化学势。如果将式(2.135)推广到多元体系，则有

$$\mathrm{d}U = T\mathrm{d}S - p\mathrm{d}V + \sum_i \mu_i \mathrm{d}n_i \tag{2.137}$$

结合式(2.16)~式(2.18)，有

$$\mathrm{d}H = T\mathrm{d}S + V\mathrm{d}p + \sum_i \mu_i \mathrm{d}n_i \tag{2.138}$$

$$\mathrm{d}F = -S\mathrm{d}T - p\mathrm{d}V + \sum_i \mu_i \mathrm{d}n_i \tag{2.139}$$

$$\mathrm{d}G = -S\mathrm{d}T + V\mathrm{d}p + \sum_i \mu_i \mathrm{d}n_i \tag{2.140}$$

2.8.2　化学势的定义

对于组成为 $n = \Sigma n_k$ 的多元体系，其吉布斯自由焓可以写成

$$G = G(T, p, n) \tag{2.141}$$

对式(2.141)进行全微分，得如下一般关系式。

$$dG = \left(\frac{\partial G}{\partial T}\right)_{p,n} dT + \left(\frac{\partial G}{\partial p}\right)_{T,n} dp + \sum_i \left(\frac{\partial G}{\partial n_i}\right)_{T,p,n_{k(k \neq i)}} dn_i \tag{2.142}$$

根据热力学原理，化学势的定义式为

$$\mu_i \equiv \left(\frac{\partial G}{\partial n_i}\right)_{T,p,n_{k(k \neq i)}} \tag{2.143}$$

其物理意义是在温度、压力及其他组元物质的量不变的情况下，某组元 i 的化学势等于体系的自由焓对该组元物质的量的偏导数。

从式(2.137)～式(2.140)的推导，不难得出

$$\mu_i = \left(\frac{\partial U}{\partial n_i}\right)_{S,V,n_{k(k \neq i)}} = \left(\frac{\partial H}{\partial n_i}\right)_{S,p,n_{k(k \neq i)}} = \left(\frac{\partial F}{\partial n_i}\right)_{T,V,n_{k(k \neq i)}} = \left(\frac{\partial G}{\partial n_i}\right)_{T,p,n_{k(k \neq i)}} \tag{2.144}$$

对于等温等压体系，其最大输出功为

$$W_{T,p}^{\max} = -\Delta G \tag{2.145}$$

因此，化学势的物理意义还可以解释为在等温等压条件下，体系的最大功相对于物质的量减少值的比值。$-\mu_i dn_i$ 为物量变化 $-dn_i$ 做出的化学功，化学势 μ_i 是这一化学功的推动力。

吉布斯自由焓 G 是广延量，是一次齐次函数。如果其各物质成分 n_i 都增加 λ 倍，吉布斯自由焓 G 亦增加 λ 倍：

$$G(T, p, \lambda n_1, \lambda n_2, \cdots, \lambda n_k) = \lambda G(T, p, n_1, n_2, \cdots, n_k) \tag{2.146}$$

对式(2.146)求 λ 的偏微分，式(2.146)右边的偏微分结果等于吉布斯自由焓 G，而左边的偏微分结果为

$$\frac{\partial G(T, p, \lambda n)}{\partial \lambda} = \sum_i \left[\frac{\partial G(T, p, \lambda n)}{\partial(\lambda n_i)} \frac{\partial(\lambda n_i)}{\partial \lambda}\right] = \sum_i \frac{\partial G(T, p, \lambda n)}{\partial(\lambda n_i)} n_i = \sum_i \mu_i \cdot n_i \tag{2.147}$$

于是，有

$$G = \sum_i \mu_i \cdot n_i \tag{2.148}$$

式(2.148)与式(2.136)相呼应。

关于化学势的作用，可用图 2.20 所示的例子进行解释(宋之平和王加璇，1985)。一个绝热刚体容器，由一张刚性透热半透膜(图中虚线)分成体系 A 和体系 B 两部分，体系 A 为组元 1，体系 B 为组元 1 和组元 2 的混合物。半透膜只允许组元 1 通过，不允许组元 2 通过。

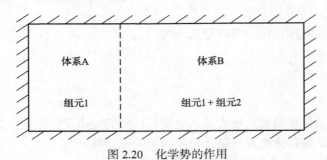

图 2.20　化学势的作用

由式(2.137)，对体系 A，$\mathrm{d}V_A = 0$，有

$$\mathrm{d}S^A = \frac{\mathrm{d}U^A}{T^A} - \frac{\mu_1^A \mathrm{d}n_1^A}{T^A} \tag{2.149}$$

对于体系 B，$\mathrm{d}V_B = 0$ 和 $\mathrm{d}n_2 = 0$，有

$$\mathrm{d}S^B = \frac{\mathrm{d}U^B}{T^B} - \frac{\mu_1^B \mathrm{d}n_1^B}{T^B} \tag{2.150}$$

体系绝热封闭，且中间隔着半透膜，因此有

$$\mathrm{d}U^A = -\mathrm{d}U^B \tag{2.151}$$

$$\mathrm{d}n_1^A = -\mathrm{d}n_1^B \tag{2.152}$$

$$\mathrm{d}S^{\mathrm{gen}} = \mathrm{d}S^A + \mathrm{d}S^B = \left(\frac{1}{T^A} - \frac{1}{T^B}\right)\mathrm{d}U^A - \left(\frac{\mu_1^A}{T^A} - \frac{\mu_1^B}{T^B}\right)\mathrm{d}n_1^A > 0 \tag{2.153}$$

若 A、B 两体系仅达到热平衡，即 $T^A = T^B = T$，则必然导致

$$\left(\frac{\mu_1^A}{T} - \frac{\mu_1^B}{T}\right)\mathrm{d}n_1^A < 0 \tag{2.154}$$

式(2.154)表明，组元 1 的转移方向完全取决于 A、B 两体系中组元 1 化学势间的关系。如果 $\mu_1^A > \mu_1^B$，则 $\mathrm{d}n_1^A < 0$，即组元 1 由 A 向 B 迁移(或扩散)；如果 $\mu_1^A = \mu_1^B$，则组元 1 在 A、B 间达到平衡。显然，化学势是物质迁移的驱动力。

吉布斯自由焓 G 又称为化学势(王竹溪，2014)。等温等压下进行的可逆化学反应的吉布斯自由焓变 $\Delta G = 0$，即反应物和产物的吉布斯自由焓相等；关于化学反应进行的方向，其总是趋于生成化学势更低的物质，与此对应，反应自由焓 ΔG <0[式(2.90)]，而反应自由焓 $\Delta G > 0$ 的过程不可能自发进行，符合热力学第二定律。在等温等压条件下，物质的迁移也是从化学势高的地方向化学势低的地方进行，这是大气物理学应给予关注的地方。由于温度、压力容易得到控制，化学反应及物质迁移等宜在等温等压的条件下进行分析，应用吉布斯自由焓进行分析讨论更方便。

2.8.3　化学势的计算

对于理想气体，根据前面关于理想气体比焓[式(2.33)]和比熵[式(2.34)]的计算式，有

$$h^* = h_0^* + \int c_p^* \mathrm{d}T \tag{2.155}$$

$$s^* = s_0^* + \int \frac{c_p^*}{T} \mathrm{d}T - R_M \ln p \tag{2.156}$$

式中，* 特指理想气体。

由 $g^* = h^* - Ts^*$，得

$$g^*(T, p) = h_0^* + \int c_p^* \mathrm{d}T - Ts_0^* - T \int \frac{c_p^*}{T} \mathrm{d}T + R_M T \ln p \tag{2.157}$$

记环境压力 p_0 下，温度为 T 的理想气体的化学势为 $g_0^*(T)$：

$$g_0^*(T) = h_0^* + \int c_p^* \mathrm{d}T - Ts_0^* - T \int \frac{c_p^*}{T} \mathrm{d}T \tag{2.158}$$

则式(2.157)可以写成

$$g^*(T, p) = g_0^*(T) + R_M T \ln p \tag{2.159}$$

对于实际工质，其化学势的计算(宋之平和王加璇，1985)是在理想气体的化学势计算基础上的修正。对任何工质，由热力学一般关系式 $\mathrm{d}g = -s\mathrm{d}T + v\mathrm{d}p$ 得

$$(\partial g / \partial p)_T = v \tag{2.160}$$

对于理想气体：

$$\left(\frac{\partial g^*}{\partial p}\right)_T = v^* = \frac{R_M T}{p} \tag{2.161}$$

于是，有

$$\left[\frac{\partial(g - g^*)}{\partial p}\right]_T = v - \frac{R_M T}{p} \tag{2.162}$$

积分得

$$g(T, p) - g^*(T, p) = \int_0^p \left(v - \frac{R_M T}{p}\right) \mathrm{d}p = \int_0^p (v - v^*) \mathrm{d}p \tag{2.163}$$

或

$$\frac{g(T, p) - g^*(T, p)}{R_M T} = \frac{1}{R_M T} \int_0^p (v - v^*) \mathrm{d}p \tag{2.164}$$

令

$$f \equiv p \exp\left[\frac{g(T, p) - g^*(T, p)}{R_M T}\right] = p \exp\left[\frac{1}{R_M T} \int_0^p (v - v^*) \mathrm{d}p\right] \tag{2.165}$$

式中，f 为实际工质的逸度：

$$\lim_{p \to 0} (f / p) = 1 \tag{2.166}$$

令

$$\nu \equiv f / p \tag{2.167}$$

式中，ν 为逸度系数。

由逸度的定义[式(2.165)]，有

$$\begin{aligned} g(T, p) &= g^*(T, p) + R_M T \ln f - R_M T \ln p \\ &= g_0^*(T) + R_M T \ln f \end{aligned} \tag{2.168}$$

对比式(2.165)，不难看出引入逸度 f，使实际工质化学势的计算式与理想气体的形式一样，p 由 f 代替即可。这里需要说明的是，逸度 f 相当于实际工质压力 p，但又不是实际压力，因为讨论问题之初做了同温同压的假设，即理想气体与实际气体的比容不同。显然，如果假设同温同比容，则二者压力不同。

逸度 f 的求取方法：根据实际工质与理想工质比容差 $(v-v^*)$ 的变化规律，用理论与实验方法确定。逸度是被修正了的压力，而修正的依据是同温同压下工质的化学势与相应理想气体化学势的差别。

在多元体系中，某一组元 i 的逸度为组元 i 的分逸度，类似于组元 i 的分压力：

$$\overline{f}_i \equiv x_i p \exp\left[\frac{\mu_i(T,p,x) - \mu_i^*(T,p,x)}{R_M T}\right] = x_i p \exp\left[\frac{1}{R_M T}\int_0^p (\overline{v}_i - v_i^*)\mathrm{d}p\right] \tag{2.169}$$

$$\lim_{p\to 0}\left(\frac{\overline{f}_i}{x_i p}\right) = 1 \tag{2.170}$$

式中，由理想气体分压力定律，$x_i p = p_i$ 为组元 i 的分压力；$\overline{f}_i$ 为组元 i 的分逸度；$\overline{v}_i$ 为组元 i 的偏摩尔比容。

多元体系中任一组元都不是单独存在的，由式（2.169），有

$$\begin{aligned}\mu_i(T,p,x) &= \mu_i^*(T,p,x) + R_M T \ln \overline{f}_i - R_M T \ln x_i p \\ &= \mu_i^*(T,p,x) + R_M T \ln \overline{f}_i - R_M T \ln p_i\end{aligned} \tag{2.171}$$

即组元 i 的化学势所具有的是分压力 p_i，而不是全压 p。

为了有利于区别，用 μ_i 表示多元体系中某组元 i 的化学势，而用 g_i 表示多元体系中某组元 i 的纯物质在相同温度和压力状态的化学势。

理想气体混合物中，组元 i 的化学势 $\mu_i^*(T,p,x)$ 为

$$\mu_i^*(T,p,x) = g_{0i}^*(T) + R_M T \ln p_i \tag{2.172}$$

代入式（2.171）得，实际气体混合物中组元 i 的化学势 $\mu_i(T,p,x)$ 为

$$\mu_i(T,p,x) = g_{0i}^*(T) + R_M T \ln \overline{f}_i \tag{2.173}$$

式（2.173）和式（2.168）的右边几乎相同，相比理想气体混合物，多元体系中组元 i 的化学势的计算，用其分逸度 $\overline{f}_i$ 代替分压力 p_i 即可。

将式（2.168）应用于组元 i，纯物质的化学势可以写成

$$g_i(T,p) = g_{0i}^*(T) + R_M T \ln f_i \tag{2.174}$$

多元体系中组元 i 的化学势 $\mu_i(T,p,x)$ [式（2.173）]与其纯物质的化学势 $g_i(T,p)$ [式（2.174）]之差为

$$g_i(T,p) - \mu_i(T,p,x) = -R_{\mathrm{M}} T \ln(\overline{f}_i / f_i) \tag{2.175}$$

在多元体系中，某组元 i 的分逸度与纯物质的逸度的比值，称为该组元的活度 a_i：

$$a_i = \overline{f}_i / f_i \tag{2.176}$$

于是，有

$$g_i(T,p) - \mu_i(T,p,x) = -R_{\mathrm{M}} T \ln a_i \tag{2.177}$$

式 (2.177) 的物理意义为同温同压下的纯物质相对于多元体系中相同组元的扩散㶲，换言之，它是从一定摩尔组成的大气或海水中提取 1mol 纯物质的最小分离功。从式 (2.177) 不难理解，自由焓 $g(T,p,x)$ 就是化学势。

将式 (2.169) 和式 (2.165) 各自取对数相减，得

$$R_{\mathrm{M}} T \ln \frac{\overline{f}_i}{x_i f_i} = R_{\mathrm{M}} T \ln \frac{a_i}{x_i} = \int_0^p (\overline{v}_i - v_i)\mathrm{d}p \tag{2.178}$$

式中

$$\frac{\overline{f}_i}{x_i f_i} = \frac{a_i}{x_i} = \gamma_i \tag{2.179}$$

其中，γ_i 为活度系数，是活度 a_i 与摩尔分数 x_i 的比值。

将式 (2.167) 用于组元 i，按活度与活度系数的定义可知有如下关系：

$$\overline{f}_i = a_i f_i = \gamma_i x_i f_i = \gamma_i x_i v_i p \tag{2.180}$$

这里，溶液指均匀的多元体系，既包括液体混合物，也包括气体混合物，甚至包括固体合金等。

具有式 (2.181) 和式 (2.182) 性质的溶液称为理想溶液。同温同压下，把各种纯物质混合成溶液时，既不发生容积变化，也不吸收或放出热量，混合热为 0。

$$\overline{v}_i(T,p,x) = v_i(T,p,x) \tag{2.181}$$

$$\overline{h}_i(T,p,x) = h_i(T,p,x) \tag{2.182}$$

式 (2.183) 往往称为理想溶液的定义式：

$$\overline{f}_i = x_i f_i \tag{2.183}$$

$$\gamma_i = \frac{\overline{f_i}}{x_i f_i} = \frac{a_i}{x_i} = 1 \tag{2.184}$$

理想溶液各组元的活度 a_i 等于其摩尔分数 x_i，意指组成理想溶液的各组元之间没有任何的相互作用和影响：

$$a_i = \overline{f_i} / f_i = x_i \tag{2.185}$$

因此，式(2.177)可以写成

$$g_i(T,p) - \mu_i(T,p,x) = -R_M T \ln a_i = -R_M T \ln x_i \tag{2.186}$$

由于 $g_i = h_i - Ts_i$ 和 $\overline{g_i} = \overline{h_i} - T\overline{s_i}$，于是对于理想溶液，有

$$\overline{s_i} - s_i = -R_M \ln x_i \tag{2.187}$$

$x_i < 1$，式(2.187)右侧大于 0，显然，式(2.187)的物理意义是将 1mol 纯物质混入多元体系(理想溶液)所造成的熵产。

为便于对比及理解，这里汇总一下各层次化学势的计算式。

纯理想气体化学势： $g^*(T,p) = g_0^*(T) + R_M T \ln p$

纯实际气体化学势： $g(T,p) = g_0^*(T) + R_M T \ln f$

多元理想气体化学势： $\mu_i^*(T,p,x) = g_{0i}^*(T) + R_M T \ln p_i$

多元实际气体化学势： $\mu_i(T,p,x) = g_{0i}^*(T) + R_M T \ln \overline{f_i}$

纯物质 i 的化学势： $g_i(T,p) = g_{0i}^*(T) + R_M T \ln f_i$

活度关系式： $g_i(T,p) - \mu_i(T,p,x) = -R_M T \ln a_i$

理想溶液($a_i = x_i$)： $g_i - \mu_i = g_i - \overline{g_i} = -R_M T \ln a_i = -R_M T \ln x_i$

2.9 热力学分析方法简介

2.9.1 热力学第一定律分析

热力学第一定律(能量守恒定律)是开展热力过程分析的理论基础。对于任一

稳态能量系统，其物质平衡和能量平衡方程分别为

$$\sum M_{\text{in}} = \sum M_{\text{out}} \tag{2.188}$$

$$\sum Q = \sum M_{\text{out}}\left(h^{\text{out}} + \frac{1}{2}v_{\text{out}}^2 + gz_{\text{out}}\right) - \sum M_{\text{in}}\left(h^{\text{in}} + \frac{1}{2}v_{\text{in}}^2 + gz_{\text{in}}\right) + W_{\text{n}} \tag{2.189}$$

式中，M 为工质流量；v 为流速；z 为重力高度；$\sum Q$ 为系统吸收的热量之和；W_{n} $= \sum W_{\text{out}} - \sum W_{\text{in}}$ 为净输出功；g 为重力加速度，$g=9.81\,\text{m/s}^2$；角标 out 和 in 分别代表流出和流入热力系统。

一般来讲，与工质比焓 h 及焓差相比，工质流速和重力高度的影响常常可以忽略不计，因此式(2.189)可以简化成

$$\sum Q = \sum M_{\text{out}}h^{\text{out}} - \sum M_{\text{in}}h^{\text{in}} + W_{\text{n}} \tag{2.190}$$

这是以做功及发电为目的的能量系统的能量平衡方程，也是热力学第一定律方法研究的简单案例。还有许多其他目的的能源利用系统，输入输出的物质、能量形式有很大的不同，如物质性产品生产的能源利用系统等，其能量平衡方程需要进一步的分析研究。

2.9.2 烟分析方法

对于上述稳态热力系统，其㶲平衡方程为

$$\sum \int_Q \left(1 - \frac{T_0}{T}\right)\delta Q + \sum M_{\text{in}}e^{\text{in}} + \sum W_{\text{in}} = \sum M_{\text{out}}e^{\text{out}} + \sum W_{\text{out}} + \sum I_{rj} \tag{2.191}$$

系统总㶲损耗 $\sum I_{rj}$（也称为总不可逆损失）为

$$\sum I_{rj} = \sum \int_Q \left(1 - \frac{T_0}{T}\right)\delta Q + \sum M_{\text{in}}e^{\text{in}} - \sum M_{\text{out}}e^{\text{out}} + \sum W_{\text{in}} - \sum W_{\text{out}} \tag{2.192}$$

式中，e^{in} 为工质进入系统的比㶲；e^{out} 为工质离开系统的比㶲；T 为交换热量 δQ 的热力学温度。

如果将输入的热量㶲之和 $\left[\sum \int_Q (1 - T_0/T)\delta Q\right]$、工质进出系统的㶲差 $\left(\sum M_{\text{in}}e^{\text{in}} - \sum M_{\text{out}}e^{\text{out}}\right)$ 以及输入功之和 $(\sum W_{\text{in}})$ 视为系统的㶲消耗 $(\sum E_{\text{exp}})$，即

$$\sum E_{\text{exp}} = \sum \int_Q \left(1 - \frac{T_0}{T}\right)\delta Q + \left(\sum M_{\text{in}}e^{\text{in}} - \sum M_{\text{out}}e^{\text{out}}\right) + \sum W_{\text{in}} \tag{2.193}$$

则系统㶲效率(正平衡)可以表示为

$$\eta^{\text{ex}} = \frac{\sum W_{\text{out}}}{\sum E_{\text{exp}}} = \frac{\sum W_{\text{out}}}{\sum \int_{Q}\left(1-\frac{T_0}{T}\right)\delta Q + \sum M_{\text{in}}e^{\text{in}} - \sum M_{\text{out}}e^{\text{out}} + \sum W_{\text{in}}} \tag{2.194}$$

某一不可逆因素 j 所致㶲损系数(或不可逆损失系数)为

$$\xi_j = \frac{I_{\text{r}j}}{\sum E_{\text{exp}}} \tag{2.195}$$

系统反平衡㶲效率可以写成

$$\eta^{\text{ex}} = 1 - \sum \xi_j \tag{2.196}$$

式(2.191)或式(2.192)是热力学第二定律分析的基本方程式,有非常高的工程适应性。但是,如果从能源利用的角度看,式(2.191)或式(2.192)就显得有些不足了。首先,它无法适应化石燃料输入热力系统的情形;其次,把输入的不同温度 (T) 的热量㶲直接求和 $\left[\sum \int_{Q}(1-T_0/T)\delta Q\right]$ 等同看待,对揭示能源利用效率是不利的,如热电联产的煤耗分摊问题,就是一个明显的阻碍,这些都是现代节能原理需要解决的问题。

另外,式(2.191)~式(2.194)是针对热力系统建立的热力学第二定律分析模型,而能源利用系统的目的多种多样,产品繁多,因此,上述方程的应用需要针对具体情况做改型。

2.9.3　熵平衡方法

根据热力学第二定律,对任何热力系统,都有

$$\Delta S = \Delta_{\text{e}}S + S^{\text{gen}}$$

应用上式,可以直接计算热力系统的熵产。对于多股流体进出及多重热交换的稳态系统,流出系统的工质熵之和为 $\sum S^{\text{out}} = \sum M_{\text{out}}s^{\text{out}}$,进入系统的工质熵之和为 $\sum S^{\text{in}} = \sum M_{\text{in}}s^{\text{in}}$,系统熵变为 $\Delta S = \sum S^{\text{out}} - \sum S^{\text{in}}$;系统与外界交换热量的熵流为 $\sum \int_{Q}\delta Q / T$,则系统熵产为

$$S^{\text{gen}} = \sum S^{\text{out}} - \sum S^{\text{in}} - \sum \int_{Q}\frac{\delta Q}{T} \tag{2.197}$$

实际热力过程的熵产分析将在第 4 章中详细讲述。

2.9.4　熵产与不可逆损失的关系

由式 (2.190)、式 (2.192) 和式 (2.197)，结合㶲的定义式 $E = H - T_0 S$，不难得到不可逆损失与熵产的关系：

$$I_r = T_0 S^{gen} \tag{2.198}$$

这就是著名的 Gouy-Stodola 公式，说明可以通过分析热力过程和系统的熵产，计算不可逆损失。

对于单一工质经历的不可逆过程，不可逆损失及熵产可用单位质量的比参数计算。

$$i_r = T_0 s^{gen} \tag{2.199}$$

单位质量工质经历不可逆过程的熵产 s^{gen} 可以在式 (2.197) 的基础上简化计算。

第 3 章　能源利用的单耗分析理论

3.1　能源利用与转化的化学背景

化石能源利用与转化的第一步是燃料的氧化燃烧反应，可以用如下反应式代表：

$$C+O_2 \longrightarrow CO_2$$

$$H_2+0.5O_2 \longrightarrow H_2O$$

$$CH_4+2O_2 \longrightarrow 2H_2O+CO_2$$

$$\vdots$$

供热与制冷、做功和发电、钢铁等物质性产品生产以及其他工业产品等生产，正是燃料化学能的热利用。一些重点高耗能物质性产品，如钢铁、铝、硅等，本质上是消耗能量、经还原反应生成，可以用如下反应式示意：

$$Fe_2O_3 \longrightarrow 2Fe+1.5O_2$$

$$Al_2O_3 \longrightarrow 2Al+1.5O_2$$

$$SiO_2 \longrightarrow Si+O_2$$

$$\vdots$$

将上述反应逆向看，也是一种氧化燃烧反应，是化学能的释放过程。从这个角度看，能源利用与转化具有一致的化学背景。当然，高炉炼铁实际是用碳置换 Fe_2O_3 等氧化物中的氧增加二氧化碳排放实现的。

3.2　能源利用的单耗分析方法

3.2.1　能源利用的单耗分析模型

1992 年，宋之平先生创造性地提出了单耗分析理论(宋之平，1992)，才使得热力学第二定律在节能问题的定量化分析与计算上发挥其应有的作用，而且具有广泛的适用性。

　　事实上，无论是能源转化，如煤化工，还是能源利用，如发电、供热、冶金化工(物质性产品生产)，从热力学第二定律的角度看，上述每一种产品相对于其参考环境，都具有㶲值(做功能力或可用能)。

　　对于这些产品的生产，其能源利用的㶲平衡关系可以一般性地描述为燃料㶲=产品㶲+㶲损耗，即

$$E_f = E_p + \sum I_{rj} \tag{3.1}$$

式中，E_f 为所消耗能源的㶲值，称为燃料㶲；E_p 为产品㶲；$\sum I_{rj}$ 为实际生产过程的各个环节的不可逆性所致㶲损耗或不可逆损失之和。

　　任一能源利用系统输出的产品生产过程，都可以追溯到燃料。能源分很多形式，包括化石能源，如煤、天然气、石油等，可再生能源，如太阳能、风能、地热能等。单耗分析理论所关注的是化石能源的利用，根据式(3.1)，任何的不可逆损失的后果都是等价的，都是产品㶲的减少，意味着产品产量的减少。通常，生产的环节越多，其㶲损耗可能越大，产品㶲必然越小。因此，式(3.1)是能源利用系统分析、评价与优化的基础。

　　根据热力学基础理论，任何实际热力过程都是不可逆的，都会有熵产发生。不可逆的程度越严重，造成的熵产就越大。熵产与能的不可用性是直接相互联系的，最后归结为丧失做功的可能性。热力学把由于不可逆现象所丧失的做功可能性，称为过程的不可逆损失。不可逆损失与过程熵产的关系也称为 Gouy-Stodola 方程，以下式表示：

$$I_{rj} = T_0 S_j^{gen}$$

式中，T_0 为环境的热力学温度；S_j^{gen} 为某热力过程 j 的熵产。

　　热力过程的不可逆性及其㶲损耗计算，是热力学分析与计算的一个基本内容。要降低不可逆损失，就应想尽一切办法减少熵产，应关注不可逆性发生部位的热力学参数条件，它们对降低不可逆性至关重要，是系统优化设计的关键因素。

　　根据式(3.1)，对于一定的能源输入，任何的不可逆损失，总对应着产品产量 P 的减少。假定某产品产量 P 的生产所消耗的燃料量为 B。如果以 e_f 表示燃料的比㶲，以 e_p 表示产品的比㶲，则式(3.1)可以写成如下的形式：

$$B \cdot e_f = P \cdot e_p + \sum I_{rj} \tag{3.2}$$

　　对于一定品质(e_p)的产品，任何的不可逆损失的直接后果都是产品产量 P 的减少。故一定量的不可逆损失 I_{rj} 总对应着一定量的附加燃料消耗：

$$B_j = \frac{I_{\mathrm{rj}}}{E_{\mathrm{f}}}B = \frac{I_{\mathrm{rj}}}{B \cdot e_{\mathrm{f}}}B = \frac{I_{\mathrm{rj}}}{e_{\mathrm{f}}} \tag{3.3}$$

即

$$I_{\mathrm{rj}} = B_j \cdot e_{\mathrm{f}} \tag{3.4}$$

因此，式(3.2)可以写成

$$B \cdot e_{\mathrm{f}} = P \cdot e_{\mathrm{p}} + \sum B_j \cdot e_{\mathrm{f}} \tag{3.5}$$

式(3.5)两边同时除以 $P \cdot e_{\mathrm{f}}$，即得任何产品生产的单耗分析模型：

$$\begin{aligned} b &= B/P = e_{\mathrm{p}}/e_{\mathrm{f}} + \sum B_j/P \\ &= b^{\min} + \sum b_j \end{aligned} \tag{3.6}$$

式中，b 为产品的实际燃料单耗；$b^{\min}$ 为生产该产品的理论最低燃料单耗，即无任何㶲损耗时的燃料单耗：

$$b^{\min} = e_{\mathrm{p}}/e_{\mathrm{f}} \tag{3.7}$$

$\sum b_j$ 为系统各环节设备㶲损耗引起的附加燃料单耗之和，由生产方式和工艺流程决定。由式(3.4)，不难得出生产过程不可逆性所导致的产品附加燃料单耗为

$$b_j = \frac{B_j}{P} = \frac{I_{\mathrm{rj}}}{Pe_{\mathrm{f}}} \tag{3.8}$$

式(3.8)是计算产品附加燃料单耗的通式，式中的产品产量一般化地表示为 P，可以是以能量为产品的电和热，也可以是冶金钢铁、水泥、石化产品以及海水淡化的产品淡水等。产品不同，附加燃料单耗的量纲不同。

另外，产品燃料单耗和附加燃料单耗是针对单位产品产量的比参数，用小写符号表示。

3.2.2　能源利用的第二定律效率

按照传统方法对能源生产、利用系统进行第二定律效率分析计算是比较困难和繁杂的，但根据式(3.5)和式(3.6)，不难得到关于任一产品生产过程的能源利用第二定律效率，即㶲效率，为

$$\eta^{\mathrm{ex}} = \frac{P \cdot e_{\mathrm{p}}}{B \cdot e_{\mathrm{f}}} = \frac{e_{\mathrm{p}}/e_{\mathrm{f}}}{B/P} = \frac{b^{\min}}{b} \tag{3.9}$$

只要知道产品的实际燃料单耗 b，通过式(3.9)就能很方便地计算出该产品生产的烟效率，而无须对整个能源生产、利用系统进行详细的热力学第二定律分析。式(3.9)使热力学第二定律效率分析应用于能源利用的统计学分析与评价成为可能。

由式(3.2)，也可以从反平衡的角度来计算能源利用第二定律效率：

$$\eta^{\mathrm{ex}} = 1 - \frac{\sum I_{rj}}{B \cdot e_{\mathrm{f}}} \tag{3.10}$$

显然，能源利用的不可逆损失系数(烟损系数)为

$$\xi_j = \frac{I_{rj}}{B \cdot e_{\mathrm{f}}} \tag{3.11}$$

因此，式(3.10)可以写成

$$\eta^{\mathrm{ex}} = 1 - \sum \xi_j \tag{3.12}$$

需要指出的是，这里计算烟损系数 ξ_j 的思路与常规烟分析完全一致，但不同的是，这里针对的是燃料的化学烟，而不是输入的二次能源之烟，物理意义是针对一次能源的效率，可用于能源利用第二定律效率的反平衡分析。

任一不可逆损失 I_{rj} 对应的附加煤耗 B_j 为

$$B_j = \xi_j \cdot B = \frac{I_{rj}}{B \cdot e_{\mathrm{f}}} B = \frac{I_{rj}}{e_{\mathrm{f}}} \tag{3.13}$$

因此，式(3.10)还可以表示为

$$\eta^{\mathrm{ex}} = 1 - \frac{\sum B_j}{B} \tag{3.14}$$

由式(3.6)也可以得到能源利用第二定律效率反平衡计算的另一种表达形式，即

$$\eta^{\mathrm{ex}} = 1 - \frac{\sum b_j}{b} \tag{3.15}$$

根据热力过程的不可逆损失与熵产的关系[式(2.198)]，式(3.10)还可以写成

$$\eta^{\mathrm{ex}} = 1 - \frac{T_0 \sum S_j^{\mathrm{gen}}}{B \cdot e_{\mathrm{f}}} \tag{3.16}$$

显然，可通过熵平衡分析得到反平衡能源利用第二定律效率。由于熵是状态参数，能源利用系统内部各子系统及设备的出入口介质（工质）压力、温度和流量等参数监测的完整性和准确性，是研究其产品燃料单耗构成的关键。所监测的参数越详细、越准确，熵产计算及不可逆损失原因分析就越清晰。这对于节能技术开发、系统设计优化以及节能量计算等具有重要意义。

任何不可逆损失都直接导致环境的熵增，可用散失到环境的热量进行计量，因此，式（3.16）为从反平衡角度审计能源利用第二定律效率奠定了基础。不同的能源利用系统总熵产的具体形式有所不同，因此需开展有针对性的研究分析。

式（3.9）和式（3.10）或式（3.16）给出了能源利用第二定律效率计算的一般形式，后续各章节的应用分析中我们可以看到，对于不同的能源利用系统，效率计算公式具体形式会明显不同。

需要强调的是，单耗分析研究的是从燃料到终端产品的全过程，跨越能源利用过程的各个子系统，因此式（3.9）和式（3.16）计算的是针对燃料的能源利用效率。但是，由于各子系统自身也有反映其热力学完善性的第二定律效率指标，因此会出现众多第二定律效率的局面。但除非以燃料为输入的子系统，其他子系统的第二定律效率不能反映能源利用的效率。因此为了便于区别，本书将基于式（3.9）和式（3.16）计算的效率称为能源利用的第二定律效率，用 η_E^{ex} 表示，在需要的地方应用。η_E^{ex} 与各子系统第二定律效率的关系揭示了能效演变的内在规律。

由于单耗分析是基于热力学第二定律的方法，所得结果能充分反映能源利用系统的热力学完善性，鉴于此，本书除了重点分析产品燃料单耗及其构成外，还将能源利用第二定律效率分析作为重点阐述内容。

3.3　理论节能潜力与现实节能潜力

对于电、热以及钢铁、冶金化工、海水淡化的产品淡水以及煤化工的产品燃料等物质性产品，都可以通过热力学第二定律分析计算其产品比㶲，根据式（3.7）计算生产该产品的理论最低燃料单耗。与实际燃料单耗相比，不难得到其理论节能潜力，即最大节能潜力：

$$\Delta b^{max} = b - b^{min} \tag{3.17}$$

现实节能潜力可以定义为实际燃料单耗与世界先进水平的产品燃料单耗（b^{ad}）的差值：

$$\Delta b = b - b^{ad} \tag{3.18}$$

通常，理论节能潜力很大，但不易挖掘，如目前国内最先进的 1000MW 超超临界燃煤火电机组的供电燃料单耗在 $280g/(kW \cdot h)$ 上下，相对于 $122.84g/(kW \cdot h)$ 的发电理论最低燃料单耗有很大的节能潜力，但这部分节能潜力已很难挖掘。而根据中国电力企业联合会的统计快报，2019 年电网平均供电燃料单耗为 $306.9g/(kW \cdot h)$，相对 1000MW 超超临界机组而言，还有相当大的现实节能潜力，这部分节能潜力的挖掘相对要容易得多，可以通过关停落后的低参数、小容量机组等方式实现。

3.4　一般化节能量计算方法

一个能源利用系统节能技术改进的节能量计算可以通过定产品产量（输出一定）开展，也可以通过定燃料输入开展。根据式 (3.2)，在相同燃料输入 B 的条件下，节能技术所带来的产品产量的增量为

$$\Delta P = -\frac{\sum \Delta I_{rj}}{e_p} \tag{3.19}$$

而在产品产量 P 不变的条件下，由式 (3.2) 可得产品燃料单耗的减量为

$$\Delta b = \sum \Delta b_j = \frac{\sum \Delta I_{rj}}{P \cdot e_f} \tag{3.20}$$

因此，系统节煤量为

$$\Delta B = \sum \Delta b_j \cdot P = \frac{\sum \Delta I_{rj}}{e_f} \tag{3.21}$$

显然，式 (3.19) 和式 (3.21) 是适合于任何能源利用系统实施节能技改的节能量计算的一般化方法。

由于能源系统种类繁多、流程复杂，其子系统或热力过程相互耦合和影响，某一局部的节能改造可能对系统全局产生影响。因此要准确计算节能量，一般需进行全面的计算分析。但对于一些特定的系统工艺流程，学者发展了一些以局部计算替代全局计算的方法，如电厂热力系统分析中常常用到的"等效热降"等（林万超，1994），以使计算得以简化。

由于 $I_r = T_0 S^{gen}$ [式 (2.198)]，可以通过分析节能改造前后系统总熵产的变化来计算节能量，这是基于热力学第二定律的科学结论。一般化节能量计算方法为科学地审计核实节能量奠定了理论基础。

3.5　燃料㶲分析与能源利用效率评价

从热力学第二定律的视角，能源利用效率的计算应以输入燃料的化学㶲为基础，本节所论燃料㶲仅针对燃料的化学㶲。为避免误解，本书中"能源利用效率"均针对输入燃料。

3.5.1　燃料㶲分析的经典方法

根据 $i_r = T_0 s^{\text{gen}}$ [式(2.199)]，当 1mol 燃料在环境中燃烧时，其所有的化学功 $(-\Delta g_R^0)$ 完全被损耗，这时，不可逆损失等于化学功：

$$
\begin{aligned}
i_r = T_0 s_0^{\text{gen}} &= -\Delta g_R^0 = -(\Delta h_R^0 - T_0 \Delta s_R^0) \\
&= -[(h_{\text{Pr}}^0 - h_R^0) - T_0(s_{\text{Pr}}^0 - s_R^0)]
\end{aligned}
\tag{3.22}
$$

因为燃烧反应是在参考环境下进行的，$\Delta h_R^0 = h_{\text{Pr}}^0 - h_R^0$ 称为燃料燃烧的标准反应焓；$\Delta s_R^0 = s_{\text{Pr}}^0 - s_R^0$ 为标准反应熵；$\Delta g_R^0 = \Delta h_R^0 - T_0 \Delta s_R^0$ 为标准反应自由焓。对于燃料燃烧，Δh_R^0 还称为标准条件下的燃烧焓，负的燃烧焓 $(-\Delta h_R^0)$ 为燃料的热值。针对燃料的高位热值，标准反应焓和标准反应熵以饱和液态水的参数计算；如果是低位热值，则标准反应焓和标准反应熵以饱和水蒸气的参数计算。

通常，这一燃烧过程损失的化学功（不可逆损失）即为燃料的化学㶲 e_f：

$$
e_f = -\Delta g_R^0 = -(\Delta h_R^0 - T_0 \Delta s_R^0) = \sum_i \alpha_i g_i^0
\tag{3.23}
$$

式中，g_i^0 为参考环境下各反应物和生成物的比自由焓；式中所研究燃料的化学反应计量数取 1。

几乎所有的燃料化学㶲分析均以此为基础（宋之平和王加璇，1985；Stepanov，1995）。相应的标准反应熵 Δs_R^0 用式(3.24)计算：

$$
\Delta s_R^0 = \sum_i \alpha_i s_i^0
\tag{3.24}
$$

式中，s_i^0 为参考环境下各反应物和生成物的比熵。

标准反应焓 Δh_R^0 用式(3.25)计算：

$$
\Delta h_R^0 = \sum_i \alpha_i h_i^0
\tag{3.25}
$$

式中，h_i^0 为参考环境下各反应物和生成物的比焓。

反应物和产物在环境温度和压力下的热力学状态参数及其准确性, 对标准反应熵的计算及准确性有直接影响(Ikumi et al., 2008)。它们是否可以看成理想气体或理想溶液、是单质或混合物, 以及参考环境中水蒸气的成分等都会直接影响标准反应熵的计算结果。因此, 燃料的化学㶲计算是一个复杂的过程。根据第 2 章关于化学反应过程的相关内容, 式(3.24)和式(3.25)是以反应物"不混合"进入及生成物"不混合"流出反应系统为条件的计算式。对于反应焓的计算, 也相当于假设反应物和生成物均为理想溶液。这一计算方法是化学反应计算的常用方法, 但必须认识到, 这是一种简化及近似的计算方法。

众所周知, 即便是在环境温度和压力下, 燃烧产物相对于参考环境仍然具有一定做功能力(即扩散功), 燃料的化学㶲应包括这部分可用能, 即负的标准反应自由焓不能视为燃料化学㶲的全部。然而, 如果考虑了燃烧产物的扩散功, 就不能不考虑从环境中抽取反应物(燃料和氧气等)所需消耗的功。所以, 为了更全面地进行燃料㶲分析, 一些文献将反应物的抽取功和燃烧产物的扩散功都考虑进来了。由于从一般热力学视角看, 燃料化学㶲是燃料自身的热力学特性, 因此其抽取功(或开采耗功)往往不予考虑。

针对如下燃料与氧气的完全燃烧过程:

$$C_\alpha H_\beta O_\omega + \left(\alpha + \frac{\beta}{4} - \frac{\omega}{2}\right)O_2 \longrightarrow \alpha CO_2 + \frac{\beta}{2}H_2O \tag{3.26}$$

如果将反应物和燃烧产物视为理想气体, 则燃料的化学㶲可以用式(3.27)计算:

$$\begin{aligned} e_f &= -\Delta g_R^0 + \sum_{i \neq k} \alpha_i R_M T_0 \ln \frac{p_i}{p_0} \\ &= -(\Delta h_R^0 - T_0 \Delta s_R^0) + \sum_{i \neq k} \alpha_i R_M T_0 \ln \frac{p_i}{p_0} \end{aligned} \tag{3.27}$$

这里, α_i 是以 1mol 燃料为基础的化学计量数, 反应物用负数表示, 产物用正数表示, 因此, $\alpha_k = \alpha_{C_\alpha H_\beta O_\omega} = -1$, $\alpha_{O_2} = -(\alpha + \beta/4 - \omega/2)$, $\alpha_{CO_2} = \alpha$ 和 $\alpha_{H_2O} = \beta/2$; k 代表所研究的燃料; p_i 是气体 i 的分压力。

许多热力学教科书引用式(3.27)计算燃料的化学㶲。燃烧产物具有的扩散功是它们可逆地达到与参考环境相平衡的状态时能够输出的功的理论最大值, 将这部分扩散功计入燃料的化学㶲是正确的、必需的, 但由此引出了反应物的来源及能耗问题。而式(3.27)中氧气等反应物的抽取功却是所需消耗功量的理论最小值, 不足以反映从环境中抽取它们的热力学过程的功耗特性。事实上, 燃料的开采、加工和输运需要消耗大量的功, 不同燃料的开采、加工和输运方式的能耗不同, 造成的影响不同。而这些因素的考虑必然使问题趋于复杂化, 式(3.27)比式(3.23)复杂,但却不足以反映燃料的化学㶲。

由于燃料的热值 $-\Delta h_R^0$ 远大于 $T_0 \Delta s_R^0$ 的绝对值，计算得到的燃料化学㶲近似等于各自的热值。燃料含氢越多，高低位热值的差越大，同时对 $T_0 \Delta s_R^0$ 的影响也越大。㶲概念的提出人，斯洛文尼亚学者 Rant 对各种燃料的化学㶲进行了分析计算(宋之平和王加璇，1985)，他建议用式(3.28)~式(3.30)计算燃料的化学㶲，《能量系统㶲分析技术导则》(GB/T 14909—2021)采用了 Rant 建议的公式：

$$e_f = 0.975 q_h^0, \qquad 对液体燃料(碳原子数大于1) \tag{3.28}$$

$$e_f = 0.95 q_h^0, \qquad 对气体燃料(碳原子数大于1) \tag{3.29}$$

$$e_f = q_l^0 + \zeta_w l, \qquad 对固体燃料 \tag{3.30}$$

式中，q_h^0 和 q_l^0 分别为燃料的高、低位热值；l 为参考环境温度下水的汽化潜热；ζ_w 为固体燃料中水分的质量分数。

Szargut 和 Styrylska(1964)考虑了燃料化学成分的影响，对 Rant 的公式进行了修正。得出各种燃料的化学㶲与燃料的低位热值之比和燃料的化学成分的关系(Shieh and Fan，1982；Stepanov，1995)：

$$\frac{e_f}{q_l^0} = a + b \frac{[H]}{[C]} + c \frac{[O]}{[C]} + \cdots \tag{3.31}$$

式中，[H]/[C]、[O]/[C] 为燃料中氢、氧与碳的质量比；a、b 和 c 为相关系数。

对于烟煤、褐煤、焦炭和泥煤：

$$\frac{e_f}{q_l^0} = 1.0437 + 0.1896 \frac{[H]}{[C]} + 0.0617 \frac{[O]}{[C]} + 0.0428 \frac{[N]}{[C]} \tag{3.32}$$

式中，[N]/[C]为燃料中氮与碳的质量比。

对于液体燃料：

$$\frac{e_f}{q_l^0} = 1.0401 + 0.1728 \frac{[H]}{[C]} + 0.0432 \frac{[O]}{[C]} + 0.2169 \frac{[S]}{[C]} \left(1 - 2.0628 \frac{[H]}{[C]} \right) \tag{3.33}$$

式中，[S]/[C]为燃料中硫与碳的质量比。

对于木材：

$$\frac{e_f}{q_l^0} = \frac{1.0412 + 0.2160 \frac{[H]}{[C]} + 0.2499 \frac{[O]}{[C]} \left(1 + 0.7884 \frac{[H]}{[C]} \right) + 0.0450 \frac{[N]}{[C]}}{1 - 0.3035 [O]/[C]} \tag{3.34}$$

还有许多学者开展了燃料㶲的研究 (Govin et al., 2000；Ertesvåg, 2007；Bilgen and Kaygusuz, 2008；Zanchini and Terlizzese, 2009；Karaca, 2013；Damiani and Revetria, 2014)，多是在 $-\Delta g_R^0$ 基础上的修正，这些修正都有其自身的合理性。然而，正如式(3.23)所示，除非将 $-\Delta g_R^0$ 作为燃料的化学㶲，否则能源利用系统的㶲分析必然陷入理论上就无法平衡的局面，这是燃料化学㶲分析存在的根本不足。

3.5.2　能源利用系统效率评价及存在的主要问题

通常，从能源利用系统排出的各种物流，其温度往往高于环境温度，压力也需高于环境压力。它们进入环境，仍会造成环境的熵增，也是系统不可逆损失。为了从反平衡角度分析能源利用第二定律效率，必须开展扩大的能源利用系统分析。所谓扩大的能源利用系统，其边界处于约束性寂态，输入其中的燃料和空气以及排出其外的烟气等都处于参考环境下，与环境有相同的温度和压力，如图 3.1 所示。以电厂锅炉为例，其扩大的能源利用系统不仅包括锅炉系统本身，还包括所排出的烟气对环境放热、冷却至环境温度的过程，以及排污水冷却至环境温度的过程等。图 3.1 中，$\sum Q_i$ 是扩大的能源利用系统排放到环境的各种热损失之和；产品可以是电量、热量以及物质性产品，如钢铁、盐、铝、硅及海水淡化的产品水等。

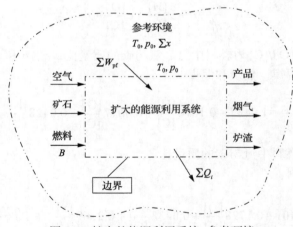

图 3.1　扩大的能源利用系统+参考环境

如果忽略辅机电耗 $\sum W_{pf}$，针对图 3.1 所示的扩大的能源利用系统，其总熵产可以表示为

$$\sum S_j^{\text{gen}} = \frac{Q_b}{\overline{T}_b} + \frac{\sum Q_i}{T_0} + \Delta S_R^0, \qquad 锅炉适用 \tag{3.35}$$

$$\sum S_j^{\text{gen}} = \frac{\sum Q_i}{T_0} + \Delta S_R^0, \qquad \text{其他能源利用系统适用} \qquad (3.36)$$

式中，Q_b 为工质在锅炉里的吸热量；$\overline{T}_b$ 为工质吸热热力学平均温度；$\sum Q_i$ 为各热损失之和，不同系统的热损失构成不同；$\Delta S_R^0 = B \Delta s_R^0$ 为燃料在参考环境状态下燃烧的反应熵。

根据热力学第一定律，扩大的能源利用系统的热平衡可以一般化地表示为

$$Q^0 = Bq^0 = -\Delta H_R^0 = \sum Q_i + Q_b, \qquad \text{锅炉适用} \qquad (3.37)$$

$$Q^0 = Bq^0 = -\Delta H_R^0 = \sum Q_i + W_e, \qquad \text{电厂适用} \qquad (3.38)$$

$$Q^0 = Bq^0 = -\Delta H_R^0 = \sum Q_i + P(-\Delta h_p^0), \qquad \text{钢铁厂等适用} \qquad (3.39)$$

式中，$Q^0 = Bq^0 = -\Delta H_R^0$ 为燃料燃烧的放热量，其中 B 为燃料量，q^0 为 1kg 燃料的热值，根据燃烧产物中水的状态分高、低位热值两种情况；W_e 为电厂发电量；P 为化学物质性产品的产量；Δh_p^0 为通过化学反应生产的物质性产品相对于基准态物质(矿物)的标准反应焓。这里的化学物质性产品是指通过化学反应生产的产品，如钢铁、铝、硅等。

扩大的能源利用系统的㶲平衡方程可以表示为

$$
\begin{aligned}
E_f = Be_f &= \left(1 - \frac{T_0}{\overline{T}_b}\right)Q_b + T_0\left(\Delta S_R^0 + \frac{Q_b}{\overline{T}_b} + \frac{\sum Q_i}{T_0}\right) \\
&= Q_b + \sum Q_i + T_0 \Delta S_R^0 \qquad\qquad\qquad\qquad \text{锅炉适用} \quad (3.40)\\
&= -\Delta H_R^0 + T_0 \Delta S_R^0 = -\Delta G_R^0 = -B\Delta g_R^0,
\end{aligned}
$$

$$
\begin{aligned}
E_f = Be_f &= W_e + T_0\left(\Delta S_R^0 + \frac{\sum Q_i}{T_0}\right) = W_e + \sum Q_i + T_0 \Delta S_R^0 \qquad \text{电厂适用} \quad (3.41)\\
&= -\Delta H_R^0 + T_0 \Delta S_R^0 = -\Delta G_R^0 = -B\Delta g_R^0,
\end{aligned}
$$

$$
\begin{aligned}
E_f = Be_f &= P(-\Delta h_p^0) + T_0\left(\Delta S_R^0 + \frac{\sum Q_i}{T_0}\right) \\
&= P(-\Delta h_p^0) + \sum Q_i + T_0 \Delta S_R^0 \qquad\qquad \text{钢铁厂等适用} \quad (3.42)\\
&= -\Delta H_R^0 + T_0 \Delta S_R^0 = -\Delta G_R^0 = -B\Delta g_R^0,
\end{aligned}
$$

因此，基于热力学第一定律，能源利用(热效率)为

$$\eta = \frac{Q_b}{Q^0} = \frac{Q_b}{-\Delta H_R^0}, \qquad\qquad 锅炉适用 \qquad (3.43)$$

$$\eta = \frac{W_e}{Q^0} = \frac{W_e}{-\Delta H_R^0}, \qquad\qquad 电厂适用 \qquad (3.44)$$

$$\eta = \frac{P(-\Delta h_p^0)}{Q^0} = \frac{P(-\Delta h_p^0)}{-\Delta H_R^0}, \qquad\qquad 钢铁厂等适用 \qquad (3.45)$$

如式(3.40)~式(3.42)所示，如果燃料的化学㶲 E_f 取负的标准反应自由焓 $(-\Delta G_R^0)$，则相应的能源利用第二定律效率为

$$\eta^{ex} = \frac{1}{E_f}\left(1 - \frac{T_0}{\overline{T_b}}\right)Q_b = \frac{1}{-\Delta G_R^0}\left(1 - \frac{T_0}{\overline{T_b}}\right)Q_b, \qquad 锅炉适用 \qquad (3.46)$$

$$\eta^{ex} = \frac{W_e}{E_f} = \frac{W_e}{-\Delta G_R^0}, \qquad\qquad 电厂适用 \qquad (3.47)$$

$$\eta^{ex} = \frac{P(-\Delta h_p^0)}{E_f} = \frac{P(-\Delta h_p^0)}{-\Delta G_R^0}, \qquad\qquad 钢铁厂等适用 \qquad (3.48)$$

如果分析研究仅限于扩大的能源利用系统范畴，单位燃料量的化学㶲 e_f 必然等于负的标准反应自由焓 $(-\Delta g_R^0)$，这与燃料化学㶲经典分析方法一致。但是，比较式(3.43)~式(3.45)与式(3.46)~式(3.48)，不难看出，能源利用的第一定律和第二定律效率的评价基准不统一。基准不统一对于能源利用效率的科学评价及其标准化应用非常不利。不仅如此，根据对燃料化学㶲经典分析的介绍，负的标准反应自由焓 (Δg_R^0) 只能是近似计算值，如果基于标准反应自由焓 (Δg_R^0) 对燃料的化学㶲进行修正，必然导致能源利用系统的㶲分析在理论上无法平衡的局面，因此，燃料的化学㶲取负的标准反应自由焓 $(-\Delta g_R^0)$，能源利用的第二定律效率只是一个近似值。由于燃料开采、加工和输运存在不可逆性，且燃烧产物仍具有扩散功，式(3.46)~式(3.48)并不能真实地反映能源利用的效率。因此，燃料化学㶲的确定不能局限于其标准反应自由焓的范畴。

3.5.3　燃料的化学㶲的确定

根据能源利用的㶲平衡关系[式(3.1)]，理论上可以通过计算能源利用全过程中每一个子系统的熵产来计算系统总的不可逆损失。如果输入燃料的化学㶲已

知，则可以计算出反平衡能源利用第二定律效率，如式(3.16)所示。

如果扩大的能源利用系统的产品输出为 0 或燃料在参考环境中直接燃烧，则产品㶲 E_p 等于 0。因此，整个化学㶲完全转化成㶲损耗。换句话说，在这种条件下，燃料的化学㶲等于不可逆损失。如果仅仅在扩大的能源利用系统范围之内研究燃料的化学㶲问题，所得结果将与经典方法[式(3.23)等]一致。

能源利用系统是处于环境之中的，燃料和氧气来源于环境，产品、热损失、烟气及废弃物又排回环境，有必要将环境纳入燃料的化学㶲分析。这时，分析问题的范围是扩大的能源利用系统+参考环境。正如 2.4 节中所讨论的，即使参考环境吸收了热和物质，它的成分和温度也保持不变，因此其比熵保持不变。又因为燃料和空气来自环境，烟气排放返回环境，环境的总质量保持不变，这意味着环境的熵变等于 0，即 $\Delta S = 0$。

假设燃料消耗量为 B kg，燃烧过程完全充分，于是，扩大的能源利用系统退化为在参考环境中的完全燃烧过程，燃料燃烧的热量全部"损失"，作为熵流进入环境，造成熵产。因此，根据热力学第二定律，熵产可以表示为

$$
\begin{aligned}
S^{\mathrm{gen}} &= \Delta S - \Delta_{\mathrm{e}} S \\
&= -\Delta_{\mathrm{e}} S = \frac{-\Delta H_{\mathrm{R}}^0}{T_0}
\end{aligned}
\tag{3.49}
$$

于是，燃料的化学㶲(Zhou，2017)为

$$
\begin{cases}
E_{\mathrm{f}} = Be_{\mathrm{f}} = T_0 S^{\mathrm{gen}} = -\Delta H_{\mathrm{R}}^0 = Bq^0 \\
e_{\mathrm{f}} = -\Delta h_{\mathrm{R}}^0 = q^0
\end{cases}
\tag{3.50}
$$

事实上，热力学分析要求参考环境的热力学参数保持不变，并且这一要求为地球环境的热力学状态所支持。因为，系统排入环境的热量又被进一步地发射进入宇宙空间，从而构成所研究的体系(扩大的能源利用系统+参考环境)的熵产，而地球环境维持着相对稳定的热力学状态，这是参考环境得以建立的热力学基础。

从另一个角度分析，任何实际能源利用过程可以包含一些子系统。一个子系统的输出是另一个子系统的输入。当将每一个子系统的熵产相加求和时，中间子系统的输出和输入熵被抵消，最终必然追溯到燃料熵。如果情况不特殊，正如 3.5.1 节介绍的燃料㶲分析的经典方法，熵平衡分析也仅仅只能追溯到燃料熵，就难以继续下去了。但是，燃料需要开采和加工，也存在不可避免的㶲损耗。根据式(3.1)，如果要完整地评价能源利用效率，燃料开采和加工也应包括在扩大的能源利用系统中。显然，在式(3.27)所考虑的抽取功不足以反映这些影响。

事实上，所有的化石能源，如石油、天然气和煤等都来自太阳能，燃料的燃

烧只是返回初始状态而已。因此，视参考环境的熵保持不变是合理的和科学的，即式(3.49)是正确的。

根据式(3.50)，燃料的化学㶲等于燃料的热值，相当于对燃料㶲分析采用了第一定律的方法。高位热值和低位热值都可以作为燃料的化学㶲，完全可以依据个人的习惯和经验来选择。但是从节能的角度，建议采用高位热值作为燃料的化学㶲。因为煤，尤其是褐煤通常含有一定的水分，水分的存在能直接降低能源利用的效率。但是基于低位热值，能源利用的效率将被明显地高估。不仅如此，所有的燃煤电厂目前都使用水作为工质，并且凝汽器中水蒸气的潜热排入了环境。如果燃气轮机的燃料(如天然气)被氢燃料替代，空气用纯氧替代，则此时机组排出的水蒸气潜热也排入了环境，这两种潜热有着相同的热力学性质。如果能源利用效率基于低位热值进行评价，对燃煤电厂来讲是不公平的，因此，基于高位热值评价能源利用效率更科学、更合理。

㶲是工质做功的能力，电是最高品质的功量，被视为100%的㶲，将燃料㶲折算为当量电量，对能效评价会带来直观效果。

$$\begin{cases} E_f^e = \dfrac{B \cdot e_f}{3600} \\[3mm] e_f^e = \dfrac{e_f}{3600} \end{cases} \tag{3.51}$$

标准煤是能效计算的一个基础。参考式(3.50)，将标准煤的热值q_l^s视为燃料㶲，即$e_f^s = q_l^s = 29307.6\text{kJ/kg}$，根据式(3.51)，则标准煤的比电㶲为

$$e_f^{e,s} = \frac{e_f^s}{3600} = \frac{q_l^s}{3600} = \frac{29307.6}{3600} = 8.141(\text{kW} \cdot \text{h/kg}) \tag{3.52}$$

式(3.52)的物理意义是标准煤的电量化燃料比㶲，是在完全可逆的理想条件下，1kg标准煤所转化生产的电量。

需要澄清的是，燃料的化学㶲取热值，并不是说燃料的热值具有完全转化为功的能力。事实上，在现有技术经济条件下，燃料作为能源的最大理论做功能力仅等于其低位热值下的标准反应自由焓的绝对值。

3.5.4　能源利用系统总熵产及能源利用第二定律效率

众所周知，扩大的能源利用系统的热损失不改变参考环境的温度。反应物的抽取和燃烧产物的扩散不改变参考环境的构成及比熵。燃料和空气来自环境，废气又排入环境，不改变参考环境的总质量，即环境的熵参数保持不变。从扩大的能源利用系统排入地球环境的废热最终将被辐射进入宇宙空间，这是扩大的能源

利用系统+参考环境的熵产。因此，标准反应熵应该从式(3.35)和式(3.36)中去除，于是扩大的能源利用系统+参考环境的总熵产可以表示为

$$\sum S_j^{\text{gen}} = \frac{Q_b}{T_b} + \frac{\sum Q_i}{T_0}, \qquad \text{锅炉适用} \qquad (3.53)$$

$$\sum S_j^{\text{gen}} = \frac{\sum Q_i}{T_0}, \qquad \text{其他系统适用} \qquad (3.54)$$

根据式(3.50)和式(3.9)，以及式(3.50)和式(3.16)，能源利用第二定律效率可以统一地写成

$$\eta^{\text{ex}} = \frac{E_p}{E_f} = \frac{P \cdot e_p}{-\Delta H_R^0}, \qquad \text{基于正平衡} \qquad (3.55)$$

$$\eta^{\text{ex}} = 1 - \frac{T_0 \sum S_j^{\text{gen}}}{E_f} = 1 - \frac{T_0 \sum S_j^{\text{gen}}}{-\Delta H_R^0}, \qquad \text{基于反平衡} \qquad (3.56)$$

燃料的化学㶲等于热值[式(3.50)]，这意味着计算能源利用第一定律效率和第二定律效率的基准得到统一。并且根据式(3.53)、式(3.54)和式(3.56)，能源利用第二定律效率可以通过热平衡进行计算或审计，这使得能源利用第二定律效率的计算变得不再复杂，且不失严谨性。

3.5.5 燃料的化学㶲分析产生的余差

显然，比较式(3.50)和式(3.23)，当开展燃料㶲分析时，必然出现下列余差：

$$\begin{aligned} \text{RE} &= \Delta h_R^0 - \Delta g_R^0 = T_0 \Delta s_R^0 \\ &= T_0(s_{\text{Pr}}^0 - s_R^0) \end{aligned} \qquad (3.57)$$

余差与燃料的化学㶲的比值为

$$\delta_{\text{RE}} = \frac{\text{RE}}{e_f} = \frac{T_0 \Delta s_R^0}{q^0} \qquad (3.58)$$

对于任一燃料的完全燃烧，余差(RE= $T_0 \Delta s_R^0$)是固定的数值，与实际燃烧过程本身无关。但正如前面分析的，许多因素，如是否将反应物和产物看成混合物(或称多元体系)、是否含有杂质(如灰分、硫等)、其中的水处于什么相态、大气的相对湿度等，都会影响燃料燃烧的标准反应熵(Δs_R^0)，因此，标准反应熵的精确计

算几乎是不可能的。

一些物质的热力学性质如表 3.1 所示。

针对一些纯燃料，余差及其与高位热值之比如表 3.2 所示。从表中不难看出，燃料含氢使余差为负。根据式 (3.35)，这将使其能源利用的总熵产减小。然而，这种减小实际是不真实的，因为燃料开采、加工和输运都存在熵产，但并未纳入进来。作为对比，将余差及其与低位热值之比列入表 3.3，从表中可以看出，余差可为正或为负，这还会导致一些困惑。因此，将标准反应熵从能源利用总熵产计算公式[式 (3.35) 和式 (3.36)]中去除较好，不仅不会影响能源利用效率评价的正确性，而且会大大降低计算的复杂性，基于热平衡数据即可以开展能源利用第二定律效率的计算及审计，有助于第二定律方法的工程应用。

表 3.1 一些物质的热力学性质(298.15K，100kPa)

物质	分子式(相态)	分子量 M_n /(g/mol)	比焓 h_0 /(kJ/mol)	比绝对熵 s_0 /[J/(K·mol)]
碳	C(s)	12.017	0	5.740
氢气	H_2(g)	2.016	0	130.695
甲烷	CH_4(g)	16.049	−74.847	186.300
乙炔	C_2H_2(g)	26.038	226.73	200.850
正戊烷	C_5H_{12}(g)	72.149	−146.44	349.055
正戊烷	C_5H_{12}(l)	72.149	−173.5	262.700
氮气	N_2(g)	28.014	0	191.598
氧气	O_2(g)	32.000	0	205.138
二氧化碳	CO_2(g)	44.017	−393.511	213.760
氩气	Ar(g)	39.948	0	154.840
水蒸气	H_2O(g)	18.016	−241.826	188.823
水	H_2O(l)	18.016	−285.838	69.940

表 3.2 余差及其与高位热值之比

反应	Δs_R^0 /[J/(K·mol)]	Δh_R^0 /(kJ/mol)	Δg_R^0 /(kJ/mol)	$RE = T_0 \Delta s_R^0$ /(kJ/mol)	$q_h^0 = -\Delta h_R^0$ /(kJ/mol)	$\delta_{RE} = RE/q_h^0$ /%
C(s)+O_2	2.882	−393.511	−394.384	0.873	393.511	0.22
H_2(g)+O_2	−163.314	−285.830	−237.138	−48.69	285.830	−17.03
CH_4(g)+O_2	−242.916	−890.324	−817.899	−72.425	890.324	−8.13
C_2H_2(g)+O_2	−432.450	−2599.160	−2470.23	−128.935	2599.160	−4.96
C_5H_{12}(g)+O_2	−501.659	−3536.100	−3386.53	−149.57	3536.100	−4.23
C_5H_{12}(l)+O_2	−415.304	−3509.040	−3385.21	−123.82	3509.040	−3.53

表 3.3　余差及其与低位热值之比

反应	Δs_R^0 /[J/(K·mol)]	Δh_R^0 /(kJ/mol)	Δg_R^0 /(kJ/mol)	$RE = T_0\Delta s_R^0$ /(kJ/mol)	$q_1^0 = -\Delta h_1^0$ /(kJ/mol)	$\delta_{RE} = RE/q_1^0$ /%
$C(s)+O_2$	2.882	−393.511	−394.384	0.873	393.511	0.22
$H_2(g)+O_2$	−44.430	−241.826	−228.579	−13.247	241.826	−5.48
$CH_4(g)+O_2$	−5.148	−802.316	−800.781	−1.535	802.316	−0.19
$C_2H_2(g)+O_2$	−194.682	−2511.16	−2453.11	−58.044	2511.16	−2.31
$C_5H_{12}(g)+O_2$	211.645	−3272.07	−3335.17	63.100	3272.07	1.93
$C_5H_{12}(l)+O_2$	298.000	−3245.01	−3333.86	88.850	3245.01	2.74

3.5.6　能源利用第二定律效率正反平衡核算示例

1. 锅炉第二定律效率核算

3.2 节给出了能源利用第二定律效率的一般化正反平衡表达[式(3.9)和式(3.16)]。燃料的化学㶲被证明等于燃料的热值,这意味着计算能源利用第一定律效率和第二定律效率的基准得到统一。根据式(3.56)和式(3.16),不难发现,能源利用的第二定律反平衡效率可以基于能源利用系统的热平衡进行评价及审计。

但是,式(3.55)和式(3.56)是第二定律效率计算的一般表达式,对于一些特定的能源利用系统,还可以有更具体的形式。以锅炉系统为例,基于热平衡关系[式(3.37)],从反平衡角度看,由式(3.16)、式(3.53)和式(3.56),其第二定律效率可以表示为

$$\eta_b^{ex} = 1 - \frac{T_0 \sum S_j^{gen}}{Q^0} = \left(Q^0 - \frac{T_0}{\overline{T}_b}Q_b - \sum Q_i\right)\frac{1}{Q^0} = \frac{Q_b}{Q^0}\left(1 - \frac{T_0}{\overline{T}_b}\right)$$
$$= \eta_b\left(1 - \frac{T_0}{\overline{T}_b}\right) \tag{3.59}$$

式中,$\eta_b = Q_b/Q^0$ 为锅炉热效率;$Q_b(1 - T_0/\overline{T}_b)$ 为锅炉输出的热量㶲。

而从正平衡角度看,由式(3.2)、式(3.50),锅炉的第二定律效率可以用式(3.60)计算:

$$\eta_b^{ex} = \frac{E_p}{E_f} = \frac{P \cdot e_p}{-\Delta H_R^0} = \frac{Q_b}{Q^0}\left(1 - \frac{T_0}{\overline{T}_b}\right)$$
$$= \eta_b\left(1 - \frac{T_0}{\overline{T}_b}\right) \tag{3.60}$$

显然，锅炉的第二定律效率不仅依赖于其热效率 η_b，还依赖于工质在锅炉吸收热量 Q_b 的热力学平均温度 $\overline{T}_b$。值得一提的是，式(3.59)和式(3.60)表明锅炉第二定律效率可以通过正、反热平衡进行核算。

案例：某 1000MW 超超临界燃煤火电机组锅炉最大连续出力工况下的煤耗为 337432kg/h，其低位热值为 24290.8kJ/kg，折合标准煤耗量为 77.68kg/s。给水温度为 299.8℃，主蒸汽压力、温度和流量分别为 25MPa、605℃和 2888.614t/h；再热蒸汽压力、温度和流量分别为 4.68MPa、603℃、2353.419t/h，锅炉热负荷为 2136.44MW。锅炉热效率为

$$\eta_b = 2136.44\times1000/(337432\times24290.8/3600)=93.84\%$$

根据工质出入锅炉的参数计算，其吸热过程的热力学平均温度（$\overline{T}_b$）为 691.30K，因此锅炉㶲效率为

$$\eta_b^{ex}=93.84\%\times(1-298.15/691.30)=53.37\%$$

锅炉热损失为 $\sum Q_i/Q^0=(100-93.84)\%=6.16\%$，由式(3.59)，锅炉反平衡㶲效率为

$$1-(298.15/691.30)\times(2136.44/77.68/29.3076)-0.0616=53.37\%$$

锅炉㶲效率的正、反平衡核算一致。

2. 燃煤火电机组第二定律效率核算

对于燃煤火电机组，其总热平衡式为

$$Q^0=W_e+\sum Q_i \tag{3.61}$$

式中，$\sum Q_i$ 为机组总热损失，包括锅炉热损失、汽轮机排汽凝结热损失及其他热损失等；W_e 为机组发电量。

根据式(3.44)和式(3.55)，燃煤火电机组的第一定律效率和第二定律效率相等，用式(3.62)计算。

$$\eta^{ex}=\eta=\frac{W_e}{Q^0} \tag{3.62}$$

根据式(3.54)和式(3.56)，从反平衡角度，机组第二定律效率为

$$\eta^{ex}=1-\frac{T_0\sum S_j^{gen}}{Q^0}=1-\frac{\sum Q_i}{Q^0}=\frac{W_e}{Q^0}=\eta \tag{3.63}$$

正反平衡效率一致。

案例：上述 1000MW 机组在额定工况下的发电出力为 1037.411MW。根据热平衡分析，锅炉各项热损失之和为 140.34MW（占输入热量的 6.16%），机炉之间的管道热损失为 8.01MW，从凝汽器排出的凝汽热损失为 1080.69MW，机械与电机损失之和为 10.48MW。由式（3.63），机组反平衡第二定律效率为

$$\eta^{ex} = \eta = 1-(140.34+8.01+1080.69+10.48)/(77.68 \times 29.3076)=45.56\%$$

由式（3.62），机组正平衡第二定律效率为

$$\eta^{ex} = \eta = 1037.411/(77.68 \times 29.3076) = 45.57\%$$

注意，计算中未考虑汽轮机的热损失。

3.6　耗能产品的比㶲及其理论最低燃料单耗

不同产品的生产难度不同，对能源的需求亦不同。用热力学语言描述就是，产品的热力学品质不同，也就是比㶲不同，生产这些产品的理论最低燃料单耗亦不同。解析耗能产品的比㶲及其理论最低燃料单耗，对于理解能源利用具有重要意义。单耗分析理论主要关注电、热（冷）及钢铁、铝及海水淡化的产品淡水等物质性产品的生产。

3.6.1　电的比㶲及其理论最低燃料单耗

电在热力学分析中被视为 100%的㶲，即电的比㶲为

$$e_p = 1 \tag{3.64}$$

式（3.64）的量纲为 $kW \cdot h/(kW \cdot h)$。

因此，根据式（3.52），针对确定的燃料（如标准煤），电力生产的理论最低燃料单耗为

$$b_e^{min} = \frac{e_p}{e_f^{e,s}} = \frac{1}{8.141} = 0.12284 \tag{3.65}$$

式（3.65）的量纲为 $kg/(kW \cdot h)$。

3.6.2　供热产品的比㶲及其理论最低燃料单耗

对于一定的热量，如果其热力学平均温度为 $\bar{T}$，其比㶲为卡诺循环的效率，即在理想可逆循环条件下热量所能转化的㶲量：

$$e_p = \left(1 - \frac{T_0}{\overline{T}}\right) \tag{3.66}$$

或

$$e_p = 277.8\left(1 - \frac{T_0}{\overline{T}}\right) \tag{3.66a}$$

式(3.66a)的量纲为 kW·h/GJ。

因此根据式(3.52)，供热的理论最低燃料单耗为

$$b_h^{min} = \frac{e_p}{e_f^{e,s}} = 34.12\left(1 - \frac{T_0}{\overline{T}}\right) \tag{3.67}$$

式(3.67)的量纲为 kg/GJ。

显然，不同参数热产品的理论最低燃料单耗不同。各种型式锅炉生产的热产品是一定温差与焓差条件下的热量，这类热产品的热力学平均温度可根据熵的定义式计算，第 6 章也有相应的介绍。建筑采暖的目的是将室内温度控制在某一数值之上，如 20℃ 的室温是冬季采暖的合适标准，其热产品的热力学温度取这一参数。热电联产供热的工艺热负荷多为一定压力的汽轮机抽汽或排汽，可以以该压力下的饱和温度作为热产品的定性参数，以此计算热电厂供出热产品的比㶲及其理论最低燃料单耗。如果热电厂供热的使用目的能够进一步明确，并可以进行热力学第二定律分析，则可以参照第 9 章的相关内容做进一步的解析。

3.6.3　物质性产品的比㶲及其理论最低燃料单耗

对于钢铁、有色金属、单晶硅、多晶硅以及纸、水泥、盐、海水淡化的产品淡水等物质性产品的生产，用其携带的显热计算其生产过程的热效率是没有意义的。但是，根据热力学第二定律，这些物质相对于其参考环境都具有化学㶲(宋之平和王加璇，1985)，可以根据式(3.7)计算其理论最低燃料单耗，继而计算其能源利用第二定律效率等。

对于基于还原反应的钢铁、单晶硅、铝等物质性产品的生产，可根据 3.5 节关于燃料的化学㶲分析的结论，用式(3.50)确定其作为产品的比㶲。

对于物料分离、浓缩或精馏等热力过程，如海水淡化、制盐及精馏等物质性产品生产，其产品的比㶲可以近似用式(3.68)计算：

$$e_p = -RT_0 \ln a_i \tag{3.68}$$

式中，T_0 为环境温度；a_i 为该产品在原料混合物中的活度。如果原料混合物可以视为理想溶液，则该产品的活度等于其摩尔分数($a_i = x_i$)。

煤化工以及天然气制氢的产品等仍然是燃料，也是一种物质性产品，其比㶲和理论最低燃料单耗计算方法同上。

需要说明的是，这里给出的物质性产品的比㶲及其理论最低燃料单耗计算方法是原则性方法，实际应用时，需根据具体情况做适当的调整。比如，对于钢铁冶炼，铁矿石中不只含有三氧化二铁，还可能含有氧化亚铁和四氧化三铁等，其理论最低燃料单耗的计算需考虑这一情况，具体计算参见第 11 章关于高炉炼铁过程的单耗分析。

3.7 能源利用单耗分析示例

表 3.4 为部分产品的理论最低燃料单耗、实际燃料单耗以及能源利用第二定律效率，清楚地展示了其能源利用的现状及其具有的节能潜力。从中不难看出，基于单耗分析理论，可以从统计学的角度，将不同耗能行业的能源利用第二定律效率放在一起进行对比分析，这是单耗分析理论的最大优势。

表 3.4 部分产品的理论最低燃料单耗、实际燃料单耗及能源利用第二定律效率

序号	产品名称	理论最低燃料单耗	实际燃料单耗	能源利用第二定律效率
1	高炉炼铁	284.96kg/t	479.80kg/t	59.39%
2	火力发电	122.84g/(kW·h)	306.90g/(kW·h)	40.02%
3	电解铝	0.90t/t	3.99t/t	22.56%
4	热电联产海水淡化	0.28kg/t	7.70kg/t	3.64%
			2.47kg/t	11.34%
5	采暖供热(20℃)	2.33kg/GJ	52.46kg/GJ	4.44%
			24.40kg/GJ	9.55%

其中，第一项为高炉炼铁。数据来自第 11 章的计算值，以目前可以达到技术水平进行计算。生产的生铁含碳，矿石含 Fe_2O_3 和 FeO，相应的理论最低燃料单耗为 284.96kg/t，产品燃料单耗为 479.80kg/t，其能源利用第二定律效率高达 59.39%，与燃气蒸汽联合循环的最高水平持平，且还有进一步提高的节能潜力。第二项为火电发电。根据中国电力企业联合会的统计，2019 年全国火电机组平均供电燃料单耗为 306.90g/(kW·h)，相应的第二定律效率为 40.02%。第三项为电解铝，这是公认的高耗能行业，目前电解铝电耗在 13000kW·h/t 的水平，假设所耗电量来自电网，以 2019 年的数据计算，其第二定律效率为 22.56%。第四项为热电联产海水淡化，其理论最低燃料单耗以完全分离 1t 海水的各组分计算。河北国华沧东发电有限责任公司 1 期低温多效海水淡化的燃料单耗为 7.70kg/t，第二定律效率只有 3.64%；造成其效率低下的直接原因是抽汽参数与海水淡化机组的参数要

求不匹配，损失过大，如果二者参数匹配，其燃料单耗可降至 2.47kg/t，第二定律效率可以提高至 11.34%。但是，如果仅考虑从海水中提取产品淡水，相应的理论最低单耗更小，海水淡化的第二定律效率更低，详见第 12 章。第五项为采暖供热，其理论最低燃料单耗以室内温度 20℃、环境温度 0℃计算。对此采暖负荷需求，如果使用 65%的燃煤工业锅炉供热，其供热燃料单耗为 52.46kg/GJ，第二定律效率只有 4.44%。但如果使用 NC200/145 两用机的 0.25MPa 压力抽汽供热，供热燃料单耗降至 24.40kg/GJ，第二定律效率可达 9.55%。从计算数据还可以看到，最基本的用能需求、最简单的技术即可实现的采暖和产水，第二定律效率都很低，与目前这两个行业发展面临的困难局面一致。而高耗能的钢铁行业，其第二定律效率反而要高很多，与这些产品生产难度大一致。

第4章 典型不可逆过程的热力学分析

实际热力过程都存在不可逆因素。不同的能源利用系统,其中的热力过程多种多样,且各有特点。但归结起来,其中的不可逆因素一般包括温差传热、节流(含管道阻尼)、摩擦与扰动、分子扩散、压缩与膨胀、流体混合动量传递以及化学反应等。实际热力设备及热力过程中的不可逆因素至少有一种,有时多种并存。节能研究就是要找出影响能源利用效率的各种不可逆因素,分析其大小及分布,从中找到值得改进的地方。本章的主要内容就是分析各种不可逆因素及其影响因素,分解实际热力过程的各种不可逆因素。

4.1 有限温差传热过程的不可逆性分析

4.1.1 有限温差传热过程的㶲分析

根据 2.5 节关于热量㶲或热流㶲的分析。从热力学角度,图 4.1 所示的换热过程是典型的有限温差传热过程。热流体放热过程 1→2 的温度高于冷流体吸热过程 3→4 的温度。热流体放出热量的热量㶲高于冷流体吸收热量的热量㶲,当热流体将热传递给冷流体之后,尽管能量守恒,但是体系具有的热量㶲却减小了,即换热过程出现了㶲损耗。

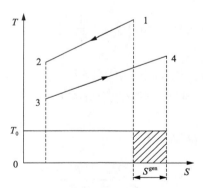

图 4.1 换热过程的不可逆性

为了单纯分析传热过程的㶲损耗,假设冷热流体进出换热器时,其压力保持不变。热流体放热量为

$$Q_{12} = M_h(h_2 - h_1) = H_2 - H_1 \tag{4.1}$$

式中，M_h 为热流体流量；h_1 和 h_2 分别为热流体进出换热器的比焓；H_1 和 H_2 分别为热流体进出换热器的焓。

冷流体吸热量为

$$Q_{34} = M_c(h_4 - h_3) = H_4 - H_3 \tag{4.2}$$

式中，M_c 为冷流体流量；h_3 和 h_4 分别为冷流体进出换热器的比焓；H_3 和 H_4 分别为冷流体进出换热器的焓。

根据能量守恒原理，热流体放热量等于冷流体吸热量，即

$$Q_{34} = -Q_{12} = Q \tag{4.3}$$

通常，换热器温度高于环境温度，根据式(2.96)，可以很方便地计算冷热流体吸放热过程的热量㶲：

$$\Delta E_{34} = \left(1 - \frac{T_0}{\bar{T}_{34}}\right) Q \tag{4.4}$$

$$\Delta E_{12} = \left(1 - \frac{T_0}{\bar{T}_{12}}\right) Q \tag{4.5}$$

式中，$\bar{T}_{12}$ 和 $\bar{T}_{34}$ 分别热流体放热和冷流体吸热过程的热力学平均温度。

因此，换热过程的㶲损耗（做功能力损失或不可逆损失）为

$$I_r = \Delta E_{12} - \Delta E_{34} = T_0 \left(\frac{1}{\bar{T}_{34}} - \frac{1}{\bar{T}_{12}}\right) Q = T_0 \left(\frac{\bar{T}_{12} - \bar{T}_{34}}{\bar{T}_{12} \cdot \bar{T}_{34}}\right) Q \tag{4.6}$$

显然，在相同换热量的条件下，传热温差 $(\bar{T}_{12} - \bar{T}_{34})$ 越大，不可逆损失越大；换热温度水平 $(\bar{T}_{12}$ 及 $\bar{T}_{34})$ 越低，不可逆损失越大。式(4.6)清晰地揭示了减小换热过程不可逆损失的途径。

由熵的定义式 $\mathrm{d}S = \delta Q / T$，有

$$\bar{T}_{12} = \frac{Q_{12}}{S_2 - S_1} = \frac{H_2 - H_1}{S_2 - S_1} \tag{4.7}$$

$$\bar{T}_{34} = \frac{Q_{34}}{S_4 - S_3} = \frac{H_4 - H_3}{S_4 - S_3} \tag{4.8}$$

式中，$S = Ms$，s 为流体比熵。

将式(4.7)和式(4.8)代入式(4.6)，因此，换热过程的不可逆损失还可以用式(4.9)计算：

$$I_r = T_0[(S_4 - S_3) + (S_2 - S_1)] = T_0(\sum S^{\text{out}} - \sum S^{\text{in}}) \tag{4.9}$$
$$= T_0 S^{\text{gen}}$$

式中，S^{gen}为换热过程熵产，符合式(2.197)和式(2.198)；$\sum S^{\text{out}}$和$\sum S^{\text{in}}$分别为流出和流入系统流体的熵之和。

对比式(4.9)式(4.6)，不难发现，有限温差传热的熵产可以用式(4.10)计算：

$$S^{\text{gen}} = \frac{I_r}{T_0} = \left(\frac{1}{\overline{T}_{34}} - \frac{1}{\overline{T}_{12}}\right)Q \tag{4.10}$$

当然，也可以直接应用式(2.192)开展换热器的㶲分析。对于换热器，如果忽略其散热损失，则 $\sum \int_Q (1 - T_0 / T) \delta Q = 0$，又有 $W_n = \sum W_{\text{out}} - \sum W_{\text{in}} = 0$，因此有

$$I_r = \sum E^{\text{in}} - \sum E^{\text{out}} = (E_1 + E_3) - (E_2 + E_4)$$
$$= (H_1 - T_0 S_1 + H_3 - T_0 S_3) - (H_2 - T_0 S_2 + H_4 - T_0 S_4)$$

由热平衡关系式 $H_1 - H_2 = H_4 - H_3 = Q$，得

$$I_r = (-T_0 S_1 - T_0 S_3) - (-T_0 S_2 - T_0 S_4)$$
$$= T_0[(S_4 - S_3) - (S_1 - S_2)] = T_0(\sum S^{\text{out}} - \sum S^{\text{in}}) \tag{4.11}$$
$$= T_0 S^{\text{gen}}$$

式(4.9)和式(4.11)与式(2.198)一致。

4.1.2 有限温差传热过程的熵分析

热力学第二定律（$\Delta S = \Delta_e S + S^{\text{gen}}$）可以直接计算热力系统的熵产。对于换热器，如果忽略其散热损失，则系统与外界交换热量的熵流为 $\Delta_e S = \sum \int_Q \delta Q / T = 0$。于是，换热器熵产可以直接写成如下形式：

$$S^{\text{gen}} = \Delta S = \sum S^{\text{out}} - \sum S^{\text{in}} = (S_4 + S_2) - (S_3 + S_1) \tag{4.12}$$
$$= S_4 - S_3 - (S_1 - S_2)$$

与式(4.11)得到的熵产结果一致。由于 $\overline{T}_{12}$ 高于 $\overline{T}_{34}$，根据式(4.7)式(4.8)，一定

有 $S_4 - S_3 > S_1 - S_2$，即熵产永远为正。

4.2　节流过程的不可逆性分析

4.2.1　定焓过程的热力学实质

节流过程的不可逆性分析针对单位质量流量的工质展开，用比参数表示。根据热力学一般关系式：

$$dh = Tds + vdp$$

式中，v 为流体比容；T 为流体的热力学温度。

由 $ds = \delta q / T$，有

$$\delta q = Tds$$

由技术功的定义式，有

$$\delta w_t = -vdp$$

热与功不等价，因此即便如图 4.2 所示的定焓过程 1→2 的不平衡势差无穷小（ds 和 dp），过程进行得无限缓慢，非常符合热力学关于准平衡过程的定义，但仍然是不可逆过程。因为，其压力降低可以产生的技术功 δw_t 没有输出到体系之外，而变成等量的热量 δq 加入热流体本身。换句话说，节流过程是流体定熵膨胀所增加的宏观动能完全耗散为流体内部热能的过程。

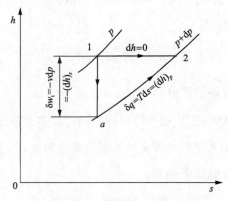

图 4.2　定焓过程的热力学实质

定焓过程 1→2 相当于由定熵膨胀过程 1→a 与定压过程 a→2 组成，这很容易看成先有焓降然后再恢复的过程，因而不是定焓过程。但是需要澄清的是，这个

"相当于"是对定焓过程的"人为"分解。事实上，讨论的问题起点就是 $\mathrm{d}h=0$ ，沿此定焓线，熵变与压力变化的比值为

$$(\partial s / \partial p)_h = -v / T \tag{4.13}$$

这说明，沿定焓线有确定的状态参数。

根据式(2.12)，沿定焓过程有

$$(\mathrm{d}e)_h = (\mathrm{d}h - T_0\mathrm{d}s)_h = -T_0(\mathrm{d}s)_h \tag{4.14}$$

由于熵随压力的降低而增大[式(4.13)]，这一定焓过程的工质㶲减小。但是，定焓过程没有实际功量的输出，因此，㶲的减小为不可逆损失，熵的增加为熵产，式(4.14)与 Gouy-Stodola 公式[式(2.199)]一致，亦即定焓过程为不可逆过程。

沿此定焓线，不能进行 $\int (\delta q)_h = \int (T\mathrm{d}s)_h$ [式(2.93)的积分]，因为定焓过程是不可逆过程，Ts 图上的定焓线与横坐标围成的面积不等于与外界交换的热量。当然，也不能进行容积功 $\int (\delta w)_h = \int (p\mathrm{d}v)_h$ [式(2.91)]和技术功 $\int (\delta w_\mathrm{t})_h = -\int (v\mathrm{d}p)_h$ [式(2.92)]的积分。

根据理想气体性质，理想气体定焓过程中的温度保持不变。但不能将这一温度不变的过程称为等温过程，这是为了与可逆的等温过程相区别。因为理想气体等温过程有可逆热量和可逆功的输入或输出(参见 2.5 节)，而定焓过程把压降可能输出的功量耗散成了加热理想气体本身的热量，对外并无热量交换。鉴于此，有人称这一过程为绝热节流过程。事实上，严格的绝热过程应该是定熵过程，$\delta q = T\mathrm{d}s = 0$ [式(2.93)]，因此节流过程不应划归绝热范畴。结合实际过程，把定焓过程称为节流过程是合适的，因为它是一个不可逆过程。

对于实际气体，节流前后温度有变化，其节流过程的不可逆损失可以用图 4.3

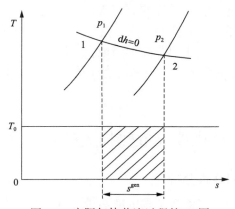

图 4.3　实际气体节流过程的 Ts 图

中的阴影部分面积表示。值得注意的是，除了图示中的节流冷效应，工质在某种状态下还可能出现节流热效应，请参阅热力学教材关于焦耳-汤姆孙效应的内容。

4.2.2　节流过程的熵产计算

显然，由热力学一般关系式 $dh = Tds + vdp$ ，节流过程的熵变即其熵产，可以用式(4.15)计算：

$$\int ds = -\int \frac{v}{T} dp \qquad\qquad (4.15)$$

在流体力学中，有阻尼的流体流动过程会导致压力的降低，可以视为节流过程。节流过程中，流体的焓值保持不变。根据状态参数与路径无关的特性，可以视为 $dh = 0$ ，利用式(4.15)计算节流过程的熵变。由于绝热节流是典型的非平衡过程，这一熵变就是节流过程的熵产。

式(4.15)的推导没有针对任何介质，因而具有普遍意义，即可以根据流体物性估算流动阻尼导致的节流熵产(也称阻尼熵产)，继而计算输运能耗。

由于熵是状态参数，节流过程的熵产可以用节流前后的流体物性参数计算。

$$s^{gen} = s(h, p + \Delta p) - s(h, p) \qquad\qquad (4.16)$$

式中， Δp 为节流压降。

式(4.15)的物理意义在于节流导致流体压力降低，即 $\Delta p < 0$ ，因此节流及流体输运的熵产永远为正。它表明，流体比容越小，温度越高，熵产越低，这意味着节流发生在高温高压条件的熵产更低，对应流体输运能耗更低。在火电厂中，主蒸汽温度和压力高，蒸汽比容相对较低，因此相对而言可以允许更大的节流压损。而在凝汽器，尤其是直接空冷机组的凝汽器，温度和压力低，蒸汽比容很大，因此应最大限度地降低其流动过程的节流压损。这里需要注意的是，在相同压力下，气体比容会随着温度的升高而升高，这时，气体低温输运更有利，比如，锅炉尾部烟气排出过程，烟气压力略高于当地大气压，烟气比容随温度的降低而降低，因此，降低排烟温度对于降低引风机能耗是有利的。第10章将详细分析流体输运问题。

4.3　余热排放及散热损失的不可逆性分析

4.3.1　余热排放的不可逆性分析

热力设备只能利用一定参数范围内的热量，低于某一参数的热量无法得到利用而不得不排出系统。这一热量由载热介质,如锅炉烟气、循环冷却水等带出系统。这些介质进入环境,本身被冷却至环境温度,这一过程是熵减过程;而环境得到热量,其熵增加。因此,余热进入环境的过程,等同于载热介质与环境的换热过程,余热排放的不可逆性分析方法与温差传热过程完全相同,如图 4.4 所示。

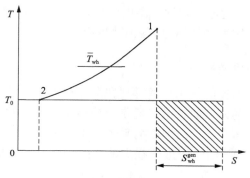

图 4.4　余热排放的熵产示意图

熵的定义式为

$$dS = \delta Q / T$$

假定从热工设备排出余热的载热介质是单相介质,比定压热容为 c_p,流量为 M,一定温度变化所释放的热量为 $\delta Q = Mc_p dT$,因此,放热过程的熵变为

$$dS = Mc_p dT / T \tag{4.17}$$

余热排放量(Q_{wh})为

$$Q_{wh} = -\int_{T_1}^{T_0} Mc_p dT = M\bar{c}_p(T_1 - T_0) \tag{4.18}$$

式中,$\bar{c}_p$ 为平均比定压热容。

参考温差传热过程的不可逆性分析。对于排放温度为 T_1 的余热资源,如果将其作为废热而排弃于环境,所造成的熵产为环境因获得热量而增加的熵与载热介质冷却到环境温度而减少的熵的代数和,即

$$
\begin{aligned}
S_{wh}^{gen} &= \frac{Q_{wh}}{T_0} + Mc_p \int_{T_1}^{T_0} \frac{dT}{T} = \frac{Mc_p}{T_0} \left[(T_1 - T_0) + T_0 \int_{T_1}^{T_0} \frac{dT}{T} \right] \\
&= \frac{Q_{wh}}{T_0} \left(1 - \frac{T_0}{T_1 - T_0} \ln \frac{T_1}{T_0} \right) = \frac{Q_{wh}}{T_0} \left(1 - \frac{T_0}{\bar{T}_{wh}} \right)
\end{aligned} \tag{4.19}
$$

式中，$\bar{T}_{\text{wh}}$ 为余热排放量（Q_{wh}）的热力学平均温度：

$$\bar{T}_{\text{wh}} = \frac{T_1 - T_0}{\ln(T_1 / T_0)} \tag{4.20}$$

式（4.20）为比热容近似为常数、温度变化范围不大的流体介质吸、放热过程的热力学平均温度，这里将其称为对数平均温度。

4.3.2　散热损失的不可逆性分析

任何与环境存在温差的热工设备都存在散热损失，所散失的热量进入环境，会造成环境的熵增。与此同时，散热通常会使热工设备中的工质温度降低，这一过程可以视为在一定压力下，由温度 T_1 降至 T_2 的放热过程，如图 4.5 所示。这是一个熵减过程，参考式（4.19），散热损失造成的熵产等于环境的熵增与工质的熵减的代数和。

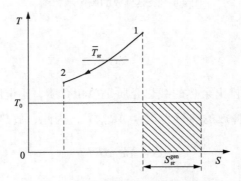

图 4.5　散热损失的熵产示意图

$$S_{\text{sr}}^{\text{gen}} = \frac{Q_{\text{sr}}}{T_0}\left(1 - \frac{T_0}{T_1 - T_2}\ln\frac{T_1}{T_2}\right) = \frac{Q_{\text{sr}}}{T_0}\left(1 - \frac{T_0}{\bar{T}_{\text{sr}}}\right) \tag{4.21}$$

式中，散热量 Q_{sr} 为

$$Q_{\text{sr}} = M\bar{c}_p(T_1 - T_2) \tag{4.22}$$

相应地，散热过程的对数平均温度为

$$\bar{T}_{\text{sr}} = \frac{T_1 - T_2}{\ln(T_1 / T_2)} \tag{4.23}$$

4.4　实际传热过程的不可逆性分析

4.4.1　流动阻尼的影响

1. 有流动阻尼的传热过程

一般来讲，换热过程的不可逆性因素主要有温差传热、冷热流体的流动阻尼、散热以及工质泄漏等。这里仅考虑冷热流体的流动阻尼的影响。假设冷热流体均为单相介质，热流体质量流量为 M_h，温度从 t_1 降低至 t_2，压力由 p_1 降低至 p_2，比焓由 h_1 降低至 h_2，热流体焓变为

$$\Delta H_h = M_h(h_2 - h_1) = H_2 - H_1 \tag{4.24}$$

式中，$H_1 = M_h h_1(p_1, t_1)$；$H_2 = M_h h_2(p_2, t_2)$。

冷流体质量流量为 M_c，温度从 t_3 升至 t_4，压力由 p_3 降低至 p_4，比焓由 h_3 升至 h_4，其冷流体焓变为

$$\Delta H_c = M_c(h_4 - h_3) = H_4 - H_3 \tag{4.25}$$

式中，$H_3 = M_c h_3(p_3, t_3)$；$H_4 = M_c h_4(p_4, t_4)$。

将式(2.197)应用于有阻尼的换热过程，换热器与外界无热交换，因此，有阻尼的换热过程的熵产为

$$
\begin{aligned}
S^{gen} &= \sum S^{out} - \sum S^{in} \\
&= S_4(p_4, t_4) + S_2(p_2, t_2) - [S_1(p_1, t_1) + S_3(p_3, t_3)]
\end{aligned}
\tag{4.26}
$$

式中，$S_1 = M_h s_1(p_1, t_1)$；$S_2 = M_h s_2(p_2, t_2)$；$S_3 = M_c s_3(p_3, t_3)$；$S_4 = M_c s_4(p_4, t_4)$。

式(4.26)计算得到的熵产为系统总熵产。考虑流动阻尼及传热温差等不可逆因素时，这一总熵产可以分解为

$$
\begin{aligned}
S^{gen} &= \sum S^{out} - \sum S^{in} = S_4 + S_2 - (S_3 + S_1) \\
&= (S_4 - S_{4'}) + (S_2 - S_{2'}) + [(S_{4'} - S_3) + (S_{2'} - S_1)]
\end{aligned}
\tag{4.27}
$$

图 4.6 和图 4.7 分别展示了换热过程的 TS 图和 HS 图。可以看出，热流体放热过程 1→2 由一个相同放热量的等压过程 1→2′ 和一个节流过程 2′→2 组成；冷流体吸热 3→4 由一个相同吸热量的等压过程 3→4′ 和一个节流过程 4′→4 组成，即可以将流动阻尼造成的压降视为流体在出口的节流过程(定焓过程)。

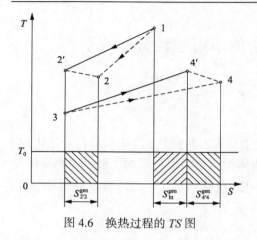

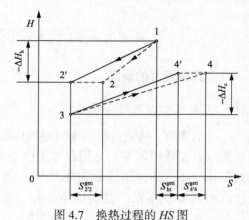

图 4.6　换热过程的 TS 图　　　　　　图 4.7　换热过程的 HS 图

冷流体流动阻尼造成的节流熵产为

$$S_{4'4}^{\text{gen}} = S_4 - S_{4'} \tag{4.28}$$

热流体流动阻尼造成的节流熵产为

$$S_{2'2}^{\text{gen}} = S_2 - S_{2'} \tag{4.29}$$

换热器温差传热过程的熵产为

$$S_{\text{ht}}^{\text{gen}} = (S_{4'} - S_3) - (S_1 - S_{2'}) \tag{4.30}$$

2. 阻尼对热力学平均温度和传热温差的影响

根据熵的定义式 $\mathrm{d}S = \delta Q / T$，可以计算图 4.6 和图 4.7 中热流体实际放热过程 $1 \rightarrow 2$ 的热力学平均温度。

$$\overline{T}_{12} = \frac{H_2 - H_1}{S_2 - S_1} = \frac{H_2 - H_1}{(S_{2'} - S_1) + S_{2'2}^{\text{gen}}} \tag{4.31}$$

阻尼使放热过程的熵变绝对值 $|S_2 - S_1|$ 小于无阻尼的放热过程的熵变绝对值 $|S_{2'} - S_1|$，因此与式 (4.7) 相比，阻尼的存在使放热过程的热力学平均温度增高。类似地，对于冷流体吸热过程 $3 \rightarrow 4$，也有

$$\overline{T}_{34} = \frac{H_4 - H_3}{S_4 - S_3} = \frac{H_4 - H_3}{(S_{4'} - S_3) + S_{4'4}^{\text{gen}}} \tag{4.32}$$

吸热使熵增加 $(S_{4'} - S_3 > 0)$，阻尼使冷流体吸热平均温度降低。也就是说，阻尼使换热过程的传热温差增大。参考式(4.6)，也说明阻尼使传热过程的不可逆损失增大。

但是，需要注意的是，由于实际热力过程 1→2 和 3→4 都是不可逆过程，根据热力学关于状态参数的定义，图 4.6 中连接 1 与 2、3 与 4 状态点的虚线并不代表工质的真实热力学参数，虚线与横坐标围成的面积亦不代表过程的热量，因此，式(4.31)和式(4.32)计算得到的数值严格说来也不宜称为热力学平均温度。在工程实践中，如果根据实测参数直接应用式(4.31)和式(4.32)进行计算就面临这种情况，需注意这个问题。

4.4.2　流动阻尼和散热损失的共同影响

实际传热过程不仅存在流动阻尼，还存在散热损失，这些不可逆性的分解如图 4.8 所示。热流体的实际放热过程 1→2 可以分解为 1→2′ 的等压放热过程和 2′→2 的节流过程。冷流体实际吸热过程 3→4 可以分解成 3→5 的等压吸热过程、5→4′ 的散热过程、4′→4 的节流过程。其中，3→5 过程的吸热量与热流体进出换热器的放热量相等，满足热平衡原理；换热器的散热损失可以归结为对冷流体的加热不足，即由于散热损失的存在，冷流体只能被加热至 4′ 点，鉴于此，可以将散热过程看成从 5→4′ 的等压放热过程(散热过程)；然后再经节流过程 4′→4 到达换热器出口。

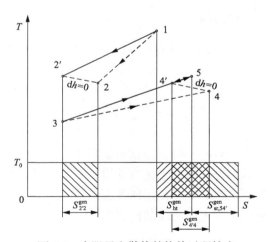

图 4.8　有阻尼和散热的换热过程熵产

换热过程的散热损失及其熵产可以借鉴式(4.22)和式(4.21)计算。由于存在散热的熵流及熵产，根据式(2.197)，图 4.8 换热过程的总熵产可以分解为

$$S^{\text{gen}} = \sum S^{\text{out}} - \sum S^{\text{in}} + (-Q_{\text{sr},54'})\frac{1}{T_0} = S_4 + S_2 - (S_3 + S_1) + (-Q_{\text{sr},54'})\frac{1}{T_0}$$

$$= (S_4 - S_{4'}) + (S_2 - S_{2'}) + [(S_5 - S_3) - (S_1 - S_{2'})] - (S_5 - S_{4'}) + (-Q_{\text{sr},54'})\frac{1}{T_0} \quad (4.33)$$

$$= (S_4 - S_{4'}) + (S_2 - S_{2'}) + [(S_5 - S_3) - (S_1 - S_{2'})] + (-Q_{\text{sr},54'})\left(\frac{1}{T_0} - \frac{1}{\overline{T}_{54'}}\right)$$

式中，散热量$(-Q_{\text{sr},54'})$为

$$-Q_{\text{sr},54'} = M\bar{c}_p(T_5 - T_{4'}) = H_5 - H_{4'} \quad (4.34)$$

相应地，散热量$(-Q_{\text{sr},54'})$的热力学平均温度为

$$\overline{T}_{54'} = \frac{T_5 - T_{4'}}{\ln(T_5 / T_{4'})} \quad (4.35)$$

冷流体流动阻尼造成的节流熵产：

$$S_{4'4}^{\text{gen}} = S_4 - S_{4'} \quad (4.36)$$

热流体流动阻尼造成的节流熵产：

$$S_{2'2}^{\text{gen}} = S_2 - S_{2'} \quad (4.37)$$

换热器温差传热过程的熵产：

$$S_{\text{ht}}^{\text{gen}} = (S_5 - S_3) - (S_1 - S_{2'}) \quad (4.38)$$

散热过程的熵产：

$$S_{\text{sr},54'}^{\text{gen}} = -\frac{Q_{\text{sr},54'}}{T_0}\left(1 - \frac{T_0}{\overline{T}_{54'}}\right) \quad (4.39)$$

需要说明的是，换热器的不可逆因素可能不止上述这些，换热过程的冷热流体也可能不止一股，但都可以借助上述方法进行分解计算。换热器中工质泄漏造成的不可逆损失类似于余热排放。但工质泄漏除了造成不可逆损失，还造成设备的工质损失，系统补充工质还将造成其他损失。

4.5　考虑散热损失的节流过程

火电厂主蒸汽管道、再热蒸汽管道等既存在阻尼造成的节流效应，也存在散

热损失。

有散热损失的节流过程 1→2 如图 4.9 所示。这一过程可以分解为单纯的节流过程 1→2′和散热过程 2′→2，节流过程 1→2′的熵产 $S_{12'}^{\text{gen}}$ 参考式(4.15)或式(4.16)计算。

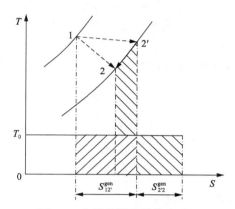

图 4.9　有散热损失的节流过程

散热使工质焓降低（$H_{2'} \to H_2$）是熵减过程（$S_{2'} \to S_2$），而环境得到热量 $H_{2'} - H_2$ 后，环境熵增加 $(H_{2'} - H_2)/T_0$，因此散热损失造成的熵产 $S_{2'2}^{\text{gen}}$ 等于环境因获得热量而增加的熵与工质散热而减少的熵的代数和，即

$$S_{2'2}^{\text{gen}} = \frac{H_{2'} - H_2}{T_0} + \int_{H_{2'}}^{H_2} \frac{\mathrm{d}H}{T} \tag{4.40}$$

如果已知工质比定压热容，且为常数 $\overline{c}_p$，则 $\mathrm{d}H = M\overline{c}_p \mathrm{d}T$，于是有

$$S_{2'2}^{\text{gen}} = \frac{M\overline{c}_p(T_{2'} - T_2)}{T_0} + M\overline{c}_p \int_{T_{2'}}^{T_2} \frac{\mathrm{d}T}{T} = \frac{H_{2'} - H_2}{T_0}\left(1 - \frac{T_0}{T_{2'} - T_2}\ln\frac{T_{2'}}{T_2}\right)$$
$$= \frac{H_{2'} - H_2}{T_0}\left(1 - \frac{T_0}{\overline{T}_{2'2}}\right) \tag{4.41}$$

式中

$$\overline{T}_{2'2} = \frac{T_{2'} - T_2}{\ln(T_{2'}/T_2)} \tag{4.42}$$

为 2′→2 过程的热力学平均温度。

4.6　摩擦与扰动的不可逆性分析

焦耳试验(热功当量试验)表明，对流体实施搅拌等热力过程，输入的外功全部变成了摩擦热，可使流体温度升高。由于这一升温过程在定容条件下进行，为了计算熵产，可以认为流体终态是在可逆的定容加热过程中实现的(宋之平和王加璇，1985)。

如果所消耗的功(也称耗散功)为 δW_{f}，流体温度为 T，则微元过程的熵产为

$$\delta S^{\mathrm{gen}} = \frac{\delta W_{\mathrm{f}}}{T} \tag{4.43}$$

耗散功被流体吸收，因此，可得

$$\mathrm{d}W_{\mathrm{f}} = Mc_v \,\mathrm{d}T \tag{4.44}$$

代入式(4.43)，则微元过程熵产为

$$\delta S^{\mathrm{gen}} = \frac{Mc_v \mathrm{d}T}{T} \tag{4.45}$$

如果流体温度从 T_1 升高至 T_2，在比定容热容为常数的假设下，熵产为

$$S^{\mathrm{gen}} = -\int_{T_1}^{T_2} \frac{Mc_v}{T} \mathrm{d}T = M\bar{c}_v \ln \frac{T_2}{T_1} \tag{4.46}$$

式中，$\bar{c}_v$ 为平均比定容热容。

4.7　扩散现象的不可逆性分析

设有由两种或多种物质组成的混合物或溶液。如果在一容器内，某一组元浓度不均匀，就会发生扩散现象，直至该物质从高浓度转移到低浓度，最终使浓度达到均衡为止。

初始状态：两种物质尚未混合，它们的温度 T' 与压力 p' 分别相等；它们的容积分别为 V_1' 和 V_2'；内能分别为 U_1' 和 U_2'。

终点状态：物质扩散的结果是每一种物质占据整个容积 $V = V_1' + V_2'$；两种物质温度依然相等，但由 T' 变到了 T''；两种物质的内能分别变为 U_1 和 U_2。

前后能量平衡关系为

$$U_1' + U_2' = U_1 + U_2 \tag{4.47}$$

　　为了确定扩散过程的熵产，可以设想一个与之具有相同初态和终态的可逆过程。

　　如图 4.10 所示(宋之平和王加璇，1985)，两个容器用半透壁 Π_1 和 Π_2 隔开，其中，Π_1 只允许物质 1 透过，Π_2 只允许物质 2 透过。物质 1 使 Π_2 缓慢地(可逆地)移至容器右边界 BC，物质 2 使 Π_1 缓慢地(可逆地)移至容器左边界 AD，其间两种物质并不接触及互扰。于是，两种物质都分别由其初始的容积 V_1' 及 V_2' 膨胀至 $V = V_1' + V_2'$。

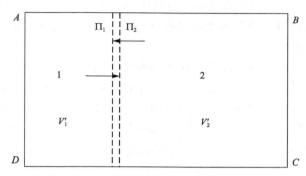

图 4.10　两种物质在孤立体系中的扩散现象

　　为使此可逆膨胀过程所达到的终态与扩散过程结束后达到的状态相同，需要分别向两种物质导入热量 Q_1 和 Q_2，并做出功 W_1 和 W_2。在物质扩散过程中，应调整 Q_1 和 Q_2 的值，使式(4.47)所示的关系一直得到满足。

　　在两种物质所进行的膨胀过程中，满足

$$\delta Q_1 = \mathrm{d}U_1 + \delta W_1 \text{ 和 } \delta Q_2 = \mathrm{d}U_2 + \delta W_2$$

因此

$$
\begin{aligned}
\delta Q_1 + \delta Q_2 &= \mathrm{d}(U_1 + U_2) + \delta W_1 + \delta W_2 \\
&= \mathrm{d}(U_1 + U_2) + p_1 \mathrm{d}V_1 + p_2 \mathrm{d}V_2
\end{aligned}
\tag{4.48}
$$

由于 $U_1 + U_2 = $ 常数，$W_1 > 0$ 及 $W_2 > 0$，有

$$S^{\mathrm{gen}} = \int \frac{\delta Q_1 + \delta Q_2}{T} = \int_{V_1'}^{V} \frac{p_1}{T_1} \mathrm{d}V_1 + \int_{V_2'}^{V} \frac{p_2}{T_2} \mathrm{d}V_2 > 0 \tag{4.49}$$

　　显然，混合过程的熵产是参与混合的物质相互之间的容积功(扩散㶲)的耗散所致，一般很难准确计算。对于理想气体混合的熵产计算，可参考第 2 章关于理想气体及其热力学性质、扩散㶲以及化学势的部分内容。如果是同一种物质的混合，则无须上述混合熵产的计算。如果混合物质存在温差，则需要考虑混合过程的温差传热熵产。

4.8　压缩与膨胀过程的不可逆性分析

本节论及的压缩与膨胀过程以单位质量为基础,因而分析计算用比参数。

4.8.1　压缩过程的不可逆性分析

工质在水泵、风机和压缩机中经历的热力过程统称为压缩过程,在蒸汽轮机、燃气轮机以及内燃机中经历的膨胀过程,可以视为压缩过程的逆过程,二者具有相同的热力学实质。

扬程不高的水泵往往忽略工质比容的变化,视为定容过程,泵功以工质的体积流量乘以扬程进行计算,方法简单。如果扬程较高,这种计算方法就会产生很大的误差。因此,有必要根据压缩过程的热力学共性,确定统一化的计算方法。

实际压缩过程 $1 \rightarrow 2$ 可以分解为理想的定熵压缩过程 $1 \rightarrow 2'$ 和节流过程 $2' \rightarrow 2$,即 $h_{2'} = h_2$,如图 4.11 所示。分解出来的节流过程熵产可用式(4.15)或式(4.16)进行计算。

如果压缩过程进出口参数(t_1、p_1 和 t_2、p_2)确定,则可以计算压缩过程的内效率:

$$\eta_i = \frac{h_{2a} - h_1}{h_2 - h_1} \tag{4.50}$$

式中,$h_1 = h(t_1, p_1)$;$h_2 = h(t_2, p_2)$;$h_{2a} = h(s_1, p_2)$,其中 $s_1 = s(t_1, p_1)$。

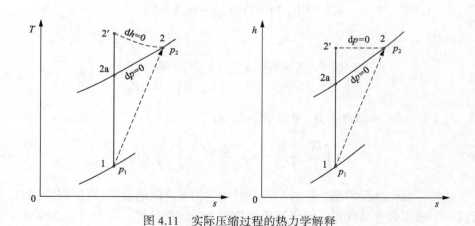

图 4.11　实际压缩过程的热力学解释

压缩过程的功耗为

$$w_i = h_2 - h_1 \tag{4.51}$$

如果是扬程不高的水泵，工质水可以视为不可压缩流体，根据热力学一般关系式 $dh = Tds + vdp$ [式(2.16)]，其定熵过程的功耗为

$$w_i = v(p_2 - p_1) \tag{4.52}$$

假定水泵的效率为 η，工质质量流量为 G，密度为 ρ，则泵功为

$$W_{pf} = \frac{G(p_2 - p_1)}{\eta\rho} \tag{4.53}$$

式(4.53)为水泵功率计算公式。

活塞式压缩机是最早出现的压缩机，在制冷系统中有非常广泛的应用。关于活塞式压缩机内部的各种损失，一般都总结为余隙损失、预热损失、内漏损失及吸排气阀片的节流损失等(彦启森等，2010)。但是如果从参数测量的角度看，压缩机进出口的温度和压力已知，其热力过程总体上可用图 4.11 表示。其内部不可逆因素需要根据相关参数变化的细节进行分析，而这些参数往往很难得到。如果已知进出口阀片的节流压降，则实际压缩过程可以在图 4.11 的基础上表示为图 4.12。实际过程 1→2 分解为 1→1′的吸气阀片节流、1′→2′的内部实际压缩过程以及 2′→2 的排气阀片节流。从压缩终点 2 画定焓线，从 1 点画定熵线交于 2‴点，则整个压缩过程可以分解为 1→2‴的定熵压缩过程及 2‴→2 的节流过程，总熵产 $s_2 - s_{2'''}$ 为各环节的熵产之和。$h_{2a} - h_1$ 为达到出口压力所需的最小理论耗功。

当然，上述分析没有考虑活塞压缩机余隙气体膨胀后及与吸入气体的混合熵产，以及热的气缸对吸入的冷气体的预热熵产。这两个过程可以视为在压力 $p_{1'}$ 下进行，缸体对吸入气体的预热从 1′点向右进发。余隙气体从 2′点膨胀到压力 $p_{1'}$，然后与预热后的吸入气体混合，混合过程存在温差传热熵产。需要注意的是，余隙气体占吸入气体 2%~5%的份额(彦启森等，2010)。另外，为了避免压缩机出口气体温度过高，一些活塞式压缩机采用了缸套水冷却技术，这会减小出口气体

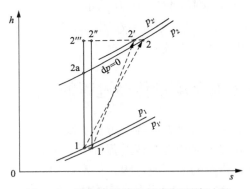

图 4.12　活塞式压缩机的实际压缩过程

的熵，可以起到减小压缩功耗的作用。但这一过程存在传热熵产，以及冷却水带走的热量所造成的熵产。显然，只有清晰地掌握这些过程的热力学参数，才可能分解出全部熵产及不可逆损失。

4.8.2　膨胀过程的不可逆性分析

实际膨胀过程如图 4.13 所示，相对于压力 p_2，实际膨胀过程的焓降为 $h_1 - h_2$，而定熵膨胀过程的焓降为 $h_1 - h_{2'}$，显然，不可逆性使工质膨胀不足，输出功减小。实际膨胀过程可以分解为定熵膨胀过程 1→2a 和节流过程 2a→2 $(h_{2a} = h_2)$，分解出来的节流过程熵产可用式(4.15)或式(4.16)计算。

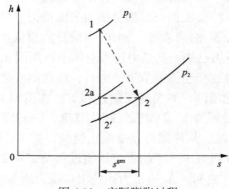

图 4.13　实际膨胀过程

1 点和 2 点的焓、熵等热力参数可以根据测得的温度和压力确定。参考式(4.50)，膨胀过程的相对内效率可以用式(4.54)计算。

$$\eta_{\mathrm{ri}} = \frac{h_1 - h_2}{h_1 - h_{2'}} = \frac{h_1 - h_{2a}}{h_1 - h_{2'}} \tag{4.54}$$

式中，$h_{2'}$ 为工质从压力 p_1 定熵膨胀到压力 p_2 的焓值。

由式(4.50)和式(4.54)，可以通过参数测量计算流体输运设备如水泵、风机、压缩机以及各种膨胀机的相对内效率。

4.9　流体混合动量传递过程的不可逆性分析

流体混合是工程中常见的热力过程。工程实践中，往往仅计算热平衡，并从工程流体力学角度以局部阻尼特性对该过程进行简单的计算。混合过程存在动量传递和动能传递，也是典型的不可逆过程，但常规的热力学分析并未关注这一问题。如果混合的两种流体的速度差不大，按流体力学的简化计算进行处理也无不可。但是对于像蒸汽喷射器中所发生的动量传递过程，流体力学的简化处理就无法满足要求，必须进行专题研究。

　　为了便于从热力学角度进行分析，这里假设所讨论的流体为理想气体，混合过程为等压过程，混合流体的流动方向一致，均为一维流动，不受结构特性影响。

　　假定高速气流流速为 v_1，流量为 1kg/s，低速气流流速为 v_2，流量为 μ kg/s（相当于蒸汽喷射器的引射系数），假定动量传递效率为 η_{m}，混合流速为 v_a，则这一混合动量传递过程的动量守恒方程为

$$\eta_{\mathrm{m}}(v_1 + \mu v_2) = (1+\mu)v_a \tag{4.55}$$

或者为

$$v_a = \eta_{\mathrm{m}} \frac{v_1 + \mu v_2}{1+\mu} \tag{4.56}$$

　　相应地，混合动量传递过程的动能传递效率 η_{k} 为

$$\eta_{\mathrm{k}} = \frac{(1+\mu)v_a^2}{v_1^2 + \mu v_2^2} \tag{4.57}$$

将式 (4.56) 代入式 (4.57)，得

$$\eta_{\mathrm{k}} = \eta_{\mathrm{m}}^2 \frac{(v_1 + \mu v_2)^2}{(1+\mu)(v_1^2 + \mu v_2^2)} \tag{4.58}$$

　　由于

$$\frac{(v_1 + \mu v_2)^2}{(1+\mu)(v_1^2 + \mu v_2^2)} - 1 = -\frac{\mu(v_1 - v_2)^2}{(1+\mu)(v_1^2 + \mu v_2^2)} < 0 \tag{4.59}$$

又由于动量传递效率 $\eta_{\mathrm{m}} < 100\%$，从式 (4.58) 不难看出，混合动量传递过程的动能传递效率 η_{k} 将明显低于动量传递效率 η_{m}。

　　忽略重力势能的不同，混合动量传递过程的能量平衡方程为

$$h_1 + \frac{1}{2}v_1^2 + \mu\left(h_2 + \frac{1}{2}v_2^2\right) = (1+\mu)\left(h_a + \frac{1}{2}v_a^2\right) \tag{4.60}$$

式中，h 为流体的比焓。

　　将式 (4.56) 代入式 (4.60)，得

$$h_a = \frac{1}{1+\mu}\left[h_1 + \frac{1}{2}v_1^2 + \mu\left(h_2 + \frac{1}{2}v_2^2\right)\right] - \frac{1}{2}\eta_{\mathrm{m}}^2\left(\frac{v_1 + \mu v_2}{1+\mu}\right)^2 \tag{4.61}$$

混合过程的动能损失为

$$\Delta e_k = \frac{1}{2}v_1^2 + \frac{1}{2}\mu v_2^2 - \frac{1}{2}(1+\mu)v_a^2 = (1-\eta_k)\frac{1}{2}(v_1^2+\mu v_2^2)$$
$$= \frac{1}{2}v_1^2 + \frac{1}{2}\mu v_2^2 - \frac{1}{2}\eta_m^2\frac{(v_1+\mu v_2)^2}{1+\mu} \tag{4.62}$$

动能损失转化为混合气流的焓升，混合过程的出口焓可以用式(4.63)计算：

$$h_a = \frac{h_1 + \mu h_2 + \Delta e_k}{1+\mu} \tag{4.63}$$

相应地，混合气流的出口熵 s_a 可以用工作压力和混合过程的出口焓 h_a 计算或从工质物性表查得。

如果动能传递效率为 100%，则混合气流出口焓 $h_{a'}$ 为

$$h_{a'} = \frac{h_1 + \mu h_2}{1+\mu} \tag{4.64}$$

则相应的混合气流出口熵 $s_{a'}$ 可以用工作压力和混合气流出口焓 $h_{a'}$ 计算或从工质物性表查得。混合动量传递过程的熵产为

$$s_{mt}^{gen} = (1+\mu)(s_a - s_{a'}) \tag{4.65}$$

混合动量传递过程的熵产如图 4.14 所示，图中 a 点为实际混合后的状态，a' 为 100%动能传递效率的混合状态点。

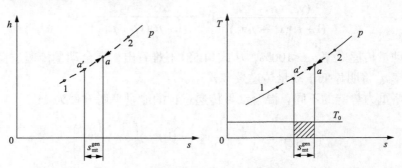

图 4.14　气体混合动量传递过程的熵产

对于单相气流的混合动量传递过程，气流之间往往存在温度差，因此会产生流体混合温差传热造成的熵产，可用式(4.66)计算：

$$s_{ht}^{gen} = (1+\mu)s_{a'} - \mu s_2 - s_1 \tag{4.66}$$

如果这一混合动量传递过程发生在湿蒸汽区，两股气流温度相等，则不存在温差传热熵产。因此，蒸汽喷射器的入口工作蒸汽的状态参数接近饱和区更有利，如果工作蒸汽过热度过大，则应采用喷水减温方式降低其过热度，增加工作蒸汽流量，在被引射蒸汽流量不变的情况下，可以起到降低引射系数的作用，从而提高蒸汽喷射器的效率。

需要说明的是，这里的分析是针对 1kg/s 的高速气流展开的，因此所造成的熵产用小写符号表示，但它并不是严格意义上的比参数。

4.10 化学过程的第二定律分析

4.10.1 化学功与燃料电池

对于等温等压进行的稳态化学反应，反应物焓、熵和吉布斯自由焓分别为 H_1、S_1 和 G_1，生成物焓、熵和吉布斯自由焓分别为 H_2、S_2 和 G_2。将热力学第二定律［式(2.197)］应用于这一化学反应，其熵产为

$$S^{\text{gen}} = S_2 - S_1 - Q/T \tag{4.67}$$

式中，Q 为与外界交换的热量。

假定反应过程是可逆的，$S^{\text{gen}} = 0$，则这一过程的可逆热量 Q_r 为

$$Q_r = T(S_2 - S_1)_{T,p} \tag{4.68}$$

将热力学第一定律应用于这一化学反应，有

$$Q_r - W_r = H_2 - H_1 \tag{4.69}$$

式中，W_r 为可逆反应过程可以输出的化学功。

由吉布斯自由焓的定义式 $G \equiv H - TS$，该化学反应的最大化学功为

$$\begin{aligned} W_r &= -(H_2 - H_1) + T(S_2 - S_1) = -(\Delta H_R - T\Delta S_R) \\ &= -\Delta G_R \end{aligned} \tag{4.70}$$

式中，$\Delta G_R = G_2 - G_1$、$\Delta H_R = H_2 - H_1$ 和 $\Delta S_R = S_2 - S_1$ 分别为反应自由焓、反应焓和反应熵。

在热力学中，化学反应过程的 $-\Delta G_R$ 称为该化学反应的化学功。但是需要清楚的是，化学功的利用需要通过燃料电池技术等实现，如图 4.15 所示。气态燃料与氧化剂并不直接接触(混合)，而是分别进入比表面积大的多孔介质结构的阴阳电极进行氧化还原反应。燃料在阳极中发生氧化反应，释放出质子和电子，电子

经外部电路从阳极向阴极传输，产生直流电，从而得到利用。O_2 在阴极中发生还原反应，俘获电子；质子经质子膜达到阴极，生成 H_2O 和 CO_2 等。

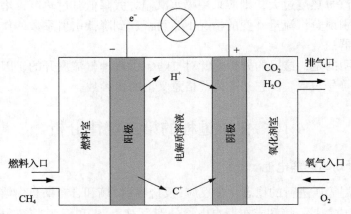

图 4.15　燃料电池原理示意图

4.10.2　等温等压化学反应过程的不可逆性分析

燃料电池对外输出电功的最大值为燃料燃烧过程的化学功（$-\Delta G_R$）。但是，如果化学反应过程是反应物直接混合进行反应生成产物，如实际燃烧过程中，燃料与助燃剂直接混合燃烧生成水蒸气和 CO_2，化学反应过程的电子释放与交换直接进行了，就不可能有实际的电流输出。这时，反应过程的吉布斯自由焓变 ΔG_R 又是什么呢？

化学反应过程的熵流为

$$\Delta_e S = \frac{H_2 - H_1}{T} \tag{4.71}$$

反应熵变 ΔS_R 为

$$\Delta S_R = S_2 - S_1 \tag{4.72}$$

将热力学第二定律应用于这一化学反应过程，其熵产为

$$S^{\text{gen}} = \Delta S_R - \Delta_e S = S_2 - S_1 - \frac{H_2 - H_1}{T}$$
$$= \frac{-\Delta G_R}{T} \tag{4.73}$$

式（4.73）表明，直接混合进行的化学反应过程的熵产正比于反应过程的化学

功 $-\Delta G_R$，反比于热力学温度。若反应过程的自由焓变 ΔG_R 为 0，反应过程的熵产为 0，则对应的化学反应一般称为可逆反应。

针对 1mol 氢气，图 4.16 给出了氢氧燃烧（$H_2+0.5O_2 \Longrightarrow H_2O$）的反应焓 Δh_R、反应熵 Δs_R 及反应自由焓 Δg_R 随反应温度的变化。其中，图 4.16（a）～（c）展示了反应物（$H_2+0.5O_2$）和产物（H_2O）的焓、熵和自由焓随温度的变化，产物与反应物之间的焓差、熵差和自由焓差为相应的反应焓、反应熵和反应自由焓。图 4.16（d）展示了 100kPa 下，氢氧燃烧的反应焓、反应熵和反应自由焓随反应温度的变化，其中反应焓和反应熵随温度变化比较平缓，而反应自由焓则随反应温度的升高而迅速升高，至约 4310K 时反应自由焓达到 0。这时，氢氧燃烧反应为可逆反应，反应物（$H_2+0.5O_2$）和产物（H_2O）的吉布斯自由焓（化学势）相等。图 4.16（c）还展示了燃烧反应的压力（p）变化对反应自由焓的影响，从中可以看到，反应压力（p）提高，吉布斯自由焓随温度的变化变缓，反应自由焓为 0 的温度随之提高。这里需要说明的是，图 4.16（d）的纵坐标表征反应焓、反应熵和反应自由焓，它们是产物与反应物之间的差值，量纲取图 4.16（a）～（c）的量纲。

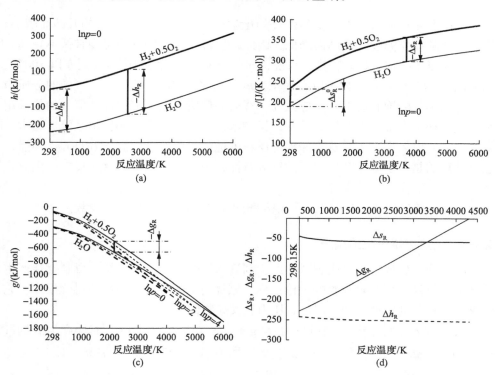

图 4.16 氢氧燃烧的反应焓、反应熵及反应自由焓随反应温度的变化

图 4.17 给出了环境压力下氢氧燃烧反应过程的熵产 $s^{gen} = -\Delta g_R / T$ 随反应温

度的变化。由于随反应温度的升高，反应自由焓的绝对值减小，逐步趋于 0，因此反应过程的熵产迅速降低。在约 4310K 的反应温度下，反应自由焓为 0，反应过程的熵产也为 0。

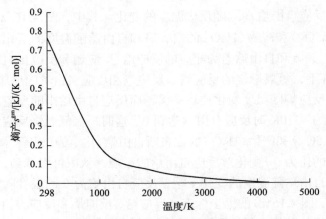

图 4.17　氢氧燃烧反应的熵产随反应温度的变化

　　根据图 4.16 和图 4.17，氢氧燃烧的化学功($-\Delta g_R$)随反应温度的升高而减小，燃烧熵产随反应温度的升高而降低，因此，氢燃料电池的反应温度宜低不宜高。同时，为便于产物(水蒸气)排出系统，如果是纯氢纯氧燃料电池，则亦以 100℃、100kPa 压力为参考点；如果以空气作为氧气来源，则应以氧气在空气中的分压力来确定水蒸气的饱和温度及反应温度，背后的逻辑是反应消耗掉的氧气的份额由水蒸气填补，以维持空气压力不变，保持水蒸气为气态，以便排出系统。通常，空气中氧的份额为 21%，这意味着氢燃料电池的反应温度应高于 61.1℃。当然，这里计算的是一定温度和压力下的反应特性，未考虑如何实现这一反应，因此，计算结果只能作为一种参考。

　　上述计算针对 1mol 氢气，图 4.16 和图 4.17 的计算结果为比参数。

4.10.3　绝热燃烧过程的熵产

　　所谓绝热燃烧过程是指燃料和助燃剂进入燃烧系统完全燃烧，燃料燃烧产生的全部热量被燃烧产物吸收的理论过程。燃烧终了的温度称为绝热燃烧温度，它取决于燃料和助燃剂的初始温度、压力和反应物的成分。

　　假定进入燃烧系统的燃料量为 Bkg/s，空气量为 M_a kg/s，燃烧产生的烟气量为 M_g kg/s。由热力学第二定律，燃料系统熵变等于熵流+熵产，即 $\Delta S = \Delta_e S + S^{gen}$，对于绝热燃烧过程，熵流 $\Delta_e S =0$，系统熵变为熵产，因此绝热燃烧过程的熵产为

$$S_{ad}^{gen} = S_{ad,g} - S_f - S_a$$
$$= M_g s_{ad,g} - B s_f - M_a s_a \qquad (4.74)$$

式中，$S_{ad,g}$ 为环境压力及绝热燃烧温度下燃烧产物的熵，$S_{ad,g} = M_g s_{ad,g}$；$s_{ad,g}$ 为环境压力及绝热燃烧温度下燃烧产物的比熵，由燃烧产物成分及温度确定；S_f 为环境温度和压力下的燃料熵，$S_f = B s_f$；s_f 为环境温度和压力下的燃料比熵；S_a 为环境温度和压力下的空气熵，$S_a = M_a s_a$；s_a 为环境温度和压力下的空气比熵。

绝热燃烧是化石能源热利用的第一步，绝热燃烧温度的高低对能源利用第二定律效率影响巨大，这一点在锅炉及高炉(含热风炉)之绝热燃烧熵产的分解计算中可以清晰地揭示出来。

4.11　非平衡热力学过程的解析与节能对策

质量、动量和能量传递过程都是在不可逆势差作用下发生的"输运现象"，实质上都在热力学研究的范畴之内，都可以一般性地称为热力过程。任何实际热力过程都是非平衡过程，无法用方程来准确描述，即便建立了方程，由于热力过程的复杂性，这些方程也无法精确求解。

准平衡(系统整体上)和局域平衡(系统微元体上)概念的提出，使得可以在满足一定准确性要求的前提下，根据实际热力过程的主要特征建立近似方程。在准平衡概念下，可建立热力过程和热力系统的静特性方程，而不涉及"时空"变量，这是经典热力学的研究范畴，被视为平衡态热力学。而在局域平衡概念下，可以建立热力过程和系统的动力学方程，从而可以研究状态参数随"时空"参数的变化，这是非平衡热力学的研究范畴。传热学、流体力学、传质学等均属于这个范畴。

如果将温差(温度梯度)、浓度差(浓度梯度)、压力差(压力梯度)甚至电压(电势梯度)等视为热力学力 $\vec{X}$，而将传热量、传质量、动量及电流等均视为热力学力作用引起的热力学流 $\vec{J}$，从而使这些不同学科方向的问题在热力学基础层面上具有相同的表达形式，如：

$$\vec{J} = k \vec{X} \qquad (4.75)$$

式中，k 为唯象系数。

热流 $\vec{Q}$ 与温度梯度 $\operatorname{grad} T$ 的关系遵循傅里叶定律：

$$\vec{Q} = -\lambda \operatorname{grad} T$$

电流 $\vec{I}$ 与电势梯度 $\operatorname{grad} V$ 的关系遵循欧姆定律：

$$\vec{I} = -\Omega \operatorname{grad} V$$

物质的扩散流 $\vec{M}$ 与密度梯度 $\mathrm{grad}\,\rho$ 的关系遵循斐克(Fick)定律:

$$\vec{M} = -D\,\mathrm{grad}\,\rho$$

以上各式中的负号表示热力学流与热力学力的方向相反。热力学流与热力学力之间的系数,如热传导系数 λ、扩散系数 D 和阻尼系数 Ω 等都是经验数据,不能通过理论推导得到,而只能通过实验获得。因此,在非平衡热力学中将 k 称为唯象系数。

这里需要强调的是,引用具体的非平衡热力学分支,如传热学、流体力学等所得到的经验方程,做一些数值模拟计算是可行的,但如果想通过微分学方法,借以研究不可逆热力学过程本身,则往往没有实质上的物理意义。

对于可逆过程,其不可逆损失为 0。而在非平衡(不可逆)热力过程中,必然有不可逆损失发生,其大小等于热力学流 $\vec{J}$ 与热力学力 $\vec{X}$ 的乘积。

$$I_{\mathrm{r}} = \vec{J} \cdot \vec{X} \tag{4.76}$$

这一计算数值永远为正,与熵产成正比,比例常数为环境的热力学温度。

以流体输送系统为例,其热力学流可以用流体的体积流量 $V(\mathrm{m}^3/\mathrm{s})$ 表示,所对应的热力学力为管道系统的阻尼压降 Δp ($\mathrm{N/m}^2$),因此输送管道的不可逆损失亦即所需要的动力消耗为 $V \cdot \Delta p$ (W)。只要知道泵或风机的效率,就可以据此计算出管道系统的电耗,与式(4.52)对应。当然,这是针对不可压缩流体的计算,对于泵和风机等进出口流体密度变化较大的系统,可以用平均体积流量计算。另外,如果流体输送系统存在流体吸、放热过程,流体体积流量变化可能很大,如电站锅炉系统,这时,管道系统的不可逆损失并不等于泵与风机的动力消耗,因此需单独进行分析计算。通过以上分析不难看出,要使管道系统具有更高的节能特性,应尽可能将泵与风机设置在系统内流体体积流量小的地方。

对于电流,若电势差为 $V(\mathrm{kV})$,电流为 $I(\mathrm{A})$,则所传递的电功为 $I \cdot V$ (kW)。对于一个最简单的纯电阻系统(电灯等),计算所得为系统的电量消耗。而对于电网,则为电网输送的电量。这一电量被电网内各种耗电设备所消耗,包括输电线自身的消耗。显然,若所需传递的电量一定,则提高电网的电压等级,可以有效降低电网自身的损耗,提高电力输送系统的效率。

对于热流,有 $(T-T_0)J = (1-T_0/T)TJ = (1-T_0/T)Q$。它的物理意义在于:在一定热力学温度 T 下的热流量 Q,直接传递到温度为 T_0 的环境中,所造成的做功能力损失。换句话说,它等于在一定热力学温度 T 下,系统得到一定的热量 Q 相对于环境温度 T_0 的最大做功能力。这里,热力学流 J 为系统熵变($\Delta S = Q/T$)的绝对值。显然,热流的价值是以系统与环境的温差来体现的。温差越大,热流的价值就越高，越利于节能，因此，现代燃煤火电厂机组的超临界化是一个发展趋势。

对于温度 T_h 和 T_c 之间的热传递过程，热流体放热量 $|Q_h|$ 等于冷流体吸热量 $|Q_c|$。热力学分析规定，吸热为正，放热为负；热流体的熵减 $\Delta S_h = Q_h / T_h$ 与冷流体熵增 $\Delta S_c = Q_c / T_c$ 的绝对值也不相等。因此，不能直接将 $T_h - T_c$ 视为热力学力。

对于一定的放热量 $|Q_h|$，可以选择 $(1 - T_0 / T_h) - (1 - T_0 / T_c) = T_0 (1 / T_c - 1 / T_h)$ 为热力学力，则温差传热过程的不可逆损失为 $T_0 (1 / T_c - 1 / T_h)|Q_h|$。与式 (4.6) 相对应。

由于热传递、流体输送及电力输送等是能源利用过程必不可少的，其不可逆损失在很大程度上决定了能源利用效率的高低，是节能技术研究重点关注的对象。另外不可忽视的是，能源问题既是技术问题，也是经济问题，除要求技术先进、安全可靠之外，经济上可行也是一个重要标准。

需要说明的是，式 (4.75) 和式 (4.76) 是非平衡态热力学针对上述不可逆热力过程的共性，所做的一种归纳性的综合表述 (李如生，1986)。

第5章 能效评价基准及统一化能源利用指标体系

5.1 能源利用的评价原则

一次能源输运要消耗一定的能量，在研究一次能源远距离输运合理性的时候是应对其给予充分考虑的。但若将其计入实际能源利用系统的分析，则不仅使问题复杂化，也不公平。而在标准煤的概念下，一次能源开采、输运过程及燃料自身的某些差异所产生的问题就消除了。基于标准煤，能源利用的热力学分析的资源口径就得到了统一。

用能目的多种多样，为更好地进行能源利用的评价，需根据热力学第二定律对用能目的进行产品界定。供热是能源利用的一大类，不同的供热需求对供热参数的要求不同，因此有必要对热负荷的品位进行界定，因为只有针对同一品位的热产品的能耗分析才有意义。根据热力学原理，热力学(平均)温度是热量和冷量之品位的重要参数；电网供应的电能，也有周波等品质要求；对于钢铁、冶金、化工、海水淡化的产品淡水等工业产品，纯度是表征产品品质的重要指标。对于交通运输，科学的产品计量单位应该是"吨·公里"，即吨公里油耗才是评价交通运输的科学指标。对于风机、压缩机、水泵等流体机械，科学的产品计量单位是"流量·扬程"。能源利用的分析与评价必须建立在产品等价的原则基础上。

任何用能目的都可以以多种供能方式达到。比如，对于采暖，有锅炉、热电联产、分布式热电联产、热泵以及电热膜等技术可选；对于钢铁冶炼，有高炉、转炉和电炉等可选，高炉煤气和余热可以回收利用，用于发电或供热等；对于海水淡化，有锅炉(或核能)、热电联产以及电驱动压汽蒸馏与反渗透等技术可选；对于制冷空调，有直燃型吸收式制冷、热电冷联产、压缩式制冷机等可选。而所有这些能源利用，都可以归结为热、电两种形式，这是能源利用的共性所在。但是由于热、电不等价，如何处理热、电的不等价性成为能源利用分析与评价的一个难题。

之所以如此，是因为任何的处理方法都具有人为规定性(宋之平，1996)，取决于研究人员的主观判断和经验，至今没有达成一致的意见，这使得针对终端产品的能耗指标缺乏可比性。

能量具有可相互转化性，且任何用能目的都可以用"电"来实现。不同发电技术的供电燃料单耗不同,不同电压等级的电网输配系统及输送距离的损耗不同,因此到达用户终端的电能的燃料单耗也不同。但将发电及其输配系统的损耗都计入用户端的能耗分析,既不公平,又很难准确计算,这一问题几乎成为能源利用分析与评价无法克服的困难。

事实上,标准煤概念的采用消除了一次能源开采及输运环节的影响,因此完全可以将全国电网火电机组平均供电燃料单耗 $\bar{b}_{e}^{s}$ 作为"基准电",用于计算所有从电驱动产品生产的燃料消耗,从而消除机组发电效率不同以及电量输配距离、电压等级等带来的影响,为耗电产品生产的性能评价提供统一的基准。

将热电联产供热减少的发电量视为供热当量电耗量(EECR),它与机组实际发电量等价,借此可以很方便地计算热电联产供热的燃料单耗。由于热网输配环节需要消耗一定的电量,基于电量,可以很方便地分析热网输配环节对供热燃料单耗的影响,这对评价暖通空调系统至关重要。事实上,低品位自然能源和余热利用可以取得很好的节能效果,但低品位之后,热网供回水的温程降低,载热(冷)质流量增大,从而增加暖通空调系统的泵功消耗,因此需认真核算网络输配的影响。

这是一种将二次能源等价化处理的方法,不仅使热电联产的供热燃料单耗与其他供热方式的燃料单耗直接可比,更重要的是供热机组的供电燃料单耗与同参数凝汽机组的数值持平,因此可以参考图 5.1 进行性能评价,从而彻底解决了能源利用分析与评价的难题。

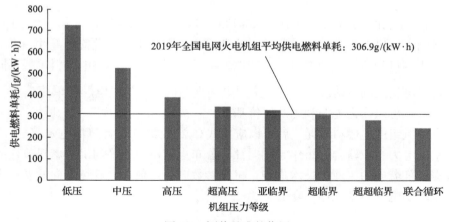

图 5.1　评价基准的作用

以供热为例,直燃型设备,如锅炉的供热燃料单耗可直接计算;电驱动热泵所消耗的电量来自电网,其煤耗用全国电网火电机组平均供电燃料单耗($\bar{b}_{e}^{s}$)计算;对热电联产供热,以当量电耗量(EECR)分摊热电联产机组的总煤耗,继而计算其供热煤耗。因此,终端产品燃料单耗可以表示成统一化的形式。

　　将二次能源基于电量的等价化处理是分析终端能源利用的关键，也是能源利用分析与评价的一个重要原则。

5.2　终端产品燃料单耗的统一化计算方法

　　为使计算数据具有可比性，燃料量以标准煤计算。

5.2.1　火电机组的供电燃料单耗

　　发电所消耗的一次能源约占全国总能源消耗的 50%，掌握电力这一重要的二次能源生产的燃料单耗，对于把握全国的能效水平有至关重要的作用。

　　火电机组的产品是电能，评价火电机组技术水平的绩效指标是供电燃料单耗：

$$b_e^s = \frac{B^s}{W_n} \tag{5.1}$$

式中，B^s 为机组的标准煤耗量；W_n 为机组的供电量。

　　如果已知火电机组供电效率 $\eta_e^s = W_n / (B^s q_1^s)$，则其供电燃料单耗可以表示为

$$b_e^s = \frac{1}{q_1^s} \cdot \frac{1}{[W_n / (B^s q_1^s)]} = \frac{3600}{29307.6} \cdot \frac{1}{\eta_e^s} = \frac{0.12284}{\eta_e^s} \tag{5.2}$$

式中，q_1^s 为标准煤热值，q_1^s=29307.6kJ/kg；1kW·h=3600kJ。

　　电网火电机组很多，它们所处的地理位置、服役年限、设备完善性、机组参数、单机容量和所承担的发电负荷特性均不同，因此它们的供电燃料单耗不同。为评价发电机组的节能减排特性，全国电网火电机组平均供电燃料单耗 $\bar{b}_e^s$ 是一个重要标杆，可以作为能源利用的评价基准。

　　有了机组供电燃料单耗，就可以应用式(5.2)或式(3.9)计算供电效率。

　　中国电力企业联合会每年定期向社会公布火电机组的平均供电燃料单耗的统计数据。随着电力工业的技术进步，机组参数向高参数、大容量方向发展，火电机组平均供电燃料单耗逐年降低。

5.2.2　基准电、电网网损与电网平均供电燃料单耗

　　不同火电机组的供电燃料单耗不同，不同电压等级、不同输配距离的输配系统的网损也明显不同，这意味着到达终端用户的供电燃料单耗不同。为了建立科学一致的指标体系，应该将网损作为电网输配系统内部的评价指标，这部分损耗不转移到用户。这和不同开采条件、不同输运距离、不同品质的燃料经不同输运

方式到达用户,而采用"标准煤"计量其下游能源利用系统(包括火电机组)的能耗一样。因此,可考虑将全国电网火电机组平均供电燃料单耗$(\overline{b}_e^s)$作为"基准电",并作为统计、分析与评价终端能源利用情况的基准。基于数据来源和时间上的限制,建议统一用上年度全国电网火电机组平均供电燃料单耗的数值。

电网平均网损率表示如下:

$$\overline{\xi} = \frac{\sum W_{in} - \sum W_{out}}{\sum W_{in}} \times 100\% \tag{5.3}$$

或者

$$\overline{\xi} = \frac{\overline{b}_g^s - \overline{b}_e^s}{\overline{b}_g^s} \times 100\% \tag{5.4}$$

式中,$\sum W_{in}$ 为电网输入电量;$\sum W_{out}$ 为电网输出电量;$\overline{b}_g^s$ 为全国电网平均供电燃料单耗(针对火电机组,可用平均网损计算)。

降低全国电网火电机组平均供电燃料单耗和电网网损,可有效降低全社会一次能源消耗,提高能源利用效率。因此,利用式(5.3)或式(5.4)对电网进行考核评价是非常必要的。

5.2.3　耗电产品的燃料单耗

根据分析与决策的目标不同,电驱动设备所耗的电能 W 以全国电网火电机组平均供电燃料单耗$(\overline{b}_e^s)$计算其一次能源消耗,于是有

$$b = \overline{b}_e^s \cdot \frac{W}{P} = \overline{b}_e^s \cdot ecr \tag{5.5}$$

$$b = \overline{b}_e^s \cdot \frac{W}{Q_h} = 277.8\overline{b}_e^s / COP \tag{5.6}$$

式中,P 为电驱动设备的产品产量;ecr 为单位产品的电耗率:

$$ecr = W / P \tag{5.7}$$

单位产品的电耗率的量纲视产品形式而定,可以为 kW·h/GJ 或 kW·h/kg 或 kW·h/m³ 等。式(5.6)的量纲为 kg/GJ。

电驱动冷暖空调、冰箱和制冷设备等的产品为能量形式的热量或冷量 $(P = Q_h)$,可以与所消耗的电量 W 采用同一个量纲,其系统的能耗特性可以沿用传统的性能评价指标,如性能系数:

$$COP = \frac{Q_h}{W} \tag{5.8}$$

式中，Q_h 为供热量或供冷量。

　　由于这类设备的应用非常广泛，所消耗的能源占总能源消耗的比重也很大，对于这类能源的利用方式，采用性能系数或能效比指标作为节能指标是合适的，是目前广泛采用的绩效评价指标。

　　但是这里仍然存在一些问题，一是制冷空调设备的耗电量问题，由于没有单独的电表计量，实际消耗的电量多数是不确切的；二是制冷和供暖的冷量和热量多数没有得到有效的监测。

5.2.4　联产型产品生产的燃料单耗

　　凡涉及发电的联产系统，其发电部分的供电燃料均与基准电($\bar{b}_e^s$)，即全国电网火电机组平均供电燃料单耗进行比较；非电产品生产与同类产品的其他生产方式，如电驱动型或直燃型进行比较，从而可以从总能系统的全局评价"联产型"能源利用方式。

　　对于热电联产机组，其供热是以减少机组发电量为代价的，如果将减少的发电量视为其供热的当量电耗量，这部分电量与机组实际发电量完全等价，因此可以方便地计算出热电联产机组的供电燃料单耗：

$$b_e^s = \frac{B^s}{W_n + EECR} \tag{5.9}$$

式中，B^s 为热电联产机组的标准煤耗量；EECR 为热电联产机组因供热减少的发电量(可以视为供热当量电耗量)。

　　根据热力学理论，通过式(5.9)得到的热电联产机组的供电燃料单耗是该机组热力学完善性的真实体现，与基准电($\bar{b}_e^s$)比较，可以反映其真实的相对水平。

　　参考式(5.6)，热电联产机组供热的产品燃料单耗可以按供热当量电耗量 EECR 折算。

$$b = b_e^s \cdot \frac{EECR}{P} = b_e^s \cdot eecr \tag{5.10}$$

式中，eecr=EECR/P 为单位产品产量的当量电耗率，量纲为 kW·h/GJ、kW·h/kg、kW·h/m^3 等。

　　如果热电联产的目的是供热或制冷，即 $P = Q_h$，参考式(5.8)，其二次能源消耗可以用当量性能系数(ECOP)来评价：

$$\text{ECOP} = \frac{Q_h}{\text{EECR}} \tag{5.11}$$

相应地，热电联产供热或制冷的产品燃料单耗可以写成如下统一的形式（注意其中的量纲转换）：

$$b = b_e^s \cdot \frac{\text{EECR}}{P} = b_e^s \cdot \frac{\text{EECR}}{Q_h} \tag{5.12}$$
$$= 277.8 b_e^s / \text{ECOP}$$

式(5.12)的量纲为 kg/GJ。

供热当量电耗量 EECR 计算如下：

$$\text{EECR} = D_h(h - h_c)\eta_{mg} / 3600 \tag{5.13}$$

式中，D_h 为热电联产供热（抽汽）蒸汽流量；h 为蒸汽比焓；h_c 为机组排汽比焓；η_{mg} 为机组机械效率和电机效率的乘积。

不同的工况和不同季节，供热抽汽比焓和机组排汽焓是不同的。背压式供热机组的全部排汽用于供热，无凝汽式机组的排汽参数，无法直接应用式(5.13)计算当量电耗量。当然，可以用同参数等级凝汽机组的排汽焓进行计算，但这总存在着一些不便。这里为了计算简便，排汽参数可以取表 5.1 所示的数值。4.9kPa排汽压力和 91%的排汽干度是目前大型火电机组的典型设计参数，以此排汽参数作为冬季供暖时计算当量电耗量的依据具有合理性。根据排汽压力每升高 1kPa，机组效率降低约 0.7%的特性（西安热工研究院有限公司，2011），估算春季和夏季的排汽参数，以此作为热电联产供工艺热负荷之当量电耗量的计算依据。对于空冷机组，可以取额定排汽参数作为计算依据。

表 5.1　不同季节凝汽机组的排汽参数参考值

名称	单位	冬季	春秋	夏季	空冷（额定）
压力	kPa	4.9	7.5	10.0	15.0
干度	%	91.0	93.0	94.5	94.0
温度	℃	32.52	40.29	45.81	53.97
比焓	kJ/kg	2341.97	2404.73	2452.32	2455.96
比熵	kJ/(K·kg)	7.687	7.710	7.736	7.572

注：本表以某超临界机组排汽参数、低压缸进气参数及合理的气缸相对内效率为基础计算，仅作为计算的一种参考。

对于发电为辅的联产方式，如钢铁工业等系统的余热余燃料发电，则以全国电网火电机组平均供电燃料单耗($\bar{b}_\mathrm{e}^\mathrm{s}$)折算其余热发电量 W_wh 节省的燃料量,以此计算主产品生产的燃料单耗:

$$b = \frac{B^\mathrm{s} - W_\mathrm{wh} \cdot \bar{b}_\mathrm{e}^\mathrm{s}}{P} \tag{5.14}$$

如果余热余燃料转化产生的热量 Q_wh 用于供热、制冷及其他工业生产,则以该产品的平均燃料单耗 $\bar{b}$ 折算其燃料节省量,以此计算主产品生产的燃料单耗。

$$b = \frac{B^\mathrm{s} - Q_\mathrm{wh} \cdot \bar{b}}{P} \tag{5.15}$$

式中, $\bar{b}$ 为该产品的平均燃料单耗。

从式(5.14)和式(5.15)不难看出,余热余燃料利用对主要产品生产带来节能效应。

5.2.5　直燃型产品生产的燃料单耗

对于直燃型能源利用方式,其产品生产的燃料单耗可以直接计算;其辅助设备,如风机、水泵所消耗的电能仍以相应的基准电 $\bar{b}_\mathrm{e}^\mathrm{s}$ 折算其一次能源消耗,并一起计入产品燃料单耗。

$$b = \frac{B^\mathrm{s} + \bar{b}_\mathrm{e}^\mathrm{s} \cdot W_\mathrm{pf}}{P} \tag{5.16}$$

式中, W_pf 为直燃型设备的流程泵或风机的电耗。

为使直燃型产品生产的燃料单耗计算公式与耗电型和联产型一样具有统一的形式,可以假设将直燃型机组消耗的燃料经电网火电机组转化为相应的电量,转化的依据就是全国电网火电机组平均供电燃料单耗。全国电网火电机组平均供电燃料单耗反映的是在当前技术经济条件下燃料可以转化成的电量。因此,直燃型机组所消耗的标准煤量 B^s 可以折算成的当量电耗量为

$$\mathrm{EECR} = B^\mathrm{s} / \bar{b}_\mathrm{e}^\mathrm{s} + W_\mathrm{pf} \tag{5.17}$$

显然,直燃型机组的单耗产品的二次能源消耗可以统一化地写成

$$\mathrm{ECOP} = Q_\mathrm{h} / (\mathrm{EECR} + W_\mathrm{pf}), \qquad\qquad \text{对于冷、热产品} \tag{5.18}$$

或

$$\mathrm{eecr} = (\mathrm{EECR} + W_\mathrm{pf}) / P, \qquad\qquad \text{对于物质性产品} \tag{5.19}$$

相应地,直燃型机组的产品燃料单耗也可以统一化地写成

$$b = \bar{b}_e^s \cdot \frac{\text{EECR}}{Q_h} = 277.8 \bar{b}_e^s / \text{ECOP}, \qquad \text{对于冷、热产品} \tag{5.20}$$

$$b = \bar{b}_e^s \cdot \frac{\text{EECR}}{P} = \bar{b}_e^s \cdot \text{eecr}, \qquad \text{对于物质性产品} \tag{5.21}$$

显然，经过式(5.17)～式(5.19)的转化得到式(5.20)和式(5.21)，但不会改变式(5.16)的计算结果。

5.2.6　热网网损问题

热网(含冷热水、蒸汽及冷热空气等)的散热损失必然会减少终端产品的产量，所消耗的电量更是直接的能量消耗，因此根据式(5.11)，考虑热网网损的联产型终端产品生产的二次能源消耗可以用当量性能系数或当量电耗率指标评价：

$$\text{ECOP} = Q_h / (\text{EECR} + W_{pf}) \tag{5.22}$$

或

$$\text{eecr} = (\text{EECR} + W_{pf}) / P \tag{5.23}$$

式中，Q_h 为热用户得到的热量或冷量；W_{pf} 为热网循环泵消耗电量之和；ECOP 为当量性能系数；eecr 为单位产品产量的当量电耗率。

考虑热网网损的联产型终端产品的燃料单耗为(注意其中的量纲转换)

$$\begin{aligned} b &= b_e^s \cdot (\text{EECR} + W_{pf}) / Q_h \\ &= 277.8 b_e^s / \text{ECOP} \end{aligned} \tag{5.24}$$

或

$$\begin{aligned} b &= b_e^s \cdot (\text{EECR} + W_{pf}) / P \\ &= b_e^s \cdot \text{eecr} \end{aligned} \tag{5.25}$$

得到终端产品的燃料单耗，就可得到与式(5.4)类似的热网平均网损率计算公式。由于市政供热系统规模越来越大，供热范围越大，其散热损失越大，用户得到的热量越少，而消耗的电量越多，这意味着达到用户终端的产品燃料单耗越来越高。参考电网网损计算，这部分能耗应算作市政供热系统本身的能耗。

5.3　基于终端产品生产的节能评价方法

5.3.1　发电技术的节能评价

随着电力技术的进步，电网平均供电燃料单耗逐年降低，从 1980 年的

448g/(kW·h)下降到 2008 年的 349g/(kW·h)，再到 2019 年的 306.9g/(kW·h)。

火电机组的供电燃料单耗与机组初参数、容量及运行工况等密切相关。图 5.1 为不同压力等级的国产燃煤火电机组及先进燃气-蒸汽联合循环机组的供电燃料单耗。如果以中国电力企业联合会统计的 2019 年全国电网火电机组平均供电燃料单耗[306.9g/(kW·h)]为基准，则只有超临界及以上压力等级的燃煤机组才是节能的，这意味着亚临界及以下参数燃煤机组将纳入淘汰范围。2018 年底太原第一热电厂两台亚临界供热机组被拆除，未到 30 年的设计服役年限。

根据国内外电力工业发展现状和趋势，应优化调整电源结构，淘汰落后的高能耗机组，优化机组运行条件，最大限度地降低全国火电机组平均供电燃料单耗。参考国际、国内同类机组的供电燃料单耗，找到与国际先进水平的差距，加强发电机组的节能改造和优化运行，提高机组的技术完善性，是实现火电行业节能减排的重要步骤。

5.3.2　终端产品生产的节能评价

基于终端产品燃料单耗的节能评价是能源利用效率评价的核心。针对电驱动、直燃型及联产型三种终端产品的生产模式，本书给出了终端产品燃料单耗的统计与分析模型［式(5.5)、式(5.6)、式(5.10)、式(5.12)、式(5.20)、式(5.16)］，为终端产品的燃料单耗统计与分析提供了方便。因此，终端产品生产的节能评价应从以下三方面考虑。

(1)全面统计与分析终端产品的燃料单耗，建立相应的数据库，完善能源利用的统计与分析；核算终端产品燃料单耗的平均值，并以此作为基础，开展终端产品生产的节能评价；分析不同生产模式之间的能耗差距，建立最优决策数学模型，从而为促进生产方式的优化和产业结构的调整提供科学依据。

(2)根据国内外同类产品的实际燃料单耗水平，分析与国际先进水平的距离，探讨产业发展方向和趋势，为科学制定节能减排策略提供参考。

(3)对比终端产品的燃料单耗理论最低值，探讨能源利用方式的最佳方案，最大限度地提高能源利用第二定律效率。

建筑采暖和空调制冷是一类重要的能源终端利用形式。目前，相关的产品及其能耗计量缺失严重，应给予高度重视。如果不掌握冷、热产品的实际产量，就无法分析生产该产品的燃料单耗，相关的节能分析将成为空谈，这是目前建筑能耗分析的关键制约因素。

5.3.3　输配系统及其节能评价

网络输配是能源利用的一个重要环节。天然气、煤、石油等一次能源可以通过铁路、公路和航运等交通网络输运，也可以通过专门的管道输运，如输油管、输气管和输粉管(燃煤电厂大量采用)等;电、热(含热水、蒸汽及冷、热空气)等二次能源也可以通过网络输配,电网、热网和暖通空调的风系统等都是二次能源的输配系统。

不同的输运方式(铁路、公路、航运及管道)和输送距离,能耗相差很大,网络输运环节对能源利用效率和经济性的影响极大,应给予高度的重视。我国能源资源以煤为主,铁路货运能力的 58.5%(2017 年)在运煤,而原煤中含有相当比例的灰分(占 20%~40%),如果煤的利用是以发电为目的,则采用运煤方式还是将煤转化为电输送是很值得研究的问题。尽管天然气可以用管道输运,但是由于气体密度相对较小,输运损耗的影响很大,如果仅是针对热电冷联产,则输电还是输气就值得探讨了。经过比较分析,电力输配能流密度大,效率高,因此电网规模最大;热网输配不仅有热损失,而且必然要消耗电量以克服管道阻尼,输配效率一般比较低,即热不适合远距离输配,因此热网规模远小于电网。

根据中国电力企业联合会官方网站的数据,2017 年我国电网平均网损率为6.72%,电网损耗在国民经济总能耗中占有很重要的位置。由于其他输配系统效率往往更低,损耗率更大,单独分析计量输配系统的损耗对促进节能减排具有重要意义。

式(5.4)提供了电网网损的评价模型;式(5.23)~式(5.25)为分析流体输配管网的损耗提供了借鉴;能源的交通运输能耗在其行业协会以及管理部门有统计数据。只有充分掌握能源利用系统及输配特性,才能为国家层面的能效分析与决策提供可靠的数据支撑。因此我国在现阶段,急需加强对这方面工作的重视。第 10章将专题讨论能源输运问题。

5.4 供热成本与热价问题

热价的合理制定是热电联产事业健康发展的重要保障,寻求一种既客观又简单的方法,合理制定热价对热电联产事业的发展至关重要。

假设热电厂总成本为 C 元,考虑机组供热当量电耗量 EECR 的供电成本为

$$c_{\mathrm{e}} = \frac{C}{W_{\mathrm{n}} + \mathrm{EECR}} \tag{5.26}$$

供热成本可以简单地由供电成本转化而来(注意其中的量纲转换):

$$c_{\mathrm{h}} = c_{\mathrm{e}} \cdot \mathrm{EECR} / Q_{\mathrm{h}} = 277.8 c_{\mathrm{e}} / \mathrm{ECOP} \tag{5.27}$$

依据供热成本制定热价,是保证热电厂供热不至于亏损的前提。从热电厂的角度,供热减少了供电收益,因此以机组上网电价计算热价,也具有一定的合理性。若电厂上网电价为 $c_{\mathrm{e}}^{\mathrm{s}}$,则相应的热价为

$$c_h^s = 277.8 c_e^s / ECOP \tag{5.28}$$

以供热当量电耗量为基础计算供热成本及热价时，供热蒸汽参数越高，供热当量电耗量越高，其供热成本和热价越高，相对于以热量法为基础的供热成本和热价制定方法，具有明显的合理性和科学性，有助于促进热用户改进工艺以降低用汽参数，从而使能源得到合理高效的利用，同时，可简化热电厂发电和供热成本的分析与核算，使热价的制定更有依据。

热量法计算供热成本需要从热电厂分出哪些是为供热设备，哪些是发电或二者兼用的设备，对其他费用也需如此处理，从而使成本控制与考核比较复杂。根据式(5.26)~式(5.28)，供热机组的发电成本和供热成本的计算将变得更简单，也便于对成本进行控制与管理。如果供热机组参数和供热参数选配合理，热负荷大且稳定，则会取得良好的节能效果，并因此获得良好的经济效益。

5.5　能源利用之环境影响评价方法

对环境造成污染的排放物种类很多，影响各异，治理成本不同。而不同的能源利用系统所排放的污染物种类不同，排放量不同，单位产品产量的排放强度不同，造成的影响也不同。一些能源利用系统本身是污染物排放大户，如燃煤火电厂、钢铁厂等，但它们是产品供应者，它们生产的产品往往被后续企业、设备及消费者使用，最终消费者才是污染物排放的主体责任人。本着谁消费、谁污染、谁付费的原则，这里提供污染物排放强度的计算方法，为将来实施转移支付提供理论支撑。

5.5.1　发电设备的污染物排放强度指标

对于单纯的发电设备，其单位供电量的第 i 种污染物的排放强度用式(5.29)计算：

$$c_i^s = \frac{M_i}{W_n} \tag{5.29}$$

式中，M_i 为第 i 种污染物的排放量。

为了评价耗电设备的污染物排放，还需在基准电的基础上，统计全国电网火电机组各种污染物排放强度的平均值，用 $\bar{c}_i^s$ 表示。

5.5.2　电驱动设备的污染物排放强度指标

电驱动设备的产品产量为 P，相应的耗电量为 W，假定其所消耗的电量来自电网，则电驱动设备单位产品生产的污染物排放强度为

$$c_i = \overline{c}_i^{\,s} \cdot (W / P) = \overline{c}_i^{\,s} \cdot \text{ecr} \tag{5.30}$$

对于电动热泵供热（Q_h），其供热单位污染物排放强度（注意量纲转化）为

$$c_i = \overline{c}_i^{\,s} \cdot (W / Q_h) = 277.8 \overline{c}_i^{\,s} / \text{COP} \tag{5.31}$$

由于电的输送可以是跨区域的，电驱动设备对当地的环境污染影响并不明显，这显示出电驱动设备的应用存在污染转移问题。

5.5.3　联产型设备的污染物排放强度指标

由于热电联产是以减少机组供电量为代价的，参考热电联产机组供电、供热性能指标的计算方法［式（5.9）］，热电联产机组供电污染物排放强度指标用式（5.32）计算：

$$c_i^{\,s} = \frac{M_i}{W_n + \text{EECR}} \tag{5.32}$$

供热污染物排放强度（注意量纲转化）为

$$
\begin{aligned}
c_i^{\,h} &= M_i \cdot \frac{\text{EECR}}{W_n + \text{EECR}} \cdot \frac{W_n + \text{EECR}}{Q_h} \\
&= 277.8 c_i^{\,s} / \text{ECOP}
\end{aligned}
\tag{5.33}
$$

热电联产机组总能系统的第 i 种污染物排放总量可以表示为

$$M_i = c_i^{\,s} \cdot W_n + c_i^{\,h} \cdot Q_h \tag{5.34}$$

5.5.4　直燃型设备的污染物排放强度指标

对于直燃型设备，其单位产品的污染物排放强度用式（5.35）计算：

$$c_i = M_i / P \tag{5.35}$$

对于锅炉房供热，有

$$c_i = M_i / Q_h \tag{5.36}$$

其他能源利用系统的环境影响评价可以参照上述方法进行。

综上，清洁供暖、清洁发电乃至各行各业的清洁生产等时常被提及，但是，清洁与否不在于一次能源是否清洁，而在于如何使用，需要用科学的评价方法核算的数据予以证明。

5.6　能效评价的基准问题

5.6.1　能源利用的三个层面与评价基准

根据热力学第二定律，能量=㶲+㶲（宋之平和王加璇，1985），并且将机械功、电功等看成 100%㶲，即热力学第二定律将能源利用分成能量与㶲量两个层面。但从技术层面，㶲不可能 100%转化为实际功量，因此仅将能源利用分为能量与㶲量两个层面是不够的，应细分为能量、㶲量和功量(电量)三个层面。

事实上，能源利用系统热力学分析与评价的根本是解决"可比性"问题，即评价基准问题。能量、㶲量与功量(电量)是能源利用的三个层面，能源利用的评价基准必然是三者之一。

众所周知，能量与能量之间存在不等价性，如果以能量为基准，所得评价指标之间不仅缺乏可比性，还可能缺乏科学性。如果以㶲量为基准，将各种㶲量等价处理，虽然较之能量基准有进步，但没有解决可比性的问题。这里以多联产系统为例做一个简要的分析。假定多联产系统有两个产品 P_1 和 P_2，其㶲平衡方程为

$$B^s \cdot e_f = P_1 \cdot e_{p_1} + P_2 \cdot e_{p_2} + \sum I_{rj} \qquad (5.37)$$

不同产品的理论最低燃料单耗 $b^{min} = e_p / e_f$ 不同，如果忽略两种产品的 e_{p_1} 与 e_{p_2} 的不同，则不仅存在人为规定性，而且还意味着放弃了㶲方法所遵循的能量存在品位差的基本原则，从这个意义上讲，㶲量也不合适作为评价基准。

既然能量和㶲量都不适合作为能源利用的评价基准，那么非功量莫属了。功量与电量基本等价，电量具有良好的输配及计量特性，因此可以认为能源利用的评价基准应建立在电量的基础上(Zhou et al., 1999)。

以电量为基准就是以一定燃料单耗的电功为基准，即前面提到的"基准电"。为简便、客观及公正，可取上一年度全国电网火电机组平均供电燃料单耗($\bar{b}_e^s$)。

5.6.2　热电联产机组的节能条件

热电煤耗分摊方法有多种，都可以计算出相应的供热和供电燃料单耗。假定某一分摊方法得到的供热和供电燃料单耗分别为 b_h^s 和 b_e^s，则热电联产机组的总煤耗量可以表示为

$$B^s = b_e^s \cdot W_n + b_h^s \cdot Q_h \qquad (5.38)$$

为判断热电联产机组是否节能，可以设计一个替代方案。假定热电联产机组的供电量 W_n 由代表全国电力技术水平的平均供电燃料单耗为 $\bar{b}_e^s$ 的虚拟机组代替

供给，供热量 Q_h 由代表全国供热锅炉技术水平的平均供热燃料单耗为 $\bar{b}_h^s$ 的虚拟锅炉代替供给，则替代总能系统的总煤耗量可以用式(5.39)计算：

$$B_{tf}^s = \bar{b}_e^s \cdot W_n + \bar{b}_h^s \cdot Q_h \qquad (5.39)$$

与替代总能系统比较，热电联产机组的节煤量为

$$\begin{aligned} \Delta B &= B_{tf}^s - B^s \\ &= (\bar{b}_e^s - b_e^s) \cdot W_n + (\bar{b}_h^s - b_h^s) \cdot Q_h \end{aligned} \qquad (5.40)$$

令 $\Delta B=0$，则供热机组节能的临界热电比为

$$[\varPsi] = \left[\frac{Q_h}{W_n} \right] = \frac{b_e^s - \bar{b}_e^s}{\bar{b}_h^s - b_h^s} \qquad (5.41)$$

显然，热电联产总能系统的节能条件(Zhou et al., 1999)为

$$\varPsi = \frac{Q_h}{W_h} > [\varPsi] \qquad (5.42)$$

即热电联产机组的实际热电比 $\varPsi$ 必须大于其临界热电比。式(5.40)~式(5.42)既适用于特定工况评价，也适用于年度、季度、月度等周期考核。

热电联产总能系统是否节能与分摊方法无关，而仅取决于基准电 $\bar{b}_e^s$ 和平均供热燃料单耗 $\bar{b}_h^s$。显然随着技术水平提高，$\bar{b}_e^s$ 和 $\bar{b}_h^s$ 降低，热电联产机组节能的临界热电比 $[\varPsi]$ 将提高，这说明相关技术进步要求供热机组的性能同步提高，否则难以满足节能条件。

5.6.3　能效评价基准的特性与选择

从式(5.41)及本章的全部内容，不难看出全国电网火电机组平均供电燃料单耗($\bar{b}_e^s$)在能源利用性能评价中的基准性作用，这意味着能源利用的性能评价基准具有相对性和变化发展特性。但这一点有时会引起一些疑虑，为什么作为基准的东西不是固定的，而是变化的。对于这个问题，可以对比其他基准的确立及特性进行理解和诠释。众所周知，无论是作为价值基准的 24K 黄金，还是作为海拔计算的海平面，以及作为压力度量的标准大气压等，几乎所有的基准都是相对的；它们都是公认的基准，均被广泛采用；这些基准的确立是人类长期实践经验的结晶；显然，基准的相对性并不妨碍基准的科学性。不仅如此，基准的相对性还从另一个侧面说明"㶲"不适合作为评价基准，因为 100%纯度的黄金与"0"㶲损耗都是无法实现的，不具有相对性。

科学技术不断发展，技术进步能够带来燃料单耗的降低，因此节能与否及节

能多少是随技术的变化而变化的，基准的发展性是技术进步的客观要求。老的技术落后了，就会被新的技术所取代。电力技术的进步，促使全国电网火电机组平均供电燃料单耗逐年降低，从 1998 年的 404g/(kW·h) 下降到 2019 年 306.9g/(kW·h)，对于其他涉及发电的能源利用系统自然地形成一种参照。事实上，人类的评价基准是随时代的进步而不断调整变化着的。需要强调的是，基准的发展性不意味着任意改变，应保持相对的稳定性。更重要的是，作为科学基准的事物应以达成广泛社会共识为前提，这完全可通过协商等方式解决。基于火电技术进步能够有效促进全社会节能的事实及本章所述，本书建议以上一年度全国电网火电机组平均供电燃料单耗为基准。

另外，不同国家及地区、同一个国家的不同地区，其经济、技术发展是不平衡的，人口、资源条件也不尽相同，在论证节能问题时不能一概而论。

基准的相对性、发展性及区域性等特点说明，能源利用的评价应遵循实事求是原则、与时俱进原则和因地制宜原则。事实上，电气化已经成为现代化的一个标志，单位电量的国民生产总值是评价国家经济发展水平的重要指标，人均电量消耗也反映了不同地区民众的生活水平。因此，电量已经成为人类社会的一个重要评价基准。建立统一化的能源利用评价基准，也是建立能源利用环境影响的绩效性评价指标的关键，对于开展全局性污染总量控制机制与策略研究将有非常重要的促进作用。

图 5.1 展示了不同压力等级的国产燃煤火电机组及先进燃气蒸汽联合循环机组的供电燃料单耗。如果以 2006 年全国电网火电机组平均供电燃料单耗 366g/(kW·h) 为基准，则超高压及以上压力等级的燃煤火电机组是节能的；如果以 2019 年全国电网火电机组平均供电燃料单耗 306.9g/(kW·h) 为基准，则亚临界及以下压力等级的燃煤火电机组均处于不节能状态。这是中国火电行业面临的一个重大难题，因为许多超过这一参数的机组未到服役年限就被关停了。

5.6.4　热电联产机组节能评价案例

以国产 C50-90 供热机组为例，采暖抽汽压力为 0.118MPa，供热抽汽量为 120t/h，采暖期 4 个月，其他时间以额定出力凝汽工况运行。替代总能系统为基准电+燃煤锅炉房，这里基准电取 N300MW 亚临界机组的供电燃料单耗 330g/(kW·h)，锅炉热效率取 65%，采暖期也是 4 个月，非采暖期锅炉停运。替代总能系统是典型的热电分产方式，通常被认为是不节能的。但实际可能的情况如何，还需要全面的热经济性对比分析。需要说明的是，这里假设的计算条件比较优越，实际情况会更复杂，但即便如此，这里的计算结果足以说明问题。

供热机组额定工况下的供热量为 274.5GJ/h，供电量为 44.5MW，燃煤 21.3t/h，如图 5.2 (a) 所示。满足相同供热量和供电量，替代总能系统燃煤 29.1t/h，其中供

热锅炉耗煤量 14.4t/h，N300MW 机组供电耗煤量 14.7t/h，如图 5.2(b)所示。二者
相比，热电联产总能系统节能 7.8t/h，按此计算全年 4 个月 120 天的供暖季可节能
22464t。

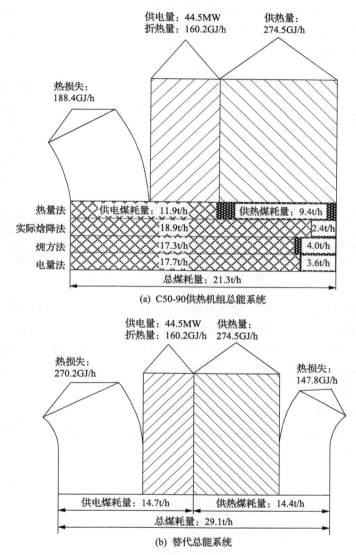

图 5.2　额定工况下的总能系统能量平衡图

　　图 5.2(a)还给出了各种煤(热)耗分摊方法的计算结果，其中电量法为本章提
出的基于当量电耗量 EECR 的供热煤耗量折算方法，计算结果与㶲方法的结果比
较接近。

　　但是，如果从年度周期进行考核，热电联产机组采暖期 4 个月供热 790560GJ，全年供电 428852MW·h（采暖期+非采暖期），共消耗 186249t 煤，如图 5.3（a）所示。替代总能系统提供相同的电量和热量时全年燃料消耗量为 183020t，其中锅炉房耗煤 41499t，火电机组煤耗 141521t，如图 5.3（b）所示。二者相比，热电联产机组总能系统全年亏损燃煤 3229t。图 5.3（a）中的 10292t 和 175957t 分别为电量法计算的供热和供电燃料消耗。

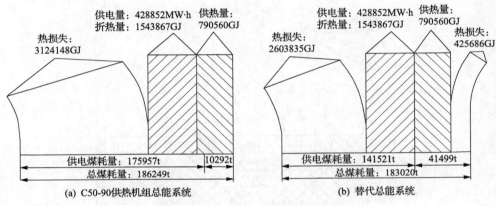

图 5.3　总能系统全年能量平衡图

　　超超临界机组的供电燃料单耗显著低于 N300MW 机组，如果以超超临界机组的供电燃料单耗为基准，则这一供热机组的年度煤耗亏损更大。即便是以 2019 年全国电网火电机组平均供电燃料单耗 306.9g/(kW·h)为基准，热电联产机组全年供热亏损也要大一些。因此，评价基准是判别总能系统节能与否，以及节能多少的关键所在。

　　另外，锅炉等供热技术的平均燃料单耗也是评价节能一个基准，其他能源利用也是如此，能效评价需要完整的统计和计量数据，这方面的工作急需加强。

第6章 燃煤火电机组的单耗分析

燃煤火电机组的热力系统可分为锅炉和汽轮机热力系统两部分，锅炉生产的热量(热产品)供给汽轮机做功，二者之间由管道连接。汽轮机输出的轴功经联轴器传输到发电机转化为电能。本章将全面开展燃煤火电机组的单耗分析，在此基础上，对影响机组性能的相关问题开展深入的探讨。

6.1 火电机组的供电燃料单耗构成分析方法

6.1.1 火电机组的㶲平衡式

将单耗分析理论方法应用于火电机组，其㶲平衡用式(6.1)计算：

$$B^s \cdot e_f^{e,s} = W_n \cdot e_{p,e} + \sum I_{rj} \tag{6.1}$$

式中，B^s 为机组的标准煤耗量；W_n 为机组供电量；$e_{p,e}$ 为电的比㶲，$e_{p,e} = 1\text{kW} \cdot \text{h}/(\text{kW} \cdot \text{h})$ 或者 1kW/kW；I_{rj} 为火电机组任一热力过程或设备的不可逆损失(或㶲损耗)；$e_f^{e,s}$ 为以标准煤计量的电量化燃料比㶲，$e_f^{e,s} = 8.141\text{kW} \cdot \text{h/kg}$。

6.1.2 燃料比㶲

根据3.5.3节，燃料比㶲($e_f^{e,s}$)为 1kg 标准煤燃料理论上最大的发电量，亦称标准煤电量化的燃料比㶲，用式(6.2)计算：

$$e_f^{e,s} = \frac{e_f^s}{3600} = \frac{q_l^s}{3600} \tag{6.2}$$

式中，$q_l^s = 29307.6\text{kJ/kg}$。

6.1.3 不可逆损失导致的附加煤耗

任一热力设备或热力过程 j 的不可逆损失导致的附加煤耗用式(6.3)计算：

$$B_j = \left(\frac{I_{rj}}{B^s \cdot e_f^{e,s}}\right) \cdot B^s = \frac{I_{rj}}{e_f^{e,s}} \tag{6.3}$$

6.1.4 不可逆损失导致的附加煤耗率

任一热力设备或热力过程 j 的不可逆损失导致的附加煤耗率用式(6.4)计算：

$$b_j = \frac{B_j}{W_n} = \frac{I_{rj}}{W_n \cdot e_f^{e,s}} \tag{6.4}$$

6.1.5　发、供电理论最低燃料单耗

发、供电理论最低燃料单耗为效率 100% 的理想条件下的煤耗率，用式(6.5)计算：

$$b^{min} = \frac{e_{p,e}}{e_f^{e,s}} = \frac{1}{8.141} = 0.12284 \quad kg/(kW \cdot h) \tag{6.5}$$

6.1.6　机组供电燃料单耗及构成

机组供电燃料单耗(供电煤耗率)及构成用式(6.6)计算：

$$b = \frac{B^s}{W_n} = \frac{e_{p,e}}{e_f^{e,s}} + \sum \frac{I_{rj}}{W_n \cdot e_f^{e,s}} = b^{min} + \sum b_j \tag{6.6}$$
$$= 0.12284 + \sum b_j$$

6.2　火电机组主要性能指标

6.2.1　锅炉热负荷

在火电厂中，锅炉生产的一定参数的热产品供给汽轮机热力系统做功。工质在锅炉中的吸热量(锅炉热负荷)为

$$Q_b = Q_{fw,b} + Q_{rh,b} = D_0(h_b - h_{fw,b}) + \alpha_{rh} D_0(h_{rh,b}'' - h_{rh,b}') \tag{6.7}$$

式中，$Q_{fw,b} = D_0(h_b - h_{fw,b})$ 为给水自锅炉入口至出口的吸热量；$Q_{rh,b} = \alpha_{rh} D_0 (h_{rh,b}'' - h_{rh,b}')$ 为再热蒸汽在锅炉的吸热量；D_0 为锅炉给水流量和汽轮机进汽量；h_b 为锅炉出口主蒸汽比焓；$h_{fw,b}$ 为锅炉给水比焓；α_{rh} 为再热蒸汽的份额，$D_{rh} = \alpha_{rh} D_0$ 为再热蒸汽流量；$h_{rh,b}''$ 为锅炉再热蒸汽出口比焓，kJ/kg；$h_{rh,b}'$ 为锅炉再热蒸汽入口比焓。

式(6.7)未考虑减温水、锅炉排污和工艺用汽的影响，锅炉给水流量与汽轮机进汽量相同，实际应用时需酌情处理。

6.2.2　锅炉热效率

锅炉热效率可以用式(6.8)计算：

$$\eta_{\mathrm{b}}=\frac{Q_{\mathrm{b}}}{B^{\mathrm{s}}\cdot q_1^{\mathrm{s}}}=\frac{1}{q_1^{\mathrm{s}}}\cdot\frac{1}{B^{\mathrm{s}}/Q_{\mathrm{b}}}=\frac{34.12}{b_{\mathrm{b}}} \tag{6.8}$$

式中，$b_{\mathrm{b}}=B^{\mathrm{s}}/Q_{\mathrm{b}}$ 为锅炉生产热量 Q_{b} 的燃料单耗。

6.2.3　热量的比㶲及其理论最低燃料单耗

根据热力学第二定律，锅炉热产品的比㶲为

$$e_{\mathrm{p,b}}=1-\frac{T_0}{\overline{T}_{\mathrm{b}}} \tag{6.9}$$

式中，$\overline{T}_{\mathrm{b}}$ 为工质在锅炉吸热的热力学平均温度。

上面是以千瓦时为量纲计算的热量，若以兆焦耳为量纲，则热产品的比㶲（单位为 $\mathrm{kW\cdot h/GJ}$）为

$$e_{\mathrm{p,b}}=277.8\left(1-\frac{T_0}{\overline{T}_{\mathrm{b}}}\right) \tag{6.10}$$

热量生产的理论最低燃料单耗（单位为 $\mathrm{kg/GJ}$）为

$$b^{\min}=\frac{e_{\mathrm{p,b}}}{e_{\mathrm{f}}^{\mathrm{e,s}}}=\frac{277.8}{8.141}\left(1-\frac{T_0}{\overline{T}_{\mathrm{b}}}\right)=34.12\left(1-\frac{T_0}{\overline{T}_{\mathrm{b}}}\right) \tag{6.11}$$

工质在锅炉吸热的热力学平均温度 $\overline{T}_{\mathrm{b}}$ 用式(6.12)计算。

$$\overline{T}_{\mathrm{b}}=\frac{Q_{\mathrm{fw,b}}+Q_{\mathrm{rh,b}}}{\Delta S_{\mathrm{fw,b}}+\Delta S_{\mathrm{rh,b}}}=\frac{(h_{\mathrm{b}}-h_{\mathrm{fw,b}})+\alpha_{\mathrm{rh}}(h_{\mathrm{rh,b}}''-h_{\mathrm{rh,b}}')}{(s_{\mathrm{b}}-s_{\mathrm{fw,b}})+\alpha_{\mathrm{rh}}(s_{\mathrm{rh,b}}''-s_{\mathrm{rh,b}}')} \tag{6.12}$$

式中，$\Delta S_{\mathrm{fw,b}}$ 为给水在锅炉入口与出口的熵差，$\Delta S_{\mathrm{fw,b}}=D_0(s_{\mathrm{b}}-s_{\mathrm{fw,b}})$；$\Delta S_{\mathrm{rh,b}}$ 为蒸汽在再热器入口与出口的熵差，$\Delta S_{\mathrm{rh,b}}=\alpha_{\mathrm{rh}}D_0(s_{\mathrm{rh,b}}''-s_{\mathrm{rh,b}}')$；$s_{\mathrm{b}}$ 为锅炉出口主蒸汽比熵；$s_{\mathrm{fw,b}}$ 为锅炉入口给水比熵；$s_{\mathrm{rh,b}}''$ 为锅炉再热蒸汽出口比熵；$s_{\mathrm{rh,b}}'$ 为锅炉再热蒸汽入口比熵。

6.2.4　锅炉的第二定律效率

假定锅炉生产热量 Q 的燃料单耗（供热煤耗率）为 b_{b}（$\mathrm{kg/GJ}$），根据式(3.9)，则锅炉的第二定律效率为

$$\eta_{\mathrm{b}}^{\mathrm{ex}}=\frac{b^{\min}}{b_{\mathrm{b}}}=\frac{34.12}{b_{\mathrm{b}}}\left(1-\frac{T_0}{\overline{T}_{\mathrm{b}}}\right)=\eta_{\mathrm{b}}\left(1-\frac{T_0}{\overline{T}_{\mathrm{b}}}\right) \tag{6.13}$$

式(6.13)表明锅炉第二定律效率(η_b^{ex})不仅取决于锅炉的热效率(η_b),还取决于$\overline{T}_b$,$\overline{T}_b$越高,其第二定律效率越高。

根据式(6.10)、式(6.12)和式(6.13),同步提高锅炉进出口温度和压力,有效提高工质吸热的热力学平均温度$\overline{T}_b$,可以提高锅炉热产品比㶲(做功能力)和锅炉第二定律效率,从而使其进入汽轮机热力系统的做功量提高。现代火电机组超临界化,主蒸汽、再热蒸汽及给水温度的同步提高是机组发电效率提高的直接原因。

6.2.5　汽轮机热力系统的循环吸热量

汽轮机热力系统的循环吸热量为

$$Q_t = Q_{fw,t} + Q_{rh,t} = D_0[h_0 - h_{fw,t} + \alpha_{rh}(h''_{rh,t} - h'_{rh,t})] \tag{6.14}$$

式中,$Q_{fw,t}$为汽轮机入口主蒸汽与高压加热器出口给水的焓差,$Q_{fw,t} = D_0(h_0 - h_{fw,t})$;$Q_{rh,t}$为汽轮机进出口再热蒸汽的焓差,$Q_{rh,t} = \alpha_{rh}D_0(h''_{rh,t} - h'_{rh,t})$;$h_0$为汽轮机入口主蒸汽比焓;$h_{fw,t}$为汽轮机热力系统出口给水比焓;$h''_{rh,t}$为汽轮机进口再热蒸汽比焓;$h'_{rh,t}$为汽轮机高压缸排汽比焓。

汽轮机入口参数用0作为下标,表示进入汽轮机的是锅炉产生的新蒸汽。

6.2.6　汽轮机热力系统的循环热效率

汽轮机热力系统的内功率为W_i,其循环热效率为

$$\eta_t = \frac{W_i}{Q_t} = \frac{W_i}{Q_{fw,t} + Q_{rh,t}} = \frac{W_i}{D_0[h_0 - h_{fw,t} + \alpha_{rh}(h''_{rh,t} - h'_{rh,t})]} \tag{6.15}$$

6.2.7　汽轮机热力系统的内功率

汽轮机热力系统的内功率(也称为轴功)为

$$W_i = D_0\left[h_0 + \alpha_{rh}(h''_{rh,t} - h'_{rh,t}) - \alpha_{lt}h_{lt} - \sum_{i=1}^{N}\alpha_i h_i - \sum\alpha_{sgk}h_{sgk} - \alpha_c h_c\right] \tag{6.16}$$

式中,α_i为回热抽汽份额;h_i为回热抽汽比焓;N为回热加热器级数;α_{lt}为小汽轮机(驱动汽动给水泵)抽汽份额;h_{lt}为小汽轮机抽汽比焓;α_{sgk}为各轴封和门杆漏汽份额;h_{sgk}为各轴封和门杆漏汽比焓;k为汽轮机轴封和门杆漏汽序号;α_c为凝汽份额;h_c为凝汽比焓。

6.2.8　汽轮机热力系统的循环吸热平均温度

根据$ds = \delta q / T$,汽轮机热力系统的循环吸热平均温度为

$$\bar{T}_{\mathrm{t}} = \frac{Q_{\mathrm{t}}}{\Delta S_{\mathrm{t}}} = \frac{h_0 - h_{\mathrm{fw,t}} + \alpha_{\mathrm{rh}}(h''_{\mathrm{rh,t}} - h'_{\mathrm{rh,t}})}{s_0 - s_{\mathrm{fw,t}} + \alpha_{\mathrm{rh}}(s''_{\mathrm{rh,t}} - s'_{\mathrm{rh,t}})} \tag{6.17}$$

式中

$$\Delta S_{\mathrm{t}} = D_0[s_0 - s_{\mathrm{fw,t}} + \alpha_{\mathrm{rh}}(s''_{\mathrm{rh,t}} - s'_{\mathrm{rh,t}})] \tag{6.18}$$

其中，$s_0 - s_{\mathrm{fw,t}}$ 为汽轮机入口主蒸汽比熵与高压加热器出口给水比熵之差；$s''_{\mathrm{rh,t}} - s'_{\mathrm{rh,t}}$ 为汽轮机进出口再热蒸汽比熵差；s_0 为汽轮机入口主蒸汽比熵；$s_{\mathrm{fw,t}}$ 为高压加热器出口给水比熵；$s''_{\mathrm{rh,t}}$ 为汽轮机进口再热蒸汽比熵；$s'_{\mathrm{rh,t}}$ 为汽轮机高压缸排汽比熵。

6.2.9　机炉管道系统的第二定律效率

给水从高压加热器出来至锅炉省煤器、锅炉主蒸汽出口至汽轮机入口，以及再热蒸汽往返汽轮机都存在一定的压力和热损失，需分析计算锅炉与汽轮机热力系统之间的管道系统的第二定律效率。

1. 机炉管道系统散热损失

机炉管道系统的散热损失为

$$\begin{aligned} \Delta Q_{\mathrm{sr,tb}} &= Q_{\mathrm{b}} - Q_{\mathrm{t}} = Q_{\mathrm{fw,b}} + Q_{\mathrm{rh,b}} - (Q_{\mathrm{fw,t}} + Q_{\mathrm{rh,t}}) \\ &= \Delta Q_{\mathrm{fw,tb}} + \Delta Q_{\mathrm{ns,tb}} + \Delta Q_{\mathrm{rh',tb}} + \Delta Q_{\mathrm{rh'',tb}} \end{aligned} \tag{6.19}$$

式中，$\Delta Q_{\mathrm{fw,tb}}$ 为给水管道的散热损失；$\Delta Q_{\mathrm{ns,tb}}$ 为主蒸汽管道的散热损失；$\Delta Q_{\mathrm{rh',tb}}$ 为冷端再热蒸汽管道的散热损失；$\Delta Q_{\mathrm{rh'',tb}}$ 为热端再热蒸汽管道的散热损失。

机炉管道散热损失可以通过进出管道的工质参数分析得到。

2. 机炉管道系统热效率

机炉管道系统热效率为

$$\eta_{\mathrm{tb}} = \frac{Q_{\mathrm{fw,t}} + Q_{\mathrm{rh,t}}}{Q_{\mathrm{fw,b}} + Q_{\mathrm{rh,b}}} = \frac{Q_{\mathrm{t}}}{Q_{\mathrm{b}}} = 1 - \frac{\Delta Q_{\mathrm{sr,tb}}}{Q_{\mathrm{b}}} \tag{6.20}$$

3. 机炉管道系统的第二定律效率

机炉管道系统的第二定律效率为

$$\eta_{\mathrm{tb}}^{\mathrm{ex}} = \frac{(Q_{\mathrm{fw,t}} + Q_{\mathrm{rh,t}})(1 - T_0 / \overline{T}_{\mathrm{t}})}{(Q_{\mathrm{fw,b}} + Q_{\mathrm{rh,b}})(1 - T_0 / \overline{T}_{\mathrm{b}})} = \frac{Q_{\mathrm{t}}(1 - T_0 / \overline{T}_{\mathrm{t}})}{Q_{\mathrm{b}}(1 - T_0 / \overline{T}_{\mathrm{b}})}$$

$$= \eta_{\mathrm{tb}} \frac{1 - T_0 / \overline{T}_{\mathrm{t}}}{1 - T_0 / \overline{T}_{\mathrm{b}}} \tag{6.21}$$

6.2.10　汽轮机热力系统的第二定律效率

汽轮机热力系统的循环吸热量为 $Q_{\mathrm{t}} = Q_{\mathrm{fw,t}} + Q_{\mathrm{rh,t}}$，汽轮机的内功率为 W_{i}，则其第二定律效率（也称为循环㶲效率）为

$$\eta_{\mathrm{t}}^{\mathrm{ex}} = \frac{W_{\mathrm{i}}}{Q_{\mathrm{t}}(1 - T_0 / \overline{T}_{\mathrm{t}})} = \frac{\eta_{\mathrm{t}}}{1 - T_0 / \overline{T}_{\mathrm{t}}} \tag{6.22}$$

6.2.11　机组的机械损耗和机械效率

考虑联轴器等的机械损耗为 W_{m}，则机械效率为

$$\eta_{\mathrm{m}} = \frac{W_{\mathrm{i}} - W_{\mathrm{m}}}{W_{\mathrm{i}}} \tag{6.23}$$

6.2.12　发电机的电机损耗和电机效率

若发电机损耗为 W_{g}，机组发电量为 W_{e}，则电机效率为

$$\eta_{\mathrm{g}} = \frac{W_{\mathrm{e}}}{W_{\mathrm{i}} - W_{\mathrm{m}}} = \frac{W_{\mathrm{i}} - W_{\mathrm{m}} - W_{\mathrm{g}}}{W_{\mathrm{i}} - W_{\mathrm{m}}} \tag{6.24}$$

6.2.13　机组发电煤耗率（发电燃料单耗）

显然，机组发电煤耗率（发电燃料单耗）为

$$b_{\mathrm{e}} = \frac{B^{\mathrm{s}}}{W_{\mathrm{e}}} = \frac{0.12284}{\eta_{\mathrm{b}}^{\mathrm{ex}} \cdot \eta_{\mathrm{tb}}^{\mathrm{ex}} \cdot \eta_{\mathrm{t}}^{\mathrm{ex}} \cdot \eta_{\mathrm{mg}}} = \frac{0.12284}{\eta_{\mathrm{b}} \cdot \eta_{\mathrm{tb}} \cdot \eta_{\mathrm{t}} \cdot \eta_{\mathrm{mg}}}$$

$$= \frac{0.12284}{\eta_{\mathrm{e}}} \tag{6.25}$$

式中，$\eta_{\mathrm{mg}} = \eta_{\mathrm{m}} \eta_{\mathrm{g}}$；$\eta_{\mathrm{e}}$ 为机组发电效率。

6.2.14　机组发电效率

机组发电的第二定律效率既等于锅炉、管道和汽轮机热力系统第二定律效率的连乘积，又等于锅炉、管道和汽轮机热力系统的循环热效率的连乘积，并等于机组发电效率：

$$
\begin{aligned}
\eta_e^{ex} &= \eta_b^{ex} \cdot \eta_{tb}^{ex} \cdot \eta_t^{ex} \cdot \eta_{mg} \\
&= \eta_b \left(1 - \frac{T_0}{\overline{T}_b}\right) \cdot \frac{Q_t\,(1 - T_0/\overline{T}_t)}{Q_b(1 - T_0/\overline{T}_b)} \cdot \frac{W_i}{Q_t\,(1 - T_0/\overline{T}_t)} \cdot \frac{W_e}{W_i} \\
&= \eta_b \cdot \eta_{tb} \cdot \eta_t \cdot \eta_{mg} \\
&= \eta_e
\end{aligned}
\tag{6.26}
$$

6.2.15　机组厂用电量和厂用电率

机组供电量为 W_n ，机组厂用电量和厂用电率分别为

$$
\sum W_{tp} = W_e - W_n \tag{6.27}
$$

$$
\xi_{tp} = \frac{W_e - W_n}{W_e} \tag{6.28}
$$

6.2.16　机组供电效率

机组供电效率为

$$
\begin{aligned}
\eta_e^s &= \eta_b \cdot \frac{Q_t}{Q_b} \cdot \frac{W_i}{Q_t} \cdot \frac{W_e}{W_i} \cdot \frac{W_n}{W_e} = \eta_b \cdot \eta_{tb} \cdot \eta_t \cdot \eta_{mg} \cdot (1 - \xi_{tp}) \\
&= \eta_e (1 - \xi_{tp})
\end{aligned}
\tag{6.29}
$$

6.2.17　机组供电煤耗率（供电燃料单耗）

机组供电煤耗率（供电燃料单耗）为

$$
b_e^s = \frac{B^s}{W_n} = \frac{0.12284}{\eta_e^s} = \frac{0.12284}{\eta_b \cdot \eta_{tb} \cdot \eta_t \cdot \eta_{mg} \cdot (1 - \xi_{tp})} \tag{6.30}
$$

6.2.18　机组供电㶲效率

机组供电㶲效率为

$$\eta_{E,e}^{ex} = \eta_b^{ex} \cdot \eta_{tb}^{ex} \cdot \eta_t^{ex} \cdot \eta_{mg} \cdot (1 - \xi_{tp})$$

$$= \eta_b \left(1 - \frac{T_0}{\overline{T}_b}\right) \cdot \frac{Q_t (1 - T_0 / \overline{T}_t)}{Q_b (1 - T_0 / \overline{T}_b)} \cdot \frac{W_i}{Q_t (1 - T_0 / \overline{T}_t)} \cdot \frac{W_e}{W_i} \cdot \frac{W_n}{W_e} \qquad (6.31)$$

$$= \eta_b \cdot \eta_{tb} \cdot \eta_t \cdot \eta_{mg} \cdot (1 - \xi_{tp}) = \eta_e^{ex} (1 - \xi_{tp}) = \eta_e (1 - \xi_{tp})$$

$$= \eta_e^s = 0.12284 / b_e^s$$

这里，机组供电㶲效率即是针对燃料的第二定律效率。

6.3 火电机组供电燃料单耗(供电煤耗率)构成分析

供电燃料单耗(供电煤耗率)构成分析在机组热力系统的第二定律分析基础上进行。可通过㶲平衡分析或熵平衡分析进行机组热力系统的第二定律分析。㶲平衡分析和熵平衡分析在机组热力系统的热平衡分析基础上进行。

考虑到导致㶲损耗(熵产)的因素很多，为详细分解㶲损耗(熵产)的原因和大小，需以可逆过程为参照，因此需要掌握发电厂系统内各热力设备、管道及部件所经历的热力过程的初终参数。系统参数越详细，供电煤耗率构成分析结果就越详细和准确。

6.3.1 锅炉系统熵产分析

1. 锅炉物理模型

如果忽略锅炉喷水减温、工质泄漏及工艺用汽，锅炉物理模型可以用图 6.1 表示。空气经过空气预热器预热(6→7 过程)后与一定量的燃料 B^s 一同进入锅炉绝热燃烧达到绝热燃烧温度 T_{ad}^*(1→2 过程)后，对工质进行加热(2→3 过程)。相应地，给水吸热后温度从 T_{fw} 升至 T_b(①→②过程)，再热工质温度从 T_{rh}' 升至 T_{rh}''(③→④过程)。烟气以温度 T_g^{out} 离开省煤器后进入空气预热器放热(过程 3→4)。放热后烟气以温度 $T_{g,aph}^{out}$ 排入环境，最终降温到 T_0(过程 4→5)。与锅炉热平衡计算一致，燃料燃烧产生的热量需扣除不完全燃烧热损失(Q_3 和 Q_4)。可以借助图 6.1 进行锅炉熵产分析。

2. 锅炉总热平衡关系式

锅炉总热平衡可以用式(6.32)表示：

$$\begin{cases} B^s q_1^s = Q_b + \sum\limits_{i=2}^{6} Q_i \\ 1 = \eta_b + \sum\limits_{i=2}^{6} q_i \end{cases} \tag{6.32}$$

式中，Q_b 为锅炉输出热量（工质吸热量）；$\sum\limits_{i=2}^{6} Q_i$ 为锅炉各热损失之和；η_b 为锅炉

热效率；$\sum\limits_{i=2}^{6} q_i$ 为锅炉各热损失在燃料燃烧释放热量中的占比之和，用小写符号表

示，q_i 通常也称作热损失。

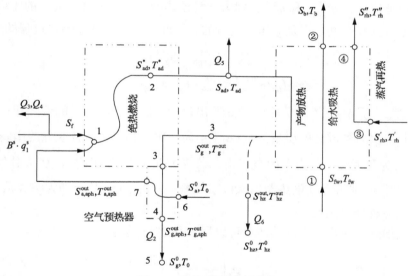

图 6.1　锅炉系统物理模型

3. 不完全燃烧造成的熵产

锅炉燃烧时总存在气体不完全燃烧热损失 q_3 和固体不完全燃烧热损失 q_4，这部分热损失由热平衡分析得到，所造成的熵产可以表示为

$$S_{q_3+q_4}^{gen} = \frac{B^s q_1^s (q_3+q_4)}{T_0} = \frac{Q_3+Q_4}{T_0} \tag{6.33}$$

4. 空气预热器熵产

空气预热器回收的烟气热量 Q_a 为

$$Q_a = H_{a,aph}^{out} - H_a^0 = \sum M_{i,a}(h_{i,a,aph}^{out} - h_{i,a}^0) \tag{6.34}$$

式中，$H_{a,aph}^{out}$ 和 H_a^0 分别为空气预热器出入口空气焓；$M_a = \sum M_{i,a}$ 为空气流量及成分构成；$h_{i,a,aph}^{out}$ 和 $h_{i,a}^0$ 分别为空气预热器出入口空气各成分的比焓。需要说明的是，空气预热分为一次风和二次风，温度各不相同，可通过计算平均温度的方法做相应处理。

空气预热器回收的烟气热量 Q_a 还可以用式（6.35）计算：

$$Q_a = H_g^{out} - H_{g,aph}^{out} = \sum M_{i,g}(h_{i,g}^{out} - h_{i,g,aph}^{out}) \tag{6.35}$$

式中，$H_{g,aph}^{out}$ 和 H_g^{out} 分别为空气预热器出入口烟气焓；$M_g = \sum M_{i,g}$ 为烟气质量流量及成分构成；$h_{i,g,aph}^{out}$ 和 $h_{i,g}^{out}$ 分别为空气预热器出入口烟气各成分的比焓。

假定空气和烟气过程是等压下进行的，因此，空气预热器传热过程的熵产为

$$\begin{aligned}S_{aph}^{gen} &= (S_{a,aph}^{out} - S_a^0) + (S_{g,aph}^{out} - S_g^{out}) \\ &= \sum M_{i,a}(s_{i,a,aph}^{out} - s_{i,a}^0) + \sum M_{i,g}(s_{i,g,aph}^{out} - s_{i,g}^{out})\end{aligned} \tag{6.36}$$

式中，$S_{a,aph}^{out} = \sum M_{i,a}s_{i,a,aph}^{out}$ 为空气预热器出口的一次风和二次风的熵之和；$M_{i,a}$ 为一次风和二次风各成分的质量流量；$s_{i,a,aph}^{out}$ 为一次风和二次风各成分的比熵；$S_a^0 = \sum M_{i,a}s_{i,a}^0$ 为环境温度压力下的空气熵，$s_{i,a}^0$ 为环境温度压力下空气各成分的比熵；$S_{g,aph}^{out}$ 和 S_g^{out} 分别为空气预热器出入口烟气熵；$s_{i,g,aph}^{out}$ 和 $s_{i,g}^{out}$ 分别为空气预热器出入口烟气各成分的比熵。

空气预热器换热过程的熵产也可以用式（6.37）计算：

$$S_{aph}^{gen} = Q_a\left(\frac{1}{\overline{T}_{a,aph}} - \frac{1}{\overline{T}_{g,aph}}\right) \tag{6.37}$$

式中，$\overline{T}_{a,aph} = (H_{a,aph}^{out} - H_a^0)/(S_{a,aph}^{out} - S_a^0)$ 和 $\overline{T}_{g,aph} = (H_g^{out} - H_{g,aph}^{out})/(S_g^{out} - S_{g,aph}^{out})$ 分别为空气预热器中空气吸热与烟气放热的热力学平均温度。如果缺乏烟气成分及热物性参数，亦可以用对数平均温度进行近似计算。

5. 燃尽煤绝热燃烧熵产

锅炉燃尽燃煤量 B' 用式（6.38）计算：

$$B' = (1 - q_3 - q_4)B^s \tag{6.38}$$

锅炉绝热燃烧过程是指燃尽煤与经空预器预热的空气在炉膛燃烧，达到绝热燃烧温度的状态。为了计算简便，假设绝热燃烧过程在环境大气压下进行，反应

物不混合地进入及产物不混合地流出。由热力学第二定律（$\Delta S = \Delta_e S + S^{gen}$），对于绝热燃烧过程，熵流 $\Delta_e S = 0$，系统熵变即为熵产，因此，燃尽煤绝热燃烧过程的熵产为

$$S_{ad}^{gen} = S_{ad}^* - S_f - S_{a,aph}^{out} = S_{g,ad}^* + S_{hz,ad}^* - S_f - S_{a,aph}^{out}$$
$$= \sum M_{i,g} s_{i,g,ad}^* + \sum M_{i,hz} s_{i,hz,ad}^* - B' s_f - \sum M_{i,a} s_{i,a,aph}^{out} \tag{6.39}$$

式中，$S_{ad}^* = S_{g,ad}^* + S_{hz,ad}^* = \sum M_{i,g} s_{i,g,ad}^* + \sum M_{i,hz} s_{i,hz,ad}^*$ 为绝热燃烧产物熵；$S_{g,ad}^* = \sum M_{i,g} s_{i,g,ad}^*$ 为烟气各成分的熵之和；$S_{hz,ad}^* = \sum M_{i,hz} s_{i,hz,ad}^*$ 为灰渣各成分的熵之和；$M_{i,g}$ 和 $M_{i,hz}$ 分别烟气和灰渣各成分的质量流量；$s_{i,g,ad}^*$ 和 $s_{i,hz,ad}^*$ 分别为绝热燃烧温度下的烟气和灰渣各成分的比熵；S_f 为燃尽煤熵：

$$S_f = B' s_f = B^s (1 - q_3 - q_4) s_f \tag{6.40}$$

其中，s_f 为燃料比熵，如果不掌握燃料的详细成分，可取石墨在环境温度和压力下的比熵。

6. 锅炉排烟热损失熵产

排烟温度一般高于环境温度，这部分烟气实际上还具有一定量的有用能，排放到环境中时会引起环境的熵增，其熵产为

$$S_{q_2}^{gen} = Q_2 \left(\frac{1}{T_0} - \frac{1}{\overline{T}_{q_2}} \right) = \frac{Q_2}{T_0} - \left(S_{g,aph}^{out} - S_g^0 \right) \tag{6.41}$$

式中，$S_g^0 = \sum M_{i,g} s_{i,g}^0$ 为环境温度压力下的烟气各成分的熵之和；$Q_2 = H_{g,aph}^{out} - H_g^0$ 为排烟热损失；$\overline{T}_{q_2} = Q_2 / (S_{g,aph}^{out} - S_g^0)$ 为烟气进入大气并降至环境温度的热力学平均温度。

7. 锅炉散热损失熵产

这里将锅炉散热损失 Q_5 视为绝热燃烧产物散失的，所造成的熵产用式 (6.42) 计算：

$$S_{q_5}^{gen} = Q_5 \left(\frac{1}{T_0} - \frac{1}{\overline{T}_{q_5}} \right) \tag{6.42}$$

式中，$Q_5 = H_{ad}^* - H_{ad}$，H_{ad}^* 为绝热燃烧温度 T_{ad}^* 下的产物焓，H_{ad} 为 T_{ad} 温度下产物的焓值；$\overline{T}_{q_5} = Q_5 / (S_{ad}^* - S_{ad})$ 为散热平均温度，S_{ad} 为 T_{ad} 温度下的产物熵。

需要说明的是，现代电站锅炉的散热损失已经降到很低的水平，其归属处理

对整体的热力学分析影响不大。

8. 固体灰渣热损失熵产

固体灰渣热损失造成的熵产用式(6.43)计算:

$$S_{q_6}^{\text{gen}} = Q_6 \left(\frac{1}{T_0} - \frac{1}{\overline{T}_{q_6}} \right) \tag{6.43}$$

式中,$Q_6 = H_{\text{hz}}^{\text{out}} - H_{\text{hz}}^0$,其中 $H_{\text{hz}}^{\text{out}}$ 为锅炉出口的灰渣焓,H_{hz}^0 为环境温度下的灰渣焓;$\overline{T}_{q_6} = Q_6 / (S_{\text{hz}}^{\text{out}} - S_{\text{hz}}^0)$ 为灰渣冷却至环境温度的热力学平均温度,$S_{\text{hz}}^{\text{out}}$ 为锅炉出口的灰渣熵,S_{hz}^0 为环境温度下的灰渣熵。

这里将灰渣简单处理成一个出口,降低了问题的复杂性。灰渣热损失占比较小,影响有限。

9. 燃尽煤绝热燃烧熵产的分解计算

根据上述锅炉各项热损失的计算,由式(6.39),绝热燃烧熵产的计算可以分解为

$$
\begin{aligned}
S_{\text{ad}}^{\text{gen}} &= (S_{\text{ad}}^* - S_{\text{ad}}) + (S_{\text{ad}} - S_{\text{g}}^{\text{out}} - S_{\text{hz}}^{\text{out}}) + (S_{\text{g}}^{\text{out}} - S_{\text{g,aph}}^{\text{out}}) + (S_{\text{hz}} - S_{\text{hz}}^0) \\
&\quad + (S_{\text{g,aph}}^{\text{out}} - S_{\text{g}}^0) - (S_{\text{a,aph}}^{\text{out}} - S_{\text{a}}^0) + (S_{\text{g}}^0 + S_{\text{hz}}^0 - S_{\text{f}} - S_{\text{a}}^0) \\
&= \frac{Q_5}{\overline{T}_{q_5}} + \frac{Q_{\text{b}}}{\overline{T}_{\text{g}}} + \frac{Q_{\text{a}}}{\overline{T}_{\text{g,aph}}} + \frac{Q_6}{\overline{T}_{q_6}} + \frac{Q_2}{\overline{T}_{q_2}} - \frac{Q_{\text{a}}}{\overline{T}_{\text{a,aph}}} + \Delta S_0 \\
&= \frac{Q_{\text{b}}}{\overline{T}_{\text{g}}} + \frac{Q_2}{\overline{T}_{q_2}} + \frac{Q_5}{\overline{T}_{q_5}} + \frac{Q_6}{\overline{T}_{q_6}} - \left(\frac{Q_{\text{a}}}{\overline{T}_{\text{a,aph}}} - \frac{Q_{\text{a}}}{\overline{T}_{\text{g,aph}}} \right) + \Delta S_0
\end{aligned} \tag{6.44}
$$

式中,$\overline{T}_{\text{g}} = Q_{\text{b}} / (S_{\text{ad}} - S_{\text{g}}^{\text{out}} - S_{\text{hz}}^{\text{out}})$ 为绝热燃烧产物在炉内放热的热力学平均温度;$\Delta S_0 = S_{\text{g}}^0 + S_{\text{hz}}^0 - S_{\text{f}} - S_{\text{a}}^0$ 为燃尽煤在环境温度和压力下燃烧的反应熵。

式(6.44)揭示出绝热燃烧过程在化石能源热利用中的决定性作用。从式(6.44)不难理解,电站锅炉工质吸热量 Q_{b} 一般占到燃料发热量90%以上的份额,因此,绝热燃烧产物在炉内的放热平均温度 $\overline{T}_{\text{g}}$ 是决定绝热燃烧熵产的关键因素,$\overline{T}_{\text{g}}$ 越高,绝热燃烧熵产越小。空气预热器的熵产在绝热燃烧熵产中被减去,说明空气预热器是锅炉的回热器,能直接降低炉内绝热燃烧熵产。而从提高 $\overline{T}_{\text{g}}$ 的角度看,空气预热器的配置可以提高进入炉膛的空气温度,从而提高绝热燃烧温度 T_{ad}^*,也就提高了 $\overline{T}_{\text{g}}$。另外,减小锅炉排烟热损失、散热损失及灰渣热损失,对于降低燃尽煤绝热燃烧熵产也有直接的效果。不难想象,过高的过量空气系数及煤的含水量,不仅会导致排烟热损失增大,还会降低绝热燃烧温度。

10. 炉内过程总熵产

燃料在炉内燃烧，产生的热量用于加热锅炉给水和再热蒸汽，从省煤器出来的烟气用于预热空气，其余热量作为热损失排入环境。把上述炉内过程的熵产求和：

$$\sum S_{g,b}^{gen} = S_{q_2}^{gen} + S_{q_3+q_4}^{gen} + S_{q_5}^{gen} + S_{q_6}^{gen} + S_{aph}^{gen} + S_{ad}^{gen}$$
$$= \frac{Q_b}{\overline{T_g}} + \frac{Q_2 + Q_3 + Q_4 + Q_5 + Q_6}{T_0} \tag{6.45}$$

根据第 3 章关于燃料㶲分析的有关内容，式(6.45)中剔除了燃尽煤燃烧的反应熵，会造成一定的误差，但总体影响不大。从式(6.45)不难理解，提高烟气放热平均温度及减小各项热损失是减小炉内过程总熵产的根本措施。

锅炉炉内实际燃烧换热过程是边燃烧边换热，燃烧产物的温度低于绝热燃烧温度，但是，锅炉系统的熵产分析宜依据绝热燃烧温度进行，有助于分析各种因素的影响。

11. 锅炉换热过程的熵产

锅炉换热过程的熵产可以用式(6.46)计算：

$$S_{ht,b}^{gen} = (S_b - S_{fw,b}) + (S_{rh,b}'' - S_{rh,b}') - (S_{ad} - S_g^{out} - S_{hz}^{out})$$
$$= D_0(s_b - s_{fw,b}) + \alpha_{rh}D_0(s_{rh,b}'' - s_{rh,b}') - (S_{ad} - S_g^{out} - S_{hz}^{out}) \tag{6.46}$$

式中，S_b 为锅炉出口主蒸汽熵，$S_b = D_0 s_b$；s_b 为锅炉出口主蒸汽比熵；$S_{fw,b}$ 为锅炉入口给水熵，$S_{fw,b} = D_0 s_{fw,b}$；$s_{fw,b}$ 为锅炉入口给水比熵；$S_{rh,b}''$ 为锅炉出口再热蒸汽熵，$S_{rh,b}'' = \alpha_{rh}D_0 s_{rh,b}''$；$s_{rh,b}''$ 为锅炉出口再热蒸汽比熵；$S_{rh,b}'$ 为锅炉入口再热蒸汽熵，$S_{rh,b}' = \alpha_{rh}D_0 s_{rh,b}'$；$s_{rh,b}'$ 为锅炉入口再热蒸汽比熵；S_g^{out} 为锅炉出口(或省煤器出口)烟气熵，$S_g^{out} = M_g s_g^{out}$；$s_g^{out}$ 为锅炉出口(省煤器出口)烟气比熵；S_{hz}^{out} 为锅炉出口灰渣熵，$S_{hz}^{out} = M_{hz} s_{hz}^{out}$，$s_{hz}^{out}$ 为锅炉出口灰渣比熵，M_{hz} 为灰渣量。

式(6.46)计算的是锅炉传热过程的总熵产，可以将其分解为

$$S_{ht,b}^{gen} = (S_b - S_b^*) + (S_b^* - S_{fw,b}) + (S_{rh,b}'' - S_{rh,b}^*)$$
$$+ (S_{rh,b}^* - S_{rh,b}') - (S_{ad} - S_g^{out} - S_{hz}^{out})$$
$$= (S_b - S_b^*) + (S_{rh,b}'' - S_{rh,b}^*) + [(S_b^* - S_{fw,b})$$
$$+ (S_{rh,b}^* - S_{rh,b}') - (S_{ad} - S_g^{out} - S_{hz}^{out})] \tag{6.47}$$

(1)给水吸热汽化过程阻尼造成的熵产为

$$S_{\text{fwr,b}}^{\text{gen}} = S_{\text{b}} - S_{\text{b}}^{*} \tag{6.48}$$

(2)再热蒸汽流动阻尼造成的熵产为

$$S_{\text{rhr,b}}^{\text{gen}} = S_{\text{rh,b}}'' - S_{\text{rh,b}}^{*} \tag{6.49}$$

(3)锅炉无阻尼温差传热的熵产为

$$S_{\text{ht,b*}}^{\text{gen}} = (S_{\text{b}}^{*} - S_{\text{fw,b}}) + (S_{\text{rh,b}}^{*} - S_{\text{rh,b}}') - (S_{\text{ad}} - S_{\text{g}}^{\text{out}} - S_{\text{hz}}^{\text{out}}) \tag{6.50}$$

式中，S_{b}^{*} 为给水经等压吸热过程达到出口焓值的工质熵，$S_{\text{b}}^{*} = D_0 s_{\text{b}}^{*}$；$S_{\text{rh,b}}^{*}$ 为再热蒸汽经等压吸热过程达到出口焓值的工质熵，$S_{\text{rh,b}}^{*} = \alpha_{\text{rh}} D_0 s_{\text{rh,b}}^{*}$。

锅炉无阻尼温差传热的熵产也可以用式(6.51)计算：

$$S_{\text{ht,b*}}^{\text{gen}} = Q_{\text{b}} \left(\frac{1}{\overline{T}_{\text{b}}^{*}} - \frac{1}{\overline{T}_{\text{g}}} \right) \tag{6.51}$$

式中

$$\overline{T}_{\text{b}}^{*} = \frac{(h_{\text{b}} - h_{\text{fw,b}}) + \alpha_{\text{rh}}(h_{\text{rh}}'' - h_{\text{rh}}')}{(s_{\text{b}}^{*} - s_{\text{fw,b}}) + \alpha_{\text{rh}}(s_{\text{rh,b}}^{*} - s_{\text{rh}}')} \tag{6.52}$$

(4)锅炉传热过程熵产。锅炉传热过程熵产等于给水流动阻尼熵产、再热器蒸汽流动阻尼以及无阻尼锅炉传热过程熵产之和，用式(6.53)计算：

$$\begin{aligned} S_{\text{ht,b}}^{\text{gen}} &= S_{\text{fwr,b}}^{\text{gen}} + S_{\text{rhr,b}}^{\text{gen}} + \sum S_{\text{ht,b*}}^{\text{gen}} \\ &= Q_{\text{b}} \left(\frac{1}{\overline{T}_{\text{b}}} - \frac{1}{\overline{T}_{\text{g}}} \right) \end{aligned} \tag{6.53}$$

12. 锅炉系统总熵产

锅炉系统总熵产等于炉内过程熵产[式(6.45)]和传热过程熵产[式(6.53)]之和：

$$\begin{aligned} \sum S_{\text{b}}^{\text{gen}} &= \sum S_{\text{g,b}}^{\text{gen}} + \sum S_{\text{ht,b}}^{\text{gen}} \\ &= \frac{Q_{\text{b}}}{\overline{T}_{\text{b}}} + \frac{\sum\limits_{i=2}^{6} Q_i}{T_0} \end{aligned} \tag{6.54}$$

锅炉系统总熵产主要取决于工质吸热量 Q_{b} 及其热力学平均温度 $\overline{T}_{\text{b}}$，提高锅炉㶲效率的一个关键就是提高工质吸热的热力学平均温度 $\overline{T}_{\text{b}}$。另外，降低锅炉各项热损失亦很重要。

6.3.2　汽轮机热力系统熵产分析

1. 汽轮机本体熵产

若不考虑汽轮机本体散热损失，汽轮机本体熵产用式(6.55)计算：

$$S_t^{gen} = \sum S^{out} - \sum S^{in}$$
$$= D_0\left[-s_0 - \alpha_{rh}(s''_{rh,t} - s'_{rh,t}) + \alpha_{lt}s_{lt} + \sum_{i=1}^{N}\alpha_i h_i + \sum \alpha_{sgk}s_{sgk} + \alpha_c s_c\right] \quad (6.55)$$

式中，s_i 为第 i 级回热抽汽比熵；s_c 为汽轮机排汽比熵；s_{sgk} 为各轴封和门杆漏汽比熵，由该漏汽管道相应的汽轮机蒸汽比焓及压力确定；s_{lt} 为小汽轮机抽汽比熵。

2. 小汽轮机熵产

不考虑散热损失，小汽轮机熵产用式(6.56)计算：

$$S_{lt}^{gen} = \alpha_{lt}D_0(s_{c,lt} - s_{lt}) \quad (6.56)$$

式中，$s_{c,lt}$ 为小汽轮机排汽比熵，由小汽轮机排汽压力、温度及湿度确定，也可以由其相对内效率确定。

3. 给水泵熵产

如果不考虑排污及工艺用汽等锅内热损失，给水泵熵产用式(6.57)计算：

$$S_{fp}^{gen} = D_0(s_{fp}^{out} - s_{fp}^{in}) \quad (6.57)$$

式中，s_{fp}^{out} 为给水泵出口给水比熵；s_{fp}^{in} 为给水泵入口给水比熵(除氧器出口给水比熵)。

4. 凝结水泵熵产

凝结水泵熵产为

$$S_{cnp}^{gen} = D_{cn}(s_{cnp}^{out} - s_{cn}) \quad (6.58)$$

式中，D_{cn} 为凝汽器出口凝结水流量；s_{cnp}^{out} 为凝结水泵出口凝结水比熵；s_{cn} 为凝结水泵入口凝结水比熵。

5. 回热加热器熵产

目前，国内汽轮机热力系统的回热加热器的级数通常为八级，包括三级高压加热器，四级低压加热器，一级高压除氧器(图 6.2)。回热加热器的熵产为

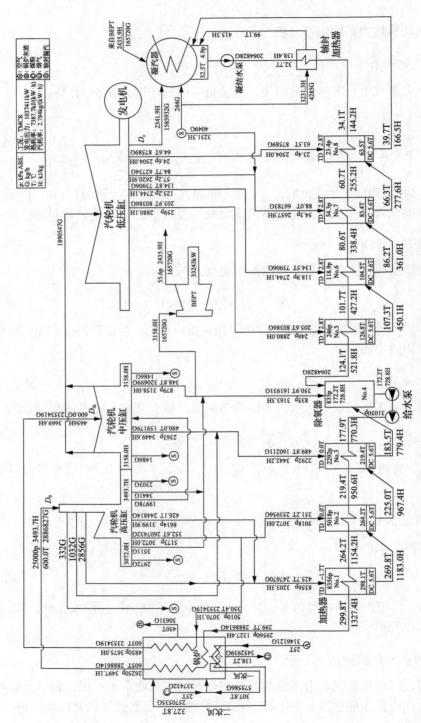

图 6.2　某 1000MW 超超临界机组热力系统及系统热平衡图

$$S_i^{\mathrm{gen}} = \sum S_i^{\mathrm{out}} - \sum S_i^{\mathrm{in}} \tag{6.59}$$

式中，i 为加热器序号；$\sum S_i^{\mathrm{out}}$ 为所有流出加热器的流体熵之和；$\sum S_i^{\mathrm{in}}$ 为所有流入加热器的流体熵之和。

回热抽汽管道及加热器内部管道均存在着阻尼，如果以抽汽口及加热器出入口的参数计算加热器熵产，则这些阻尼损失均包括在其中。如果各部位参数清晰准确，则可以参照第 4 章关于换热设备熵产构成的解析，分别计算各个不可逆因素所致熵产的大小。另外，实际工程中，会根据汽轮机门杆漏汽和轴封漏汽的压力高低，将其引至合适的回热加热器，这些蒸汽与回热抽汽的混合时也会有熵产。实际计算时，漏汽参数可以按汽轮机相应部位的蒸汽经节流所去加热器的压力确定。

6. 轴封加热器熵产

轴封加热器熵产用式（6.60）计算：

$$S_{\mathrm{sg}}^{\mathrm{gen}} = D_{\mathrm{cn}}s_{\mathrm{sg}}' + D_{\mathrm{sg}}s_{\mathrm{ss,sg}} - (D_{\mathrm{cn}}s_{\mathrm{cnp}}^{\mathrm{out}} + D_{\mathrm{sg}}s_{\mathrm{sg}}) \tag{6.60}$$

式中，s_{sg}' 为轴封加热器出口凝结水比熵；$s_{\mathrm{ss,sg}}$ 为轴封加热器疏水比熵；D_{sg} 为进入轴封加热器的蒸汽流量；s_{sg} 为进入轴封加热器的蒸汽比熵。

7. 凝汽器熵产

1）汽轮机凝汽熵产

汽轮机凝汽熵产用式（6.61）计算：

$$S_{\mathrm{c,t}}^{\mathrm{gen}} = D_{\mathrm{c}}\left[\frac{h_{\mathrm{c}} - h_{\mathrm{cn}}}{T_0} - (s_{\mathrm{c}} - s_{\mathrm{cn}})\right] \tag{6.61}$$

式中，h_{c} 为汽轮机排汽比焓；h_{cn} 为凝汽器凝结水比焓。

2）小汽轮机凝汽熵产

小汽轮机凝汽熵产用式（6.62）计算：

$$S_{\mathrm{c,lt}}^{\mathrm{gen}} = D_{\mathrm{lt}}\left[\frac{h_{\mathrm{c,lt}} - h_{\mathrm{cn}}}{T_0} - (s_{\mathrm{c,lt}} - s_{\mathrm{cn}})\right] \tag{6.62}$$

式中，$h_{\mathrm{c,lt}}$ 为小汽轮机排汽比焓；$s_{\mathrm{c,lt}}$ 为小汽轮机排汽比熵。

3) 回热加热器疏水进入凝汽器造成的熵产

通常，低压回热加热器的疏水采用逐级自流方式汇集到第 N 级(末级)低压回热加热器，释放热量后自流进入凝热器。回热加热器疏水进入凝汽器造成的熵产用式(6.63)计算：

$$S_{N,\mathrm{ss}}^{\mathrm{gen}} = D_{N,\mathrm{ss}}(h_{N,\mathrm{ss}} - h_{\mathrm{cn}})\left(\frac{1}{T_0} - \frac{1}{\overline{T}_{N,\mathrm{ss}}}\right) = D_{N,\mathrm{ss}}\left[\frac{h_{N,\mathrm{ss}} - h_{\mathrm{cn}}}{T_0} - (s_{N,\mathrm{ss}} - s_{\mathrm{cn}})\right] \quad (6.63)$$

式中，$D_{N,\mathrm{ss}}$ 为末级低压回热加热器疏水流量；$h_{N,\mathrm{ss}}$ 为末级低压回热加热器疏水比焓；$s_{N,\mathrm{ss}}$ 为末级低压回热加热器疏水比熵；$\overline{T}_{N,\mathrm{ss}} = (h_{N,\mathrm{ss}} - h_{\mathrm{cn}})/(s_{N,\mathrm{ss}} - s_{\mathrm{cn}})$ 为疏水进入凝汽器的放热平均温度。

4) 轴封加热器疏水进入凝汽器造成的熵产

轴封加热器疏水进入凝汽器造成的熵产用式(6.64)计算：

$$S_{\mathrm{ss,sg}}^{\mathrm{gen}} = D_{\mathrm{sg}}(h_{\mathrm{ss,sg}} - h_{\mathrm{cn}})\left(\frac{1}{T_0} - \frac{1}{\overline{T}_{\mathrm{ss,sg}}}\right) = D_{\mathrm{sg}}\left[\frac{h_{\mathrm{ss,sg}} - h_{\mathrm{cn}}}{T_0} - (s_{\mathrm{ss,sg}} - s_{\mathrm{cn}})\right] \quad (6.64)$$

式中，$h_{\mathrm{ss,sg}}$ 为轴封加热器疏水比焓；$s_{\mathrm{ss,sg}}$ 为轴封加热器疏水比熵；$\overline{T}_{\mathrm{ss,sg}} = (h_{\mathrm{ss,sg}} - h_{\mathrm{cn}})/(s_{\mathrm{ss,sg}} - s_{\mathrm{cn}})$ 为疏水进入凝汽器的放热平均温度。

5) 轴封漏汽进入凝汽器造成的熵产

轴封漏汽进入凝汽器造成的熵产用式(6.65)计算：

$$S_{\mathrm{c,sg}}^{\mathrm{gen}} = D_{\mathrm{c,sg}}(h_{\mathrm{c,sg}} - h_{\mathrm{cn}})\left(\frac{1}{T_0} - \frac{1}{\overline{T}_{\mathrm{c,sg}}}\right) = D_{\mathrm{c,sg}}\left[\frac{h_{\mathrm{c,sg}} - h_{\mathrm{cn}}}{T_0} - (s_{\mathrm{c,sg}} - s_{\mathrm{cn}})\right] \quad (6.65)$$

式中，$D_{\mathrm{c,sg}}$ 为进入凝汽器的轴封漏汽量；$h_{\mathrm{c,sg}}$ 为进入凝汽器的轴封漏汽比焓；$s_{\mathrm{c,sg}}$ 为进入凝汽器的轴封漏汽比熵；$\overline{T}_{\mathrm{c,sg}} = (h_{\mathrm{c,sg}} - h_{\mathrm{cn}})/(s_{\mathrm{c,sg}} - s_{\mathrm{cn}})$ 为轴封漏汽进入凝汽器的放热平均温度。

6) 凝汽器熵产

凝汽器(冷源损失)的熵产等于进入凝汽器的各股汽流、疏水冷凝(冷却)造成的熵产之和，用式(6.66)计算：

$$\begin{aligned}\sum S_{\mathrm{c}}^{\mathrm{gen}} &= S_{\mathrm{c,t}}^{\mathrm{gen}} + S_{\mathrm{c,lt}}^{\mathrm{gen}} + S_{N,\mathrm{ss}}^{\mathrm{gen}} + S_{\mathrm{ss,sg}}^{\mathrm{gen}} + S_{\mathrm{c,sg}}^{\mathrm{gen}} \\ &= \frac{\sum Q_{\mathrm{c}}}{T_0} + D_{\mathrm{cn}}s_{\mathrm{cn}} - (D_{\mathrm{c}}s_{\mathrm{c}} + D_{\mathrm{lt}}s_{\mathrm{c,lt}} + D_{N,\mathrm{ss}}s_{N,\mathrm{ss}} + D_{\mathrm{ss,sg}}s_{\mathrm{ss,sg}} + D_{\mathrm{c,sg}}s_{\mathrm{c,sg}})\end{aligned} \quad (6.66)$$

式中，$\sum Q_c$ 为进入凝汽器的各股汽流、疏水所造成的冷源损失之和（即通过凝汽器排到环境的热量之和），用式(6.67)计算：

$$\sum Q_c = D_c(h_c - h_{cn}) + D_{lt}(h_{c,lt} - h_{cn}) + D_{N,ss}(h_{N,ss} - h_{cn}) \\ + D_{sg}(h_{ss,sg} - h_{cn}) + D_{c,sg}(h_{c,sg} - h_{cn}) \tag{6.67}$$

7）汽轮机热力系统总熵产

汽轮机热力系统熵产等于汽轮机本体、小汽轮机、N 级回热加热器、轴封加热器、给水泵、凝结水泵及凝汽器的熵产之和，用式(6.68)计算：

$$\sum S_{st}^{gen} = S_t^{gen} + S_{lt}^{gen} + S_{fp}^{gen} + S_{cnp}^{gen} + \sum_{i=1}^{N} S_i^{gen} + S_{sg}^{gen} + \sum S_c^{gen} \\ = D_0[s_{fw,t} + \alpha_{rh}s'_{rh,t} - (s_0 + \alpha_{rh}s''_{rh,t})] + \frac{\sum Q_c}{T_0} \tag{6.68}$$

式(6.68)可以写成

$$\sum S_{st}^{gen} = -\Delta S_t + \frac{\sum Q_c}{T_0} = \frac{\sum Q_c}{T_0} - \frac{Q_t}{\bar{T}_t} \tag{6.69}$$

式中，Q_t 为汽轮机热力系统的循环吸热量［用式(6.14)计算］；ΔS_t 为吸热过程的熵差［用式(6.18)计算］。

根据不可逆损失与熵产关系的 Gouy-Stodola 公式，汽轮机系统总不可逆损失为

$$\sum I_{r,st} = T_0 \sum S_{st}^{gen} = \sum Q_c - \frac{T_0}{\bar{T}_t}Q_t \\ = \left(1 - \frac{T_0}{\bar{T}_t}\right)Q_t - (Q_t - \sum Q_c) = \left(1 - \frac{T_0}{\bar{T}_t}\right)Q_t - W_i \tag{6.70}$$

即汽轮机热力系统的总不可逆损失等于输入的热量㶲减去汽轮机内功率。从式(6.70)很容易得到循环㶲效率［式(6.22)］。

6.3.3　机炉管道系统熵产分析

1. 机炉管道系统的散热损失

机炉管道系统散热损失等于锅炉输出热量与汽轮发电机组循环吸热量之差，用式(6.71)计算：

$$\Delta Q_{sr,tb} = Q_b - Q_t = D_0(h_b - h_{fw,b}) + \alpha_{rh} D_0(h''_{rh,b} - h'_{rh,b})$$
$$- D_0[h_0 - h_{fw,t} + \alpha_{rh}(h''_{rh,t} - h'_{rh,t})] \tag{6.71}$$

2. 机炉管道系统的熵产

机炉管道系统的熵产包括主蒸汽、再热蒸汽以及给水管道的熵产，用式(6.72)计算：

$$\sum S_{tb}^{gen} = \frac{\Delta Q_{sr,tb}}{T_0} + \frac{Q_t}{\overline{T}_t} - \frac{Q_b}{\overline{T}_b} \tag{6.72}$$

这里需要说明的是，式(6.72)的计算结果不仅包括散热损失造成的熵产，还包括管道阻尼造成的熵产。

6.3.4　机械损耗造成的熵产

机组的机械损耗为W_m，所造成的熵产用式(6.73)计算：

$$S_m^{gen} = \frac{W_m}{T_0} \tag{6.73}$$

6.3.5　电机损耗造成的熵产

机组的电机损耗为W_g，所造成的熵产用式(6.74)计算：

$$S_g^{gen} = \frac{W_g}{T_0} \tag{6.74}$$

6.3.6　厂用电造成的熵产

除给水泵和凝结水泵外，其他辅机厂用电之和为$\sum W_{tp'}$，所造成的熵产之和用式(6.75)计算：

$$\sum S_{tp'}^{gen} = \frac{\sum W_{tp'}}{T_0} \tag{6.75}$$

这里需要说明的是，所有辅机耗电的相当一部分进入电厂热力系统，会产生热效应。但限于实际情况，这些热效应未给予考虑。

如果机组采用电驱动给水泵，则除了需要计算工质升压过程的熵产外，还需考虑电机和传动环节的损耗。这部分熵产用式(6.76)计算：

$$S_{tp,fp}^{gen} = \frac{W_{fp} - D_0(h_{fp}^{out} - h_{fp}^{in})}{T_0} \tag{6.76}$$

式中，W_{fp} 为电动给水泵的电耗；h_{fp}^{out} 为给水泵出口给水比焓；h_{fp}^{in} 为给水泵入口给水比焓(除氧器出口给水焓)。

凝结水泵的电机和传动环节的损耗造成的熵产用式(6.77)计算：

$$S_{tp,cnp}^{gen} = \frac{W_{cnp} - D_{cn}(h_{cnp}^{out} - h_{cn})}{T_0} \tag{6.77}$$

式中，W_{cnp} 为凝结水泵的电耗；h_{cnp}^{out} 为凝结水泵出口水比焓；h_{cn} 为凝结水泵入口水比焓(凝汽器凝结水比焓)。

这时，在机组热平衡和㶲平衡分析时需要注意给水泵中给水升压的焓升。相比较而言，凝结水泵的功率相对较小，对热平衡及㶲平衡分析的影响会小很多。

6.3.7　机组总熵产

机组总熵产用式(6.78)计算：

$$\begin{aligned}
\sum S_j^{gen} &= \sum S_b^{gen} + \sum S_{tb}^{gen} + \sum S_{st}^{gen} + S_m^{gen} + S_g^{gen} + \sum S_{tp'}^{gen} + S_{tp,fp}^{gen} + S_{tp,cnp}^{gen} \\
&= \frac{1}{T_0}(Q_2 + Q_3 + Q_4 + Q_5 + Q_6 + \Delta Q_{sr,tb} + \sum Q_c + W_m + W_g + \sum W_{tp}) \tag{6.78} \\
&= \frac{\sum Q_i}{T_0}
\end{aligned}$$

式中，$\sum W_{tp} = \sum W_{tp'} + W_{fp} + W_{cnp}$ 为机组厂用电之和；$\sum Q_i$ 为机组各热失之和。

6.4　火电机组单耗分析案例

6.4.1　1000MW 超超临界机组概况

某 1000MW 超超临界机组锅炉为直流锅炉，采用 Π 型布置、单炉膛、分级送风燃烧系统、反向双切圆燃烧方式；汽轮机为凝汽式，采用一次中间再热、单轴、四缸四排汽；机组设有八级非调整抽汽回热加热，采用定压—滑压—定压运行方式。锅炉 BMCR(boiler maximum continuing rating)和汽轮机 TMCR(turbine maximum continuing rating)工况主要设计参数如表 6.1 所示。锅炉 BMCR 工况如下：过热蒸汽流量 2980t/h，出口压力 26.25MPa，出口蒸气温度 605℃；再热蒸汽流量 2424t/h，再热器出口蒸汽压力 4.95MPa、温度 603℃。汽轮机 TMCR 工况主蒸汽流量

2886.827t/h，进口压力 25MPa、温度 600℃；再热蒸汽流量 2354.884t/h，进口压力 4.656MPa、温度 600℃；低压缸排汽压力 4.9kPa。锅炉煤耗量 337.432t/h（93.73/kg/s），其低位热值 24290.8kJ/kg，折合标准煤耗量 77.685kg/s。机组采用单元制给水系统，配置两台汽动给水泵，一台电动给水泵作为启动和备用给水泵，其中汽动给水泵组为 2×50%BMCR，电动给水泵组为 1×30%BMCR。给水泵额定工况扬程 3097mH$_2$O。

表 6.1　机组主要设计参数

机组主要参数	参数名称	单位	数值
锅炉主要参数（BMCR）	过热蒸汽流量	t/h	2980
	过热蒸汽出口压力	MPa	26.25
	过热蒸汽出口蒸汽温度	℃	605
	再热蒸汽流量	t/h	2424
	再热器进口蒸汽压力	MPa	5.21
	再热器出口蒸汽压力	MPa	4.95
	再热器进口蒸汽温度	℃	353
	再热器出口蒸汽温度	℃	603
	给水温度	℃	302
	补水率	%	0
汽轮机主要参数（TMCR）	功率	MW	1037.411
	主蒸汽进口压力	MPa	25
	主蒸汽进口温度	℃	600
	主蒸汽流量	t/h	2886.827
	再热蒸汽进口压力	MPa	4.656
	再热蒸汽进口温度	℃	600
	再热蒸汽流量	t/h	2354.884
	高压缸排汽压力	MPa	5.173
	中压缸排汽压力	MPa	0.908
	低压缸排汽压力	kPa	4.9
	低压缸排汽流量	t/h	1599.057

　　机组原则性热力系统如图 6.2 所示。图中符号 Ⓐ 表示空气，Ⓑ 表示锅炉灰渣，Ⓒ 表示煤粉，Ⓖ 表示锅炉烟气，Ⓢ 表示轴封漏汽；缩写字符 BFPT 代表锅炉给水泵透平（boiler feedwater pump turbine）（俗称小汽轮机）；TD 和 DC 分别表

示回热加热器上端差和下端差。No.1～No.8 代表各级回热加热器。图 6.2 中标注了经过核算的主要热力参数。为适应从锅炉至汽轮机热力系统的单耗分析的需要，并聚焦于系统主要的热力过程，遵循热力学基本原理，在核算时做了适当的修正和简化。

之所以要进行数据修正，是因为所掌握的原始资料数据不全、机炉分属不同制造厂造成数据失配以及热力学第一定律分析存在的局限性，导致一些数据不合理。比如，给水从汽轮机热力系统至锅炉省煤器入口，因沿程阻力及散热损失的存在，参数随之变化。但是根据原始数据，锅炉 BMCR 工况给水温度为 302℃，而汽轮机 TMCR 工况下的给水温度为 299.8℃，这是不可能出现的情况。因此，这里假定给水管道无散热损失（等焓）但有 3% 的阻尼压降，由此得出锅炉给水温度约为 299.7℃，如图 6.2 所示。事实上，机炉之间的管道存在散热损失和阻尼压降是不可避免的，不适当的忽略很有可能违反热力学第二定律，因此分析计算时需关注更多的细节。

6.4.2 锅炉系统热平衡分析

1. 输入燃料的分析计算

煤的成分分析如表 6.2 所示。以质量分数计，C 61.70%、H 3.67%、O 8.56%、灰分 8.80%、S 0.60%、H_2O 15.55%等，其中灰分构成如表 6.2 所示（除 C、H、O、N、S、H_2O 外的成分）。以摩尔分数计，主要是 C、H、O 和 H_2O。煤的平均分子量为 9.5961g/mol。

表 6.2　煤的成分及平均分子量

煤的成分	分子量/(g/mol)	质量分数/%	摩尔分数/%	平均分子量/(g/mol)
C	12.0112	61.70	49.29	5.9208
H	1.00797	3.67	34.94	0.3522
O	15.9994	8.56	5.13	0.8214
N	14.0067	1.12	0.77	0.1075
S	32.065	0.60	0.18	0.0576
SiO_2	60.0843	3.39	0.54	0.3253
Al_2O_3	101.961	1.28	0.12	0.1228
CaO	56.0774	3.53	0.61	0.3387
MgO	40.3044	0.55	0.13	0.0528
FeO	71.8464	0.05	0.01	0.0048
H_2O	18.01534	15.55	8.28	1.4922
合计	—	100	100	9.5961

　　根据煤的成分分析结果，可以计算出燃料的热值及化学功 $-\Delta G_R^0$ 等参数，参见表 6.3。计算条件及说明：环境温度和环境压力下的完全燃烧；不考虑氮氧化物的生成；不列入未参与反应、不影响热值计算的灰分等；输入氧气量按反应的化学计量数计算；为简单，煤中的氧和氢以气相条件计算。

表 6.3　燃料等温等压燃烧参数表（25℃，100kPa）

反应物	输入量 /(kmol/h)	比焓 h /(J/mol)	焓 H /kW	比熵 s /[J/(K·mol)]	熵 S /(kW/K)	比自由焓 g /(J/mol)	自由焓 G /kW
O_2	20467.95	0	0	205.137	1166.3	−61161.6	−347736.8
C	17333.5	0	0	5.74	27.6	−1711.4	−8240.0
H	12285.8	0	0	130.673	223.0	−38960.2	−66480.2
H_2O(l)	2912.6	−285830	−231248.5	69.95	56.6	−306685.6	−248121.6
S	63.1			32.056	0.6	−9557.5	−167.6
合计			−231248.5		1474.1		−670746.2

生成物	输出量 /(kmol/h)	比焓 h /(J/mol)	焓 H /kW	比熵 s /[J/(K·mol)]	熵 S /(kW/K)	比自由焓 g /(J/mol)	自由焓 G /kW
CO_2	17333.4	−393485.9	−1894571.9	213.774	1029.2	−457222.7	−2201454.6
SO_2	63.1	−296813	−5205.8	248.221	4.4	−370820.1	−6503.8
H_2O(g)	9055.5	−241811.2	−608253.2	188.818	475.0	−298107.1	−749860.4
合计			−2508030.9		1508.6		−2957818.8

注：l 表示液态；g 表示气态。

　　环境温度和压力下，煤燃烧的反应焓（燃烧焓）$\Delta H_R^0 = -2508030.9 - (-231248.5) = -2276782.4\text{kW}$，即燃料燃烧放热量 $Q^0 = -\Delta H_R^0 = Bq_1 = 2276782.4\text{kW}$；燃料的低位热值 $q_1 = Q^0 / B = 2276782.4/93.73 = 24290.9\text{kJ/kg}$；相应地，其高位热值为 25471.9kJ/kg，二者相差 4.86%。如果扣除煤中 H_2O，燃料的低位热值为 24670.6kJ/kg，也就是说，煤中 H_2O 的存在，使 1.54% 的燃料发热量用于水的蒸发而无法得到利用。如果以低位热值计算锅炉热效率，那么这部分热损失将被隐藏，因此，正如第 3 章所述，能效评价应以燃料的高位热值为基础，至少应以干燥基低位热值为基础。

　　环境温度下，输入煤燃烧的反应自由焓 $\Delta G_R^0 = -2957818.8 - (-670746.2) = -2287072.6\text{kW}$，标准反应自由焓 $\Delta g_R^0 = -2287072.6/93.73 = -24400.6\text{kJ/kg}$；标准反应焓 $\Delta h_R^0 = -q_1 = -24290.9\text{kJ/kg}$；标准反应熵 $\Delta s_R^0 = (1508.6 - 1474.1)/93.73 = 0.3681\text{kW/(K·kg)}$。

2. 燃尽煤绝热燃烧温度及不完全燃烧热损失计算

　　燃料在锅炉燃烧，总有一部分没有燃烧完全，造成不完全燃烧热损失，同时使绝热燃烧温度降低。根据热力学原理，绝热燃烧的反应物焓与生成物焓相等，燃烧产物中存在未燃烧的可燃成分, 分布在烟气和灰渣中。为简单, 假设烟气中的可燃物为 CO, 对应气体不完全燃烧热损失 Q_3; 灰渣中的可燃物为 C, 对应固体不完全燃烧热损失 Q_4。表 6.4 给出了燃尽煤绝热燃烧参数, 燃尽煤绝热燃烧温度为 2364.52K(2091.37℃)。不难理解, 煤中灰和水的存在会降低绝热燃烧温度。而绝热燃烧温度的降低, 降低了炉内烟气放热温度水平, 从而造成能效的降低。同样的道理, 过量空气系数的增大, 也会降低绝热燃烧温度, 因此, 应在有效监测不完全燃烧损失的基础上, 尽可能使用更低的过量空气系数。

计算条件: 排烟中 CO 的摩尔分数为 0.06184%, 灰渣中 C 的摩尔分数为 13.65%; 燃烧的过量空气系数约 15%; 一、二次风之比为 22.4%; 一次风温 307.8℃, 二次风温 327.8℃; 燃料温度 25℃; 燃烧在 100kPa 的环境压力下进行。

根据烟气和灰渣中残余的可燃物, 可以计算不完全燃烧热损失。表 6.5 给出了这些可燃物的等温等压燃烧参数。烟气中 CO 的发热量即为气体不完全燃烧热损失 Q_3, Q_3=[−7847.9−(−2204.3)]=5643.6kW, q_3=100%×5643.6/2276782.4≈0.25%。灰渣中残余 C 的发热量即为固体不完全燃烧热损失 Q_4, Q_4=8525.5kW, q_4=100%×8525.5/2276782.4≈0.37%。

3. 锅炉散热损失计算

这里假设锅炉散热损失是绝热燃烧产物对外散热所致, 相当于所进行的是非绝热燃烧, 产物在炉内对工质放热的起始温度略低于绝热燃烧温度, 从 2364.52K 降至 2361.65K, 降低 2.87℃, 如表 6.6 所示。对比表 6.4 和表 6.6 的燃烧产物焓, 散热损失 Q_5=−75044.2−(−78922.0)=3877.8kW, q_5=100%×3877.8/2276782.4=0.17%。

4. 炉内传热量和锅炉热效率计算

炉内燃烧产物放热量与工质吸热量相等。根据式(6.7)及图 6.2 中工质出入口锅炉的参数, 工质吸热量为 Q_b=[2888614(3497.1−1327.4)+2353419(3675.0−3070.1)]/3600=2136441.9kW。如表 6.6 所示, 燃烧产物放热, 烟气从 2361.65K 降至省煤器出口温度 671.7K(398.55℃), 灰渣降至出口温度 723.15K(450℃), 共释放热量−78922.0−(−2105630.4−109770.9)=2136479.3kW, 与工质吸热量持平。

锅炉热效率 $\eta_b = Q_b / Q^0 = Q_b / B^s q_1^s$=2136441.9/2276782.4=93.84%。

5. 空气预热器传热计算

空气预热器中传热过程参数如表 6.7 所示。通常, Π 型锅炉尾部烟道竖井分前后两部分, 由于经过不同的换热设备, 烟气分流进入省煤器时的温度不同。这里为了简单, 不考虑这一温差。空气预热器热端端差约 71℃, 符合传热要求。空气整体吸热量269431.1kW，烟气放热量−2105630.4−(−2375027.2)=269396.8kW，二者基本持平。

表 6.4　燃尽煤绝热燃烧参数表(100kPa)

反应物	输入量 /(kmol/h)	温度 /K	比焓 h /(J/mol)	焓 H /kW	比熵 s /[J/(K·mol)]	熵 S /(kW/K)
O_2-1	4189.70	580.95	8634.934	10049.3	225.411	262.331
O_2-2	18710.80	600.95	9274.788	48205.2	226.493	1177.186
N_2-1	15761.10	580.95	8333.779	36486.0	211.124	924.317
N_2-2	70388.20	600.95	8934.541	174690.6	212.140	4147.827
FeO	2.35	298.15	−272044.000	−177.5	60.752	0.040
SiO_2	190.40	298.15	−910857.000	−48169.5	41.463	2.193
Al_2O_3	42.36	298.15	−1675692.000	−19717.6	50.936	0.599
CaO	212.41	298.15	−635089.000	−37471.8	38.074	2.246
MgO	46.05	298.15	−601241.000	−7690.3	26.924	0.344
C	17333.40	298.15	0	0	5.740	27.637
H	12285.80	298.15	0	0	130.673	222.976
H_2O(l)	2912.60	298.15	−285830.000	−231248.5	69.950	56.592
O	1805.30	298.15	0	0	205.137	51.436
N	269.80	298.15	0	0	191.502	7.176
S	63.14	298.15	0	0	32.056	0.562
合计				−75044.1		6883.463

生成物	输出量 /(kmol/h)	温度 /K	比焓 h /(J/mol)	焓 H /kW	比熵 s /[J/(K·mol)]	熵 S /(kW/K)
CO	71.80	2364.52	−40495.4	−807.7	264.805	5.281
CO_2	17183.60	2364.52	−279888.4	−1335971.8	319.440	1524.762
N_2	86284.20	2364.52	69347.4	1662106.9	258.041	6184.694
SO_2	63.14	2364.52	−184238.7	−3231.4	354.758	6.222
H_2O(g)	9055.50	2364.52	−149465.6	−375966.8	273.766	688.633
O_2	3449.00	2364.52	73126.5	70058.9	275.149	263.607
C	78.00	2364.52	44336.2	960.6	44.830	0.971
SiO_2	190.40	2364.52	−750060.5	−39666.0	187.141	9.897
Al_2O_3	42.36	2364.52	−1302624.5	−15327.7	342.710	4.033
CaO	212.41	2364.52	−522029.9	−30801.0	146.253	8.629
MgO	46.05	2364.52	−494093.8	−6319.8	128.667	1.646
FeO	2.35	2364.52	−120176.0	−78.4	196.508	0.128
合计				−75044.2		8698.503

注：l 表示液态；g 表示气态；-1 和-2 分别代表一次风和二次风。

表 6.5　残余可燃物的等温等压燃烧参数（25℃，100kPa）

名称	反应物	输入量 /(kmol/h)	比焓 h /(J/mol)	焓 H /kW	比熵 s /[J/(K·mol)]	熵 S /(kW/K)	比自由焓 g /(J/mol)	自由焓 G /kW
烟气可燃物燃烧	CO	71.8	−110523.2	−2204.3	197.645	3.942	−169451.2	−3379.6
	0.5O$_2$	35.9	0	0	205.137	2.046	−61161.6	−609.9
	合计			−2204.3		5.988		−3989.5
	生成物	输出量 /(kmol/h)	比焓 h /(J/mol)	焓 H /kW	比熵 s /[J/(K·mol)]	熵 S /(kW/K)	比自由焓 g /(J/mol)	自由焓 G /kW
	CO$_2$	71.8	−393485.9	−7847.9	213.774	4.264	−457223	−9119.1
飞灰可燃物燃烧	反应物	输入量 /(kmol/h)	比焓 h /(J/mol)	焓 H /kW	比熵 s /[J/(K·mol)]	熵 S /(kW/K)	比自由焓 g /(J/mol)	自由焓 G /kW
	C	78	0	0	197.645	4.282	−58928.0	−1276.8
	O$_2$	78	0	0	205.137	4.445	−61161.6	−1325.2
	合计			0		8.727		−2602.0
	生成物	输出量 /(kmol/h)	比焓 h /(J/mol)	焓 H /kW	比熵 s /[J/(K·mol)]	熵 S /(kW/K)	比自由焓 g /(J/mol)	自由焓 G /kW
	CO$_2$	78	−393485.9	−8525.5	213.774	4.632	−457223	−9906.5

表 6.6　炉内燃烧产物放热量计算参数表

成分	流量 /(kmol/h)	温度 2361.65K(2088.5℃)				温度 671.7K(398.55℃)			
		比焓 h /(J/mol)	焓 H /kW	比熵 s /[J/(K·mol)]	熵 S /(kW/K)	比焓 h /(J/mol)	焓 H /kW	比熵 s /[J/(K·mol)]	熵 S /(kW/K)
烟气放热 CO	71.8	−40602.3	−809.8	264.8	5.280	−99379.4	−1982.1	221.8	4.423
CO$_2$	17183.6	−280066.8	−1336808.4	319.4	1524.409	−377127.1	−1800114.1	248.7	1187.057
N$_2$	86284.2	69241.0	1659599.9	258.0	6183.633	11077.5	265503.0	215.5	5165.334
SO$_2$	63.14	−184410	−3234.3	354.7	6.221	−279687.1	−4905.4	284.7	4.994
H$_2$O(g)	9055.5	−149623.4	−376356.7	273.7	688.468	−228676.9	−575215.3	217.2	546.295
O$_2$	3449.0	73014.0	69952.9	275.1	263.562	11568.8	11083.5	230.1	220.449
合计			12343.7		8671.572		−2105630.4		7128.552

成分	流量 /(kmol/h)	温度 2361.65K(2088.5℃)				温度 723.15K(450℃)			
		比焓 h /(J/mol)	焓 H /kW	比熵 s /[J/(K·mol)]	熵 S /(kW/K)	比焓 h /(J/mol)	焓 H /kW	比熵 s /[J/(K·mol)]	熵 S /(kW/K)
灰渣放热 C	78	44263.6	959.1	44.8	0.971	6153.6	133.3	18.0	0.389
SiO$_2$	190.4	−750310.6	−39679.0	187.0	9.891	−885759.7	−46842.3	92.4	4.889
Al$_2$O$_3$	42.36	−1303185.7	−15334.2	342.5	4.030	−1631438.5	−19196.8	141.1	1.661
CaO	212.41	−522204.7	−30811.2	146.2	8.625	−614487.4	−36256.3	80.6	4.756
MgO	46.05	−494259.7	−6321.9	128.6	1.645	−582155.0	−7446.2	66.1	0.846
FeO	2.35	−120374.9	−78.5	196.4	0.128	−249342.9	−162.6	107.8	0.070
合计			−91265.7		25.290		−109770.9		12.611

表 6.7　空气预热器传热过程参数

位置	成分	流量 /(kmol/h)	温度 /K	比焓 h /(J/mol)	焓 H /kW	比熵 s /[J/(K·mol)]	熵 S /(kW/K)
空气入口	O_2-1	4189.659	298.15	0	0	205.137	238.737
	N_2-1	15761.098	298.15	0	0	191.502	838.410
	O_2-2	18710.783	298.15	0	0	205.137	1066.187
	N_2-2	70388.185	298.15	0	0	191.501	3744.291
合计					0		5887.625
空气出口	O_2-1	4189.659	580.95	8634.9	10049.3	225.411	262.331
	N_2-1	15761.098	580.95	8333.8	36486.0	211.124	924.317
	O_2-2	18710.783	600.95	9274.8	48205.2	226.493	1177.186
	N_2-2	70388.185	600.95	8934.5	174690.6	212.140	4147.827
合计					269431.1		6511.661
烟气入口	CO_2	17183.628	671.7	−377127	−1800114.1	248.691	1187.057
	H_2O	9055.461	671.7	−228677	−575215.3	217.180	546.295
	N_2	86284.191	671.7	11077.5	265503.0	215.511	5165.334
	O_2	3448.983	671.7	11568.8	11083.5	230.101	220.449
	SO_2	63.140	671.7	−279687	−4905.4	284.716	4.994
	CO	71.800	671.7	−99379.4	−1982.1	221.780	4.423
合计					−2105630.4		7128.552
烟气出口	CO_2	17183.628	411.41	−389013	−1856846.9	226.452	1080.908
	H_2O	9055.461	411.41	−237967.0	−598584.3	199.739	502.424
	N_2	86284.191	411.41	3309.3	79317.7	200.903	4815.220
	O_2	3448.983	411.41	3371.1	3229.7	214.713	205.706
	SO_2	63.140	411.41	−292.1	−5.1	261.541	4.587
	CO	71.800	411.41	−107210.0	−2138.2	207.062	4.130
合计					−2375027.2		6612.975

注：-1 和-2 分别代表一次风和二次风。

6. 排烟热损失计算

从空气预热器出来的烟气相对于环境温度所具有的热量即为排烟热损失 $Q_2 =$ $-2375027.2-(-2493861.9)=118834.7$ kW，$q_2=100\% \times 118834.7/2276782.4 \approx 5.22\%$。需要说明的是，热平衡计算以燃料的低位热值为基础，因此，烟气冷却至环境温度时水蒸气保持气态。环境温度下烟气参数如表 6.8 所示。

表 6.8　环境温度下烟气参数

成分	流量 /(kmol/h)	温度 /K	比焓 h /(J/mol)	焓 H /kW	比熵 s /[J/(K·mol)]	熵 S /(kW/K)
CO_2	17183.628	298.15	−393485.7	−1878198.5	213.774	1020.394
H_2O	9055.461	298.15	−241811.2	−608253.3	188.818	474.953
N_2	86284.191	298.15	0	0	191.502	4589.878
O_2	3448.983	298.15	0	0	205.137	196.532
SO_2	63.140	298.15	−296813	−5205.8	248.221	4.354
CO	71.8	298.15	−110523.2	−2204.3	197.645	3.942
合计				−2493861.9		6290.052

7. 灰渣热损失计算

表 6.6 给出了锅炉出口灰渣的参数(450℃),表 6.9 给出了环境温度下的灰渣参数。灰渣热损失 Q_6＝−109770.9−(−113226.6)=3455.7kW, q_6＝100%×3455.7/2276782.4≈0.15%。

表 6.9　环境温度下灰渣参数

成分	流量 /(kmol/h)	温度 /K	比焓 h /(J/mol)	焓 H /kW	比熵 s /[J/(K·mol)]	熵 S /(kW/K)
C	78	298.15	0	0	5.74	0.124
SiO_2	190.381	298.15	−910857	−48169.5	41.463	2.193
Al_2O_3	42.361	298.15	−1675692	−19717.6	50.936	0.599
CaO	212.409	298.15	−635089	−37471.8	38.074	2.246
MgO	46.046	298.15	−601241	−7690.3	26.924	0.344
FeO	2.348	298.15	−272044	−177.5	60.752	0.040
合计				−113226.6		5.547

8. 锅炉热效率的反平衡核算

炉内各热损失占比之和为 $\sum_{i=2}^{6} q_i$ =5.22%+0.25%+0.37%+0.17%+0.15%=6.16%,锅炉反平衡热效率为 100%−6.16%=93.84%,与正平衡计算结果吻合。

6.4.3　汽轮机热力系统热平衡分析

1. 给水回热加热系统的热力计算

回热加热系统主要热力参数及熵产计算结果如表 6.10 所示,与图 6.2 一致。回热抽汽至加热器有 3%～5%的阻尼压降。门杆及轴封漏汽得到有效的分级利用,

表 6.10　回热加热系统主要热力参数及熵产计算结果

参数名称	单位	No.1 高加	No.2 高加	No.3 高加	No.4 除氧器	No.5 低加	No.6 低加	No.7 低加	No.8 低加	轴封加热器	凝汽器
加热器上、下端差	℃	-1.7/5.6	0/5.6	0/5.6	0	2.8/5.6	2.8/5.6	2.8/5.6	2.8/5.6		
抽汽压力	MPa	8.6140	5.1730	2.3630	0.8790	0.2590	0.1252	0.0572	0.0246		0.0049
抽汽温度	℃	426.1	352.6	490.0	348.8	205.9	134.8	x=0.987	x=0.952		x=0.91
抽汽比焓	kJ/kg	3199.9	3072.0	3441.9	3158.0	2880.0	2744.1	2620.9	2504.0		2341.9
抽汽比熵	kJ/(K·kg)	6.424	6.442	7.324	7.361	7.409	7.434	7.464	7.502		7.687
加热器压力	MPa	8.3610	5.0180	2.2920	0.8350	0.2460	0.1189	0.0543	0.0234	0.1	0.0049
加热器饱和温度	℃	298.11	264.17	219.38	172.20	126.88	104.52	83.39	63.49		32.50
抽汽压损率	%	2.94	3.00	3.00	5.01	5.02	5.03	5.07	4.88		
抽汽至加热器比熵	kJ/(K·kg)	6.436	6.454	7.338	7.384	7.433	7.457	7.487	7.524		
抽汽管道熵产	kW/K	0.8377	0.8942	0.6108	1.0047	0.5241	0.4828	0.4089	0.5311		凝泵出口
出水温度	℃	299.81	264.17	219.38	177.90*	124.08	101.72	80.59	60.69	34.10	32.70
出水比焓	kJ/kg	1327.37	1154.15	950.63	770.27*	521.76	427.17	338.40	255.21	144.23	138.39
出水比熵	kJ/(K·kg)	3.173	2.860	2.464	2.081*	1.571	1.326	1.082	0.839	0.492	0.473
疏水比焓	kJ/kg	1183.01	967.34	779.26	—	450.10	360.97	277.51	166.30	415.30	
疏水比熵	kJ/(K·kg)	2.966	2.559	2.172	—	1.389	1.148	0.909	0.568	1.297	

续表

参数名称	单位	No.1 高加	No.2 高加	No.3 高加	No.4 除氧器	No.5 低加	No.6 低加	No.7 低加	No.8 低加	轴封加热器	凝汽器
抽汽量	kg/h	244814.2	253956.0	159179.0	154979.4	80386.0	73906.4	62733.6	87509.3		
轴封门杆漏汽利用量	kg/h	2856	0	1032	3511, 3411	0	0	4049	0	4285	
轴封门杆漏汽比焓	kJ/kg	3493.7		3493.7	3072.0, 3493.7			3231.3		3231.3	
轴封门杆漏汽比熵	kJ/(K·kg)	6.813		7.391	7.241, 7.866			8.474		8.482	
加热蒸汽流量	kg/h	247670.2	253956.0	160211.0	161931.4	80386.0	73906.4	66782.6	87509.3		
加热蒸汽比焓	kJ/kg	3203.31	3071.98	3442.23	3163.31	2879.96	2744.13	2657.91	2504		
加热蒸汽比熵	kJ/(K·kg)	6.441	6.454	7.338	7.393	7.433	7.457	7.591	7.524		
混合过程熵产	kW/K	0.035	0	0.004	0.060	0	0	0.813	0		
加热器传热熵产	kW/K	11.518	14.710	23.275	22.859	5.783	5.069	4.841	8.875	2.433	
放热平均温度	℃	308.18	267.17	242.30	183.65	128.87	104.58	83.13	62.96	118.8	
吸热平均温度	℃	281.46	241.28	197.96	147.29	112.36	90.62	70.11	47.17	33.4	

* 给水泵出口参数。

注：x 表示干度。

第 1、3、4、7 级回热加热器、除氧器及轴封加热器均利用了部分漏汽，其中，除氧器同时利用了门杆漏汽和轴封漏汽，余下的漏汽排入凝汽器。每一股漏汽都可以视为从汽轮机相应部位的蒸汽节流排出，节流后蒸汽比熵依据后续利用设备的工作压力计算。被利用的漏汽与回热抽汽在加热器入口处混合，共同作为加热蒸汽。混合过程视为在等压下进行，出口加热蒸汽焓等于入口焓之和，出口熵值则依据焓值与压力计算。给水回热加热系统热平衡计算方法参照 2.9 节，计算时未考虑散热损失。

  2. 泵系统的热力计算

  给水泵采用小汽轮机（BEPT）驱动，小汽轮机工作蒸汽来自机组第四级回热抽汽（中压缸排汽），小汽轮机排汽进入凝汽器，如图 6.2 所示。其输出功率为 33243kW，如表 6.11 所示。

表 6.11　小汽轮机和给水泵的参数及性能

小汽轮机			给水泵		
名称	单位	数值	名称	单位	数值
小汽轮机蒸汽量	kg/h	165720	除氧器饱和水比焓	kJ/kg	728.8
排汽压力	MPa(a)	0.00556	除氧器饱和水比熵	kJ/(K·kg)	2.0635
排汽比焓	kJ/kg	2435.9	给水泵比熵升	kJ/(K·kg)	41.43
排汽温度	℃	34.78	给水泵出口压力	MPa	31.05
排汽干度	—	0.9470	给水泵效率	%	80.36
排汽比熵	kJ/(K·kg)	7.940	给水泵出口给水比焓	kJ/(K·kg)	770.3
小汽轮机功率	kW	33243	给水泵功率	kW	33243
小汽轮机熵产	kW/K	26.626	给水泵熵产	kW/K	14.177

  给水泵系统（含前置泵）为给水升压，并送至各高压加热器，再至锅炉。除氧器工作压力 835kPa，对应 172.2℃的饱和温度，饱和水比焓 728.8kJ/kg、比熵 2.0635kJ/(K·kg)。给水泵出口压力 31.05MPa，给水泵出口给水温度 177.9℃，给水泵比焓升 41.43kJ/kg，温升约 5.7℃。泵系统内功率为 2888614×41.43/3600 = 33243kW。给水泵系统入口给水温度和比焓取除氧器压力的饱和参数，出口为给水升压后的参数，如图 6.2 所示。

  凝结水水泵由于扬程比较小，温升只有 0.2~0.4℃的水平，影响较小，因此这里不再提供凝水泵的详细计算，其出口参数列在表 6.10 中凝汽器列中，温升约 0.2℃。

  需要指出的是，水泵的计算是基于热力学角度的一个简单核算，其计算方法参见第 4 章的相关内容。

3. 机炉管道系统的热平衡分析

这里针对超超临界机组夏季最大工况的机炉温度和压力参数，对管道系统的散热损失及热效率等进行了详细计算，计算数据列入表 6.12。由于数据来源的局限性，给水管道仅考虑了约 3.22%的阻尼压降，未考虑散热损失。对主蒸汽管道、再热冷热端管道，分解计算了阻尼和散热的影响，如表 6.12 所示。机炉管道系统总热损失 8005.2kW，热效率 99.65%。

表 6.12 机炉管道系统的热平衡分析

管道	分析内容	单位	数值
给水管道	节流温降	℃	0.08
	散热损失	kW	0
	压力损失百分比	%	3.22
	节流熵产	kW/K	1.5999
主蒸汽管道	节流温降	℃	3.84
	散热损失	kW	2761.0
	压力损失百分比	%	4.76
	节流熵产	kW/K	15.8298
	散热平均温度	℃	600.60
	散热熵产	kW/K	4.6634
再热冷端管道	节流温降	℃	1.5
	散热损失	kW	1218.9
	节流熵产	kW/K	8.7219
	散热平均温度	℃	350.72
	散热熵产	kW/K	0.6128
	压力损失百分比	%	3.15
再热热端管道	节流温降	℃	0.67
	散热损失	kW	3531.8
	节流熵产	kW/K	12.0454
	散热平均温度	℃	601.18
	散热熵产	kW/K	5.971
	压力损失百分比	%	4.0

4. 汽轮机热力系统的热平衡计算

汽轮机内功率等于各级组内功率之和或各股蒸汽的做功量之和，机组冷源损失等于各股汽流在凝汽器的放热量，忽略散热损失，二者之和等于循环吸热量。循环吸热量、循环热效率以及管道热效率的计算等参照 6.2 节的介绍，所用物质平衡和热平衡关系式参见 2.9 节。表 6.13 给出了锅内过程及汽轮机热力系统热力循环计算的数据，包括锅炉热效率、循环热效率等性能指标。机组循环热效率 $\eta_t = W_i / Q_t = 49.22\%$，正反平衡效率相互印证。

表 6.13　锅炉及汽轮机热力系统热力性能

锅炉热力性能				汽轮机热力系统热力性能			
名称	符号	单位	数值	名称	符号	单位	数值
主蒸汽流量	D_0	kg/h	2888614	主蒸汽流量	D_0	kg/h	2888614
再热蒸汽流量	D_{rh}	kg/h	2353476	再热蒸汽流量	D_{rh}	kg/h	2353476
补水率		%	0	低压缸排汽流量	D_c	kg/h	1609057
主蒸汽压力	p_b	MPa(a)	26.25	主蒸汽压力		MPa(a)	25
主蒸汽温度	t_b	℃	605	主蒸汽温度		℃	600
主蒸汽比焓	h_b	kJ/kg	3497.1	主蒸汽比焓	h_0	kJ/kg	3493.7
主蒸汽比熵	s_b	kJ/(K·kg)	6.3480	主蒸汽比熵	s_0	kJ/(K·kg)	6.3638
再热器入口蒸汽压力	$p'_{rh,b}$	MPa(a)	5.01	高压缸排汽压力	$p'_{rh,t}$	MPa(a)	5.173
再热器入口蒸汽温度	$t'_{rh,b}$	℃	350.4	高压缸排汽温度	$t'_{rh,t}$	℃	352.6
再热器入口蒸汽比焓	$h'_{rh,b}$	kJ/kg	3070.1	高压缸排汽比焓	$h'_{rh,t}$	kJ/kg	3072.0
再热器入口蒸汽比熵	$s'_{rh,b}$	kJ/(K·kg)	6.4520	高压缸排汽比熵	$s'_{rh,t}$	kJ/(K·kg)	6.4417
再热器出口蒸汽压力	$p''_{rh,b}$	MPa(a)	4.85	再热蒸汽压力	$p''_{rh,t}$	MPa(a)	4.656
再热器出口蒸汽温度	$t''_{rh,b}$	℃	603	再热蒸汽温度	$t''_{rh,t}$	℃	600
再热器出口蒸汽比焓	$h''_{rh,b}$	kJ/kg	3675.0	再热蒸汽比焓	$h''_{rh,t}$	kJ/kg	3669.6
再热器出口蒸汽比熵	$s''_{rh,b}$	kJ/(K·kg)	7.2835	再热蒸汽比熵	$s''_{rh,t}$	kJ/(K·kg)	7.2958
给水入口压力	$p_{fw,b}$	MPa	29.76	低压缸排汽压力	p_c	kPa(a)	4.9
给水入口温度	$t_{fw,b}$	℃	299.73	排汽干度	x_c	—	0.91

续表

锅炉热力性能				汽轮机热力系统热力性能			
名称	符号	单位	数值	名称	符号	单位	数值
给水入口比焓	$h_{fw,b}$	kJ/kg	1327.4	排汽比焓	h_c	kJ/kg	2341.9
给水入口比熵	$s_{fw,b}$	kJ/(K·kg)	3.1739	排汽比熵	s_c	kJ/(K·kg)	7.6872
锅炉热负荷	Q_b	kW	2136441.9	再热蒸汽份额	α_{rh}	—	0.8147
标准煤耗	B^s	kg/s	77.685	凝结水泵出口流量	D_{cn}	kg/h	2064898
锅炉热耗	$B^s q_1^s$	kW	2276782	锅炉给水温度	$t_{fw,t}$	℃	299.8
锅炉热效率	η_b	%	93.84	循环吸热量	Q_t	kW	2128930.1
	q_2	%	5.22	汽轮机内功率	W_i	kW	1047894.3
	q_3	%	0.25	冷源损失总和	$\sum Q_c$	kW	1080688.9
	q_4	%	0.37	循环热效率(正平衡)	η_t	%	49.22
	q_5	%	0.17	循环热效率(反平衡)	η_t	%	49.23
	q_6	%	0.15	机组发电功率	W_e	kW	1037415.3
				机械损耗和电机损耗		kW	10478.9

注: 本章将汽轮机进口参数用下标 0 标注, 仅表示新蒸汽。由于未考虑工质损失, 给水流量与锅炉出口和汽轮机入口流量相等。

5. 机组整体热力性能

假设机组的机械电机效率 η_{mg} =99%, 机组发电功率: W_e =1037415.3kW。

发电燃料单耗: $b_e = B^s / W_e$ =1000×3600×77.685/1037415.3=269.58g/(kW·h)。

机组发电效率: $\eta_e = W_e / (B^s q_1^s)$ =1037415.3/2276782=45.56%。

汽耗率: $d_0 = D_0 / W_e$ =2.7844kg/(kW·h)。

热耗率: $q_t = Q_t / W_e$ =7387.7kJ/(kW·h)。

假设机组厂用电率 ξ_{tp} =4.5%, 其组供电燃料单耗: b_e^s =282.3g/(kW·h)。

供电效率: η_e^s =43.51%。

6.4.4　机组的第二定律分析

这里的计算基于燃料㶲取环境温度和压力下燃料燃烧的反应自由焓(ΔG_R^0)的绝对值。

1. 锅炉系统的第二定律分析

绝热燃烧熵产：$S_{ad}^{gen} = S_{ad,g} - (S_f + \sum S_{i,aph}^{out}) = 8698.503 - 6883.463 = 1815.04$ kW/K（表 6.4）。

无阻尼传热熵产：$S_{ht,b}^{gen} = Q_b(1/\overline{T}_b^* - 1/\overline{T}_g) = 2136479.4 \times (1/702.67 - 1/1373.32) = 1484.831$ kW/K。

排烟热损失熵产：$S_{q_2}^{gen} = Q_2(1/T_0 - 1/\overline{T}_{q_2}) = 118800.44 \times (1/298.15 - 1/367.89) = 75.5354$ kW/K〔其中，$\overline{T}_{q_2} = Q_2/(S_{g,aph}^{out} - S_g^0) = 118800.44/(6612.975 - 6290.052) = 367.89$ K（表 6.7 和表 6.8）〕。

化学不完全燃烧熵产：$S_{q_3}^{gen} = -\Delta G_{R,q_3}^0/T_0 = -(-9119.1 + 3989.5)/298.15 = 17.205$ kW/K。

机械不完全燃烧熵产：$S_{q_4}^{gen} = -\Delta G_{R,q_3}^0/T_0 = -(-9906.5 + 2602.0)/298.15 = 24.499$ kW/K。

散热损失熵产：$S_{q_5}^{gen} = Q_5(1/T_0 - 1/\overline{T}_{ad}^*) = 3877.8 \times (1/298.15 - 1/2363) = 11.366$ kW/K〔其中，$\overline{T}_{ad}^* = Q_5/(S_{ad,g} - S_{ad,g}^*) = 3877.8/(8698.503 - 8671.572 + 252.90) = 2363$ K（表 6.4 和表 6.6）〕。

灰渣热损失熵产：$S_{q_6}^{gen} = Q_6(1/T_0 - 1/\overline{T}_{q_6}) = 3455.76 \times (1/298.15 - 1/489.23) = 4.527$ kW/K〔其中，$\overline{T}_{q_6} = Q_6/(S_{out,hz} - S_{0,hz}) = 3455.76/(12.611 - 5.547) = 489.23$ K（表 6.6 和表 6.9）〕。

给水吸热过程阻尼熵产：$S_{fwr,b}^{gen} = S_b - S_b^* = 2888614 \times (6.3480 - 6.2977)/3600 = 40.414$ kW/K。

再热过程阻尼熵产：$S_{rhr,b}^{gen} = S_{rh,b}'' - S_{rh,b}^* = 2353476 \times (7.2835 - 7.2689)/3600 = 9.57$ kW/K。

空气预热器熵产：$S_{aph}^{gen} = Q_a(1/\overline{T}_{a,aph} - 1/\overline{T}_{g,aph}) = 269396.8 \times (1/431.7 - 1/522.51) = 108.455$ kW/K。

锅炉总熵产：$\Sigma S_b^{gen} = 3591.431$ kW/K。锅炉系统的熵平衡示意图如图 6.3 所示。

总不可逆损失：$\Sigma I_{r,b} = T_0 \Sigma S_b^{gen} = 298.15 \times 3591.431 = 1070785.15$ kW。

锅炉㶲效率（反平衡）：$\eta_b^{ex} = 1 - T_0 \Sigma S_b^{gen}/(-\Delta G_R^0) = 1 - 1070785.15/2287072.6 = 53.18\%$。

锅炉㶲效率(正平衡)：$\eta_b^{ex} = Q_b(1 - T_0 / \overline{T}_b) / (-\Delta G_R^0) = E_b / (-\Delta G_R^0) = 2136479.4$ $(1–298.15/691.30)/2287072.6=53.13\%$。

计算结果正确，如表 6.14 所示。

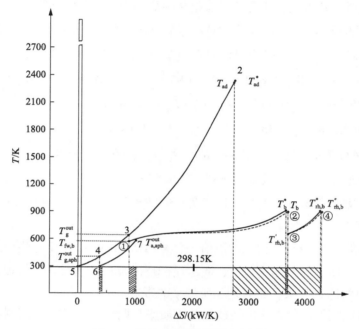

图 6.3　锅炉系统的熵平衡示意图

表 6.14　锅炉系统及汽轮机热力系统的第二定律分析结果

锅炉系统的第二定律分析				汽轮机热力系统的第二定律分析			
名称	符号	单位	数值	名称	符号	单位	数值
锅炉输出热量㶲	E_b	kW	1215021	汽轮机热力系统㶲损耗	E_t	kW	1199326.9
吸热平均温度	$\overline{T}_b$	K	691.30	汽轮机内功	W_i	kW	1047894.3
给水等压吸热出口温度	t_b^*	℃	615.37	循环㶲效率(正平衡)	η_t^{ex}	%	87.37
给水等压吸热出口比熵	s_b^*	kJ/(K·kg)	6.2977	吸热平均温度	$\overline{T}_t$	K	682.81
等压再热出口温度	$t_{rh,b}^*$	℃	603.55	汽轮机本体熵产	S_t^{gen}	kW/K	265.571
等压再热出口比熵	$s_{rh,b}^*$	kJ/(K·kg)	7.2689	汽轮机热力系统总熵产	$\sum S_{st}^{gen}$	kW/K	505.108
工质等压吸热平均温度	$\overline{T}_b^*$	℃	702.67	汽轮机热力系统总不可逆损失	$\sum I_{r,st}$	kW	150598.0
锅炉㶲效率(正平衡)	η_b^{ex}	%	53.13	循环㶲效率(反平衡)	η_t^{ex}	%	87.44

2. 燃尽煤绝热燃烧熵产的分解计算

根据表 6.4 和表 6.6～表 6.9 的数据,依据定义式 $ds = \delta q / T$ 计算各吸、放热过程的热力学平均温度,于是燃尽煤绝热燃烧熵产可以分解计算如下:

$\bar{T}_g$ =1373.32K, Q_b =2136479.2kW, $Q_b / \bar{T}_g$ =1555.7kW/K

$\bar{T}_{g,aph}$ =522.51K, Q_a =269396.7kW, $Q_a / \bar{T}_{g,aph}$ =515.6kW/K

$\bar{T}_{q_2}$ =367.89K, Q_2 =118800.4kW, $Q_2 / \bar{T}_{q_2}$ =322.9kW/K

$\bar{T}_{q_6}$ =489.23K, Q_6 =3455.8kW, $Q_6 / \bar{T}_{q_6}$ =7.1kW/K

$\bar{T}_{q_5}$ =2362.98K, Q_5 =3878.8kW, $Q_5 / \bar{T}_{q_5}$ =1.6 kW/K

$\bar{T}_{a,aph}$ =431.7 K, Q_a =269396.8kW, $Q_a / \bar{T}_{a,aph}$ =624.0kW/K

燃尽煤绝热燃烧的反应熵: ΔS_R^0 =34.5kW/K。

因此,根据式(6.44), S_{ad}^{gen} = 1555.7 + 322.9 + 7.1 + 1.6 −(624.0 −515.6)+ 34.5= 1813.4kW/K。

与本节第 1 部分计算得到的数值 S_{ad}^{gen} = 1815.04kW/K 相比有些许误差,是物性参数所致。环境温度和压力下,燃尽煤燃烧的反应熵 ΔS_R^0 =34.5kW/K,在绝热燃烧熵产中的比重有限,将其剔除所带来的影响不大。

锅炉系统热平衡分别从燃烧放热与工质吸热两侧进行计算,两侧数据存在一定误差,这是在工程计算允许范围内的。

3. 机炉管道系统的第二定律分析

如表 6.12 所示,机炉管道系统总熵产 49.4442kW/K,其中阻尼熵产 38.197kW/K,散热损失熵产 11.2472kW/K。机炉管道系统总㶲损耗 14741.7882kW,㶲效率 98.71%。

4. 汽轮机热力系统的第二定律分析

汽轮机热力系统的设备及部件主要有汽轮机本体、回热加热器、除氧器、轴封加热器、凝汽器、给水泵及小汽轮机、凝结水泵及连接管道等,所有这些设备及部件的熵产均用 $S^{gen} = \sum S^{out} - \sum S^{in}$ 方程计算。

汽轮机本体熵产:265.571kW/K(表 6.14)。

各回热加热器熵产之和:99.363 kW/K(表 6.10)。

门杆漏汽和轴封漏汽与回热抽汽的混合熵产之和:0.912kW/K(表 6.10)。

各回热抽汽管道阻尼熵产之和:5.2947kW/K(表 6.10)。

给水泵熵产：14.177kW/K。

凝结水泵熵产：1.111kW/K。

凝汽器冷源损失熵产之和：92.012kW/K。

小汽轮机熵产：26.626kW/K（表 6.11）。

门杆漏汽及轴封漏汽的混合熵产：0.0413kW/K（图 6.2 中 Ⓢ 点）。

汽轮机热力系统总熵产合计：505.108kW/K。

循环㶲效率（正平衡）：$\eta_t^{ex} = W_i / E_t$ =1047894.3/1199326.9=87.37%。

循环㶲效率（反平衡）：$\eta_t^{ex} = 1 - T_0 \sum S_{st}^{gen} / E_t$ =1−298.15×505.108/1199326.9= 87.44%。

5. 机组整体㶲效率

机炉管道系统㶲效率：$\eta_{tb}^{ex} = E_t / E_b$ =1199326.9/1215021=98.71%。

发电㶲效率：$\eta_e^{ex} = \eta_b^{ex} \eta_{tb}^{ex} \eta_t^{ex} \eta_{mg}$ =53.13%×98.71%×87.44%×99%=45.4%， 或者，$\eta_e^{ex} = W_e / (-\Delta G_R^0)$ =1037415.3/2287072.6=45.36%。

6.4.5　机组的单耗分析

将计算的锅炉、汽轮机热力系统及机炉管道系统的熵产分析结果汇总于 表 6.15，可以计算熵产对应的不可逆损失及附加燃料单耗。绝热燃烧熵产采用 6.4.4 节第 2 部分分解计算结果减去燃尽煤在环境温度和压力下燃烧的反应熵。

表 6.15　机组热力系统熵产、不可逆损失及附加燃料单耗

	名称	熵产/(kW/K)	不可逆损失/kW	附加燃料单耗/[g/(kW·h)]	备注
	绝热燃烧过程	1778.9	530379.0	62.799	=1813.4−34.5
	无阻尼温差传热过程	1484.831	442702.3	52.418	式(6.50)
	排烟热损失	75.5354	22520.9	2.667	式(6.41)
	不完全燃烧热损失	47.523	14169.0	1.678	式(6.33)
锅炉系统	空气预热器换热熵产	108.469	32340.0	3.829	式(6.37)
	散热损失	11.366	3388.8	0.401	式(6.42)
	灰渣热损失	4.527	1349.7	0.160	式(6.43)
	给水吸热过程阻尼	40.414	12049.4	1.427	式(6.48)
	再热过程阻尼	9.57	2853.3	0.338	式(6.49)
	小计	3561.135	1061752.4	125.717	

续表

名称		熵产/(kW/K)	不可逆损失/kW	附加燃料单耗/[g/(kW·h)]	备注
管道	小计	49.444	14741.8	1.745	式(6.72)
汽轮机热力系统	汽轮机本体	265.571	79180.0	9.375	表6.14
	小汽轮机	26.626	7938.6	0.940	表6.11
	给水泵	14.177	4226.9	0.5	表6.11
	凝结水泵	1.111	331.2	0.039	
	加热器熵产之和	99.363	29625.1	3.508	表6.10
	冷源损失熵产	92.012	27433.4	3.248	式(6.66)
	门杆轴封漏汽混合	0.041	12.3	0.001	
	抽汽管道熵产	5.295	1578.6	0.187	表6.10
	漏汽与抽汽混合	0.912	271.9	0.032	表6.10
	小计	505.108	150598.0	17.83	
机械电机	小计	35.147	10478.9	1.241	$(1-\eta_{mg})W_i/T_0$
合计		4150.834	1237571.1	146.533	

机组发电总附加燃料单耗：$\sum b_j = 146.533\text{g}/(\text{kW·h})$。

机组发电燃料单耗(反平衡)：$b_e = 122.84 + 146.533 = 269.373\text{g}/(\text{kW·h})$。

机组发电燃料单耗(正平衡)：

$$b_e = B^s / W_e = 1000 \times 3600 \times 77.685/1037415.3 = 269.58\text{g}/(\text{kW·h})$$

机组发电效率(反平衡)：$\eta_e = 1 - \sum b_j / b_e = 1 - 146.533/269.373 = 45.60\%$。

机组发电效率(正平衡)：$\eta_e = b^{\min} / b_e = 122.84/269.58 = 45.56\%$。

二者有一定误差，这是附加燃料单耗分解计算造成的。

基于单耗分析理论，锅炉系统㶲效率用下式计算：

$$\eta_b^{ex} = \eta_b(1 - T_0 / \overline{T_b}) = 93.84(1 - 298.15/691.30) = 53.37\%$$

用各环节的㶲效率计算机组的发电㶲效率(等于热效率)：

$$\eta_e^{ex} = \eta_b^{ex} \eta_{tb}^{ex} \eta_t^{ex} \eta_{mg} = 53.37\% \times 98.71\% \times 87.44\% \times 99\% = 45.60\%$$

或者，用热平衡数据计算机组发电热效率(等于㶲效率)：

$$\eta_e = \eta_b\eta_{tb}\eta_t\,\eta_{mg} = 93.84\% \times 99.65\% \times 49.22\% \times 99\% = 45.57\%$$

针对机组发电效率的计算，在单耗分析中，燃料的化学㶲取热值，因此基于第一定律的热效率与基于第二定律的㶲效率理论上是相等的，这为发电效率分析与计算带来了方便。

从数据上可以很清楚地看出，基于第二定律，机组发电效率低的原因在于锅炉㶲效率比较低。而基于第一定律，则会把效率低的原因归咎于机组的冷源损失过大、循环热效率低，而这一认识是错误的。机组冷源损失过大正是锅炉中燃料燃烧及对工质传热造成的，参见图 6.3。

6.4.6　不同压力等级火电机组单耗分析

锅炉和汽轮机热力系统第二定律效率分别可以表示为

$$\eta_b^{ex} = \eta_b\left(1 - \frac{T_0}{\overline{T_b}}\right)$$

$$\eta_t^{ex} = \frac{\eta_t}{1 - T_0 / \overline{T_t}}$$

对于再热机组锅炉，其热能产品分为基本循环吸热量和再热吸热量两部分，因此其综合吸热平均温度可用式(6.12)计算。

随着电厂机组技术水平的不断提升、完善并采用先进的燃烧方式，现代超超临界机组锅炉的热效率得到了很大提高。但是，基于单耗分析理论，锅炉的第二定律效率不单取决于其热效率，更主要的是取决于其热产品品位的高低。从表 6.16

表 6.16　国产典型燃煤机组的单耗分析结果

序号	指标名称	单位	中压	高压	超高压	亚临界	超临界	超超临界
1	主、再热蒸汽压力	MPa	3.43	8.83	13.24/2.55	16.18/3.64	24.20/4.85	25.00/4.85
2	主、再热蒸汽和给水温度	℃	435/104	535/220	550/550/240	537/537/274	538/566/285	600/600/300
3	吸热平均温度	K	509.6	591.8	630.8	646.8	670.3	682.8
4	锅炉热效率	%	88.00	90.00	91.00	92.00	93.00	93.84
5	锅炉㶲效率	%	36.52	44.66	47.99	49.59	51.60	53.13
6	循环㶲效率	%	70.18	76.51	79.19	80.02	84.34	87.44
7	循环热效率	%	29.1	38.0	41.7	43.1	46.8	49.22
8	发电㶲效率(热效率)	%	25.63	34.17	38.0	39.68	43.52	45.57
9	发电燃料单耗	g/(kW·h)	479.91	359.97	323.68	309.98	282.63	269.58

注：环境温度 $t_0 = 25℃$。

中不难看出，对于电站锅炉，随着机组容量及蒸汽参数的不断提高，锅炉所生产的热产品的品位也在逐步提高，因此所需的理论最低燃料单耗也在增大。高压及以上锅炉热效率已达到90%以上，随着机组参数的提高，锅炉热效率提高幅度不大，但锅炉㶲效率的提高却很明显，主要因为机组参数的不断提高、循环吸热平均温度的提高，这是高参数大容量机组能够提高发电效率的关键。

机组发电㶲效率(热效率)从25.63%，提高到43.52%。从第一定律角度分析，从中压机组到超临界机组，锅炉热效率从88%提高到93%，是很有限的；循环热效率却从29.1%提高到了46.8%，幅度很大。而从第二定律角度分析，锅炉㶲效率相应地从36.52%，提高到了51.60%，提高幅度很大；汽轮机热力系统㶲效率从70.18%，提高到84.34%，幅度并不大。这与实际情况是一致的，现代电力技术的发展过程中，汽轮机的相对内效率已经达到了很高的水平，进一步提高的潜力已经非常有限，因此提高幅度也非常有限。

更重要的是，随着机组初参数和给水温度的提高，低压机组省煤器的温升段无一例外地进入回热加热器系统，锅炉热平衡均无问题，省煤器吸收锅炉尾部烟气低温"余热"而节能的条件越来越差，锅炉热效率不仅没有降低，反而在提高。这说明，现代电站锅炉热效率并不由省煤器决定。

6.4.7　锅炉各受热面热(煤)耗分摊及㶲分析

1. 锅炉各受热面热(煤)耗分摊

锅炉内部热传递过程如图6.4所示，锅炉热平衡方程为

$$Q_{d} = B^{s} \cdot q_{1}^{s} + Q_{a} = Q_{b} + Q_{a} + \sum_{i=2}^{6} Q_{i} = \sum Q_{b,k} + Q_{a} + \sum_{i=2}^{6} Q_{i} \tag{6.79}$$

式中，Q_{d} 为燃烧产物获得的热量；q_{1}^{s} 为标准煤热值；$\sum_{i=2}^{6} Q_{i}$ 为锅炉各热损失之和；Q_{a} 为空气预热器吸收的热量；$Q_{g} = Q_{b}$ 为烟气对工质有效传热量；下标 k 为锅炉各受热面。

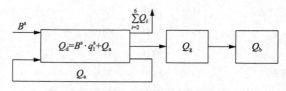

图6.4　锅炉内部热传递示意图

工质在锅炉的吸热量 Q_b 为各受热面吸热量之和，可以用式(6.80)计算：

$$Q_b = \sum Q_{b,k} = \sum D_{b,k}(h_{\text{out},k} - h_{\text{in},k}) = D_b(h_b - h_{fw}) + D_{rh}(h''_{rh} - h'_{rh}) \qquad (6.80)$$

式中，$D_{b,k}$ 为各受热面工质流量；$h_{\text{out},k}$、$h_{\text{in},k}$ 分别为出入各受热面的工质比焓；D_b 为锅炉主蒸汽流量；h_b 为锅炉主蒸汽比焓；h_{fw} 为锅炉给水比焓；D_{rh} 为锅炉再热蒸汽流量；h''_{rh} 为再热蒸汽出口比焓；h'_{rh} 为再热蒸汽入口比焓。

相应地，工质在锅炉及各受热面内吸热的熵变为

$$\Delta S_b = \sum \Delta S_k = \sum D_{b,k}(s_{\text{out},k} - s_{\text{in},k}) = D_b(s_b - s_{fw}) + D_{rh}(s''_{rh} - s'_{rh})$$

式中，$s_{\text{out},k}$、$s_{\text{in},k}$ 分别为出入各受热面的工质比熵；s_b 为锅炉主蒸汽比熵；s_{fw} 为锅炉给水比熵；s''_{rh} 为再热蒸汽出口比熵；s'_{rh} 为再热蒸汽入口比熵。

锅炉热效率可以表示为

$$\eta_b = \frac{Q_b}{B^s \cdot q_1^s} = \frac{\sum Q_{b,k}}{\sum B_k \cdot q_1^s} \qquad (6.81)$$

每一个受热面的吸热量都是燃料热量的一部分，因此对应于各受热面的工质吸热量 $Q_{b,k}$，总有一定的燃料消耗量(煤耗) B_k^s，可以用式(6.82)计算：

$$B_k^s = \frac{D_{b,k}(h_{\text{out},k} - h_{\text{in},k})}{\eta_b q_1^s} \qquad (6.82)$$

锅炉总煤耗等于各受热面煤耗之和：

$$B^s = \sum B_k^s \qquad (6.83)$$

显然，这是基于热量的分摊方法。因为锅炉各受热面的工质吸热量的重要性是无法区分的，都是燃料热量的一部分，所以这样的分摊方法是合理的。不仅如此，锅炉热效率只能整体看待，无法区分针对各受热面，即

$$\eta_{b,k} = \frac{Q_{b,k}}{B_k^s \cdot q_1^s} = \eta_b \qquad (6.84)$$

2. 锅炉各受热面㶲效率计算

各受热面的工质吸热温度不同，相应地，对锅炉第二定律效率的贡献亦有所不同，有必要进行分析计算。

工质在各受热面的吸热量：

$$Q_{b,k} = D_{b,k}(h_{out,k} - h_{in,k}) \tag{6.85}$$

相应地，工质在锅炉及各受热面内吸热的熵变为

$$\Delta S_{b,k} = D_{b,k}(s_{out,k} - s_{in,k}) \tag{6.86}$$

工质在各受热面的吸热平均温度为

$$\overline{T}_{b,k} = \frac{Q_{b,k}}{\Delta S_{b,k}} = \frac{h_{out,k} - h_{in,k}}{s_{out,k} - s_{in,k}} \tag{6.87}$$

工质在各受热面吸热量的热量㶲为

$$E_{b,k} = Q_{b,k}\left(1 - \frac{T_0}{\overline{T}_{b,k}}\right) \tag{6.88}$$

各受热面工质吸热针对燃料的㶲效率为

$$\eta_{b,k}^{ex} = \frac{E_{b,k}}{B_k^s e_f^s} = \frac{Q_{b,k}}{B_k^s q_1^s}\left(1 - \frac{T_0}{\overline{T}_{b,k}}\right) = \eta_b\left(1 - \frac{T_0}{\overline{T}_{b,k}}\right) \tag{6.89}$$

3. 计算实例

本书选取了某亚临界、超临界、超超临界三种不同参数大小的电站锅炉，对省煤器、水冷壁、过热器和再热器四类受热面进行热耗分摊计算。表 6.17 列出了这三种型号锅炉的主要参数。

表 6.17　锅炉参数表

指标名称	单位	亚临界锅炉	超临界锅炉	超超临界锅炉
过热蒸汽流量	t/h	2028	1913	3120
过热蒸汽出口压力	MPa	17.48	25.40	26.15
过热蒸汽出口温度	℃	541	571	605
再热蒸汽流量	t/h	1677.7	1582.2	2540.6
再热蒸汽进口压力	MPa	3.84	4.39	5.03
再热蒸汽进口温度	℃	323.0	312.0	356.3
再热蒸汽出口压力	MPa	3.66	4.20	4.83
再热蒸汽出口温度	℃	541	569	603
给水温度	℃	278.3	283.0	299.5

指标名称	单位	亚临界锅炉	超临界锅炉	超超临界锅炉
省煤器出口温度	℃	307	337	325
排烟温度	℃	129.5	128.0	124.0
锅炉热效率	%	93.56	92.97	94.30
㶲效率	%	50.50	52.09	53.17

各受热面热(煤)耗分摊计算结果如表 6.18 所示。从表中可以看出,工质在省煤器中的吸热量在受热面中是最小的,所分摊的煤耗也是受热面中最小的,在四类受热面中作用最小。

表 6.18　锅炉各受热面热(煤)耗分摊及㶲效率

指标名称	受热面名称	亚临界锅炉	超临界锅炉	超超临界锅炉
工质吸热平均温度/℃	省煤器	291.74	309.81	321.64
	水冷壁	350.52	386.61	388.62
	过热器	407.83	459.14	473.93
	再热器	404.70	414.40	454.18
工质吸热量/(GJ/h)	省煤器	315.00	547.24	756.54
	水冷壁	2189.50	2257.72	3415.98
	过热器	1897.20	1322.10	2596.41
	再热器	856.80	977.36	1498.76
煤耗量/(t/h)	省煤器	11.49	19.80	27.37
	水冷壁	79.85	81.69	123.60
	过热器	69.19	47.84	93.95
	再热器	31.25	35.36	54.23
㶲效率/%	省煤器	44.18	45.42	47.03
	水冷壁	48.83	50.96	51.81
	过热器	52.60	55.12	56.67
	再热器	52.41	52.65	55.64

根据热力学第二定律,锅炉生产的热产品品位($\overline{T}_b$)越高,锅炉㶲效率也越高。从表 6.18 可以看出,各受热面的㶲效率均随着锅炉参数的提高呈上升趋势。在各受热面中,过热器的㶲效率最高,其次是再热器,省煤器的㶲效率最低,这是因

为过热器中工质吸热平均温度最高，而省煤器中工质吸热平均温度最低。

6.4.8　锅炉㶲传递特性

在锅炉中，燃料燃烧的热量最终传递给了工质。在第二定律看来，是燃料的㶲通过燃烧传递给工质，工质吸收热量而获得热量㶲。燃料实际燃烧的放热温度远高于工质吸热温度，但也明显低于绝热燃烧温度。热传递或㶲传递过程是一个能量贬值的过程，存在很大的不可逆损失。为揭示锅炉㶲传递特性，针对图 6.4 所示的热传递过程(热平衡关系)做一个假设：假设存在一个中间环节，燃料在温度 T_d 下"等温"燃烧，其后，这一等温热量转为烟气实际燃烧放热温度为 $\overline{T}_g$ 的热量，继而对工质传热，如图 6.5 所示。

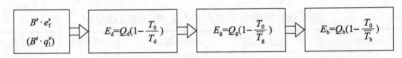

图 6.5　锅炉㶲传递过程示意图

对于电站锅炉，其工质吸热量 Q_b 可以分解为省煤器、水冷壁、大屏、低温过热器、高温过热器、低温再热器、高温再热器等各受热面的工质吸热量之和（$\sum Q_{b,k}$）：

$$Q_b = \sum Q_{b,k} = \sum D_{b,k}(h_{\text{out},k} - h_{\text{in},k}) \tag{6.90}$$

假定为满足工质吸热量 Q_b 的要求，锅炉标准煤耗量为 B^s，则锅炉热平衡方程为

$$B^s \cdot q_1^s + Q_a = \sum Q_{b,k} + Q_a + \sum_{i=2}^{6} Q_i \tag{6.91}$$

由于空气预热器回热的热量不改变锅炉的热效率，锅炉热效率可以表示为

$$\eta_b = \frac{Q_b}{B^s \cdot q_1^s} = \frac{\sum Q_{b,k}}{B^s \cdot q_1^s} \tag{6.92}$$

绝热(理论)燃烧温度 T_d 是锅炉设计的一个重要参数，它主要取决于燃料特性。绝热燃烧过程的热平衡关系为

$$Q_d = B^s \cdot q_1^s + Q_a \tag{6.93}$$

式中，Q_d 为绝热燃烧产物得到的热量。

因此，针对绝热燃烧过程，以燃料热为基准的热效率可以表示为

$$\eta_d = \frac{Q_d}{B^s \cdot q_l^s} \tag{6.94}$$

绝热燃烧条件下，燃烧产物得到的热量 Q_d 大于燃料释放的热量 $B^s \cdot q_l^s$，即 $\eta_d > 1$。而实际燃烧过程是边燃烧边放热，燃烧放热温度明显低于绝热燃烧温度。从热平衡角度看，燃烧产生的热量绝大部分被工质吸收，小部分在空气预热器被空气吸收，还有部分热损失。

根据单耗分析理论，工质吸热量 Q_b 是锅炉的热产品，空气预热器内空气吸收的热量 Q_a 只是锅炉内部回热，不是锅炉供出的热产品，这与其不改变锅炉热效率相对应。因此，为简便起见，这里假设对应于工质吸热量 $Q_b (= \sum Q_{b,k})$，在锅炉各受热面中有等量的热量 Q_g 由烟气放热来提供，即

$$Q_g = \sum Q_{g,k} = Q_b = \sum Q_{b,k} \tag{6.95}$$

因此，从绝热燃烧产物获得的热量 Q_d，到工质吸收的热量 $Q_g = Q_b$，其热传递效率为

$$\eta_{dg} = \frac{Q_g}{Q_d} = \frac{Q_b}{Q_d} = \frac{B^s \cdot q_l^s}{Q_d} \cdot \frac{Q_b}{B^s \cdot q_l^s} = \frac{1}{\eta_d} \eta_b \tag{6.96}$$

式(6.94)和式(6.96)两个效率的乘积为式(6.92)所示的锅炉热效率。

基于热力学第二定律，锅炉热传递过程实质也是㶲传递过程。在这里，这一㶲传递过程可以分解为从燃料㶲到绝热燃烧温度下产物获得的热量㶲，再到烟气放热过程所传递的热量㶲，直至工质得到的热量㶲，如图 6.5 所示。

针对工质在各受热面的吸热量，锅炉各受热面传递的热量㶲可以分别表示为

$$E_b = \sum E_{b,k} = \sum Q_{b,k} \left(1 - \frac{T_0}{\overline{T}_{b,k}}\right) = Q_b \left(1 - \frac{T_0}{\overline{T}_b}\right) \tag{6.97}$$

$$E_g = \sum E_{g,k} = \sum Q_{g,k} \left(1 - \frac{T_0}{\overline{T}_{g,k}}\right) = Q_g \left(1 - \frac{T_0}{\overline{T}_g}\right) \tag{6.98}$$

$$E_d = \sum E_{d,k} = \sum Q_{d,k} \left(1 - \frac{T_0}{T_d}\right) = Q_d \left(1 - \frac{T_0}{T_d}\right) \tag{6.99}$$

假定对应于工质吸热量 $Q_b = \sum Q_{b,k}$ 的标准煤耗量 $B^s = \sum B_k^s$ 的燃料㶲为 $E_f = \sum E_{f,k} = \sum B_k^s e_f^s$，则绝热燃烧过程的㶲效率为

$$\eta_{\text{fd}}^{\text{ex}} = \frac{E_{\text{d}}}{E_{\text{f}}} = \frac{\sum \Delta E_{\text{d},k}}{\sum E_{\text{f},k}}$$

$$= \frac{Q_{\text{d}}(1 - T_0 / T_{\text{d}})}{B^{\text{s}} \cdot e_{\text{f}}^{\text{s}}} = \frac{Q_{\text{d}}(1 - T_0 / T_{\text{d}})}{B^{\text{s}} \cdot q_1^{\text{s}}} = \eta_{\text{d}} \left(1 - \frac{T_0}{T_{\text{d}}}\right) \tag{6.100}$$

从绝热燃烧温度下的热量㶲转化为烟气放热过程的热量㶲的传递㶲效率为

$$\eta_{\text{dg}}^{\text{ex}} = \frac{E_{\text{g}}}{E_{\text{d}}} = \frac{\sum \Delta E_{\text{g},k}}{\sum E_{\text{d},k}}$$

$$= \frac{Q_{\text{g}}(1 - T_0 / \bar{T}_{\text{g}})}{Q_{\text{d}}(1 - T_0 / T_{\text{d}})} = \frac{1}{\eta_{\text{d}}} \eta_{\text{b}} \frac{1 - T_0 / \bar{T}_{\text{g}}}{1 - T_0 / T_{\text{d}}} \tag{6.101}$$

从烟气放热过程的热量㶲到工质吸热过程的热量㶲的传递㶲效率为

$$\eta_{\text{gb}}^{\text{ex}} = \frac{E_{\text{b}}}{E_{\text{g}}} = \frac{\sum \Delta E_{\text{b},k}}{\sum E_{\text{g},k}}$$

$$= \frac{Q_{\text{b}}(1 - T_0 / \bar{T}_{\text{b}})}{Q_{\text{g}}(1 - T_0 / \bar{T}_{\text{g}})} = \frac{1 - T_0 / \bar{T}_{\text{b}}}{1 - T_0 / \bar{T}_{\text{g}}} \tag{6.102}$$

显然，针对锅炉各受热面的总㶲效率（第二定律效率）分别为

$$\eta_{\text{b},k}^{\text{ex}} = \frac{E_{\text{b},k}}{E_{\text{f},k}} = \frac{E_{\text{d},k}}{E_{\text{f},k}} \frac{E_{\text{g},k}}{E_{\text{d},k}} \frac{E_{\text{b},k}}{E_{\text{g},k}} = \eta_{\text{fd},k}^{\text{ex}} \eta_{\text{dg},k}^{\text{ex}} \eta_{\text{gb},k}^{\text{ex}} = \eta_{\text{b}} \left(1 - \frac{T_0}{\bar{T}_{\text{b},k}}\right) \tag{6.103}$$

锅炉系统总㶲效率为

$$\eta_{\text{b}}^{\text{ex}} = \frac{E_{\text{b}}}{E_{\text{f}}} = \frac{E_{\text{d}}}{E_{\text{f}}} \frac{E_{\text{g}}}{E_{\text{d}}} \frac{E_{\text{b}}}{E_{\text{g}}} = \eta_{\text{fd}}^{\text{ex}} \eta_{\text{dg}}^{\text{ex}} \eta_{\text{gb}}^{\text{ex}} = \eta_{\text{b}} \left(1 - \frac{T_0}{\bar{T}_{\text{b}}}\right) \tag{6.104}$$

因此，锅炉内可以分为三个温度水平：绝热燃烧温度、实际燃烧放热温度、工质平均吸热温度。对于锅炉各受热面，也相应地存在着这三个温度。以某 1000MW 超超临界锅炉为例，其各受热面的温度梯度关系如图 6.6 所示。燃料在炉膛内燃烧的绝热燃烧温度为 2302K，由于燃料在燃烧的过程中同时向工质传热，针对锅炉不同受热面，实际燃烧放热温度和工质的平均吸热温度是不同的。

图 6.7 给出了各受热面的传递特性，包括燃料㶲、绝热燃烧温度下燃烧产物的㶲值、烟气实际放热温度下的热流㶲、工质吸热得到的热流㶲。$E_{\text{f},k} \to E_{\text{d},k} \to E_{\text{g},k} \to E_{\text{b},k}$ 递减，递减量为对应不可逆过程的㶲损耗，前后数据相除则为该不可逆过程的㶲效率，如图 6.8 所示。

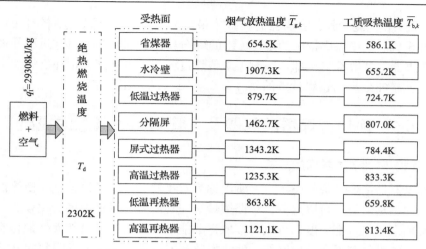

图 6.6 某超超临界锅炉各受热面温度梯度图

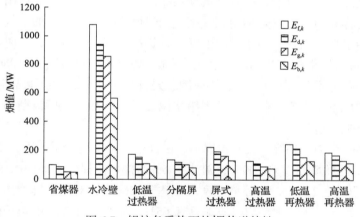

图 6.7 锅炉各受热面的㶲传递特性

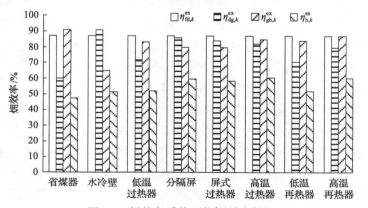

图 6.8 锅炉各受热面的㶲效率特性

从图 6.8 也能看到，省煤器的㶲效率最低，为 47%；高温过热器的㶲效率最高，为 61%。这里需要指出的是，传统的㶲分析多针对各个不可逆过程开展，如针对省煤器，一般都将尾部烟气对工质传热过程的不可逆损失记在省煤器上，其计算省煤器㶲效率与这里计算的 $\eta_{gb,k} = E_{b,k} / E_{g,k}$ 结果相对应。

6.5　锅炉省煤器的问题及三管制锅炉概念的提出

6.5.1　锅炉尾部热力学问题分析

省煤器是锅炉必备的设备，之所以称为省煤器，是因为设置这一换热设备的最初目的就是节能。可以想象，早期锅炉会非常简陋，排烟温度会比较高，回收烟气余热，降低排烟温度，可以直接取得节能的效果，于是自然而然地将它称为省煤器。省煤器布置在锅炉尾部，因此本节开展锅炉尾部热力学问题的分析。

锅炉尾部除了省煤器，还有空气预热器。关于空气预热器的作用，锅炉原理教科书是这样介绍的：它是利用烟气余热加热燃料燃烧所需要的空气的热交换设备，它利用了烟气余热，使排烟温度降低，提高了锅炉热效率，同时，强化了着火和燃烧过程(樊泉桂，2008)，减少了不完全燃烧损失(范从振，1986)。而工业锅炉热效率普遍不高，其中一个重要原因就是许多工业锅炉没有配备空气预热器，或者，即便配备了空气预热器，但因给水温度过低，热风温度被制约，以致燃料不完全燃烧损失过大。

据此做一个简单估算，正常情况下，在合适的过量空气系数下，125℃的排烟温度与 25℃的环境温度差 100℃，对应约 5%的排烟热损失。即便由于某种原因，排烟温度提高到 225℃，与环境温度之差达到 200℃，对应的排烟热损失也只有 10%左右。如果工业锅炉平均热效率只有 65%，那么还有 25%的热损失是其他原因所致，当然主要的应该是不完全燃烧热损失。因此，设置空气预热器对于工业锅炉显得非常重要。现代大型电站锅炉，由于有较高的热风温度，不完全燃烧热损失已经降至 0.4%，进一步降低的可能性已经很小。锅炉热效率也已经提升至近 95%，进一步改善的空间不大。排烟热损失的节能效果有限，有关这一方面的论述，请参阅第 7 章关于余热资源利用的内容。

但是，针对大型电站锅炉，更高的热风温度对于锅炉低负荷稳燃以及确保脱硝系统冬季正常运行是有利的。如果锅炉需要面对混煤掺烧问题，更高的热风温度也是有利的。对贫煤或烟煤热解产物的半焦这类不易燃烧的燃料，更高的热风温度有助于其在电站锅炉中的利用。因此，需要更全面地认识空气预热器的作用。当然，这里需要补充说明的是，一次风温的提高会受到燃料特性制约，但二次风温则没有这方面的限制，可以根据实际情况进行设计选择。

空气预热器的设置可以有效地降低锅炉排烟温度，这对提高锅炉热效率有利。式(6.44)揭示空气预热器是锅炉的回热器，可以减少燃尽煤绝热燃烧的熵产，与此同时，还可以有效提高炉内燃烧产物的放热平均温度 $\overline{T}_g$，对降低燃烧熵产非常重要。根据式(6.45)，锅炉炉内过程的总熵产为

$$\sum S_{g,b}^{gen} = \frac{Q_b}{\overline{T}_g} + \frac{\sum\limits_{i=2}^{6} Q_i}{T_0}$$

根据不可逆损失与熵产关系的 Gouy-Stodola 公式 $I_r = T_0 S^{gen}$ [式(2.198)]，锅炉炉内过程的总不可逆损失为

$$
\begin{aligned}
\sum I_{rg,b} = T_0 \sum S_{g,b}^{gen} &= \frac{T_0}{\overline{T}_g} Q_b + \sum_{i=2}^{6} Q_i = Q_b + \sum_{i=2}^{6} Q_i - \left(1 - \frac{T_0}{\overline{T}_g}\right) Q_b \\
&= B^s q_1^s - \left(1 - \frac{T_0}{\overline{T}_g}\right) Q_b = B^s e_f^s - \left(1 - \frac{T_0}{\overline{T}_g}\right) Q_b
\end{aligned}
\tag{6.105}
$$

即锅炉炉内燃料燃烧放热过程的总不可逆损失等于输入的燃料热(燃料㶲)减去炉内燃料燃烧放热过程的热量㶲。

因此，炉内燃料燃烧放热过程的㶲效率为

$$\eta_g^{ex} = \frac{(1 - T_0 / \overline{T}_g) Q_b}{B^s \cdot e_f^s} = \frac{(1 - T_0 / \overline{T}_g) Q_b}{B^s \cdot q_1^s} = \eta_b \left(1 - \frac{T_0}{\overline{T}_g}\right) \tag{6.106}$$

即燃料燃烧放热过程的平均温度 $\overline{T}_g$ 越高，其㶲效率也越高。

热风温度变化对炉内过程总熵产和燃料燃烧放热过程㶲效率的影响如表 6.19 所示，这是以某超超临界锅炉为对象进行的计算。如果锅炉负荷、燃料量、过量空气系数和排烟温度等参数保持一定，锅炉炉内各项热损失可以保持不变，这时，锅炉炉内过程总熵产仅取决于炉内烟气放热过程的平均温度 $\overline{T}_g$，放热平均温度越高，总熵产越小。事实上，空气预热器出口热风温度越高，绝热燃烧温度 T_{ad} 和省煤器出口烟温 T_g^{out} 也越高，即炉内燃料燃烧放热平均温度 $\overline{T}_g$ 越高，炉内过程的总熵产越小。相应地，燃料燃烧放热过程的㶲效率也越高。也就是说，空气预热器是锅炉的回热器，它使原本不能用于加热工质的热量得到了利用，从而为提高锅炉总㶲效率[式(6.104)]提供了可能。这一点对于燃煤火电机组是非常重要的，烟气放热平均温度提高，为进一步提高锅炉工质吸热平均温度，继而提高机组循环发电效率提供更大的优化设计空间。当然，如果工质吸热平均温度不能随之提

高，锅炉总㶲效率将保持不变。但锅炉内平均传热温差因此得以提高，这意味着可通过增加空气预热器面积的方法，提高热风温度，从达到减小锅炉各受热面面积的效果，这实质上也是一种节能。

表 6.19　热风温度变化对炉内过程总熵产和燃烧放热过程㶲效率的影响

热风温度/K	省煤器出口烟温/K	烟气放热平均温度/K	炉内过程总熵产/(kW/K)	燃烧放热过程㶲效率/%
610	707	1354.0	1914.9	73.35
600	698.8	1348.0	1921.9	73.26
590	689.5	1342.1	1928.8	73.16
580	676.3	1327.2	1946.7	72.93

　　根据表 6.19，超超临界锅炉炉内燃料燃烧放热过程的㶲效率足够高，达到 73% 的水平，而其锅炉㶲效率只有约 53% 的水平，这意味着锅炉内烟气对工质的传热过程存在很大的㶲损耗，参见 6.4.5 节的单耗分析结果。

6.5.2　省煤器概念的问题

　　根据式 (6.54)，工质吸热平均温度 $\overline{T}_b$ 越高，锅炉系统熵产越少，不可逆损失越少。反之，不可逆损失越大。根据式 (6.104)，锅炉第二定律效率不仅取决于锅炉热效率，还取决于工质吸热平均温度 $\overline{T}_b$。工质吸热平均温度 $\overline{T}_b$ 越高，锅炉第二定律效率就越高。省煤器中的工质吸热温度是锅炉各受热面中最低的，因此其对锅炉第二定律效率的贡献最小。

　　电站锅炉主要受热面一直由水冷壁、过热器、再热器以及省煤器四种类型换热管构成，已成为设计定式。关于省煤器的作用，锅炉原理教科书中是这么介绍的：吸收低温烟气的热量以降低排烟温度，提高锅炉效率，节省燃料；由于给水在进入蒸发受热面之前，先在省煤器内加热，这样就减少了水在蒸发受热面内的吸热量。因此采用省煤器可以取代部分蒸发受热面，也就是以管径较小、管壁较薄、传热温差较大、价格较低的省煤器来代替部分造价较高的蒸发受热面；提高了进入汽包的给水温度，减小了给水与汽包壁之间的温差，从而使汽包热应力降低 (范从振，1986)。但也有差异化的表述：省煤器吸收尾部烟道中低温烟气的热量，对于低参数锅炉，可降低排烟温度，提高锅炉热效率，节省燃料 (樊泉桂，2008)。显然，这一说法注意到了现代大型电站锅炉省煤器出口烟温不是锅炉排烟温度这一事实，也说明对空气预热器作用的认识同样存在着不足。

　　图 6.9 给出了省煤器与空气预热器的布置方案及温度关系图。如果锅炉给水温度比较低，如早年的中低参数燃煤火电机组，空气预热器的单级布置方式无法达到所要求的热风温度。为了提高热风温度，采用了空气预热器的双级布置。但

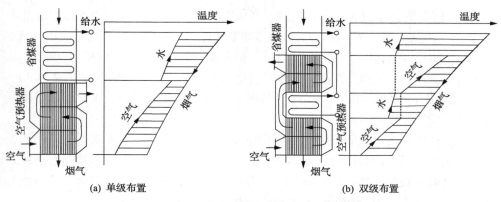

(a) 单级布置　　　　　　　　　　　　　　(b) 双级布置

图 6.9　省煤器和空气预热器布置方案及温度关系图

是，这一布置方式虽然提高了热风温度，却使得省煤器与空气预热器中的传热出现多个节点温差，对锅炉负荷的调整及其运行灵活性非常不利；另外，为了适应锅炉低温部分更高的加热需求，势必要求锅炉炉膛出口烟温有比较高的数值，这对控制锅炉结焦十分不利。

　　现代大型电站锅炉的给水温度已经很高，其空气预热器的单级布置逐渐成为主流。而工业锅炉的给水温度要比电站锅炉低许多，全部配置了省煤器，但相当一部分却未配备空气预热器，这是工业锅炉效率低的一个重要原因。因为工业锅炉炉膛高度有限，燃料颗粒大，如果风温又比较低，则不完全燃烧热损失必然很高。

　　图 6.10 是某公司为欧洲 AD700 计划拟定的实验超超临界机组锅炉温度图的低温段部分，空气预热器为单级布置。在空气预热器中，空气由 35℃温升至

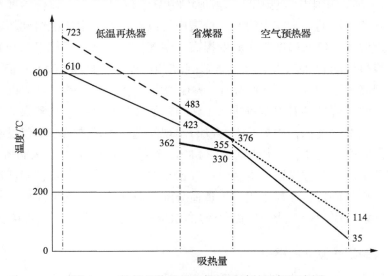

图 6.10　某超超临界机组锅炉设计的尾部温度图

355℃，相应地，烟气由 376℃温降至 114℃；省煤器中，给水由 330℃温升至 362℃，相应地，烟气由 483℃温降至 376℃；低温再热器中，再热蒸汽由 423℃温升至 610℃（再热热端温度为 720℃），相应地，烟气由 723℃温降至 483C。从图中可以看出，空气预热器出口端差只有 21℃，大大低于常规空气预热器的 30～40℃（范从振，1986），说明当燃煤火电机组往更高参数发展时，锅炉尾部温度匹配设计会受到制约。

除上述问题之外，省煤器在运行中也存在一些问题。首先是磨损失效问题，一般发生在运行一段时间后，锅炉投运 10 年前后为高峰期。其次是换热管道积灰问题，这会导致传热恶化而使排烟温度升高，降低锅炉热效率。当然，蒸汽吹灰可减轻积灰影响，但会额外增加锅炉锅内热损失。

在国内发电产能严重过剩的情况下，电力生产对火电机组的调峰能力及运行灵活性要求日渐提高。严格地讲，省煤器的存在是火电机组灵活性提高的一大障碍。

上述基于热力学第二定律的分析，说明省煤器概念名不副实。它只是锅炉中的一个换热设备，在锅炉内部热负荷分配中起到一定的作用。但它并不是锅炉换热设备必需的，完全可以根据锅炉系统设计的实际需要决定是否给予配置。

既然省煤器不是锅炉换热设备必需的，那就可以考虑去掉省煤器，锅炉则由常规的四管制设计，改变为三管制设计。去掉省煤器后，省煤器存在的上述一些问题将不复存在，但会出现一些新情况和新问题，下面简要分析。

去掉省煤器后，人们首先担心的是锅炉排烟温度是否因此升高而使锅炉热效率降低。但是燃煤火电技术的发展，说明这种担心其实是没有必要的。

表 6.16 列举的国内典型国产火电机组的单耗分析结果，可以作为展示省煤器和空气预热器作用的一个有力说明。从表中可以看到，从中压机组到超超临界机组，主蒸汽温度和给水温度都大幅度提高。主蒸汽温度从中压机组的 435℃提高到超超临界机组的 600℃，提高了 165℃；相应地，给水温度从 104℃提高到 285℃的水平，提高了近 196℃。众所周知，省煤器中的给水温升多在 40℃以内，这意味着至少 5 级省煤器的升温范围进入了机组的回热加热系统，从省煤器出来的烟气温度随之大幅度增加，锅炉热平衡没有出现问题，锅炉热效率不仅没有因此降低，反而得以逐步提高。由中压锅炉的 88%，到超超临界锅炉的 93.84%，这说明锅炉效率并不取决于省煤器，也说明空气预热器的节能作用未被正确认识。省煤器只是一个换热设备，参与了锅炉热负荷分配，对锅炉尾部温度匹配、空气预热器系统设计以及锅炉烟气选择性催化还原(SCR)系统运行等会产生直接影响。

6.5.3　三管制锅炉概念的提出

综上所述，大型电站锅炉主要受热面设计不应该再固守水冷壁、过热器、再热器及省煤器四管制模式，可以考虑不设置省煤器的三管制锅炉模式，这是一种新型的锅炉模式，有显著的优点，当然更有需要研究的问题。

主要优点在于：①不设置省煤器，锅炉型式由常规的四管制变成三管制，锅炉流程更简单，锅炉的可靠性及运行调整的灵活性增加；②不设置省煤器，锅炉尾部参数匹配及优化具有更大的空间，如可以提高锅炉给水温度，从而提高锅炉第二定律效率；③给水直接连接水冷壁进口集箱，简化锅炉流程，可减小给水进出省煤器的高程差带来的流动阻尼，降低给水泵的泵功消耗和机组厂用电率，这一点对塔式炉尤为有利；④风温，尤其是二次风温可以进一步提高，这对于锅炉低负荷稳燃有利，同时给燃烧低挥发分的煤种、半焦等也提供了可能性。

需要研究的问题主要是机炉参数匹配与优化，以及锅炉负荷在水冷壁、过热器和再热器上的分配，并在此基础上研究设计新型空气预热器系统。针对进入空气预热器烟温提高，以及从低温过热器和再热器出来的烟温可能不一致的情况，可以考虑分别设置针对一、二次风预热的空气预热器系统，以适应二者的热风温度差，同时可以减小漏风损失。旋转式空气预热器以一次风温的限制为条件，在此基础上，可以考虑增设板式或列管式空气预热器，完成对二次风温的进一步加热。这里必须考虑的是，根据电站锅炉的环保要求，需同步配置脱硝设备。由于脱硝设备中催化剂活化温度一般在 300～420℃，若烟气温度超过 420℃，则长期运行会对催化剂寿命产生较大影响。因此，整个空气预热可分在旋转式空气预热器和固定式空气预热器中完成，这是三管制锅炉一个合适的选择。当然，二次风温的提高极有可能对空气预热器的材料及设计运行提出新的要求，这是值得探讨和研究的技术经济问题。但任何技术进步的背后都少不了新材料的出现和应用。表 6.16 说明的不仅仅是不同参数火电机组的热力学性能，它也是我国火电行业发展的一个进程，从早年的中压机组，到超超临界机组，背后正是材料科学的发展与进步。

另外，配合三管制锅炉设计，有必要开展燃煤除湿技术研究。煤的水分对锅炉效率有直接影响，水分越高，烟气热容量越大，会造成锅炉排烟温度及排烟热损失越高。需要解释的是，这里讲的排烟热损失应包括烟气的显热损失和其中所含水蒸气的潜热损失两部分。另外，由于水汽化后体积流量显著增加，对锅炉结构、风机容量、除尘及脱硫装置的设计与制造都带来比较大的影响，意味着设备投资因此增大，以及引风机功耗增大及脱硫装置的耗水量增加等问题。对于水分较高的燃煤，如果锅炉采用新型的三管制模式，可考虑采用燃煤烟气干燥技术，这是烟气余热的极佳应用对象，既可提高锅炉热效率，又可减小烟气热容量，为提高热风温度创造条件，是一举多得的措施。如果是在干燥少雨地区，也可考虑热泵干燥除湿技术。

有关锅炉设计资料显示，基于高、低热值计算的锅炉热效率相差近 4%，其中燃煤水分的影响不容小觑，节能潜力很大，这也是在讨论燃料的化学㶲时提出将高位热值作为燃料㶲的重要原因。

当然，燃煤水分不可能全部被除去，且燃煤的挥发分中含有氢原子，其燃烧也会生成水，和天然气和石油燃烧一样，是避免不了的。

另外，亚临界及以下参数机组常常采用汽包锅炉型式。由于汽包在锅炉炉膛顶部，工质汽化过程采用循环方式(分为强制循环和自然循环两种)。为增大工质循环的动力(由工质密度差决定)，工程上将相对于汽包压力具有一定过冷度的给水送至汽包或下降管入口，在锅炉半程高度部位设置省煤器，给水沿烟气逆流方向吸热，然后到达锅炉顶部的汽包或下降管入口，即对于亚临界参数机组，设计省煤器这一换热设备有一定的合理性。

6.5.4　热风温度的设计选取问题

直吹式制粉系统锅炉的热风主要分为一次风和二次风。一次风输送煤粉进入锅炉，二次风为燃料燃烧提供足够的氧量，对锅炉稳燃至关重要。有一些锅炉使用三次风。无论是从锅炉稳定燃烧，还是从提高锅炉热效率的角度，提高热风温度总体来讲是有益的。出于对输粉系统运行安全性的考虑，一次风温有一定的限制，但二次风温则没有这种限制。

表 6.20 给出了不同燃料的着火温度(周强泰等，2013)。不同的燃料，挥发分不同，着火温度也不同，适合低挥发分燃料的热风温度要求相应提高。目前电站锅炉多采用烟煤作为燃料，主要是为了避开低挥发分燃料不易着火燃烧的问题，其关键的制约因素在于热风温度达不到适合这些燃料燃烧的要求。如果锅炉自身能够提供更高温度的热风，配合合适的锅炉点火技术，则一些较低挥发分的燃料也可以用于电站锅炉。另外，国内一些企事业单位开展了煤的热解制气项目，把烟煤中的挥发分热解出来，提取优质化工成分，余下的半焦接近贫煤的燃烧利用问题就显现出来了。因此，提高热风温度是一项值得研究的课题。

表 6.20　燃料的着火温度

测试设备	燃料	着火温度/℃
气体燃料着火温度标准测试仪	高炉燃气	530
	炼焦煤气	300~500
	发生炉煤气	530
	天然气	530

续表

测试设备	燃料	着火温度/℃
液体燃料着火温度标准测试仪	石油	360～400
固体燃料着火温度标准测试仪	泥煤	225
	褐煤	250～450
	烟煤	400～500
	无烟煤	700～800
煤粉气流着火温度标准测试仪	褐煤 V_{daf}=50%	550
	烟煤 V_{daf}=40%	650
	烟煤 V_{daf}=30%	750
	烟煤 V_{daf}=20%	840
	贫煤 V_{daf}=14%	900
	无烟煤 V_{daf}=4%	1000

注：V_{daf} 为煤中挥发分的百分数。

表 6.21 给出了电站锅炉针对不同燃料的热风温度取值范围及空气预热器布置方式(周强泰等，2013)。从表中可以看出，在锅炉给水温度比较低，且将省煤器作为标配的情况下，要达到表中热风温度的数值，往往需要布置两级空气预热器。

表 6.21　电站锅炉热风温度的取值范围及空气预热器布置方式

燃料	无烟煤	贫煤、劣质烟煤	褐煤		烟煤、洗中煤	重油、天然气
			热风干燥剂	烟气干燥剂		
热风温度/℃	380～400	330～380	350～400	300～350	280～350	250～300
空气预热器布置方式	两级	两级	两级	单级或两级	单级或两级	单级

目前，国内电站锅炉的燃料多为烟煤。表 6.22 给出了国内亚临界、超超临界锅炉设计选用的尾部换热设备介质温度参数。一、二次风温的平均值明显低于表 6.21 所列数据的上限，更大大低于表 6.20 所列的着火温度。这说明，热风温度有提升的空间。

烟气热容量是空气的 1.2～1.4 倍(范从振，1986)，与燃煤水分高低正相关。经初步验算，图 6.10 中烟气热容量倍数为 1.22。表 6.22 所列的亚临界和超超临界锅炉，烟气热容量倍数分别为 1.25 和 1.27。对应地，其燃煤收到基水分分别为 14%和15%。

表 6.22　锅炉尾部换热设备介质温度　　　　（单位：℃）

受热面	介质	亚临界	超超临界
空气预热器	一次风入口	30	34
	一次风出口	308	336
	二次风入口	22.8	27
	二次风出口	322.5	342
	烟气入口	365	364/373
	烟气出口	129.5	124
省煤器	给水入口	278	300
	给水出口	307	344
	烟气入口	471	554
	烟气出口	365	364/373
低温再热器	蒸汽入口	323	356.3
	烟气出口	471	421

如果将环境温度 25℃和排烟温度 125℃作为标准条件，假设空气预热器出口端差取 30℃，则可以从末端倒过来估算不同烟气热容量倍数下可能的空气预热器入口烟温及热风温度，如图 6.11 所示。

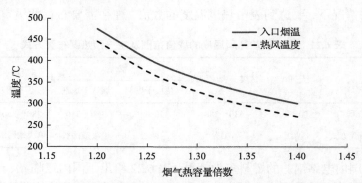

图 6.11　空气预热器入口烟温和热风温度随烟气热容量倍数的变化

如果烟气热容量是空气的 1.2 倍（范从振，1986），则可以达到的热风温度为 445℃，进入空气预热器的烟气温度为 475℃，这时，完全不必担心去掉省煤器后会导致排烟温度升高而影响锅炉热效率的问题。如果烟气热容量是空气的 1.25 倍，则可以达到的热风温度为 375℃，进入空气预热器的烟气温度为 405℃。这时，如果低温再热器入口蒸汽温度在 350℃的水平，也是没有问题的。对于表 6.22 所示的亚临界和超超临界锅炉，仅利用空气预热器即可维持排烟温度在 125℃的水平，可考虑三管制锅炉方案。但如果烟气热容量倍数过高，不设置省煤器吸收烟气热量，则难以将排烟温度控制在 125℃。因此，燃煤水分含量是制约三管制锅炉应用的一个因素。但这时，应先考虑燃煤除湿，否则不只是锅炉干排烟热损失会因此增大，燃料中的水分汽化造成的热损失更大。

对于三管制锅炉，空气预热器系统设计是一个重要问题，可以考虑旋转式空气预热器和固定式空气预热器的组合方案等。

第7章 余热资源价值的定量分析方法

7.1 引　　言

关于余热回收利用的节煤量，第 5 章提议根据余热回收利用生产的产品及国内生产该产品的平均燃料单耗进行计算。比如，对于余热发电，可利用上一年度全国电网火电机组平均供电燃料单耗计算余热发电带来的节煤量。对于余热的其他利用方式，也遵循这一思想原则开展计算。这里主要是分析余热资源具有的利用价值，从而为余热利用提供决策依据。

一般来说，余热多是由于工艺系统或设备内部难以利用而不得不排出系统的那一部分能量。由于绝对量巨大，在节约资源已成为基本国策的今天，余热利用技术开发与工程应用得到了前所未有的重视。但众所周知，余热毕竟是低品质的热能，如果以余热的绝对量等量计算节煤量是有失偏颇的，因此，如何科学计算余热资源回收利用的价值是一个急需解决的问题。

7.2　余热资源的热力学定量分析方法

7.2.1　基于热力学第一定律的定量分析方法

一股质量流量为 M（或体积流量 V）、温度为 T_1 的流体从某工艺系统排出，其携带的余热量为

$$
\begin{aligned}
Q_{\mathrm{wh}} &= M(h_1 - h_0) = M\overline{c}_p(T_1 - T_0) \\
&= V\overline{c}_{p,v}(T_1 - T_0)
\end{aligned}
\tag{7.1}
$$

如果通过余热利用将其温度降低至 T_2，则回收的余热量为

$$
\begin{aligned}
Q_{\mathrm{ry}} &= M(h_1 - h_2) = M\overline{c}_p(T_1 - T_2) \\
&= V\overline{c}_{p,v}(T_1 - T_2)
\end{aligned}
\tag{7.2}
$$

式中，$\overline{c}_p$ 为载热介质的平均比定压热容；$\overline{c}_{p,v}$ 为载热介质的体积平均比热容；T_0 为参考环境的热力学温度；h_0、h_1 和 h_2 分别为 T_0、T_1 和 T_2 温度下载热介质的比焓。

对于一定压力下质量流量为 M 的蒸汽，其余热资源量以蒸汽冷凝前后焓值之差计算。对于电厂锅炉烟气余热利用，在无潜热利用的情况下，其余热量原则上

也可以用式(7.1)和式(7.2)计算。但是由于烟气流量不易精确测定，且烟气的比热容受其成分影响，其余热资源的估算实际上存在一定的困难。为了便于读者估算锅炉烟气余热量，这里提供一个简易的计算方法。一般来讲，无论是从设计角度看，还是从运行特性考核，人们都愿意使用反平衡效率评价锅炉热效率。假定锅炉的排烟热损失占比 q_2 已知，其对应的锅炉排烟温度为 T_1，则将烟气温度降至 T_2 时的余热回收量占锅炉热耗量的百分比为

$$\Delta\eta_{\text{ry}} = q_2 \cdot \frac{T_1 - T_2}{T_1 - T_0} \tag{7.3}$$

式(7.3)还可以用来估算锅炉排烟温度升高对锅炉热效率的影响。如果排烟温度升高，则 q_2 必然增大，锅炉热效率必然随之降低，热效率的减量与排烟温度升高值成正比，即将式(7.3)的分子换成温度升高值即可。

这里需要强调的是，这一余热回收占比仅表征余热回收的数量关系，而不是锅炉热效率的增量，其中的道理正是本章要揭示的主要内容。但是，如果排烟温度额外升高，则这一计算值就是锅炉热效率的减量，即式(7.3)可以用来估算因排烟温度升高而减小的锅炉热效率。

如果烟气余热回收供给余热发电装置，排烟温度的升高势必带来"余热"发电量增大的效果，余热回收发电系统的效率会因此提高。但需要清楚地认识到，这是以锅炉热效率的降低为代价的，而余热发电量增大所带来的节能收益，不足以弥补锅炉热效率的折损。这时最应该做的是认真检查系统设备存在的问题并及时消除，而不是余热的所谓高效利用。因此，诚如引言中所述，对什么是余热，应进行严格界定。根据单耗分析理论及应用实例，余热的定义应该是：能源利用系统设备处于设计条件认可的正常运行状态下排出系统的那部分热量。

式(7.3)的准确性受煤质成分及过量空气系数变化的影响，应用时应注意这一点。

7.2.2　基于热力学第二定律的定量分析方法

余热量可以用式(7.1)及式(7.2)计算。由于余热资源的热力学品质对于余热的后续利用有重要影响，需根据热力学第二定律进行定量分析。

热力学熵的定义：

$$\text{d}S = \frac{\delta Q}{T} \tag{7.4}$$

假定载热介质是单相介质，其平均比定压热容为 $\bar{c}_p$，因此在定压换热过程载热介质的熵变为

$$dS = \frac{M\overline{c}_p dT}{T} \tag{7.5}$$

对于温度为 T_1 的余热资源，如果将其作为废热而排入环境，所造成的熵产为环境因获得热量而增加的熵以及载热介质冷却到环境温度而减少的熵的代数和，即

$$S_1^{\text{gen}} = \frac{Q_{\text{wh}}}{T_0} + M\overline{c}_p \int_{T_1}^{T_0} \frac{dT}{T} = \frac{M\overline{c}_p}{T_0}\left[(T_1 - T_0) + T_0 \int_{T_1}^{T_0} \frac{dT}{T}\right]$$
$$= \frac{Q_{\text{wh}}}{T_0}\left(1 - \frac{T_0}{T_1 - T_0}\ln\frac{T_1}{T_0}\right) \tag{7.6}$$

式中

$$1 - \frac{T_0}{T_1 - T_0}\ln\frac{T_1}{T_0} = \varphi \tag{7.7}$$

在一些文献中，φ 被定义为热量的能质系数(江亿和杨秀，2010)。

根据不可逆损失与熵产的 Gouy-Stodola 关系式 $I_r = T_0 S^{\text{gen}}$ [式(2.198)]，余热排放所造成的不可逆损失为

$$I_r = T_0 S_1^{\text{gen}} = Q_{\text{wh}}\left(1 - \frac{T_0}{T_1 - T_0}\ln\frac{T_1}{T_0}\right) = Q_{\text{wh}}\left(1 - \frac{T_0}{\overline{T}}\right) \tag{7.8}$$

式中，$\overline{T} = (T_1 - T_0)/\ln(T_1/T_0)$ 为余热载热介质排放余热资源进入环境并冷却到环境温度过程的热力学平均温度(也称对数平均温度)。

I_r 为余热排放造成的不可逆损失，反过来看，它正是余热资源具有的热量㶲，是余热的利用价值之所在。式(7.7)中的 $\varphi = 1 - T_0/\overline{T}$ 为余热资源相对于环境温度的卡诺循环效率。

根据传热学原理，一定温度的余热资源不可能全部被利用，剩余的排弃于环境仍会造成一定的不可逆损失。假定载热介质由温度 T_1 降至 T_2，根据式(7.8)，余热利用所减少的不可逆损失(回收的热量㶲)为

$$E_{\text{ry}} = M\overline{c}_p\left[(T_1 - T_0) - T_0\ln\frac{T_1}{T_0})\right] - M\overline{c}_p\left[(T_2 - T_0) - T_0\ln\frac{T_2}{T_0}\right]$$
$$= M\overline{c}_p\left(T_1 - T_2 - T_0\ln\frac{T_1}{T_2}\right) = Q_{\text{ry}}\left(1 - \frac{T_0}{T_1 - T_2}\ln\frac{T_1}{T_2}\right) = Q_{\text{ry}}\left(1 - \frac{T_0}{\overline{T}_{\text{ry}}}\right) \tag{7.9}$$

式中，$\bar{T}_{\text{ry}}$ 为回收的余热量 Q_{ry} 的对数平均温度：

$$\bar{T}_{\text{ry}} = \frac{T_1 - T_2}{\ln(T_1 / T_2)} \tag{7.10}$$

7.3　余热回收利用节煤量的定量计算方法及评价

7.3.1　基于热力学第一定律的方法及评价

《节能项目节能量审核指南》指出，如果产生余热的系统稳定生产，则余热利用的节能量为回收的余热量，并按规定的方法折算为标准煤耗量，而其规定的折算系数是 34.12kg 标准煤/GJ，即标准煤热值的倒数，这是基于热力学第一定律的方法，即按余热回收量占燃料热量的比例来计算其节煤量，其计算公式为

$$\Delta B = \frac{Q_{\text{ry}}}{q_1^{\text{s}}} \tag{7.11}$$

式(7.11)计算出来的节煤量是基于热力学第一定律分析方法计算的最小值，只考虑能量上的等量关系，未考虑余热利用替代其他方案的节省效果，因为任何其他替代方案供应等量热量 Q_{ry} 或多或少都会有不可避免的热损失。

如果能源利用系统的标准煤耗量为 B^{s}，则基于热力学第一定律的节煤率为

$$\zeta = \frac{\Delta B}{B^{\text{s}}} \tag{7.12}$$

7.3.2　基于热力学第二定律的方法及评价

根据热力学第二定律，不可逆损失是能耗增大或产品产量减少的根本原因，因此节能就是要想办法减小系统的不可逆性。根据单耗分析理论，对于任一产品的生产，其㶲平衡关系可以一般性地描述为燃料㶲 E_{f} =产品㶲+㶲损耗(参见第 3 章的内容)，即

$$E_{\text{f}} = B^{\text{s}} \cdot e_{\text{f}}^{\text{s}} = P \cdot e_{\text{p}} + \sum I_{rj} \tag{7.13}$$

式中，e_{f}^{s} 为标准煤比㶲，$e_{\text{f}}^{\text{s}} = q_1^{\text{s}}$；$e_{\text{p}}$ 为产品的比㶲；B^{s} 为标准煤耗量。

因此，某一不可逆损失 I_{rj} 所增加的燃料消耗量用式(7.14)计算：

$$B_j = \frac{I_{rj}}{E_f} B^s = \frac{I_{rj}}{B^s \cdot e_f^s} B^s = \frac{I_{rj}}{e_f^s} = \frac{I_{rj}}{q_1^s} \tag{7.14}$$

显然，余热回收利用所带来的节煤潜力 ΔB^{ex} 正比于余热回收的热力过程所减少的不可逆损失 E_{ry}：

$$\Delta B^{ex} = \frac{E_{ry}}{q_1^s} \tag{7.15}$$

式(7.15)表明，基于热力学第二定律的节煤潜力不仅取决于余热资源量的大小，还取决于其温度水平，温度水平越低，余热的价值就越低，因此相应的节煤潜力就越小。这一特性揭示出，基于热力学第二定律计算的节能量[式(7.15)]是余热回收节能量的最大值，因为携带余热排出能源利用系统的载热介质往往无法直接利用，其余热回收必须用其他工质将这股余热置换出来，其间必然存在不可逆损失，致使回收得到的可直接利用的热量㶲必然小于余热作为"资源"的热量㶲（E_{ry}），如电厂锅炉烟气的余热回收，一般使用低温省煤器，用烟气加热低温的凝结水，不仅存在传热温差所致的不可逆损失，还额外增加了阻尼等不可逆损失，因此，式(7.15)计算的节能量是余热资源回收量的最大可利用价值，即节能潜力。

如果能源利用系统的标准煤耗量为 B^s，基于热力学第二定律，其余热回收的最大可能的节煤率为

$$\zeta^{ex} = \frac{\Delta B^{ex}}{B^s} \tag{7.16}$$

基于第二定律的节煤率实际上只是节煤潜力。

7.4　余热发电效率

如果将回收的余热用于单独设置的余热发电系统，则热力学第一、第二定律的发电效率分别用式(7.17)和式(7.18)计算：

$$\eta = \frac{W_{wh}}{Q_{ry}} \tag{7.17}$$

$$\eta^{ex} = \frac{W_{wh}}{E_{ry}} = \eta \cdot \frac{1}{1 - T_0 / \overline{T}_{ry}} \tag{7.18}$$

式中，W_{wh} 为余热发电系统的发电量。

对于燃煤火力发电厂锅炉烟气余热的回收利用，一般不新置发电系统，而是通过替代回热抽汽加热凝结水，减小回热抽汽，增加机组发电量，以提高电厂发电效率。回热系统存在温差传热及节流等不可逆性，且现代电厂大型汽轮机内效率远高于小型汽轮机，因此电厂烟气余热利用增加的发电量将明显高于新置发电系统。但也正因为此，式(7.17)和式(7.18)计算出来的效率并不是余热发电效率的真实反映，实际应用时应注意这一点。至此，本书提出了一套基于热力学第二定律的余热资源定量分析计算方法。

7.5　案　例　分　析

7.5.1　燃气轮机排气余热资源的热力学分析

某 M701F 单轴无补燃燃气蒸汽联合循环机组的额定功率为 371.53MW，其中燃气轮机 246.95MW，蒸汽轮机 124.58MW。天然气耗量折合 22.34kg/s。额定工况下燃气轮机的烟气流量 622.5kg/s，温度 599.2℃。经余热锅炉后排烟温度为 88.1℃。

如表 7.1 所示，余热利用的第一定律节煤量为 12.250kg/s（节煤率为 54.81%），第二定律节煤量为 5.950kg/s（节煤率为 26.62%），前者是后者的 2.06 倍。由于余热温度高，节能效果显著，因此联合循环发电技术得以迅速发展。

表 7.1　余热资源的定量分析结果[*]

烟气余热来源	燃料消耗量		第一定律		第二定律		节煤量		节煤率		发电效率	
	B^s /(kg/s)	$Q(E_f)$ /MW	Q_{wh} /MW	Q_{ry} /MW	I_r /MW	E_{ry} /MW	ΔB /(kg/s)	ΔB^{ex} /(kg/s)	ζ /%	ζ^{ex} /%	η /%	η^{ex} /%
燃气轮机	22.34	654.83	433.19	358.88	178.47	174.35	12.250	5.950	54.81	26.62	34.71	71.45
水泥窑炉	5.36	157.08	48.78	26.36	15.29	11.24	0.900	0.380	16.77	7.15	16.69	39.15
电厂锅炉	80.0	2344.6	113.95	40.975	15.56	8.75	1.400	0.298	1.75	0.373	—	—

注：$Q(E_f)$ 表示燃料的热值（㶲值）。
[*] 参考环境 25℃，100kPa。

7.5.2　水泥窑炉烟气余热资源的热力学分析

某 3800t/d 水泥厂熟料生产线采用烟气余热发电技术（Khurana et al.，2002）。机组煤耗量折合 5.36kg/s。窑头余热锅炉进气温度 400℃，流量 62.20kg/s，排烟温度 140℃；窑尾余热锅炉进气温度 280℃，流量 99.83kg/s，排烟温度 178℃。余热发电机组额定功率 4.4MW。

如表 7.1 所示，余热利用的热力学第一定律节煤量为 0.900kg/s（节煤率 16.77%），第二定律节煤量为 0.380kg/s（节煤率 7.15%），前者是后者的 2.37 倍。与燃气轮机相比，由于烟气余热温度低了不少，可取得的节能效果明显减弱，但仍具有较高的数值，因此水泥窑炉的烟气余热发电也得到快速发展。

7.5.3　电厂锅炉烟气余热资源的热力学分析

如表 7.1 所示，某 1000MW 超超临界机组锅炉额定工况的标准煤耗量为 80.0kg/s，发电燃料单耗为 0.288kg/(kW·h)，排烟温度为 124℃，排烟质量流量为 1041.6kg/s，对应 q_2=4.86%。假定烟气温度从 124℃降低至 88.4℃，则第一定律节煤量为 1.400kg/s（节煤率 1.75%）；第二定律节煤量只有 0.298kg/s（节煤率 0.373%），前者是后者的 4.70 倍。

烟气余热回收的热量㶲 E_{ry} 随烟气温度的降低而迅速减小，因此与燃气轮机和水泥窑炉相比，电厂锅炉烟气余热回收的节能效果要低很多。

7.5.4　余热发电的节能评述

如表 7.1 所示，燃气轮机烟气余热发电的 η=34.71%，η^{ex}=71.45%。水泥窑炉烟气余热发电的 η=16.69%，η^{ex}=39.15%，均低于燃气轮机余热发电的相应值。显然，回收的余热 Q_{ry} 及其热量㶲 E_{ry} 只有一部分转化为实际的发电量。随着余热温度的降低，η 和 η^{ex} 均降低，这一点应引起重视。η 的降低速度高于 η^{ex}，这说明余热发电的效率与其系统参数、机组技术水平等因素有关。

对于电厂锅炉烟气余热，迄今尚无新置发电系统的实际案例。7.5.3 节中的电厂锅炉烟气余热回收可使 2066.3t/h 的凝结水从 60.7℃加热至 80.6℃，替代第 7 级低压加热器全部抽汽（压力 57.2kPa，比焓 2620.9kJ/kg）62.85t/h，汽轮机额定工况下排汽比焓 2341.9kJ/kg，按等效热降法计算的内功率增量为 4735kW，考虑凝汽流量变化所致汽轮机末端变工况等因素，内功率增量为 4280kW（周少祥等，2013）。对于 1000MW 机组，其余热利用发电的节煤率为 0.428%略高于式（7.16）计算得到的基于第二定律的节煤率 0.373%（表 7.1）。这是余热回收进入电厂热力系统，减小了抽汽回热加热的不可逆损失的结果。

需要指出的是，烟气余热发电也需要消耗厂用电。电厂锅炉烟气余热发电在一定程度上会增加机组厂用电，主要包括低压省煤器风阻、水阻及凝汽流量增大所致的额外泵功消耗等，可根据流体输运特性进行估算，具体数值取决于系统设计参数，因此，余热利用的实际效率还应考虑厂用电变化的影响。但由于实际电厂配备的泵与风机都有裕量，受负荷率和调节特性影响，实测电耗增大可能不明显。另外，机组负荷及电网调度对实际节煤量也有影响，这涉及全年实际节煤量计算，可根据机组变工况特性等计算。

　　基于单耗分析理论，这里推导出基于第二定律的余热回收定量分析方法，可以很方便地计算出余热资源及其利用的实际节煤量，对余热回收利用的分析决策有重要指导意义。

　　对于余热利用节煤量的计算，基于第一定律计算得到的数值远远大于第二定律的数值，余热温度越低，两者相差越大。因此，不能仅仅依据第一定律进行余热利用节能量的计算，有必要开展第二定律的分析计算。

7.5.5　锅炉烟气余热引入电厂热力系统的热经济性分析

　　早有学者对热力系统热经济性分析方法进行了深入系统的研究（林万超，1994）。电站锅炉烟气余热利用一般是通过设置低温省煤器加热凝结水的方式进行的，对汽轮机热力系统而言，这是一种纯热量的引入，必然产生一系列的影响。首先，余热用于加热凝结水，直接减小了汽轮机抽汽，这股蒸汽在汽轮机中继续膨胀，可以增加汽轮机的做功量，这是余热利用节能的直接效果，等效热降法可以很方便地计算这一节能量（林万超，1994）。但是，由于改变了回热抽汽份额，从而使汽轮机通流部分的相关级组处于变工况运行状态，会带来"次生"热经济性影响，因此该方法计算得到的热经济性指标与实际有一定的出入。这里在有关研究成果及标准规定的基础上，结合汽轮机变工况特性，对余热引入电厂热力系统的热经济性影响分析的计算方法进行了改进，并给出了案例分析。但是，由于电厂热力系统及影响因素的复杂性，精确的定量计算在理论上是不可能的，因此改进方法也做了一些近似处理，以供参考。

1. 余热引入热力系统的等效热降法及其存在的问题

　　纯热量（余热）进入汽轮机热力系统后，会对汽轮机做功产生直接影响。等效热降法为余热利用的节能评价提供了一个简单易行的计算方法，它的分析基准是在机组新蒸汽参数和流量保持不变的基础上，通过计算抽汽量变化所致汽轮机做功量的变化，来分析具体节能技术改造的效果。

　　如图 7.1 所示，h_0 和 p_0 分别为汽轮机入口主蒸汽焓和压力；h_{fw} 汽轮机热力系统出口给水焓；h''_{rh} 和 p''_{rh} 分别为汽轮机入口再热蒸汽焓和压力；h'_{rh} 和 p'_{rh} 分别为汽轮机出口再热蒸汽焓和压力；h_c 和 p_c 分别为汽轮机排汽焓和压力；角标 N 代表第 N 级回热加热器，其他类同；D_c 为汽轮机凝汽流量；$D_{c(N)}$ 为第 N 级回热抽汽点后汽轮机凝汽流量,其他类同;D_N 为第 N 级回热抽汽量,其他类同;h_N 为第 N 级回热抽汽焓,其他类同;p_N 为第 N 级回热抽汽压力,其他类同;$\bar{t}_{ss(N)}$ 为第 N 级回热加热器疏水焓,其他类同。假设外部纯热量加入第 N-1 级加热器,排挤的抽汽量恰好为 1kg 蒸汽,故 N-1 级加热器排挤的蒸汽做功为 Δh_{N-1}:

$$\Delta h_{N-1} = h_{N-1} - h_c - \alpha_{N \sim N-1}(h_N - h_c) \tag{7.19}$$

$$\alpha_{N \sim N-1} = \gamma_N / q_N \tag{7.20}$$

式中,$\alpha_{N \sim N-1}$ 为 N 级加热器为了补偿疏水放热不足而增加的抽汽份额;γ_N 为第 N 级加热器凝结水焓升;q_N 为第 N 级加热器的抽汽放热量。

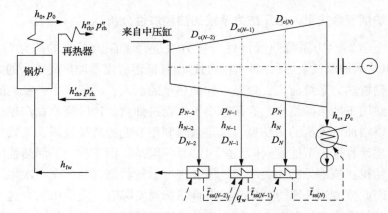

图 7.1 余热引入热力系统示意图

故第 N-1 级抽汽效率 η_{N-1} 为

$$\eta_{N-1} = \frac{\Delta h_{N-1}}{q_{N-1}} \tag{7.21}$$

所以,外部纯热量 q_w 引入热力系统所引起的做功量变化为

$$\Delta h = \eta_{N-1} \times q_w \tag{7.22}$$

但是,当外部纯热量引入回热加热器时,势必减小其回热抽汽量,使机组凝汽流量增大。根据弗留格尔公式,抽汽口压力会随着其后凝汽流量的增大而提高,从而使其上游汽轮机各级组蒸汽膨胀做功不足,即余热进入热力系统使汽轮机处于变工况运行状态,因此单纯地用式(7.22)计算余热利用增加的做功量是不准确的。

机组负荷由电网调度决定,机组参数也会随之变化,因此余热引入热力系统的节能量计算的基准需要明确。众所周知，额定工况下的计算结果具有重要的代表意义。但是做定功率分析要求对全厂热力系统进行全面计算，工作量很大。因此为了简单，这里仍主张采用等效热降法进行有关计算，但根据单耗分析理论的观点及上述分析进行必要的修正，全面分析抽汽量变化带来的直接影响及次生影响，以更准确地计算余热利用的节能效果。

　　2. 考虑汽轮机变工况运行的修正方法

　　1）抽汽压力

　　由弗留格尔公式可知，汽轮机通流部分发生变化，其抽汽压力也随之变化。这里利用改进型弗留格尔公式（张春发等，2003），计算余热进入热力系统所造成的各级组抽汽压力的变化：

$$\frac{D_{s1}}{D_s} = \frac{p_{01}^0}{p_0^0} \times \sqrt{\frac{T_0^0}{T_{01}^0}} \times \sqrt{1-\left(\frac{\varepsilon_{s1}-\varepsilon_{cs}}{1-\varepsilon_{cs}}\right)^2} \bigg/ \sqrt{1-\left(\frac{\varepsilon_s-\varepsilon_{cs}}{1-\varepsilon_{cs}}\right)^2} \tag{7.23}$$

式中，D_{s1} 和 D_s 分别为变工况后和设计工况下的质量流量；p_{01}^0 和 T_{01}^0 分别为变工况后喷嘴前的滞止初压和滞止温度；p_0^0 和 T_0^0 分别为设计工况下喷嘴前的滞止初压和滞止温度；$\varepsilon_s = p_1/p_0^0$ 为设计工况下级或级组的膨胀压力比；$\varepsilon_{s1} = p_{11}/p_0^0$ 为变工况后级或级组的膨胀压力比；$\varepsilon_{cs} = p_{cs}/p_0^0$ 为级或级组的临界膨胀压力比。

　　在计算各级抽汽压力时，N–1 级抽汽口下游压力的变化是由质量流量的变化引起的，而上游压力的变化是由背压变化引起的。

　　2）抽汽焓和排汽焓

　　当余热引入热力系统时，会引起凝汽流量增大，在背压不变的条件下，抽汽压力会因此提高，造成汽轮机处于变工况运行状态，并使汽轮机通流部分蒸汽膨胀做功不足，即抽汽焓随之变化。众所周知，汽轮机各级组的结构和尺寸是由设计工况的参数确定的，设计工况下汽轮机的相对内效率最高。当机组处于变工况条件时，汽轮机相对内效率一般会有所降低，即造成汽轮机本体通流部分的熵产增大。但不可逆损失计算需要实测数据，这是很难实现的。为了简化计算，根据汽轮机相对内效率有所降低的特性，假设抽汽口及上游各级抽汽压力升高后抽汽熵不变（如 $s'_{N-1} = s_{N-1}$），以此确定抽汽口及其上游各级抽汽焓，如图 7.2 所示。另外，由于抽汽口焓值的提高，下游各级组的焓降也会随之变化。为简便，这里假设下游各级组相对内效率不变，由此可计算出下游各级抽汽焓及排汽焓。基于上述假设，不难理解这是在人为地减小余热引入热力系统所造成的不利影响，所计算的节能量核算应具有重要的参考意义。

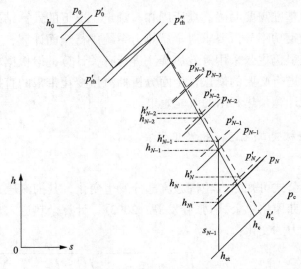

图 7.2　蒸汽膨胀做功的热力过程

因此，抽汽口及上游各级抽汽焓可以由抽汽压力和熵确定：

$$h'_{N-1} = h(s_{N-1}, p'_{N-1}) \tag{7.24}$$

若抽汽口下游的级组相对内效率为 η_{ri}，则排汽焓 h'_c 变为

$$h'_c = h'_{N-1} - (h'_{N-1} - h_{ct}) \times \eta_{ri} \tag{7.25}$$

式中，h_{ct} 为定熵膨胀到汽轮机排汽压力下的蒸汽焓。

抽汽口下游各级抽汽焓值的计算方法与式(7.25)相同。

3) 加热器出口水温

抽汽压力和焓值提高，蒸汽凝结温度相应提高，因此在出口端差不变的情况下，加热器出口水温会相应提高，也会引起抽汽量的细小变化，可通过迭代计算得到。

4) 疏水焓

在加热器出口、入口端差以及抽汽压损不变的前提下，抽汽压力的变化会导致疏水焓发生变化，而疏水焓的变化又会影响抽汽量和抽汽压力，因此需要通过迭代计算疏水焓值。

5) 机组内功率增量

以图 7.1 为例，当余热引入第 $N-1$ 级加热器时，所减少的抽汽量 ΔD_{N-1} 为

$$\Delta D_{N-1} = \frac{q_w}{h_{N-1} - \bar{t}_{ss(N-1)}} \tag{7.26}$$

此时，该级凝汽质量流量变为 $D'_{c(N-1)}$：

$$D'_{c(N-1)} = D_{c(N-1)} + \Delta D_{N-1} \tag{7.27}$$

利用式(7.23)和变化后的凝汽质量流量 $D'_{c(N-1)}$ 计算变化后的抽汽压力 p'_{N-1}，然后按照式(7.24)的方法计算变化后的抽汽焓 h'_{N-1}，以此类推。

抽汽口下游各级组的相对内效率 η_{ri} 用式(7.28)计算：

$$\eta_{ri} = \frac{h_{N-1} - h_c}{h_{N-1} - h_{ct}} \tag{7.28}$$

式中，h_c 为汽轮机排汽焓。

由于 N–1 级疏水质量流量发生变化，N 级抽汽参数同样会发生变化，计算方法与 N–1 级相同。此时，N 级抽汽焓变为

$$h'_N = h'_{N-1} - (h'_{N-1} - h'_{Nt}) \times \eta_{ri} \tag{7.29}$$

式中，h'_{Nt} 为蒸汽从 N–1 级所处的状态经等熵膨胀到压力 p'_N 下的抽汽焓。

N–2 级加热器的计算方法相同，引起其抽汽量变化的原因是 N–1 级加热器出口温度的升高。

其余参数的计算方法与上面相同，这里不再赘述。实际上，由于这些变化是相互影响的，需要迭代来得到最终平衡状态的各抽汽参数。此时，所有变化后的参数都已得到，可利用式(7.30)计算机组内功的增量：

$$\Delta W = [\sum D'_{c(N)} \times (h'_{N-1} - h'_N) - \sum D_{c(N)} \times (h_{N-1} - h_N)] / 3600 \tag{7.30}$$

6) 厂用电增量估算

余热回收要消耗一定的厂用电才能实现，从而减小了因余热回收而提高的机组发电量。

首先，余热进入热力系统，排挤回热抽汽，使凝汽流量增加，冷源损失增加，要维持机组真空不变，需要增大循环水流量，从而造成循环泵功耗的增大。由于管道阻尼压降与流速的平方成正比，泵功正比于阻尼压降与介质体积流量的乘积，因此循环泵功耗的增量正比于流量的 3 次方。假设泵效率不变，则循环泵功耗的增量可以用式(7.31)近似估算：

$$\Delta W_{pf} = [(1 + \Delta \alpha_c / \alpha_c)^3 - 1] \cdot W_{pf} \tag{7.31}$$

式中，$\Delta \alpha_c$ 为凝汽流量份额的增量；α_c 为原凝汽流量份额；W_{pf} 为原循环泵功耗。

其次，凝结水需送至锅炉低温省煤器，其往返所需的扬程为 Δp ，所设的增压水泵效率为 η_{bp} ，其功耗可用式(7.32)计算：

$$W_{bp} = \frac{D_{cn} \cdot \Delta p}{\rho_{cn} \eta_{bp}} \tag{7.32}$$

式中， D_{cn} 为凝结水流量； ρ_{cn} 为凝结水密度。

最后，增设低温省煤器会使烟气流动阻尼增大，引起引风机功耗的增大。但由于烟气温度降低使烟气体积流量减小，从而减小低温省煤器流动阻尼的影响。因此增设低温省煤器，引风机功耗的变化可能不明显，因此这里暂不考虑引风机功耗的变化。

因此，余热回收利用净增加的发电量为

$$\Delta W_{wh} = \Delta W \cdot \eta_{mg} - \Delta W_{pf} - W_{bp} \tag{7.33}$$

需要说明的是，对于采用变频调节技术的泵与风机，应用上述估算方法可以计算出厂用电增量。如果一些电厂的泵与风机采用节流调节方式运行，则可能出现原配置有较大的裕度，导致厂用电增量可能不明显的情况，但式(7.31)和式(7.32)的计算仍然具有参考意义。实际应用中，不同电厂系统及其布局存在差异，厂用电量也不同，因此本书提出的估算方法仅作为参考。

7.5.6 实际案例

机组相关参数：某1000MW超超临界机组额定工况下的主蒸汽压力为25MPa，温度为600℃；再热蒸汽压力为4.63MPa，再热热端蒸汽温度为600℃；排汽压力为0.0049MPa，排汽焓为2342.91kJ/kg；给水温度为299.5℃。汽轮机为单轴、四缸四排汽、双背压、八级回热抽汽汽轮机，即 $N=8$ 。锅炉热效率为94%，对应的排烟温度为124℃。机组TMCR工况下，采用两泵一机运行方式，循环水泵单泵流量为15.8m³/s，扬程为0.161MPa。

1)机组内功率增量计算

假定通过烟气余热回收技术使排烟温度从 124℃降至 88.4℃，回收余热量为40.91MW。凝结水(质量流量为573.972kg/s)从第 N 级加热器出来，送至低温省煤器，温度从 60.7℃升至 80.6℃，正好替代第 $N-1$ 级加热器，排挤抽汽量为 17.46kg/s。

排挤抽汽量乘以抽汽口至排汽口的焓降，得机组内功率增量为 4.822MW；按等效热降法计算[式(7.22)]，机组内功率增量为4.735MW；利用修正方法计算，机组内功率增量为4.28MW。

由于假定汽轮机排汽压力、新蒸汽及再热蒸汽参数保持不变，抽汽压力变化向上游、下游的传导会快速递减，表7.2列出了相关参数的变化。

表 7.2　余热进入第 N–1 级加热器的抽汽参数及其变化

级数	改造前				改造后的增量			
	抽汽比焓 /(kJ/kg)	疏水温度 /℃	凝汽流量 /(kg/s)	抽汽压力 /kPa	抽汽比焓 /(kJ/kg)	疏水温度 /℃	凝汽流量 /(kg/s)	抽汽压力 /kPa
第 5 级	2879.9	107.3	506.501	259.000	0.01	0.07	0.02	0.01
第 6 级	2744.2	86.2	485.950	125.200	0.34	1.00	0.96	0.25
第 7 级	2620.9	66.3	468.496	57.200	6.63	0.01	18.42	2.25
第 8 级	2504.8	39.7	444.180	24.600	5.78	0	17.59	0.97
排汽	2341.9	—	444.183	4.900	1.51	—	17.59	0

2) 厂用电增量计算

假定循环水泵效率维持 88%不变，由于采用两泵一机的运行方式，循环水额定流量为 31.6m³/s，扬程为 0.161MPa，循环水泵功率为 5781.4kW。由于凝汽质量流量份额增大 2.20%，循环水泵功耗增量为 714.20kW。

假定凝结水送至低温省煤器及返回热力系统所需扬程为 25mH$_2$O(0.25MPa)，泵效率为 82.5%，凝结水质量流量为 573.97kg/s，因此计算得凝结水增压泵功耗为 173.93kW。

循环水泵功耗增量与凝结水增压泵功耗之和为 888.13kW。

3) 机组发电量增量

取 η_{mg} =99%，扣除厂用电增量，实际机组发电量增量为 ΔW_{wh} =4.28×0.99–0.888=3.35MW。

余热回收需要进行设备改造，需要一定的经济投入，节能改造是否合算需要做详细的技术经济分析。对于本案例分析的火电机组锅炉烟气余热回收，最简单的一个判断方法就是与新建火电机组每千瓦装置容量的比投资进行对比。

7.6　结论与建议

对于余热回收利用的节能效果的评价，如果基于热力学第一定律，以余热回收绝对量计算得到节能量则必然是其余热回收节能的最小值。因为，任何其他供应等量的热量的技术方案都有额外的热损失。但是，基于热力学第二定律，余热回收的热量㶲是节能的最大潜力，因为任何余热回收技术都存在不可逆性，所能利用的热量㶲都小于余热热量㶲。

根据本书关于节能与能源高效利用的分析，不难得出结论，提高能源利用效率的根本措施在于尽可能减少系统余热排放，而不是余热的高效利用；同时，不能将从能源利用系统排出的热量都笼统地称为余热，需要对余热进行严格的界定。

事实上，只能将能源利用系统设备正常工作参数状态下排放的余热界定为余热，超过正常参数范围的那部分热量不能界定为余热。如果出现这种情况，能源利用系统和设备的所属单位首先应该考虑的是认真检查系统设备存在的各种问题，及时消除造成余热介质参数升高的各种因素，恢复其正常运行状态。

　　还应该明确指出的是，余热回收不意味着取得了实际的节能效果。只有回收的余热得到切实的利用，才算真正取得节能效果。第 5 章对余热回收利用的节能量计算进行了专题的分析。

第8章　制冷及其单耗分析

制冷技术性能评价，一般多用制冷系统的性能系数、热力系数等指标。但是压缩式制冷系统的性能系数与吸收式制冷系统的热力系数不具有可比性，并且这些指标还不足以完整地反映能源利用的热力学性能，也无法由此得到制冷燃料单耗（一次能源消耗率）以及能源利用效率等，这些问题一直制约着不同制冷技术之间的对比分析。单耗分析理论的提出，彻底解决了上述问题，成为全面分析能源利用的热力学性能的有效工具。

制冷技术多种多样，限于篇幅，这里仅讨论压缩式制冷、直燃型吸收式制冷以及热电联产吸收式制冷。

8.1　制冷过程的基础热力学分析

为简单起见这里的分析针对 1kg 工质开展。

8.1.1　制冷过程及其㶲分析

制冷是指使自然界的某物体或空间低于周围环境温度，并使之维持这一温度（彦启森等，2010）。为维持制冷对象处于低于环境温度的热力学状态，必须不断制冷以抵消周围环境的热渗透，这一过程通常有一个明显的温降过程，如图 8.1 所示的放热温降过程 $1 \rightarrow 2$。以夏季空调制冷为例，典型的设计及运行条件是大气环境温度为 36℃，维持国家推荐的 26℃的室内温度。这时需对室内空气进行冷却，典型的参数可以是将室内温度从 26℃冷却至 22℃的水平。

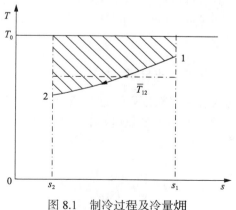

图 8.1　制冷过程及冷量㶲

根据热力学原理，状态参数㶲的定义式为

$$e = h - h_0 - T_0(s - s_0) \tag{8.1}$$

式中，角标 0 表示环境状态。

对于图 8.1 所示的过程 $1 \rightarrow 2$，其㶲的变化为

$$\Delta e_{12} = e_2 - e_1 = h_2 - h_1 - T_0(s_2 - s_1) \tag{8.2}$$

根据 $\mathrm{d}s = \delta q / T$，制冷过程 $1 \rightarrow 2$ 的热力学平均温度为

$$\overline{T}_{12} = \frac{h_2 - h_1}{s_2 - s_1} < T_0 \tag{8.3}$$

$h_2 - h_1 < 0$ 且 $s_2 - s_1 < 0$，因此 $\Delta e_{12} > 0$，即放出热量，体系的㶲增大。这与环境温度之上的放热过程相反，可对比第 3 章热量㶲的相关内容。

于是，制冷过程 $1 \rightarrow 2$ 增加的冷量㶲可以写成

$$\Delta e_{12} = \left(1 - \frac{T_0}{\overline{T}_{12}}\right)(h_2 - h_1) \tag{8.4}$$

式 (8.4) 与第 5 章关于热量㶲的计算公式的形式是一样的，但是内涵要复杂一些。因为 $T_0 / \overline{T}_{12} > 1$，即热量转变为功的卡诺循环效率为负值，这实质上表明低于环境温度的制冷过程是一个耗功过程。

图 8.1 中，制冷过程 $1 \rightarrow 2$ 与横坐标围成的面积是制冷过程的制冷量 $|h_2 - h_1|$；而这一制冷过程中体系的㶲量变化为制冷过程 $1 \rightarrow 2$ 与环境温度 T_0 线围成的面积，即图中阴影部分的面积，其物理意义是这一制冷过程必需的理论最低功消耗。式 (8.4) 的计算结果等于图 8.1 中阴影部分的面积，其热力学意义是制冷过程热力学平均温度 $\overline{T}_{12}$ 与环境温度之间的逆卡诺循环（制冷循环）所消耗的功量。显然，$\overline{T}_{12}$ 越低，冷量㶲越大，制冷需要消耗的功越大，因此，$\overline{T}_{12}$ 是表征制冷量 $|h_2 - h_1|$ 的热力学品质的热力学参数。

8.1.2　制冷传热过程的不可逆损失分析

为了简单，这里考虑在环境温度以下进行热交换的冷热流体各为 1kg 的相同工质，其传热过程如图 8.2 所示。放热过程 $1 \rightarrow 2$ 的㶲变化用式 (8.4) 计算，吸热过程 $3 \rightarrow 4$ 的㶲变化为

$$\Delta e_{34} = \left(1 - \frac{T_0}{\overline{T}_{34}}\right)(h_4 - h_3) \tag{8.5}$$

因为 $h_4 > h_3$ 且 $\overline{T}_{34} < T_0$，所以 $\Delta e_{34} < 0$，即体系吸收热量，㶲减小。

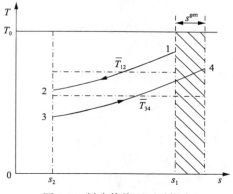

图 8.2 制冷传热不可逆损失

这一制冷传热过程的不可逆损失对应着传热过程中冷热流体热量㶲的减量。应用热平衡关系式 $h_1 - h_2 = h_4 - h_3$，制冷传热过程的不可逆损失为

$$i_r = -(\Delta e_{12} + \Delta e_{34}) = \left(1 - \frac{T_0}{\overline{T}_{12}}\right)(h_1 - h_2) - \left(1 - \frac{T_0}{\overline{T}_{34}}\right)(h_4 - h_3)$$

$$= T_0\left(\frac{1}{\overline{T}_{34}} - \frac{1}{\overline{T}_{12}}\right)(h_1 - h_2) \tag{8.6}$$

或

$$i_r = T_0[(s_4 - s_3) - (s_1 - s_2)] = T_0 s^{gen} \tag{8.7}$$

这一不可逆损失的大小等于图 8.2 中的阴影部分的面积，也等于吸热过程 $3 \to 4$ 与环境温度围成的面积减去放热过程 $1 \to 2$ 与环境温度围成的面积。

8.1.3 制冷产品及其理论最低燃料单耗

从热力学角度看，制冷作为热力过程是制冷对象放出热量而维持所需低温状态的过程。根据热力学关于热量的定义，系统放热为负。但是，制冷量作为一种可以供应和销售的产品，是以提供的制冷量为产品计价或考核的依据，这当然应以其绝对值计算。因此，为适应这一现实要求，根据式(8.4)，针对制冷过程 $1 \to 2$，对应冷量比㶲亦取正值，用式(8.8)表示：

$$e_{12} = \frac{T_0}{\overline{T}_{12}} - 1 [\mathrm{kW \cdot h} / (\mathrm{kW \cdot h})_c]$$

$$= 277.8 \left(\frac{T_0}{\overline{T}_{12}} - 1 \right) (\mathrm{kW \cdot h} / \mathrm{GJ}) \tag{8.8}$$

式中，角标 c 表示以 kW·h 计量的制冷量。

　　根据单耗分析理论，理论最低燃料单耗是针对制冷对象所需维持的低温状态而言的。假定图 8.2 中的状态 1 是制冷对象所需维持的低温条件（温度用 T_r 表示），$T_r = T_1$，因此，至少需要制冷过程 $1 \to 2$ 才可能保证维持这一制冷状态。由于 $T_r = T_1$ 与 $\overline{T}_{12}$ 存在明显的温差，T_2 温度的冷风混入室内空气是典型的（混合）温差传热，仍然会造成不可逆损失。因此，制冷过程 $1 \to 2$ 不能作为制冷产品的理论最低燃料单耗计算的依据。对比分析，不难得出结论，针对制冷对象所需制冷温度的冷产品比㶲为

$$e_{p,c} = \frac{T_0}{T_r} - 1 [\mathrm{kW \cdot h} / (\mathrm{kW \cdot h})_c]$$

$$= 277.8 \left(\frac{T_0}{T_r} - 1 \right) (\mathrm{kW \cdot h} / \mathrm{GJ}) \tag{8.9}$$

　　根据 3.2 节介绍的单耗分析理论，制冷理论最低燃料单耗为

$$b_c^{min} = \frac{e_p}{e_f^{e,s}} = \frac{277.8}{8.141} \left(\frac{T_0}{T_r} - 1 \right) = 34.12 \left(\frac{T_0}{T_r} - 1 \right) (\mathrm{kg} / \mathrm{GJ}) \tag{8.10}$$

　　当然，还可以用另一种方法求取制冷量的理论最低燃料单耗。假定在所要求的制冷温度 $T_r = T_1$ 和环境温度之间构建一个逆卡诺制冷循环 $abcda$（图 8.3），此制冷循环所消耗的功最小，其值为 $abcda$ 所围成的面积。

循环制冷量：

$$q_c = T_r (s_1 - s_2) \tag{8.11}$$

循环功耗：

$$w = (T_0 - T_r)(s_1 - s_2) \tag{8.12}$$

循环制冷的性能系数：

$$\mathrm{COP} = \frac{q_c}{w} = \frac{T_r}{T_0 - T_r} \tag{8.13}$$

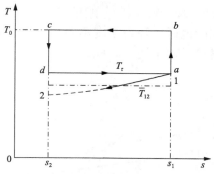

图 8.3　制冷过程与逆卡诺制冷循环

假定这一逆卡诺制冷循环所消耗的功 w 来自发电效率为 100% 的可逆热机，这时制冷循环的燃料单耗最低。而 100% 效率的发电燃料单耗为 $122.84 g/(kW \cdot h)$（参见第 3 章或第 6 章），因此，此逆卡诺制冷循环的理论最低燃料单耗为

$$b_c^{min} = \frac{122.84 w}{q_c} = \frac{122.84}{COP} = 122.84 \left(\frac{T_0}{T_r} - 1 \right) [g/(kW \cdot h)_c]$$

$$= 34.12 \left(\frac{T_0}{T_r} - 1 \right) (kg/GJ)$$

(8.14)

根据式（8.13），当制冷温度（t_r）一定时，逆卡诺制冷循环的性能系数随环境温度的提高而显著降低，如图 8.4 所示。环境温度 t_0 越高，所需的制冷量越大，但这时性能系数反而越低，单位电量供应的冷量越小，即制冷设备在环境温度提高时，制冷性能变差。对于实际的制冷机，当环境温度升到一定数值时，所需压比超过其设计极限，制冷设备将不能工作。这意味着，制冷设备冷凝器安装位置不合理或散热条件不好，不仅会影响制冷机的性能，甚至造成设备无法运转。

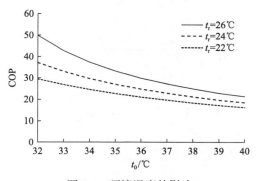

图 8.4　环境温度的影响

根据式（8.14），环境温度越高，制冷循环的理论最低燃料单耗越高；而当环

境温度一定时，制冷循环的理论最低燃料单耗随制冷温度的降低而增大，如图 8.5 所示。不难理解，不同的地区，环境温度不同，其昼夜温差亦不同，相应地，其制冷的理论最低燃料单耗也不同，因此，需要根据不同地区的气候条件进行确定。

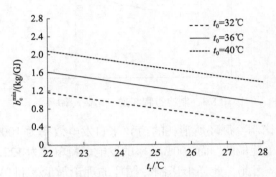

图 8.5　制冷循环的理论最低燃料单耗的特性

8.2　压缩式制冷系统的单耗分析

8.2.1　实际压缩式制冷循环的熵产分析

由于工质热物理性质的限制，实际压缩式制冷循环（简称实际制冷循环）难以采用逆卡诺制冷循环方式。为了开展制冷循环的理论分析，学者根据实际制冷循环的各个热力过程以及实际工质（也称制冷剂）的热物理性质，定义了理论制冷循环。理论制冷循环是指除节流过程外，其余热力过程都是可逆过程（彦启森等，2010）。如图 8.6 和图 8.7 所示的 $abcda$ 为理论制冷循环，这一循环包括定熵压缩过程 $a \rightarrow b$、等压冷凝过程 $b \rightarrow c$、节流过程 $c \rightarrow d$，以及等压蒸发过程

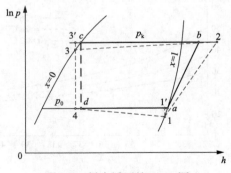

图 8.6　制冷循环的 $\ln p\text{-}h$ 图

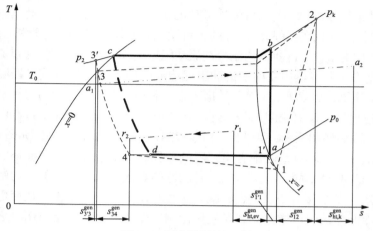

图 8.7　制冷循环的 Ts 图

$d \to a$。为简单，一般把冷凝器出口和蒸发器出口的工质状态定为饱和态。基于理论循环，可以很方便地开展相应的定量分析计算。

理论制冷循环是实际制冷循环设计与分析的基础，但是，如果将这一理论制冷循环中任一过程的起始状态点或终了状态点作为实际制冷循环的相应过程的起始或终了点，则无法构建出合适的实际制冷循环与之进行对比分析。

这里构建了一个实际制冷循环 12341，它由有摩阻的压缩过程 $1 \to 2$、有阻尼的冷凝过程 $2 \to 3$、节流过程 $3 \to 4$ 以及有阻尼的蒸发过程 $4 \to 1$ 组成，如图 8.6 和图 8.7 所示。它与理论制冷循环的关系是：由 2 点作等压线与饱和液体线交于 c 点，过 4 点作等压线与饱和蒸汽线交于 a 点，过 c 点作等焓线与 $4a$ 线交于 d 点，由 a 点作定熵线与 $2c$ 线交于 b 点。显然，理论制冷循环 $abcda$ 是实际制冷循环 12341 参数范围内的理想循环。不难看出，理论制冷循环与实际制冷循环良好吻合，形成封闭循环。为简便，将蒸发器和冷凝器出口制冷剂的状态假定为饱和态，如果实际制冷剂状态为过热或过冷，则处理方法一样。

冷凝器内有阻尼的制冷剂凝结过程 $2 \to 3$ 放热量（$h_2 - h_3$）用等压凝结放热过程 $2 \to 3'$ 表示，阻尼的影响相当于制冷剂液体在冷凝器出口的节流；蒸发器内有阻尼的制冷剂吸热蒸发过程 $4 \to 1$ 的吸热量用等压蒸发过程 $4 \to 1'$ 表示，阻尼的影响相当于制冷剂蒸汽在蒸发器出口的节流，这与第 4 章关于实际传热过程的熵产分析是一致的，即

$$h_{3'} = h_3 = h_4 \tag{8.15}$$

$$h_{1'} = h_1 \tag{8.16}$$

根据理论制冷循环的蒸发压力 p_0 和冷凝压力 p_k，构建出实际制冷循环的物理

模型，这使理论制冷循环与实际制冷循环的比较变得简单明了，在此基础上开展熵分析，能更好地揭示实际制冷循环的不可逆因素对制冷循环热力学性能的影响。

图 8.7 中的 $s_{3'3}^{\text{gen}}$ 为冷凝器内制冷剂流动阻尼造成的熵产；s_{34}^{gen} 为节流阀的节流熵产；$s_{1'1}^{\text{gen}}$ 表示蒸发器内制冷剂流动阻尼造成的熵产；$s_{\text{ht,ev}}^{\text{gen}}$ 为蒸发器温差传热熵产；s_{12}^{gen} 为压缩过程熵产；$s_{\text{ht,k}}^{\text{gen}}$ 为冷凝器温差传热熵产。此六项为实际制冷系统的主要不可逆损失。需要说明的是，这里未考虑系统散热损失造成的影响。

实际制冷循环如图 8.6 和图 8.7 中的 12341 所示，理论制冷循环如图中的 abcda 所示，对比分析，不难清晰地看出二者的差异。但由于理论制冷循环的制冷量与实际制冷循环明显不同，直接对比二者的性能系数是没有意义的。为解决这一问题，可以让 d 点左移与 4 点重合，减小二者在制冷量上的差距，从而更清晰地揭示实际制冷循环的不可逆性；并且使理论制冷循环的冷凝器出口制冷剂沿等压线降温至 3' 点，相应的理论制冷循环为 abc3'4a。

如果基于实测参数开展分析，而冷凝器出口制冷剂处于过冷状态，或蒸发器出口制冷剂处于过热状态，则亦可参照上述方法的原则进行处理。另外，为了简单，如图 8.7 所示，假设蒸发器的制冷过程 $r_1 \to r_2$ 为室内冷空气放热过程，冷凝器内进行的是室外空气的吸热过程 $a_1 \to a_2$，忽略其阻尼造成的不可逆性。

根据性能系数的定义，新理论制冷循环 abc3'4a 的性能系数为

$$\text{COP}_i^* = \frac{q_c^*}{w_i^*} = \frac{h_a - h_4}{h_b - h_a} \tag{8.17}$$

式中，$w_i^* = h_b - h_a$ 为理论制冷循环的压缩功耗；$q_c^* = h_a - h_4$ 为理论制冷循环制冷量。

实际制冷循环 12341 的性能系数为

$$\text{COP}_i = \frac{q_c}{w_i} = \frac{h_1 - h_4}{h_2 - h_1} \tag{8.18}$$

式中，$w_i = h_2 - h_1$ 为压缩功耗；$q_c = h_1 - h_4$ 为制冷量。

实际制冷循环各节点的温度和压力可以通过测量获得，再通过物性计算和查询得到相应的比容、焓值、熵值等其他参数。对于状态点 1 和 3，需要判别是饱和态、过热态还是过冷态；状态点 2 处于过热态；状态点 4 一般处于湿蒸汽状态，可根据状态点 3 的焓和节流后制冷剂压力或蒸发器入口压力确定。有了各节点的物性参数，就可以开展系统熵产的计算。

压缩过程的熵产可以用式 (8.19) 计算：

$$s_{\text{com}}^{\text{gen}} = s_{12}^{\text{gen}} = s_2 - s_1 \tag{8.19}$$

式 (8.19) 计算的压缩过程熵产是压缩机不可逆性的总和。对于活塞式压缩机，

它包括了吸、排气阀片造成的节流损失，以及余隙容积、预热、内漏等的不可逆性等；对于封闭式压缩机，还包括了电机损耗和机械损耗的影响等。式(8.19)提供的仅是熵产计算方法，实际压缩过程的不可逆性分析参见第 4 章关于压缩过程不可逆性分析的内容。

冷凝器本体的熵产由两部分构成，一部分是传热温差导致的熵产，另一部分是制冷剂流动阻尼造成的熵产。另外，冷凝器的热负荷最终排放到大气环境中，还会造成环境熵增，是制冷系统对环境的影响，这里将这部分熵产也一并归为冷凝器的熵产。

冷凝器内工质流动阻尼造成的熵产为

$$s_{3'3}^{\text{gen}} = s_3 - s_{3'} \tag{8.20}$$

传热温差导致的熵产为

$$s_{\text{ht,k}}^{\text{gen}} = s_{3'} - s_2 + \frac{q_{\text{k}}}{\overline{T}_{a_1 a_2}} = \frac{q_{\text{k}}}{\overline{T}_{a_1 a_2}} - \frac{q_{\text{k}}}{\overline{T}_{3'2}} \tag{8.21}$$

式中，$q_{\text{k}} = h_2 - h_3 = h_2 - h_{3'}$ 为冷凝器的热负荷；$\overline{T}_{3'2}$ 为制冷剂冷凝过程的热力学平均温度，用式(8.22)计算：

$$\overline{T}_{3'2} = \frac{h_{3'} - h_2}{s_{3'} - s_2} \tag{8.22}$$

$\overline{T}_{a_1 a_2}$ 为室外空气吸热的热力学平均温度，假定室外空气比定压热容为常数，室外空气吸热的热力学平均温度可近似用式(8.23)计算：

$$\overline{T}_{a_1 a_2} = \frac{T_{a_2} - T_{a_1}}{\ln(T_{a_2} / T_{a_1})} \tag{8.23}$$

式中，T_{a_1}、T_{a_2} 为冷凝器进出口冷却介质温度。通常，冷凝器入口冷却空气温度 T_{a_1} 等于环境空气的温度，如果用循环冷却水对冷凝器冷却，则对应环境大气的湿球温度。

冷却介质吸收的热量 q_{k}，最后又排放于环境之中，由此造成的熵产为

$$s_{\text{tm,k}}^{\text{gen}} = \left(\frac{1}{T_0} - \frac{1}{\overline{T}_{a_1 a_2}} \right) q_{\text{k}} \tag{8.24}$$

式中，T_0 为环境温度。

因此，冷凝器的熵产为

$$s_{\mathrm{k}}^{\mathrm{gen}} = s_{3'3}^{\mathrm{gen}} + s_{\mathrm{ht,k}}^{\mathrm{gen}} + s_{\mathrm{tm,k}}^{\mathrm{gen}} = s_3 - s_2 + \frac{q_{\mathrm{k}}}{T_0} = \left(\frac{1}{T_0} - \frac{1}{\overline{T}_{32}} \right) q_{\mathrm{k}} \tag{8.25}$$

式中，$\overline{T}_{32}$ 用式 (8.26) 计算，反映制冷剂蒸汽冷凝温度水平：

$$\overline{T}_{32} = \frac{h_{3'} - h_2}{s_3 - s_2} = -\frac{q_{\mathrm{k}}}{s_3 - s_2} \tag{8.26}$$

节流过程的熵产为

$$s_{\mathrm{tv}}^{\mathrm{gen}} = s_{34}^{\mathrm{gen}} = s_4 - s_3 \tag{8.27}$$

蒸发器的熵产通常也由两部分构成，一部分是传热温差导致的熵产，另一部分是流动阻尼造成的熵产。但是，蒸发器提供的制冷量由被冷却的室内空气携带，最终混入室内空气，也造成熵产。

蒸发器内工质流动阻尼造成的熵产为

$$s_{1'1}^{\mathrm{gen}} = s_1 - s_{1'} \tag{8.28}$$

传热温差导致的熵产为

$$s_{\mathrm{ht,ev}}^{\mathrm{gen}} = s_{1'} - s_4 - \frac{q_{\mathrm{c}}}{\overline{T}_{r_1 r_2}} = \frac{q_{\mathrm{c}}}{T_{41'}} - \frac{q_{\mathrm{c}}}{\overline{T}_{r_1 r_2}} \tag{8.29}$$

式中，$q_{\mathrm{c}} = h_1 - h_4 = h_{1'} - h_4$ 为循环制冷量；$T_4 = T_{1'} = T_{41'}$ 为蒸发器制冷剂蒸发温度；$\overline{T}_{r_1 r_2}$ 为室内空气放热的热力学平均温度，假定空气比定压热容为常数，其值可以用式 (8.30) 计算：

$$\overline{T}_{r_1 r_2} = \frac{T_{r_2} - T_{r_1}}{\ln(T_{r_2} / T_{r_1})} \tag{8.30}$$

冷空气混入室内造成的熵产为

$$s_{\mathrm{tm,ev}}^{\mathrm{gen}} = \frac{q_{\mathrm{c}}}{\overline{T}_{r_1 r_2}} - \frac{q_{\mathrm{c}}}{T_{\mathrm{r}}} \tag{8.31}$$

式中，T_{r} 为制冷对象要求的制冷温度。

因此，蒸发器的熵产为

$$s_{ev}^{gen} = s_{1'1}^{gen} + s_{ht,ev}^{gen} + s_{tm,ev}^{gen} = s_1 - s_4 - \frac{q_c}{T_r} = \frac{q_c}{\overline{T}_{41}} - \frac{q_c}{T_r} \qquad (8.32)$$

式中，$\overline{T}_{41}$用式(8.33)计算，反映制冷剂蒸发温度水平：

$$\overline{T}_{41} = \frac{h_1 - h_4}{s_1 - s_4} = \frac{q_c}{s_1 - s_4} \qquad (8.33)$$

实际制冷循环的总熵产为

$$\sum s_{ys,j}^{gen} = s_{com}^{gen} + s_k^{gen} + s_{tv}^{gen} + s_{ev}^{gen} = \frac{q_k}{T_0} - \frac{q_c}{T_r} \qquad (8.34)$$

由于 $q_k = q_c + w_i$，式(8.34)可以写成

$$\sum s_{ys,j}^{gen} = \frac{w_i}{T_0} - \left(\frac{1}{T_r} - \frac{1}{T_0}\right)q_c \qquad (8.35)$$

根据 Gouy-Stodola 公式 $i_r = T_0 s^{gen}$［式(2.199)］，实际制冷循环的总不可逆损失为

$$\sum i_{rys,j} = w_i - \left(\frac{T_0}{T_r} - 1\right)q_c \qquad (8.36)$$

式(8.36)右边第一项为实际制冷循环的压缩功耗，第二项为制冷对象得到的冷量㶲［参考式(8.9)］，即实际制冷循环的不可逆损失等于功耗减去制冷对象获得的冷量㶲。

以上分析针对 1kg 工质及 1GJ 制冷量进行，均用比参数表示。

8.2.2　压缩式制冷系统的㶲平衡及㶲效率

假定制冷剂质量流量为 M_r，制冷量 $Q_c = M_r q_c$，压缩式制冷系统所消耗的电功为 $W_i/\eta_{mg} = M_r w_i/\eta_{mg}$，其中 η_{mg} 为电机效率和机械传动效率的乘积。

压缩式制冷系统的㶲平衡关系式为

$$W e_{p,e} = Q_c e_{p,c} + \sum I_{rys,j} = Q_c e_{p,c} + T_0 \sum S_{ys,j}^{gen} \qquad (8.37)$$

式中，$e_{p,e}$ 为电的比㶲，$e_{p,e} = 1 kW \cdot h/(kW \cdot h)$；$e_{p,c}$ 为制冷量 Q_c 的比㶲，用式(8.9)计算；$\sum I_{rys,j} = M_r \sum i_{rys,j}$ 为不可逆损失之和，包括前面计算的所有熵产对

应的各不可逆损失及电机损失和传动损失等。

考虑电机损耗和机械损耗，压缩式制冷系统的 COP 用式(8.38)计算。注意对比与式(8.18)的差异：

$$COP = \frac{Q_c}{W} \tag{8.38}$$

压缩式制冷系统的㶲效率为

$$\eta_{c,ys}^{ex} = \frac{Q_c e_{p,c}}{W e_{p,e}} = \frac{Q_c \left(\dfrac{T_0}{T_r} - 1 \right)}{W} = \left(\frac{T_0}{T_r} - 1 \right) \cdot COP \tag{8.39}$$

当然，也可以从反平衡的角度来计算制冷系统的第二定律效率：

$$\eta_{c,ys}^{ex} = 1 - \frac{\sum I_{rys,j}}{W e_{p,e}} = 1 - \frac{T_0 \sum S_{ys,j}}{W} \tag{8.40}$$

8.2.3　压缩式制冷系统耗电量所携带的不可逆损失及熵产

单耗分析研究的是从燃料到产品的全过程。而绝大部分压缩式制冷系统都从电网取电作为能源输入，与燃料之间隔着电厂和电网。电能是二次能源，目前在我国主要由煤炭经火电机组转化而来。耗电，从根本上来讲是对煤炭的消耗，因此，开展制冷系统单位制冷量的燃料消耗分析是一项重要的工作。

电网火电机组很多，参数、容量及效率各不相同，不能确定制冷系统所消耗的电能来自哪一台机组。电网供电有损耗，这和燃料输运有能耗一样，火电机组在计算发电效率时未计入这部分损耗，因此，压缩式制冷系统在核算能源利用效率时也不应计入电网损耗，否则意味着评价的基准有失公允。针对这一问题，本书在第 5 章进行了专题讨论。建议凡涉及耗电的能源利用系统，均以上一年度全国电网火电机组平均供电燃料单耗计算其燃料消耗量。中国电力企业联合会每年都会发布上一年度全国电网火电机组平均供电燃料单耗统计数据，这为开展压缩式制冷系统的单耗分析提供了便利。需要指出的是，电力技术的进步，机组发、供电煤耗降低，会减小压缩式制冷系统的一次能源消耗，从而实现社会整体的节能。

假定全国电网火电机组平均供电燃料单耗为 $\overline{b}_e^s$(参见第 5 章)，则压缩式制冷系统消耗电量 W 对应的燃料消耗量为

$$B_c^s = \overline{b}_e^s \cdot W \tag{8.41}$$

根据单耗分析理论，电网发电设备生产这部分电量的㶲平衡关系式可以写成

$$B_c^s \cdot e_f^s = \overline{b}_e^s \cdot W \cdot e_f^s = W \cdot e_{p,e} + \sum I_{r,e} \tag{8.42}$$

式中，e_f^s 为标准煤的比㶲，$e_f^s = e_f^{e,s} = 8.141 \mathrm{kW \cdot h / kg}$ [式(3.52)]；$e_{p,e}$ 为电的比㶲，$e_{p,e} = 1 \mathrm{kW \cdot h/(kW \cdot h)}$；$\sum I_{r,e}$ 为假想火电机组生产 W 电量的总不可逆损失。

电网供出这部分电量 W 的单耗分析模型是

$$\overline{b}_e^s = \frac{B_c^s}{W} = b_e^{\min} + \frac{\sum I_{r,e}}{W \cdot e_f^s} = 0.12284 + \frac{\sum I_{r,e}}{W \cdot e_f^s} \tag{8.43}$$

因此，压缩式制冷系统的耗电量 W 所携带的不可逆损失 $\sum I_{r,e}$ 用式(8.44)计算：

$$\sum I_{r,e} = (\overline{b}_e^s - 0.12284) W \cdot e_f^s \tag{8.44}$$

这部分不可逆损失所对应的熵产为

$$\sum S_e^{gen} = \frac{\sum I_{r,e}}{T_0} = \frac{(\overline{b}_e^s - 0.12284) W \cdot e_f^s}{T_0} \tag{8.45}$$

8.2.4　压缩式制冷系统的燃料单耗构成分析

将式(8.37)代入式(8.42)，得针对燃料的压缩式制冷的㶲平衡关系式：

$$B_c^s \cdot e_f^s = Q_c e_{p,c} + T_0 \sum S_{ys,j}^{gen} + \sum I_{r,e} \tag{8.46}$$

式(8.46)两边同除以 $Q_c e_f^s$，得制冷系统的单耗分析模型：

$$b = \frac{B_c^s}{Q_c} = \frac{e_{p,c}}{e_f^s} + \frac{\sum T_0 S_{ys,j}^{gen} + \sum I_{r,e}}{Q_c \cdot e_f^s} = b_c^{\min} + \frac{T_0 \sum S_{ys,j}^{gen} + \sum I_{r,e}}{Q_c \cdot e_f^s} \tag{8.47}$$

式中，$b_c^{\min}$ 为冷产品的理论最低燃料单耗，用式(8.10)计算。

压缩式制冷系统的不可逆损失所造成的附加燃料单耗为

$$\sum b_{ys,j} = \frac{T_0 \sum S_{ys,j}^{gen}}{Q_c \cdot e_f^s} \tag{8.48}$$

压缩式制冷系统的耗电量所携带的不可逆损失对应的附加燃料单耗为

$$\sum b_{\mathrm{e}} = \frac{\sum I_{\mathrm{r,e}}}{Q_{\mathrm{c}} \cdot e_{\mathrm{f}}^{\mathrm{s}}} \tag{8.49}$$

制冷燃料单耗还可以用式(8.50)直接求得，参见式(5.6)。当然，使用式(8.50)时要注意量纲转换：

$$b = \frac{B_{\mathrm{c}}^{\mathrm{s}}}{Q_{\mathrm{c}}} = \frac{B_{\mathrm{c}}^{\mathrm{s}}}{W} \cdot \frac{W}{Q_{\mathrm{c}}} = 277.8 \overline{b}_{\mathrm{e}}^{\mathrm{s}} / \mathrm{COP} \tag{8.50}$$

显然，$\overline{b}_{\mathrm{e}}^{\mathrm{s}}$ 对压缩式制冷系统的燃料单耗产生直接影响，因此火电技术进步对于降低压缩式制冷的燃料单耗有重要作用。

压缩式制冷针对燃料的正平衡第二定律效率(或能源利用第二定律效率)为

$$\eta_{\mathrm{E,ys}}^{\mathrm{ex}} = \frac{Q_{\mathrm{c}} e_{\mathrm{p,c}}}{B_{\mathrm{c}}^{\mathrm{s}} \cdot e_{\mathrm{f}}^{\mathrm{s}}} = \frac{b_{\mathrm{c}}^{\min}}{b} = \frac{b_{\mathrm{e}}^{\min}}{\overline{b}_{\mathrm{e}}^{\mathrm{s}}} \left(\frac{T_0}{T_{\mathrm{r}}} - 1 \right) \cdot \mathrm{COP} = \frac{0.12284}{\overline{b}_{\mathrm{e}}^{\mathrm{s}}} \left(\frac{T_0}{T_{\mathrm{r}}} - 1 \right) \cdot \mathrm{COP}$$
$$= \overline{\eta}_{\mathrm{e}}^{\mathrm{s}} \eta_{\mathrm{c,ys}}^{\mathrm{ex}} \tag{8.51}$$

式中，$\overline{\eta}_{\mathrm{e}}^{\mathrm{s}} = 0.12284 / \overline{b}_{\mathrm{e}}^{\mathrm{s}}$ 为全国电网火电机组平均供电效率。

显然，反映电力工业技术发展水平的 $\overline{\eta}_{\mathrm{e}}^{\mathrm{s}}$ 对压缩式制冷的能源利用效率有着直接的影响，式(8.51)可以清晰地揭示这一点。火电机组的平均供电效率越高，压缩式制冷的效率也越高。

压缩式制冷的反平衡能源利用第二定律效率为

$$\eta_{\mathrm{E,ys}}^{\mathrm{ex}} = 1 - \frac{T_0 \sum S_{\mathrm{ys},j}^{\mathrm{gen}} + \sum I_{\mathrm{r,e}}}{B_{\mathrm{c}}^{\mathrm{s}} \cdot e_{\mathrm{f}}^{\mathrm{s}}} \tag{8.52}$$

8.2.5　案例分析

1. 换热器阻尼对制冷循环性能系数的影响

制冷剂在蒸发器和冷凝器的流动阻尼，对换热器的熵产产生直接影响，从而影响制冷循环的性能。不可逆损失的影响通常都是不利的，因此为避免损失过大，对制冷系统换热器的阻尼都有比较严格的限制。

有关文献中给出的蒸发器和冷凝器的阻尼温降如表 8.1 所示(Paliwoda，1989)。国内一些制冷原理教科书给出的计算案例也有这方面的数据，对于某干式蒸发器设计计算，氟利昂 R22 制冷剂的阻尼压降为 25kPa，相应的阻尼温降是

1.53℃（张祉祐，1987），压降占入口压力的比值（简称阻尼压降比）约为 4.8%。对于 R134a 制冷剂，蒸发器的阻尼压降比为 3.13%，相应温降为 0.34℃；冷凝器的阻尼压降比为 2.75%，相应温降为 0.01℃（华泽钊等，2009）。对于 R22 制冷剂，2℃蒸发温度下的蒸发器压降为 19kPa，40.6℃冷凝温度下的冷凝器压降为 43kPa（Vera-García et al.，2010）。

表 8.1　最大允许压降对应的当量饱和温降　　　　　　　　（单位：℃）

制冷剂	蒸发器	冷凝器
R717（氨）	0.8～1.4	0.2～0.4
R11, R22, R502	1.5～2.5	0.3～0.5
R12, R114	1.7～2.7	0.35～0.55

为了分析换热器阻尼对制冷循环性能的影响，这里针对 1kg 工质的理论制冷循环 abcda 开展分析，其主要参数如表 8.2 所示。蒸发温度为－10℃，冷凝温度为 36℃，表中其他参数以氟利昂 R22 作为制冷剂确定。该理论制冷循环的性能系数 $COP_i = (h_a - h_d) / (h_b - h_a)$ =4.58，压缩功 $h_b - h_a$ =34.24kJ/kg，制冷量 $h_a - h_d$ = 156.82kJ/kg。

表 8.2　氟利昂 R22 理论制冷循环参数

状态点	温度/℃	压力/MPa	比焓/(kJ/kg)	比熵/[kJ/(K·kg)]
a 点	－10.00	0.3548	401.20	1.7658
b 点	58.16	1.3892	435.44	1.7658
c 点	36.00	1.3892	244.38	1.1499
d 点	－10.00	0.3548	244.38	1.2458

如图 8.8 所示，蒸发器中制冷剂阻尼温降是理论制冷循环蒸发温度 $t_s(p_0)$ 与蒸发器出口温度 $[t_1 = t_s(p_1)]$ 之差，相应的阻尼压降百分比为 $\Delta p_0 / p_0 = (p_0 - p_1) / p_0$。如图 8.9 所示，冷凝器中制冷剂阻尼温降是其阻尼存在时需要的压缩机出口压力 p_2 所对应的制冷剂饱和温度 $t_s(p_2)$ 与理论制冷循环凝结温度 $t_s(p_k)$ 之差，相应的阻尼压降百分比为 $\Delta p_k / p_k = (p_2 - p_k) / p_k$。

蒸发器中制冷剂阻尼影响的计算结果如图 8.8 和表 8.3 所示，冷凝器中制冷剂阻尼影响的计算结果如图 8.9 和表 8.4 所示。可以看出，阻尼的存在造成了制冷性能系数的降低。在相同阻尼温降条件下，冷凝器中的阻尼影响小于蒸发器中的阻尼影响。

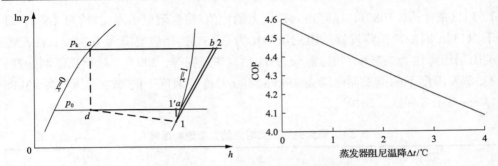

图 8.8　蒸发器中制冷剂流动的阻尼影响

表 8.3　蒸发器中制冷剂流动的阻尼影响

阻尼温降/℃	0	1	2	3	4
$(\Delta p/p)$/%	0	3.49	6.88	10.18	13.39
COP_i	4.58	4.45	4.32	4.20	4.08
制冷量/(kJ/kg)	34.24	35.17	36.11	37.06	38.03
压缩功/(kJ/kg)	156.82	156.42	156.01	155.6	155.19

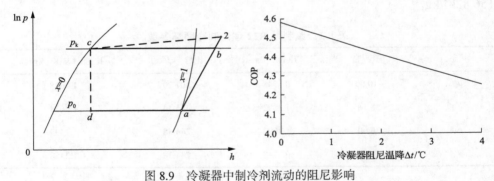

图 8.9　冷凝器中制冷剂流动的阻尼影响

表 8.4　冷凝器中制冷剂流动的阻尼影响

阻尼温降/℃	0	1	2	3	4
$(\Delta p/p)$/%	0	2.53	5.10	7.72	10.39
COP_i	4.58	4.49	4.41	4.33	4.25
制冷量/(kJ/kg)	156.82	156.82	156.82	156.82	156.82
压缩功/(kJ/kg)	34.24	34.91	35.58	36.24	36.9

2. 实际制冷循环与理论制冷循环的比较

某 200kW 压缩式制冷机组采用 R134a 作为制冷剂，其制冷循环热力参数如

表 8.5 所示，蒸发温度为 5℃，冷凝温度为 45℃；房间控制温度为 26℃，环境空气温度为 36℃。假设阻尼造成的蒸发器中制冷剂温降为 1℃，假设冷凝器中制冷剂温降为 2℃；假设压缩机内效率为 80%，机械传动效率为 90%，电机效率为 98%，室外空气在冷凝器中的温升为 4℃，室内冷空气在蒸发器中的温降为 8℃。200kW 制冷量对应的制冷剂质量流量为 1.428kg/s。各状态点对应图 8.7。

表 8.5 循环压缩式制冷循环热力参数

状态点	温度/℃	压力/MPa	比焓/(kJ/kg)	比熵/[kJ/(K·kg)]	压降比 $(\Delta p/p)$/%
1′点	5.00	0.34966	400.92	1.722	
1 点	4.00	0.33766	400.92	1.725	3.43
a 点	5.00	0.34966	401.49	1.7245	
b 点	49.17	1.1599	426.41	1.7245	
2 点	54.96	1.1599	432.98	1.7447	
c 点	45.00	1.1599	263.94	1.2139	
3′点	43.01	1.1599	260.91	1.2044	
3 点	43.00	1.1009	260.91	1.2046	5.09
4 点	5.00	0.34966	260.91	1.219	

应用式(8.17)和式(8.18)进行计算。实际制冷循环 12341 的性能系数 $COP_i = q_c / w_i$ =4.367，理论制冷循环 $ab3'4a$ 的 $COP_i^* = q_c^* / w_i^*$ =5.641，即由于不可逆性的因素的存在，实际制冷循环的性能系数较理论制冷循环减小了 22.59%。

图 8.6 和图 8.7 所构建的理论制冷循环与实际制冷循环具有良好的可比性。二者工作压力范围相同，制冷量也大致相同，如表 8.6 所示。所不同的是压缩功耗相差比较大，这是实际制冷循环不可逆因素所致。

表 8.6 制冷循环的常规性能指标

	指标名称	单位	公式	数值
实际	单位质量制冷量	kJ/kg	$q_c = h_1 - h_4$	140.01
	压缩功耗	kJ/kg	$w = h_2 - h_1$	32.06
	性能系数	—	$COP_i = q_c / w_i$	4.367
理论	单位质量制冷量	kJ/kg	$q_c^* = h_a - h_4$	140.58
	压缩功耗	kJ/kg	$w_i^* = h_b - h_a$	24.92
	性能系数	—	$COP_i^* = q_c^* / w_i^*$	5.641

3. 实际压缩式制冷系统的第二定律分析

实际制冷循环各换热过程的温度水平如表 8.7 所示。由于阻尼的影响，蒸发过程的热力学平均温度为 3.55℃，低于 4℃ 的出口温度；冷凝过程的平均温度为 45.44℃，高于 45℃ 的设计冷凝温度。由于 $4 \to 1$ 和 $2 \to 3$ 过程都是不可逆过程，上述计算的平均温度不是制冷剂蒸发与凝结过程的真实温度，但可以用来反映过程的不可逆性大小，参见第 4 章关于换热器不可逆性因素分析的有关部分。

表 8.7　制冷过程的温度水平

设备	名称	公式	结果/K(℃)	温差/℃
蒸发器	蒸发过程平均温度	式(8.33)	276.7(3.55)	
	室内空气放热平均温度	式(8.30)	295.13(21.98)	26.00–3.55=22.45
	制冷温度(T_r)	—	299.15(26.00)	
冷凝器	冷凝过程平均温度	式(8.26)	318.59(45.44)	
	室外空气吸热平均温度	式(8.23)	311.15(38.00)	45.44–36.00=9.44
	环境温度(T_0)	—	309.15(36.00)	

实际压缩式制冷系统的第二定律分析数据如表 8.8 所示。蒸发器温差传热过程的不可逆损失最大，㶲损系数达 24.33%，再考虑冷空气混入室内造成的㶲损

表 8.8　实际压缩制冷系统的第二定律分析数据

设备及过程		过程熵产	设备熵产	过程不可逆损失	设备不可逆损失	㶲损系数	
		/[kJ/(K·kg)]		/kW		/%	
压缩机	摩阻等	0.0197	0.0197	8.700	8.700	16.75	16.75
冷凝器	温差传热	0.0127	0.0165	5.618	7.267	10.82	13.99
	阻尼	0.0002		0.088		0.17	
	混入熵产	0.0036		1.561		3.00	
节流阀	节流	0.0144	0.0144	6.359	6.359	12.25	12.25
蒸发器	温差传热	0.0286	0.0380	12.631	16.770	24.33	32.30
	阻尼	0.0030		1.325		2.55	
	混入熵产	0.0064		2.814		5.42	
机械损失		0.0115	0.0115	5.089	5.089	9.8	9.8
电机损失		0.0024	0.0024	1.038	1.038	2	2
合计		0.1024		45.238		87.12	

系数 5.42%，二者之和为 29.75%。相比之下，冷凝器的传热过程的不可逆损失就小了很多，冷凝器内的温差传热造成的㶲损系数为 10.82%，从冷凝器出来的热空气混入室外环境大气造成的㶲损系数为 3.00%，二者之和为 13.82%。蒸发器的传热不可逆损失是冷凝器的 2.25 倍，其主要原因在于蒸发器内的传热温差大于冷凝器传热温差，如表 8.7 所示。因此，合理选择制冷参数对于制冷循环节能具有非常重要的意义。案例中计算的制冷循环参数取自中央空调系统的冷水机组，冷水机组对空气处理器的供回水温度分别为 7℃ 和 11℃，空气处理器再对室内空气进行冷却及空气品质调节（包括新风和干湿度）。单纯的制冷无须如此大的循环温度范围，如窗式空调器和分体式空调器等。制冷和空气品质调节分属不同的产品，开展其单耗分析，需考虑产品种类及品质的不同，只有针对同类产品，其能效水平的对比才有意义。

　　单项损失排在第二位的是压缩过程，占 16.75%，因此开发更高效的压缩机是制冷技术的重要方向。排在第三位是冷凝器，占 13.99%，节流阀仅排在第四位，占 12.25%。近年来，膨胀机取代节流阀的研究及应用实例不少，这对于制冷循环节能具有重要意义，不仅可以减小节流损失，还可以降低进入蒸发器制冷剂的焓值（h_4），提高单位质量制冷剂的制冷量（$h_1 - h_4$），对于提高制冷循环性能系数 COP_i 非常有利。制冷循环内部各设备和过程的㶲损系数如图 8.10 所示，图中冷量㶲部分为冷量㶲占输入电量的份额，即制冷系统反平衡㶲效率，图中数据之和为 100%。

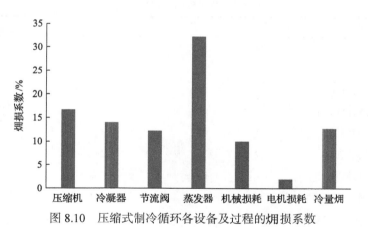

图 8.10　压缩式制冷循环各设备及过程的㶲损系数

　　排在第五位的是机械传动过程中摩阻等造成的损失，这里假设机械效率为 90%，是针对活塞式压缩机选取的（彦启森等，2010），这一数值比燃煤火电机组约 99% 的机械效率（郑体宽和杨晨，2008）低很多，由此造成的不可逆损失占 9.8%。火电机组是大型动力设备，对其传动机构及轴承系统，设置有专门的润滑油系统，润滑油系统除了向汽轮发电机组各支承轴承、推力轴承提供合格的润滑、冷却油，还为各靠背轮、主油泵提供油浴等，因此具有很高的效率。相比较而言，制冷系统属于小型机械设备，其传动机构及润滑保护要差很多，这些方面是值得改进的地方。

蒸发器和冷凝器内的制冷剂流动阻尼造成的节流损失，从数值上看是比较小的。冷凝器制冷剂阻尼温降为 2℃，相应的阻尼压降为入口压力的 5.09%，造成的不可逆损失占比为 0.17%，而蒸发器制冷剂阻尼温降为 1℃，相应的阻尼压降为入口压力的 3.43%，可造成的不可逆损失占比达 2.55%，影响远大于冷凝器。这是因为冷凝器出口制冷剂为液态，而蒸发器出口制冷剂为气态，与第 4 章关于节流不可逆损失的分析完全一致。因此，对蒸发器阻尼温降（或压降）的设计选择，要引起足够的重视。

该制冷机的主要性能参数如表 8.9 所示。制冷机实际功耗为 51.92kW，其性能系数为 3.85，相应的㶲效率为 12.87%，是一个很低的水平，因为制冷温度与环境温度的温差比较小，仅为 36−26=10℃，冷量㶲比较小。要满足这样一个不大温差的用冷需求，选择 5℃的蒸发温度，与所要求的 26℃的制冷温度有 21℃的温差。对于单纯的空调制冷，这一参数选择是不合理的。当然，对于有室内空气品质调节的制冷系统，这一蒸发温度的选取是合理的。从单耗分析的角度看，这时的产品不单单是制冷，还有空气品质调节这一项。

通过正反平衡计算，制冷系统的㶲效率均为 12.87%，说明计算结果正确。

表 8.9　制冷机的主要性能参数

名称	符号	单位	公式	数值
制冷量	Q_c	kW	给定	200
制冷剂流量	D	kg/s	$Q_c/(h_1-h_4)$	1.428
单位冷凝器热负荷	q_k	kJ/kg	h_2-h_3	172.07
单位蒸发器热负荷	q_c	kJ/kg	h_1-h_4	140.01
冷凝器热负荷	Q_k	kW	$D(h_2-h_3)$	245.8
蒸发器热负荷	Q_c	kW	$D(h_1-h_4)$	200
单位压缩功耗	w_i	kJ/kg	h_2-h_1	32.06
压缩功耗	W_i	kW	$D(h_2-h_1)$	45.80
制冷循环性能系数	COP_i	—	$(h_1-h_4)/(h_2-h_1)$	4.37
实际耗电量	W	kW	$W_i/(\eta_m\eta_g)$	51.92
冷量㶲	$E_{p,c}$	kW	$De_{p,c}=D(T_0/T_r-1)(h_1-h_4)$	6.69
总㶲损耗	$\Sigma I_{rys,j}$	kW	见表 8.8	45.238
制冷机性能系数	COP	—	Q_c/W	3.85
㶲效率	$\eta_{c,ys}^{ex}$	%	$E_{p,c}/W=(T_0/T_r-1)COP$	12.87

4. 压缩式制冷的单耗分析

假设压缩式制冷系统所消耗的电量来自全国电网火电机组平均供电燃料单耗 $\overline{b}_e^s=316g/(kW\cdot h)$ 的假想机组。基于本节提供的方法，开展压缩式制冷的单耗分析，计算结果如表 8.10 所示，压缩式制冷系统的单耗构成如图 8.11 所示。

表 8.10　压缩式制冷系统的单耗分析结果

指标	符号	单位	公式	数值
制冷系统耗电量	W	kW	$W_i/(\eta_m\eta_g)$	51.92
全国电网火电机组平均供电燃料单耗	$\overline{b}_e^s$	g/(kW·h)	—	316
制冷系统煤耗量	B_c^s	g/s	$\overline{b}_e^s\cdot W_t$	4.558
制冷燃料单耗	b	kg/GJ	$277.8\overline{b}_e^s/COP$	22.79
制冷理论最低燃料单耗	b_c^{min}	kg/GJ	$34.12(T_0/T_r-1)$	1.141
能源利用第二定律效率	$\eta_{E,ys}^{ex}$	%	$100\,b_c^{min}/b$	5.00
压缩机附加燃料单耗	b_{com}	kg/GJ	式(8.48)	1.484
冷凝器附加燃料单耗	b_k	kg/GJ	式(8.48)	1.242
节流阀附加燃料单耗	b_{tv}	kg/GJ	式(8.48)	1.085
蒸发器附加燃料单耗	b_{ev}	kg/GJ	式(8.48)	2.861
机械附加燃料单耗	b_m	kg/GJ	式(8.48)	0.868
电机附加燃料单耗	b_g	kg/GJ	式(8.48)	0.177
耗电附加燃料单耗	Σb_e	kg/GJ	式(8.49)	13.931
总单耗	b			22.789

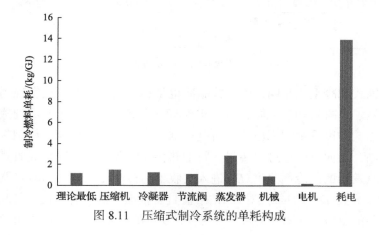

图 8.11　压缩式制冷系统的单耗构成

从图 8.11 和表 8.10 中可以看出，制冷系统耗电所携带的不可逆损失所致制冷附加燃料单耗达 13.931kg/GJ 的水平，占总单耗份额的 61.13%，是压缩式制冷燃料单耗构成的主要部分；制冷系统内部不可逆损失总和所致制冷附加燃料单耗为 7.718kg/GJ，占总单耗份额的 33.87%，制冷系统各设备的附加单耗从大到小依次是其蒸发器、压缩机、冷凝器、节流阀和机械损耗。100% − 61.13% − 33.87%=5% 为压缩式制冷机的能源利用㶲效率，与表中正平衡计算结果一致。

8.3　直燃型吸收式制冷系统的单耗分析

8.3.1　吸收式制冷循环

溴化锂吸收式制冷系统是目前常用的一种制冷技术，与火力发电机组结合构成热电冷联产，是降低吸收式制冷系统能耗的重要措施。目前常用的吸收式制冷系统一般采用双效发生器设计，相对于单效设计，其能效会有所提高。图 8.12 为单效吸收式制冷系统流程示意图。

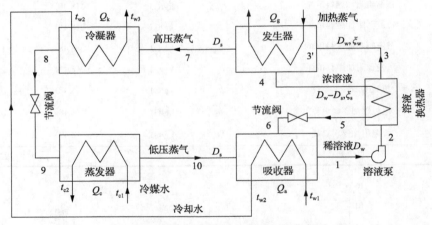

图 8.12　单效吸收式制冷系统流程示意图

与压缩式制冷系统相同，吸收式制冷也是利用液体蒸发吸热实现制冷的，都配有蒸发器、冷凝器和节流阀，只是实现蒸汽压缩、得到高压制冷剂蒸汽的方式不同。压缩式制冷系统利用压缩机对制冷剂蒸汽直接进行压缩，使制冷剂蒸汽凝结温度提高，从而可以通过热传导，将潜热传递到环境中。而在吸收式制冷系统中，来自蒸发器的制冷剂蒸汽(D_s)进入吸收器，被高温、压力与蒸发器压力持平的溴化锂浓溶液(D_w–D_s)加热(因为浓溶液具有很高的沸点升高值，与制冷剂蒸汽有非常明显的温差，如图 8.13 中的 6 点和 10 点的温差)，从而可以由常温冷却水将此低温制冷剂蒸汽冷凝，凝结水进入溶液，从而得到溴化锂稀溶液(D_w)。稀溶液由溶液泵升压，过冷稀溶液经溶液换热器预热，回收来自发生器的浓溶液的热量后，进入发生器。在发生器中，稀溶液通常由蒸汽加热，制冷剂蒸汽(D_s)被蒸发出来，称为高压制冷剂蒸汽，由于溶液含盐浓度高，存在很大的沸点升高值，高压制冷剂蒸汽呈过热状态。制冷剂蒸汽进入冷凝器冷凝，得到制冷剂液体，然后经过节流阀降温降压，再进入蒸发器吸收冷媒水的热量，使冷媒水降温，自身蒸发变成低压蒸汽。发生器中，稀溶液蒸发浓缩，成为浓溶液，浓溶液在溶液换热器中放热后，呈过冷状态，经节流降压进入吸收器，再次吸收低压制冷剂蒸汽，完成制冷循环。

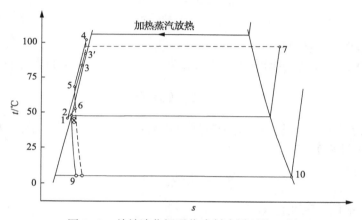

图 8.13　单效溴化锂吸收式制冷循环的 *ts* 图

图 8.13 是单效溴化锂吸收式制冷循环的 *ts* 图。这一 *ts* 图是基于水蒸气物性参数绘制的，而溴化锂溶液是二元溶液，因此 *ts* 图的二元溶液状态点是一种近似表示，是针对温度关系绘制的。制冷剂蒸汽状态点 7、8、9、10 与压缩式制冷循环的对应状态点的热力学性质基本一致。7→8 为制冷剂蒸汽在冷凝器的凝结放热过程；8→9 为饱和液态水的节流过程；9→10 为蒸发器中水的蒸发吸热发过程。如果忽略溶液泵的泵功，*ts* 图示中溶液状态 1 和 2 基本重合，2→3 和 4→5 为溶液换热器中进行的换热过程，3 点为过冷状态。5→6 为溶液节流过程，6 点压力与 9 点和 10 点压力持平，对应于溶液的沸点升高特性或蒸汽分压力降低特性。3→3′ 过程为稀溶液在发生器被加热至饱和状态的过程；3′→7 和 3′→4 对应发生器中稀溶液受热蒸发及浓缩过程，由于沸点升高，产生的水蒸气处于过热状态 7，压力与冷凝器压力持平，溶液失去水分而浓缩成为浓溶液 4，浓缩过程中，溶液浓度升高，其沸点升高值随之增大，7 点温度为溶液蒸发浓缩过程 3′→4 的平均浓度对应的蒸汽温度(这一处理方法造成了系统内部溶液与蒸汽之间温度的不

平衡)。$6 \to 1$和$10 \to 1$过程为吸收器中浓溶液吸收水蒸气、蒸汽冷凝过程；低温的制冷剂蒸汽被温度较高的浓溶液"加热"凝结，凝结水混在溶液之中，温度较来自蒸发器的水蒸气高许多，形成的稀溶液仍然具有较高的沸点升高值，压力与蒸发器压力持平，溶液吸收水蒸气变为稀溶液。

8.3.2　吸收式制冷循环的熵产分析

假设制冷剂蒸汽流量为D_s，所携带的溴化锂成分为 0。稀溶液浓度为ξ_w，浓溶液浓度为ξ_b，系统循环倍率为

$$F = \frac{D_w}{D_s} = \frac{\xi_b}{\xi_b - \xi_w} \tag{8.53}$$

式中，D_w为稀溶液流量。

如果忽略系统的散热损失和溶液泵泵功，吸收式制冷系统的能量平衡关系式为

$$Q_k + Q_a = Q_g + Q_c \tag{8.54}$$

式中，Q_c为系统制冷量；Q_k为冷凝器热负荷；Q_g为系统耗热量；Q_a为吸收器热负荷。Q_c计算如下：

$$Q_c = D_s(h_{10} - h_9) \tag{8.55}$$

式中，数字下标与图 8.12 对应。

制冷量也可以根据蒸发器中冷媒水流量及温降计算。

冷凝器热负荷Q_k为

$$Q_k = D_s(h_7 - h_8) \tag{8.56}$$

冷凝器的热负荷也可以根据冷却水流量及温升计算。

系统耗热量Q_g为

$$Q_g = D_s h_7 + (D_w - D_s)h_4 - D_w h_3 = D_s(h_7 - h_4) + D_w(h_4 - h_3) \tag{8.57}$$

耗热量也可以根据加热介质的流量和温差计算。

吸收器热负荷Q_a为

$$Q_a = D_s h_{10} + (D_w - D_s)h_6 - D_w h_1 \tag{8.58}$$

吸收器热负荷也可以根据冷却水流量及温升计算。

节流前后的焓相等，即$h_8 = h_9$和$h_5 = h_6$；如果忽略溶液泵泵功，则$h_1 = h_2$。

溶液换热器的热平衡关系式为

$$(D_w - D_s)(h_4 - h_5) = D_w(h_3 - h_2) \tag{8.59}$$

吸收式制冷系统的总熵产是各设备熵产之和。其中，发生器的熵产为

$$S_g^{gen} = D_s s_7 + (D_w - D_s)s_4 - D_w s_3 - \frac{Q_g}{\overline{T}_g} = \frac{Q_g}{\overline{T}_{347}} - \frac{Q_g}{\overline{T}_g} \tag{8.60}$$

式中，$\overline{T}_g$ 为发生器中加热介质的热力学平均温度，如果加热热源是蒸汽，可根据 $dS = \delta Q / T$ 计算。$\overline{T}_{347}$ 为稀溶液蒸发过程的热力学平均温度，亦可根据熵的定义式计算：

$$\overline{T}_{347} = \frac{\Delta H}{\Delta S} = \frac{D_s h_7 + (D_w - D_s)h_4 - D_w h_3}{D_s s_7 + (D_w - D_s)s_4 - D_w s_3} \tag{8.61}$$

考虑对环境的影响，冷凝器的熵产为

$$S_k^{gen} = \frac{Q_k}{T_0} + D_s(s_8 - s_7) = \frac{Q_k}{T_0} - \frac{Q_k}{\overline{T}_{78}} \tag{8.62}$$

式中，$\overline{T}_{78}$ 为蒸汽凝结过程的热力学平均温度：

$$\overline{T}_{78} = \frac{\Delta h}{\Delta s} = \frac{h_8 - h_7}{s_8 - s_7} \tag{8.63}$$

制冷剂节流阀的节流熵产为

$$S_{tv}^{gen} = D_s(s_9 - s_8) \tag{8.64}$$

蒸发器的传热熵产为

$$S_{ht,ev}^{gen} = D_s(s_{10} - s_9) - \frac{Q_c}{\overline{T}_c} = \frac{Q_c}{T_{910}} - \frac{Q_c}{\overline{T}_c} \tag{8.65}$$

式中，T_{910} 为制冷剂蒸发温度；$\overline{T}_c$ 为冷媒水的热力学平均温度，近似用式(8.66)计算：

$$\overline{T}_c = \frac{T_{c1} - T_{c2}}{\ln(T_{c1} / T_{c2})} \tag{8.66}$$

其中，T_{c1} 和 T_{c2} 为冷媒水进出蒸发器的温度。

再考虑冷量混入制冷对象，即冷媒水对制冷对象的冷却所造成的传热熵产：

$$S_{\mathrm{tm,ev}}^{\mathrm{gen}} = \frac{Q_{\mathrm{c}}}{\overline{T}_{\mathrm{c}}} - \frac{Q_{\mathrm{c}}}{T_{\mathrm{r}}} \tag{8.67}$$

式中，T_{r} 为制冷对象要求的制冷温度。

二者之和为蒸发器的熵产：

$$S_{\mathrm{ev}}^{\mathrm{gen}} = S_{\mathrm{ht,ev}}^{\mathrm{gen}} + S_{\mathrm{tm,ev}}^{\mathrm{gen}} = D_{\mathrm{s}}(s_{10} - s_9) - \frac{Q_{\mathrm{c}}}{T_{\mathrm{r}}} \tag{8.68}$$

考虑对环境的影响，吸收器的熵产为

$$S_{\mathrm{a}}^{\mathrm{gen}} = D_{\mathrm{w}}s_1 - D_{\mathrm{s}}s_{10} - (D_{\mathrm{w}} - D_{\mathrm{s}})s_6 + \frac{Q_{\mathrm{a}}}{T_0} = \frac{Q_{\mathrm{a}}}{T_0} - \frac{Q_{\mathrm{a}}}{\overline{T}_{6101}} \tag{8.69}$$

式中，$\overline{T}_{6101}$ 为浓溶液吸收冷剂蒸汽、冷却过程的热力学平均温度，可根据熵的定义式计算：

$$\overline{T}_{6101} = \frac{\Delta H}{\Delta S} = \frac{D_{\mathrm{s}}h_{10} + (D_{\mathrm{w}} - D_{\mathrm{s}})h_6 - D_{\mathrm{w}}h_1}{D_{\mathrm{s}}s_{10} + (D_{\mathrm{w}} - D_{\mathrm{s}})s_6 - D_{\mathrm{w}}s_1} \tag{8.70}$$

溶液泵的熵产为

$$S_{\mathrm{sp}}^{\mathrm{gen}} = D_{\mathrm{w}}(s_2 - s_1) \tag{8.71}$$

溶液为液态，密度大、比容小，且发生器与吸收器之间的压力差在一个大气压之内，故溶液泵的焓升比较小，相应的熵产可以忽略。可近似认为 $s_2 = s_1$。单位质量流量的溶液泵泵功可以用式 (8.72) 近似计算：

$$w_{\mathrm{sp}} = (1 / \rho_{\mathrm{w}})(p_{\mathrm{g}} - p_{\mathrm{a}}) / (\eta_{\mathrm{sp}}\eta_{\mathrm{mg}}) \tag{8.72}$$

式中，ρ_{w} 为溶液密度；η_{sp} 为溶液泵效率；η_{mg} 为泵系统电机效率和机械效率的乘积；p_{g} 为发生器压力；p_{a} 为吸收器压力。

溶液节流阀的节流熵产为

$$S_{\mathrm{tv,w}}^{\mathrm{gen}} = (D_{\mathrm{w}} - D_{\mathrm{s}})(s_6 - s_5) \tag{8.73}$$

溶液换热器的传热熵产为

$$S_{\mathrm{ex}}^{\mathrm{gen}} = D_{\mathrm{w}}(s_3 - s_2) + (D_{\mathrm{w}} - D_{\mathrm{s}})(s_5 - s_4) \tag{8.74}$$

需要说明的是，式(8.60)~式(8.74)计算的是图 8.12 所示吸收式制冷系统各设备的总熵产，未涉及设备内各种不可逆因素的熵产构成细节。另外，这里计算熵产时未遵循吸热为正及放热为负的规定，统一以热负荷的名义，取热量的绝对值，因此熵产计算公式做了相应的调整。

把吸收式制冷系统各设备及过程的熵产求和[式(8.60)~式(8.74)]，即得到吸收式制冷系统的总熵产：

$$\sum S_{\mathrm{x},j}^{\mathrm{gen}} = \frac{Q_{\mathrm{k}} + Q_{\mathrm{a}}}{T_0} - \frac{Q_{\mathrm{g}}}{\bar{T}_{\mathrm{g}}} - \frac{Q_{\mathrm{c}}}{T_{\mathrm{r}}} = \frac{Q_{\mathrm{g}} + Q_{\mathrm{c}}}{T_0} - \frac{Q_{\mathrm{g}}}{\bar{T}_{\mathrm{g}}} - \frac{Q_{\mathrm{c}}}{T_{\mathrm{r}}} \tag{8.75}$$

根据 Gouy-Stodola 公式[式(2.198)]，应用系统能量平衡关系式[式(8.54)]，吸收式制冷系统的总不可逆损失为

$$\sum I_{\mathrm{rx},j} = T_0 \sum S_{\mathrm{x},j}^{\mathrm{gen}} = \left(1 - \frac{T_0}{\bar{T}_{\mathrm{g}}}\right) Q_{\mathrm{g}} - \left(\frac{T_0}{T_{\mathrm{r}}} - 1\right) Q_{\mathrm{c}} \tag{8.76}$$

式(8.76)是吸收式制冷系统的总㶲平衡关系式，意义是总不可逆损失等于输入系统的热量㶲减去制冷对象得到的冷量㶲。

8.3.3　吸收式制冷系统的㶲平衡分析

忽略溶液泵泵功，吸收式制冷系统的㶲平衡关系可以写成如下形式：

$$Q_{\mathrm{g}} e_{\mathrm{g}} = Q_{\mathrm{c}} e_{\mathrm{p},\mathrm{c}} + \sum I_{\mathrm{rx},j} = Q_{\mathrm{c}} e_{\mathrm{p},\mathrm{c}} + T_0 \sum S_{\mathrm{x},j}^{\mathrm{gen}} \tag{8.77}$$

式中，Q_{g} 为系统耗热量；Q_{c} 为制冷量；e_{g} 为所耗热量的比㶲，$e_{\mathrm{g}} = 1 - T_0 / \bar{T}_{\mathrm{g}}$；$e_{\mathrm{p},\mathrm{c}}$ 为制冷量 Q_{c} 的比㶲，用式(8.9)计算；$\sum I_{\mathrm{rx},j}$ 为不可逆损失之和，包括前面计算的所有熵产对应的各种不可逆损失。

对于图 8.12 所示溴化锂吸收式制冷系统，若其耗热量为 Q_{g}，溶液泵的耗电量为 W_{pf}，相比较而言，耗电量 W_{pf} 远小于耗热量 Q_{g}，因此常用热力系数 ζ 表征其热力性能：

$$\zeta = \frac{Q_{\mathrm{c}}}{Q_{\mathrm{g}}} \tag{8.78}$$

对比表征压缩制冷系统热力性能的 COP $= Q_{\mathrm{c}} / W$ [式(8.38)]，不难发现，二者的比较基准不同，因此，将压缩式制冷机的性能系数与吸收式制冷机的热力系数相比较是没有意义的。

吸收式制冷系统的㶲效率为

$$\eta_{c,x}^{ex} = \frac{Q_c e_{p,c}}{Q_g e_g} = \frac{Q_c (T_0 / T_r - 1)}{Q_g (1 - T_0 / \overline{T}_g)} = \zeta \cdot \frac{T_0 / T_r - 1}{1 - T_0 / \overline{T}_g} \tag{8.79}$$

当然，也可以从反平衡的角度来计算㶲效率：

$$\eta_{c,x}^{ex} = 1 - \frac{\sum I_{rx,j}}{Q_g e_g} = 1 - \frac{T_0 \sum S_{x,j}^{gen}}{Q_g e_g} \tag{8.80}$$

将式(8.76)代入式(8.80)，即得式(8.79)。

8.3.4 直燃型吸收式制冷系统的燃料单耗构成分析

直燃型吸收式制冷系统所消耗的热量来自燃料直接燃烧。燃料燃烧放热过程的热平衡关系式为

$$B_c^s q_1^s = Q_g + \sum Q_i \tag{8.81}$$

式中，B_c^s 为直燃型吸收式制冷系统的标准煤耗量；q_1^s 为标准煤热值，$q_1^s = 29307.6 kJ/kg$；$\sum Q_i$ 为各种热损失之和。

其燃烧放热过程的热效率为

$$\eta_z = \frac{Q_g}{B_c^s q_1^s} = 1 - \frac{\sum Q_i}{B_c^s q_1^s} \tag{8.82}$$

参考锅炉热力学第二定律效率计算式[式(3.60)]，直燃型机组燃烧放热过程的第二定律效率为

$$\eta_z^{ex} = \eta_z \left(1 - \frac{T_0}{\overline{T}_g} \right) \tag{8.83}$$

由式(8.83)和式(8.79)，直燃型吸收式制冷系统的能源利用第二定律效率为

$$\eta_{E,zx}^{ex} = \eta_z^{ex} \eta_{c,x}^{ex} = \eta_z \zeta \left(\frac{T_0}{T_r} - 1 \right) \tag{8.84}$$

显然，直燃型机组燃烧放热的热效率和吸收式制冷机的热力系数对直燃型吸收式制冷系统的能源利用第二定律效率有直接影响，但最大的影响因素还是制冷温度所对应的逆卡诺循环因子 $(T_0 / T_r - 1)$。

参考锅炉的总熵产计算式[式(3.53)]，燃料燃烧放热过程的熵产为

$$S_z^{\text{gen}} = \frac{Q_g}{\overline{T}_g} + \frac{\sum Q_i}{T_0} = \frac{Q_g}{\overline{T}_g} + \frac{Q_g(1-\eta_z)/\eta_z}{T_0} = B_c^s q_1^s \left(\frac{\eta_z}{\overline{T}_g} + \frac{1-\eta_z}{T_0} \right) \tag{8.85}$$

由式(8.75)和式(8.85)，直燃型吸收式制冷系统的总熵产为

$$
\begin{aligned}
\sum S_{\text{zx},j}^{\text{gen}} = S_z^{\text{gen}} + \sum S_{\text{x},j}^{\text{gen}} &= \frac{Q_g(1-\eta_z)/\eta_z}{T_0} + \frac{Q_a + Q_k}{T_0} - \frac{Q_c}{T_r} \\
&= \frac{Q_g/\eta_z}{T_0} + \frac{Q_a + Q_k}{T_0} - \frac{Q_g}{T_0} - \frac{Q_c}{T_r} = \frac{Q_g/\eta_z}{T_0} + \frac{Q_c}{T_0} - \frac{Q_c}{T_r} \\
&= \frac{B_c^s q_1^s}{T_0} + \frac{Q_c}{T_0} - \frac{Q_c}{T_r}
\end{aligned}
\tag{8.86}
$$

直燃型吸收式制冷系统的总不可逆损失为

$$\sum I_{\text{rzx},j} = T_0 \sum S_{\text{zx},j}^{\text{gen}} = B_c^s q_1^s - Q_c \left(\frac{T_0}{T_r} - 1 \right) \tag{8.87}$$

即总不可逆损失等于输入㶲减去冷量㶲。因此，直燃型吸收式制冷系统的总㶲平衡关系式为

$$B_c^s e_f^s = B_c^s q_1^s = Q_c e_{p,c} + T_0 \sum S_{\text{zx},j}^{\text{gen}} = Q_c \left(\frac{T_0}{T_r} - 1 \right) + T_0 \left(\frac{B_c^s q_1^s}{T_0} + \frac{Q_c}{T_0} - \frac{Q_c}{T_r} \right) \tag{8.88}$$

因此，式(8.88)说明整个推导过程是正确的。根据单耗分析理论，直燃型吸收式制冷系统的单耗分析模型为

$$
\begin{aligned}
b = \frac{B_c^s}{Q_c} &= \frac{e_{p,c}}{e_f^s} + \frac{T_0 \sum S_{\text{zx},j}^{\text{gen}}}{Q_c e_f^s} = b_c^{\min} + \frac{T_0 \sum S_{\text{zx},j}^{\text{gen}}}{Q_c e_f^s} \\
&= \frac{34.12}{\eta_z \zeta}
\end{aligned}
\tag{8.89}
$$

从式(8.86)不难看出，直燃型吸收式制冷系统的能源利用效率会十分低下，因为，燃料燃烧释放的热量绝大部分变成了熵产 $B_c^s q_1^s / T_0$。

根据式(8.88)，直燃型吸收式制冷系统的能源利用第二定律效率为

$$\eta_{E,zx}^{ex} = \frac{Q_c}{B_c^s e_f^s}\left(\frac{T_0}{T_r}-1\right) = \frac{Q_c}{B_c^s q_1^s}\left(\frac{T_0}{T_r}-1\right) = \frac{Q_c}{Q_g/\eta_z}\left(\frac{T_0}{T_r}-1\right)$$

$$= \eta_z \zeta\left(\frac{T_0}{T_r}-1\right) \tag{8.90}$$

与式(8.84)的结果是一样的。

8.3.5 直燃型吸收式制冷系统的当量性能指标

假设将直燃型吸收式制冷系统的标准煤耗量(B_c^s)送至电网平均供电燃料单耗为$\bar{b}_e^s$的火电机组发电,可供出的电量可以视为直燃型吸收式制冷系统的当量电耗量:

$$EECR = B_c^s / \bar{b}_e^s \tag{8.91}$$

因此,直燃型吸收式制冷系统的当量性能系数可以表示为

$$ECOP = Q_c / EECR \tag{8.92}$$

式(8.92)与式(8.38)具有可比性,形式是统一的。

其制冷燃料单耗可以表示为

$$b = B_c^s / Q_c = \frac{B_c^s}{EECR}\frac{EECR}{Q_c} \tag{8.93}$$

$$= 277.8\bar{b}_e^s / ECOP$$

式(8.93)与式(8.50)具有统一的形式和性质,这一处理方式有助于不同制冷技术方案的对比分析,参见第5章。

如果考虑循环泵功消耗(W_{pf}),直燃型机组的燃料消耗量要更高一些。这时,其当量性能系数则用式(8.94)计算:

$$ECOP = Q_c / (EECR + W_{pf}) \tag{8.94}$$

如果燃料消耗量包括$\bar{b}_e^s \cdot W_{pf}$,式(8.91)和式(8.93)应做相应的调整。

8.3.6 案例分析

某直燃型双效吸收式制冷机的流程图如图8.14所示,燃料在燃烧室燃烧释放热量,加热稀溶液产生高压冷剂蒸汽H(也称为二次蒸汽)。冷剂蒸汽H进入低压发生器作为加热蒸汽,这一方式使热量得到重复利用,可以提高系统的热力系数。

相应地, 溶液换热器分成高温和低温两段预热稀溶液, 高压发生器出口溶液(这里称为中间溶液)温度高, 在高温溶液换热器中放热, 预热稀溶液, 经过节流阀 H 进入低压发生器被进一步加热蒸发, 产生低压冷剂蒸汽 L。低压发生器出口浓溶液温度较低, 在低温溶液换热器放热后进入吸收器。低压发生器产生的冷剂蒸汽 L 及冷凝下来的高压冷剂水(7′ 点)进入冷凝器冷凝成冷剂水 8。其他内容与图 8.12 所示的单效吸收式制冷系统基本一致, 为便于与单效吸收式制冷系统进行比较, 图 8.14 的状态点标注尽可能与图 8.12 一致。

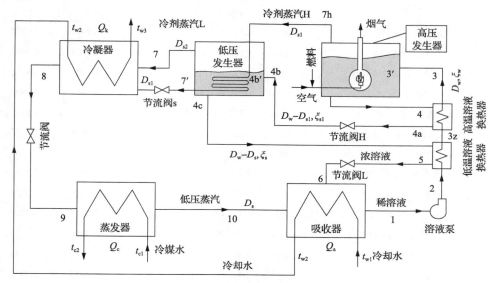

图 8.14　直燃型双效吸收式制冷系统流程图

这里需要说明的是, 如果各热力设备的流动阻尼小到可以忽略, 那么在高压发生器与低压发生器之间、低压发生器与吸收器之间, 以及冷凝器与蒸发器之间的连接管道则需要设置节流阀。在实际溴化锂吸收式制冷系统中, 发生器的绝对压力一般在大气压之下, 各设备之间的压差不大, 换热过程中流体流动阻尼可消耗各设备之间的大部分压差, 因此可不设置专门的节流阀, 亦可视情况用 U 形管替代节流阀。由于液体节流熵产相对较小, 实际计算时, 为了简单, 将节流阀 L 和节流阀 H 的熵产计入下游设备中, 故不再计算节流阀出口介质参数; 由于低压发生器与吸收器之间的压差很小, 这里假定低温溶液换热器出口浓溶液压力达到吸收器工作压力, 温度达到饱和, 即无须设置节流阀 L, 5 点和 6 点重合。

假定该直燃型双效吸收式制冷系统制冷量为 500kW, 设计蒸发温度为 5℃, 冷媒水从 11℃ 降至 7℃, 冷却水入口温度为 32℃, 在吸收器中温升为 4.5℃, 在冷凝器中温升为 2℃。系统热力参数如表 8.11 所示, 这里需要说明的是, 高、低压发生器的出口冷剂蒸汽温度(t_{7h} 和 t_7)分别等于其出口溶液温度，是基于平衡态热力学思想确定的。另外，溴化锂溶液物性参数的准确性非常重要（Aphornratana and Eames，1995；Chua et al.，2000；Kaita，2001；Şencan et al.，2005），这里的计算以 Chua 等(2000)在国际制冷学报上的文章为参考依据。水蒸气的物性参数以 IAPWS-IF97 为基准。

表 8.11　直燃型双效吸收式制冷系统参数表

名称	点位	温度/℃	压力/Pa	浓度/%	比焓/(kJ/kg)	比熵/[kJ/(K·kg)]	流量/(kg/s)
吸收器出口稀溶液	1	41.5	872.57	58.6	111.590	0.2319	3.8992
溶液泵出口稀溶液	2	41.5	93325.40	58.6	111.590	0.2319	3.8992
低温溶液换热器出口稀溶液	3z	79.1	93325.40	58.6	185.130	0.4524	3.8992
高温溶液换热器出口稀溶液	3	143.4	93325.40	58.6	313.030	0.7864	3.8992
高压发生器中开始沸腾的溶液	3′	149.6	93325.40	58.6	325.220	0.8160	3.8992
高压发生器出口中间溶液	4	153.4	93325.40	60.5	336.350	0.8076	3.7767
高温溶液换热器出口中间溶液	4a	85.7	93325.40	60.5	204.370	0.4728	3.7767
低压发生器出口浓溶液	4c	90.8	7787.30	62.0	222.030	0.4875	3.6854
低温溶液换热器出口浓溶液	5	48.9	872.57	62.0	144.260	0.2606	3.6854
高压发生器中冷剂蒸汽	7h	153.4	93325.40	0	2783.810	7.6633	0.1225
高压冷剂蒸汽凝结水	7′	97.69	93325.40	0	409.340	1.2808	0.1225
低压冷剂蒸汽	7	90.8	7787.30	0	2670.211	8.5173	0.0914
冷凝器出口冷剂水	8	41.0	7787.30	0	171.720	0.5858	0.2138
蒸发器入口冷剂	9	5.0	872.57	0	171.720	0.6180	0.2138
蒸发器出口冷剂蒸汽	10	5.0	872.57	0	2510.072	9.0249	0.2138

单效吸收式制冷机的热力系数在 0.5～0.78。采用双效甚至三效设计，是为了进一步提高能源利用的效率。根据系统参数表 8.11，可计算出制冷系统的主要性能参数，如表 8.12 所示，表 8.12 给出了各部位工质流量、循环倍率、热负荷、系统热力系数、输入㶲、总熵产和不可逆损失以及系统㶲效率等。循环倍率为 18.24，制冷系统热力系数为 1.28。可以看到，在吸收器、发生器、冷凝器和蒸发器这四类设备中，吸收器热负荷最大，达 633.25kW，其次是蒸发器，为 500.00kW，高压发生器热负荷为 390.65kW，冷凝器热负荷只有 257.39kW。系统总冷却负荷 $Q_c + Q_g$ = 500.00+390.65=890.65kW，总加热负荷 $Q_k + Q_a$ = 633.25+257.39= 890.64kW，基本达到了平衡，说明计算是正确的。设定燃料燃烧放热温度为 t_g =300℃，相应地，输入㶲为 E_g=182.66kW。设计环境温度取冷却水温度 t_{w1}=32℃，对应夏季空气的平均湿球温度，假设设计室内制冷温度 t_r=26℃，这时制冷产品的冷量㶲 $E_{p,c}$ =

$Q_c(T_0/T_r-1)=10.028\text{kW}$。因此，制冷系统正平衡㶲效率为 5.490%。制冷系统熵产分布如表 8.13 和图 8.15 所示，对于本案例的计算条件，高压发生器的熵产最大，蒸发器、低温发生器和吸收器紧随其后，总熵产 $\sum S_{\text{x},j}^{\text{gen}}=0.5658\text{kW/K}$，相应的不可逆损失 $\sum I_{\text{rx},j}=T_0\sum S_{\text{x},j}^{\text{gen}}=172.64\text{kW}$，因此，制冷系统反平衡㶲效率为 5.487%。

表 8.12　直燃型双效吸收式制冷系统主要性能参数表

名称		符号	单位	公式	数值
制冷量		Q_c	kW	—	500
制冷剂蒸汽流量		D_s	kg/s	$Q_c/(h_{10}-h_9)=D_{s1}+D_{s2}$	0.2138
稀溶液浓度		ξ_w	%	—	58.6
浓溶液浓度		ξ_b	%	—	62
循环倍率		F	—	$D_w/D_s=\xi_b/(\xi_b-\xi_w)$	18.24
稀溶液流量		D_w	kg/s	$F\cdot D_s$	3.8992
中间溶液浓度		ξ_{b1}	%	—	60.5
高压冷剂蒸汽流量		D_{s1}	kg/s	$D_w(1-\xi_w/\xi_{b1})$	0.1225
低压冷剂蒸汽流量		D_{s2}	kg/s	D_s-D_{s1}	0.0914
中间溶液流量			kg/s	D_w-D_{s1}	3.7767
浓溶液流量			kg/s	D_w-D_s	3.6854
冷凝器热负荷		Q_k	kW	$D_{s2}(h_7-h_8)+D_{s1}(h_{7'}-h_8)$	257.39
蒸发器热负荷		Q_c	kW	$D_s(h_{10}-h_9)$	500.00
吸收器热负荷		Q_a	kW	$Dh_{10}+(D_w-D)h_5-D_wh_1$	633.25
低温溶液换热器热负荷			kW	$(D_w-D_s)(h_{4c}-h_5)=D_w(h_{3z}-h_2)$	286.73
高温溶液换热器热负荷			kW	$(D_w-D_{s1})(h_4-h_{4a})=D_w(h_3-h_{3z})$	498.72
高压发生器热负荷		Q_g	kW	$D_{s1}h_{7h}+(D_w-D_{s1})h_4-D_wh_3$	390.65
低压发生器热负荷			kW	$D_{s1}(h_{7h}-h_{7'})=(D_w-D_s)h_{4c}+D_{s2}h_7-(D_w-D_{s1})h_{4a}$	290.76
热力系数		ζ	—	Q_c/Q_g	1.28
输入㶲		E_g	kW	$Q_g(1-T_0/\bar{T}_g)$	182.66
冷量㶲		$E_{p,c}$	kW	$Q_ce_{p,c}=D_s(h_{10}-h_9)(T_0/T_r-1)$	10.028
总熵产		$\sum S_{\text{x},j}^{\text{gen}}$	kW/K	见表 8.13	0.5658
总㶲损耗		$\sum I_{\text{rx},j}$	kW	$T_0\sum S_j^{\text{gen}}=Q_g(1-T_0/\bar{T}_g)-Q_c(T_0/T_r-1)$	172.64
㶲效率	正平衡	$\eta_{c,x}^{ex}$	%	$E_{p,c}/E_g=\zeta(T_0/T_r-1)/(1-T_0/\bar{T}_g)$	5.490
	反平衡	$\eta_{c,x}^{ex}$	%	$1-T_0\sum S_{\text{x},j}^{\text{gen}}/E_g$	5.487

表 8.13　双效吸收式制冷系统熵产分布

名称	公式	熵产/(kW/K)	备注
冷凝器	$Q_k / T_0 - (D_{s2}s_7 + D_{s1}s_{7'} - D_s s_8)$	0.03365	参考式(8.62)
制冷剂节流阀	$D_s(s_9 - s_8)$	0.00691	式(8.64)
蒸发器	$D_s(s_{10} - s_9) - Q_c / T_r$	0.12619	式(8.68)
吸收器	$Q_a / T_0 - [(D_w - D_s)s_5 + D_s s_{10} - D_w s_1]$	0.08922	式(8.69)
溶液泵	$D_w(s_2 - s_1)$	0	忽略
低温溶液换热器	$D_w(s_{3z} - s_2) - (D_w - D_s)(s_{4c} - s_5)$	0.02359	参考式(8.74)
高温溶液换热器	$D_w(s_3 - s_{3z}) - (D_w - D_{s1})(s_4 - s_{4a})$	0.03810	参考式(8.74)
高压发生器	$(D_w - D_{s1})s_4 + D_{s1}s_{7h} - D_w s_3 - Q_g / \overline{T}_g$	0.24052	参考式(8.60)
低压发生器	$D_{s2}s_7 + (D_w - D_s)s_{4c} - (D_w - D_{s1})s_{4a} - D_{s1}(s_{7h} - s_{7'})$	0.00759	$\sum S^{out} - \sum S^{in}$
合计	$(Q_k + Q_a) / T_0 - Q_g / \overline{T}_g - Q_c / T_r$ $= Q_g(1/T_0 - 1/\overline{T}_g) - Q_c(1/T_r - 1/T_0)$	0.5658	参考式(8.75)

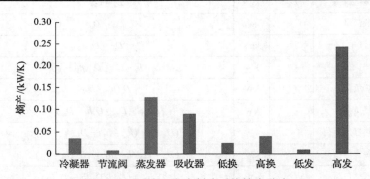

图 8.15　双效吸收式制冷系统熵产分布

低换和高换分别代表低温溶液换热器和高温溶液换热器；低发和高发分别代表低压发生器和高压发生器

　　吸收式制冷系统的㶲效率非常低，只有 5.490% 的水平，这主要是因为利用较高品质的热量(这里假设了热烟气平均温度 $\overline{t}_g = 300℃$)而生产的制冷产品(26℃的室内温度)相对于 32℃ 的设计环境温度只有 6℃ 的温差。要提高制冷系统㶲效率，就要认真考查各热力设备的冷、热介质温差，做出合理的设计选择，见表 8.14。

　　表 8.14 给出了吸收式制冷系统各热力设备中工质的温度水平，设备熵产大小与工质之间的温差及热负荷 Q 大小相对应，可用式(8.95)计算，从而可以方便地判断系统参数设计是否合理及是否存在改进的余地：

$$S^{gen} = Q(1/\overline{T}_c - 1/\overline{T}_h) \tag{8.95}$$

式中，$\overline{T}_c$ 和 $\overline{T}_h$ 分别为冷热介质的热力学平均温度。

表 8.14　吸收式制冷过程的温度水平

设备	名称	公式	结果/K（℃）	温差/℃
蒸发器	蒸发温度	—	278.15(5)	26−5=21
	冷媒水平均温度	式(8.66)	282.15(9)	
	制冷温度（T_r）	—	299.15(26)	
冷凝器	低压冷剂蒸汽冷凝平均温度	参考式(8.63)	317.83(44.68)	44.68−32=12.68
	冷却水平均温度	参考式(8.66)	310.65(37.50)	
	环境温度	—	305.15(32)	
高压发生器	燃烧放热平均温度	—	573.15(300.00)	300.00−150.50=149.50
	稀溶液蒸发平均温度	参考式(8.61)	423.65(150.50)	
低压发生器	高压冷剂蒸汽冷凝平均温度	参考式(8.26)	372.03(98.88)	98.88−95.30=3.58
	中间溶液蒸发平均温度	参考式(8.61)	368.45(95.30)	
吸收器	浓溶液平均温度	式(8.70)	318.85(45.71)	45.71−32=13.71
	冷却水平均温度	参考式(8.66)	307.39(34.24)	
	环境温度	—	305.15(32.00)	
高温溶液换热器	中间溶液放热平均温度	参考式(8.66)	394.22(121.07)	121.07−109.72=11.35
	稀溶液吸热平均温度		382.87(109.72)	
低温溶液换热器	浓溶液放热平均温度		342.82(69.67)	69.67−60.39=9.28
	稀溶液平均温度		333.54(60.39)	

注 1：案例分析计算的是双效吸收式制冷系统，其热平衡、熵产以及热力学平均温度的计算不同于单效系统，因此，表中所注参考计算式与实际计算所用公式有所不同，如计算冷凝器低压冷剂蒸汽冷凝平均温度的参考式(8.63)是单效系统计算式，双效系统需考虑高压发生器冷凝 7′ 的影响。

注 2：计算低压发生器中间溶液蒸发平均温度为 95.30℃，高于溶液出入口温度和蒸汽温度。这是由于参考文献所给溴化锂溶液熵仅由温度和浓度确定，未考虑饱和压力变化影响，且浓度升高，熵值减小。

　　低压发生器的传热温差最小，因此其熵产是所有换热设备中最小的，也意味着其传热面积相对较大。而在高压发生器中，这里假定了燃料燃烧放热平均温度为 $\overline{t}_g$ =300℃，高压发生器的冷热介质温差最大，其熵产也最大。对于直燃型吸收式制冷系统，较高的燃烧放热温度可减小高压发生器的传热面积。

　　表 8.15 给出了直燃型双效吸收式制冷系统的单耗分析结果，燃料燃烧放热过程的附加燃料单耗占了制冷燃料单耗的主要份额，说明直燃型吸收式制冷属于不合理的能源利用方案。直燃型吸收式制冷系统的能源利用第二定律效率只有 2.31%，非常低。图 8.16 给出了相应的直燃型双效吸收式制冷系统的单耗分布图，形象地展示了附加燃料单耗的大小以及与理论最低燃料单耗的相对关系。

表 8.15　直燃型双效吸收式制冷系统的单耗分析结果

指标		符号	单位	公式	数值	备注
燃料消耗量(标准煤)		B_c^s	g/s	$b \cdot Q_c$	14.09	
制冷燃料单耗		b	kg/GJ	式(8.89)	29.62	34.12/0.9/1.28
制冷理论最低燃料单耗		b_c^{min}	kg/GJ	$34.12(T_0/T_r-1)$	0.6843	
燃烧放热过程第二定律效率		η_z^{ex}	%	$\eta_z(1-T_0/\overline{T}_g)$	42.08	
能源利用第二定律效率(正平衡)		$\eta_{E,zx}^{ex}$	%	$100\,b_c^{min}/b=\eta_x^{ex}\eta_z^{ex}$	2.31	5.49×0.4208
附加燃料单耗	溶液泵	b_{sp}	kg/GJ		0	忽略
	冷凝器	b_k	kg/GJ	式(8.48)	0.7007	
	制冷剂节流阀	b_{tv}	kg/GJ	式(8.48)	0.1438	
	蒸发器	b_{ev}	kg/GJ	式(8.48)	2.6277	
	吸收器	b_a	kg/GJ	式(8.48)	1.8579	
	低温溶液换热器		kg/GJ	式(8.48)	0.4912	
	高温溶液换热器		kg/GJ	式(8.48)	0.7934	
	低压发生器		kg/GJ	式(8.48)	0.1580	
	高压发生器		kg/GJ	式(8.48)	5.0084	
	燃料燃烧放热	b_z	kg/GJ	式(8.85)及式(8.48)	17.1550	$S^{gen}=0.8238\text{kW/K}$
	合计	$\sum b_j$	kg/GJ	$\sum b_j$	28.9361	$b-b_c^{min}$
制冷燃料单耗		b	kg/GJ	式(8.47)	29.6204	
能源利用第二定律效率(反平衡)		$\eta_{E,zx}^{ex}$	%	$100\left(1-\sum b_j/b_c\right)$	2.31	

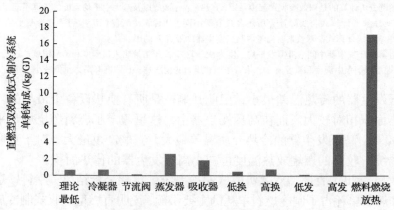

图 8.16　直燃型双效吸收式制冷系统的单耗分布图

低换和高换分别代表低温溶液换热器和高温溶液换热器；低发和高发分别代表低压发生器和高压发生器

8.4　热电联产吸收式制冷系统的㶲平衡分析与单耗分析

8.4.1　热电联产吸收式制冷系统的㶲平衡分析

如果不考虑溶液泵等电耗的影响，参考式(8.38)吸收式制冷系统的当量性能系数为

$$\text{ECOP} = Q_c / \text{EECR} \tag{8.96}$$

式中，EECR 为热电联产机组因抽汽供热而减小的发电量，这里称为供热当量电耗量。

$$\text{EECR} = D_h (h - h_c) \eta_{mg} / 3600 + W_{pf} \tag{8.97}$$

式中，D_h 为供热抽汽量；h 为抽汽比焓；h_c 为汽轮机排汽比焓(如果供热机组是背压机，可取相同初参数的凝汽机组排汽焓，亦可按表 5.1 取值进行近似计算)；W_{pf} 为供热系统的泵功消耗。

式(8.96)与压缩制冷系统热力性能的性能系数 $\text{COP} = Q_c / W$ [式(8.38)]具有可比性。需要说明的是，由于抽汽对汽轮机通流部分的影响，抽汽减小的机组发电量大于式(8.97)计算的供热当量电耗量 EECR。但是，出于计算方法简单明了的考虑，以及对热电联产这一传统节能技术的支持，汽轮机因抽汽供热的变工况运行造成的额外损耗不计入供热侧。对于背压机，EECR 按相同初参数凝汽机组条件计算。

此时，吸收式制冷系统消耗的热量以当量电耗量计算，因此存在一个折算㶲差：

$$E_{zs} = \text{EECR} \cdot e_{p,e} - Q_g \cdot e_g \tag{8.98}$$

式中，$e_{p,e}$ 为电的比㶲；e_g 为输入热量 Q_g 的比㶲。

相应的折算熵差为

$$\begin{aligned}
S_{zs} = E_{zs} / T_0 &= (\text{EECR} \cdot e_{p,e} - Q_g \cdot e_g) / T_0 \\
&= [\text{EECR} - Q_g (1 - T_0 / \bar{T}_g)] / T_0
\end{aligned} \tag{8.99}$$

由于 EECR 比抽汽供热量的热量㶲小，式(8.98)的计算值为负值，相应的折算熵差为负值。因此，联产型吸收式制冷系统的总熵产为式(8.75)计算的总熵产

与式(8.99)之和：

$$\sum S_{\mathrm{xd},j}^{\mathrm{gen}} = \frac{Q_{\mathrm{g}} + Q_{\mathrm{c}}}{T_0} - \frac{Q_{\mathrm{g}}}{\overline{T}_{\mathrm{g}}} - \frac{Q_{\mathrm{c}}}{T_{\mathrm{r}}} + S_{\mathrm{zs}} = \frac{\mathrm{EECR}}{T_0} + \frac{Q_{\mathrm{c}}}{T_0} - \frac{Q_{\mathrm{c}}}{T_{\mathrm{r}}} \tag{8.100}$$

根据 Gouy-Stodola 公式 $I_{\mathrm{r}} = T_0 S^{\mathrm{gen}}$ [式(2.198)]，热电联产吸收式制冷系统的总不可逆损失为

$$\sum I_{\mathrm{rxd},j} = T_0 \sum S_{\mathrm{xd},j}^{\mathrm{gen}} = Q_{\mathrm{g}} + Q_{\mathrm{c}} - T_0 \left(\frac{Q_{\mathrm{g}}}{\overline{T}_{\mathrm{g}}} + \frac{Q_{\mathrm{c}}}{T_{\mathrm{r}}} \right) + S_{\mathrm{zs}} = \mathrm{EECR} - \left(\frac{T_0}{T_{\mathrm{r}}} - 1 \right) Q_{\mathrm{c}} \tag{8.101}$$

式(8.101)是热电联产吸收式制冷系统的总㶲平衡关系式，物理意义是总不可逆损失等于所消耗的当量电耗量减去制冷对象获得的冷量㶲。

式(8.101)也可以写成

$$\mathrm{EECR} \cdot e_{\mathrm{p,e}} = Q_{\mathrm{c}} e_{\mathrm{p,c}} + T_0 \sum S_{\mathrm{xd},j}^{\mathrm{gen}} \tag{8.102}$$

这时，吸收式制冷系统的㶲效率为

$$\eta_{\mathrm{c,xd}}^{\mathrm{ex}} = \frac{Q_{\mathrm{c}} e_{\mathrm{p,c}}}{\mathrm{EECR} \cdot e_{\mathrm{p,e}}} = \frac{Q_{\mathrm{c}}(T_0 / T_{\mathrm{r}} - 1)}{\mathrm{EECR}} = \left(\frac{T_0}{T_{\mathrm{r}}} - 1 \right) \cdot \mathrm{ECOP} \tag{8.103}$$

式(8.103)与式(8.39)是一致的。

吸收式制冷系统的反平衡第二定律效率为

$$\eta_{\mathrm{c,xd}}^{\mathrm{ex}} = 1 - \frac{\sum I_{\mathrm{rxd},j}}{\mathrm{EECR} \cdot e_{\mathrm{p,e}}} = 1 - \frac{T_0 \sum S_{\mathrm{xd},j}^{\mathrm{gen}}}{\mathrm{EECR}} \tag{8.104}$$

把式(8.101)代入式(8.104)即得式(8.103)。

8.4.2 热电联产吸收式制冷系统的燃料单耗构成分析

热电联产机组的供电燃料单耗 $b_{\mathrm{e}}^{\mathrm{s}}$ 用式(8.105)计算：

$$b_{\mathrm{e}}^{\mathrm{s}} = \frac{B^{\mathrm{s}}}{W_{\mathrm{n}} + \mathrm{EECR}} \tag{8.105}$$

式中，B^{s} 为热电联产机组的标准煤耗量；W_{n} 为热电联产机组净供电量。

吸收式制冷系统所耗热量 Q_{g} 及流程泵耗电量 W_{pf} 对应的燃料消耗量可以用

式 (8.106) 计算：

$$B_c^s = b_e^s \cdot (\mathrm{EECR} + W_{pf})\qquad(8.106)$$

式中，b_e^s 为热电联产机组的当量供电燃料单耗，相当于基于凝汽发电的计算值；W_{pf} 为吸收式制冷系统溶液泵泵功（更一般的情况下，为系统各类泵功之和）。

对于燃气轮机和内燃机的余热锅炉，按联合循环发电系统估算当量发电量，以此作为吸收式制冷系统的当量电耗量，以开展相应的计算。

热电联产机组生产当量电耗量（$\mathrm{EECR} + W_{pf}$）的㶲平衡关系式可以写成

$$B_c^s e_f^s = b_e^s (\mathrm{EECR} + W_{pf}) e_f^s = (\mathrm{EECR} + W_p) e_{p,e} + \sum I_{r,e}\qquad(8.107)$$

热电联产机组生产这部分电量（$\mathrm{EECR} + W_p$）的单耗分析模型是

$$b_e^s = \frac{B_c^s}{\mathrm{EECR} + W_{pf}} = 0.12284 + \frac{\sum I_{r,e}}{(\mathrm{EECR} + W_{pf}) e_f^s}\qquad(8.108)$$

因此，联产型吸收式制冷系统的当量电耗量（$\mathrm{EECR} + W_{pf}$）所携带的不可逆损失为

$$\sum I_{r,e} = (b_e^s - 0.12284)(\mathrm{EECR} + W_{pf}) e_f^s\qquad(8.109)$$

这部分不可逆损失所对应的总熵产为

$$\sum S_e^{gen} = \frac{\sum I_{r,e}}{T_0} = \frac{(b_e^s - 0.12284)(\mathrm{EECR} + W_{pf}) e_f^s}{T_0}\qquad(8.110)$$

因此，热电联产吸收式制冷系统的总㶲平衡关系式为

$$B_c^s e_f^s = Q_c e_{p,c} + T_0 \sum S_{xd,j}^{gen} + \sum I_{r,e}\qquad(8.111)$$

式 (8.111) 两边同除以 $Q_c e_f^s$，得制冷系统的单耗分析模型为

$$b = \frac{B_c^s}{Q_c} = \frac{e_{p,c}}{e_f^s} + \frac{\sum T_0 S_{xd,j}^{gen} + \sum I_{r,e}}{Q_c e_f^s} = b_c^{min} + \frac{T_0 \sum S_{xd,j}^{gen} + \sum I_{r,e}}{Q_c e_f^s} = b_c^{min} + \sum b_{xd,j} + \sum b_e$$

$$(8.112)$$

式中，b_c^{min} 为冷产品的理论最低燃料单耗，用式 (8.10) 计算。

吸收式制冷系统不可逆损失所造成的附加燃料单耗为

$$\sum b_{\mathrm{xd},j} = \frac{T_0 \sum S_{\mathrm{xd},j}^{\mathrm{gen}}}{Q_{\mathrm{c}} e_{\mathrm{f}}^{\mathrm{s}}} \qquad (8.113)$$

热电联产吸收式制冷系统的当量电耗量所携带的不可逆损失对应的制冷附加燃料单耗为

$$\sum b_{\mathrm{e}} = \frac{\sum I_{\mathrm{r,e}}}{Q_{\mathrm{c}} e_{\mathrm{f}}^{\mathrm{s}}} \qquad (8.114)$$

吸收式制冷的燃料单耗还可以用下面的方式直接求得

$$b = \frac{B_{\mathrm{c}}^{\mathrm{s}}}{Q_{\mathrm{c}}} = \frac{B_{\mathrm{c}}^{\mathrm{s}}}{\mathrm{EECR} + W_{\mathrm{pf}}} \cdot \frac{\mathrm{EECR} + W_{\mathrm{pf}}}{Q_{\mathrm{c}}} = 277.8 b_{\mathrm{e}}^{\mathrm{s}} / \mathrm{ECOP} \qquad (8.115)$$

式中，ECOP 用式(8.116)计算：

$$\mathrm{ECOP} = \frac{Q_{\mathrm{c}}}{\mathrm{EECR} + W_{\mathrm{pf}}} \qquad (8.116)$$

与式(8.38)的 COP 指标是等价的。

热电联产吸收式制冷系统的正平衡能源利用第二定律效率为

$$\begin{aligned}
\eta_{\mathrm{E,xd}}^{\mathrm{ex}} &= \frac{Q_{\mathrm{c}} e_{\mathrm{p,c}}}{B_{\mathrm{c}}^{\mathrm{s}} e_{\mathrm{f}}^{\mathrm{s}}} = \frac{b_{\mathrm{c}}^{\min}}{b} = \frac{b_{\mathrm{e}}^{\min}}{b_{\mathrm{e}}^{\mathrm{s}}} \left(\frac{T_0}{T_{\mathrm{r}}} - 1 \right) \cdot \mathrm{ECOP} \\
&= \eta_{\mathrm{e}}^{\mathrm{s}} \eta_{\mathrm{c,xd}}^{\mathrm{ex}}
\end{aligned} \qquad (8.117)$$

式中，$\eta_{\mathrm{e}}^{\mathrm{s}} = b_{\mathrm{e}}^{\min} / b_{\mathrm{e}}^{\mathrm{s}} = 0.12284 / b_{\mathrm{e}}^{\mathrm{s}}$，为热电联产机组的当量供电效率。

制冷系统的反平衡能源利用第二定律效率为

$$\eta_{\mathrm{E,xd}}^{\mathrm{ex}} = 1 - \frac{T_0 \sum S_{\mathrm{xd},j}^{\mathrm{gen}} + \sum I_{\mathrm{r,e}}}{B_{\mathrm{c}}^{\mathrm{s}} \cdot e_{\mathrm{f}}^{\mathrm{s}}} \qquad (8.118)$$

8.5　制冷系统的统一化性能评价指标体系及案例分析

8.5.1　制冷系统的统一化性能评价指标体系

第 5 章介绍过包含制冷系统在内的能源利用能效评价的统一化指标体系。这里将本章分析的结果进行汇总，是对第 5 章的补充和完善。制冷系统优劣的热力性能评价指标主要有：电耗量及当量电耗量；性能系数和当量性能系数；制冷燃料单耗；制冷系统的第二定律效率以及制冷系统的能源利用第二定律效率等。

关于电耗量和当量电耗量，压缩式制冷系统可以直接从电表上读取；直燃型吸收式制冷系统参考式(8.91)计算(应用时注意量纲转化)；热电联产制冷系统用式(8.97)计算。

$$EECR = B_c^s / \overline{b}_e^s + W_{pf}, \quad 直燃型$$

$$EECR = D_h(h - h_c)\eta_{mg} / 3600 + W_{pf}, \quad 热电联产$$

关于(当量)性能系数(COP 或 ECOP)，压缩式制冷系统用式(8.38)计算；直燃型吸收式制冷系统和热电联产吸收式制冷系统用式(8.96)计算。

$$COP = Q_c / W, \quad 压缩式$$

$$ECOP = Q_c / EECR, \quad 直燃型及热电联产$$

关于制冷燃料单耗，压缩式制冷系统用式(8.50)计算；直燃型吸收式制冷系统用式(8.93)计算；热电联产吸收式制冷系统用式(8.115)计算。

$$b = 277.8\overline{b}_e^s / COP, \quad 压缩式$$

$$b = 277.8\overline{b}_e^s / ECOP, \quad 直燃型$$

$$b = 277.8 b_e^s / ECOP, \quad 热电联产$$

关于制冷系统的第二定律效率，压缩式制冷系统用式(8.39)计算；直燃型吸收式制冷系统用式(8.79)计算；热电联产吸收式制冷系统用式(8.103)计算。

$$\eta_{c,ys}^{ex} = \left(\frac{T_0}{T_r} - 1\right) \cdot COP, \quad 压缩式$$

$$\eta_{c,xd}^{ex} = \frac{Q_c(T_0 / T_r - 1)}{EECR} = \left(\frac{T_0}{T_r} - 1\right) \cdot ECOP, \quad 直燃型及热电联产$$

上述公式计算的是制冷系统本身的第二定律效率。单耗分析研究的是从燃料到产品的全过程，需要计算出针对燃料的第二定律效率，也就是其能源利用第二定律效率。

关于制冷系统的能源利用第二定律效率，压缩式制冷系统用式(8.51)计算；直燃型吸收式制冷系统用式(8.90)计算；热电联产吸收式制冷系统用式(8.117)计算。制冷系统的能源利用第二定律效率不仅取决于制冷系统自身的第二定律效率，还取决于为之供能的火电机组、燃料直接燃烧放热以及热电联产机组的第二定律效率，是一个综合性的指标。

$$\eta_{E,ys}^{ex} = \frac{b_c^{min}}{b} = \overline{\eta}_e^s \left(\frac{T_0}{T_r} - 1 \right) \cdot COPs, \quad 压缩式$$

$$\eta_{E,zx}^{ex} = \frac{b_c^{min}}{b} = \overline{\eta}_e^s \left(\frac{T_0}{T_r} - 1 \right) ECOP, \quad 直燃型$$

$$\eta_{E,xd}^{ex} = \frac{b_c^{min}}{b} = \eta_e^s \left(\frac{T_0}{T_r} - 1 \right) \cdot ECOP = \eta_e^s \eta_{c,xd}^{ex}, \quad 热电联产$$

上面各组性能指标清晰地揭示，基于单耗分析理论，可以利用具有相同物理意义的热力性能指标对比分析各种制冷系统的优劣，它们的形式也是统一的。

需要说明的是，基于 EECR，反映直燃型吸收式制冷系统的第二定律效率与8.3节中的形式不一样。

8.5.2　案例分析

对于同一制冷负荷需求，至少有上述压缩式制冷、直燃型吸收式制冷以及热电联产吸收式制冷三种制冷技术方案可以选择。它们的性能如何，能源利用效率如何，是工程技术人员非常关心的问题。这里仅以夏季国家推荐的26℃室内制冷温度为目的，对上述三种技术方案的热力学性能的优劣进行简要对比分析。假定环境温度为36℃，应用式(8.10)，这一制冷温度要求的理论最低燃料单耗为

$$b_c^{min} = \frac{e_p}{e_f^s} = 34.12 \left(\frac{T_0}{T_r} - 1 \right)$$
$$= 34.12 \times \left(\frac{309.15}{299.15} - 1 \right) = 1.141(kg/GJ)$$

出于可比性的考量，取制冷容量基本相同的制冷机为研究对象。如表 8.16 所示，某双效蒸汽型吸收式制冷系统制冷量为 1160kW，加热蒸汽为压力 0.7MPa 的饱和蒸汽，蒸汽消耗量为 1510kg/h，凝结水温度为 90℃，据此核算，该吸收式制冷系统的热力系数为 1.159。

此双效蒸汽型吸收式制冷系统采用热电联产方式运行，假定其蒸汽来自某600MW 凝汽式亚临界火电机组第 4 段抽汽，抽汽压力为 0.8107MPa，温度为350.16℃。该火电机组为一次中间再热机组，单轴、四缸四排汽设计。汽机初蒸汽参数为 16.706MPa、531.78℃；再热冷端蒸汽压力为 3.282MPa，温度为 298.72℃；再热热端蒸汽压力为 3.218MPa，温度为 538.64℃；低压缸排汽压力为 0.0045MPa，

干度为 0.9056。回热加热器系统采用"三高四低一除氧"。锅炉采用自然循环方式，单汽包结构。省煤器进口给水压力为 18.221MPa，温度为 273.56℃；过热器出口蒸汽压力为 17.001MPa，温度为 533.19℃；再热器入口蒸汽压力为 3.282MPa，温度为 298.72℃；再热器出口蒸汽压力为 3.218MPa，温度为 538.64℃。锅炉热效率为 94.06%。机组供电燃料单耗为 308.1g/(kW·h)。根据这一火电机组参数计算，为满足双效蒸汽型吸收式制冷系统发生器的加热需要，需抽汽 1293.37kg/h；相应的当量电耗量和当量性能系数分别为 294.8kW 和 3.934；吸收式制冷系统的第二定律效率为 13.15%；计算制冷燃料单耗为 21.76kg/GJ，此热电联产吸收式制冷系统的能源利用第二定律效率为 5.24%。

　　某直燃型双效吸收式制冷系统制冷量为 1163kW，天然气消耗量为 83m³/h，天然气热值(天然气低位热值)按 45.98MJ/Nm³(Nm³ 表示标准立方米)取值(范季贤等，1996)，计算中假设燃料燃烧放热的热效率为 90%，据此核算直燃型双效吸收式制冷系统的热力系数为 1.219。直燃型吸收式制冷的当量电耗量以 2019 年全国电网火电机组平均供电燃料单耗 306.9g/(kW·h) 计算。制冷燃料单耗为 31.10kg/GJ，其能源利用的第二定律效率为 3.67%，是三种制冷技术中最低的。和锅炉房供热一样，直燃型吸收式制冷技术也不是合理的用能方式。

　　压缩制冷机制冷量为 1255kW，电耗为 285kW。在 2019 年全国电网火电机组供电燃料单耗的水平下，其制冷燃料单耗为 19.38kg/GJ，能源利用第二定律效率为 5.89%，虽然也较低，但在三种制冷技术方案中是热力性能最好的。

　　需要说明的是，表 8.16 计算的直燃型吸收式制冷系统的燃料单耗高于 8.3 节的计算值，主要原因是设计环境温度取值不同，相应的制冷理论最低燃料单耗不同。8.3 节的案例中，设计环境温度取值 32℃，而这里取值 36℃，环境温度越高，对于相同的设计制冷温度，其理论最低燃料单耗越高。

表 8.16　不同制冷技术的热力性能评价

序号	指标名称	单位	压缩制冷机	直燃型双效吸收式制冷系统	热电联产双效吸收式制冷系统
1	制冷量	kW	1255	1163	1160
2	汽耗量	kg/h	—	—	1293.37
3	天然气消耗量	m³/h	—	83	—
4	W(EECR)	kW	285	424.30	294.8
5	COP(ECOP)	—	4.40	2.741	3.934
6	η_z	%	—	90	—
7	ζ	—	—	1.219	1.159
8	η_c^{ex}	%	14.71	—	13.15

序号	指标名称	单位	压缩制冷机	直燃型双效吸收式制冷系统	热电联产双效吸收式制冷系统
9	$\bar{b}_e^s$	g/(kW·h)	306.9	306.9	308.1
10	b	kg/GJ	19.38	31.10	21.76
11	b_c^{min}	kg/GJ	1.141	1.141	1.141
12	η_E^{ex}	%	5.89	3.67	5.24

8.6　制冷的"热效率"问题及㶲效率

现代节能原理的分析方法是基于热力学第二定律的方法，计算发现制冷系统的能源利用第二定律效率极低。为便于读者认识和理解，这里特给出基于热力学第一定律的热效率计算结果。

热效率的计算是比较简单的。100%热效率条件下，全部的燃料热量都转化为制冷量，对应制冷燃料单耗为 34.12kg/GJ。相应地，制冷的热效率可用式(8.119)计算：

$$\eta = \frac{34.12}{b} \times 100\% \tag{8.119}$$

基于表 8.16 给出的制冷燃料单耗数据，不同制冷技术的热效率如表 8.17 所示。不难看出，所有制冷技术的热效率都超过了 100%。以直燃型双效吸收式制冷系统为例，燃烧放热效率为 90%，热力系数 1.219，其热效率高达 90%×1.219 = 109.71%。但是，热电冷联产双效吸收式制冷系用能方式显然比直燃型双效吸收式制冷系统更合理，其热效率要高一些，达到了 156.80%。而压缩制冷机的热效率为 174.44%，在三种制冷方式中最高。

这里需要说明的是：①热效率高于 100%，使"效率"的概念失去了其本来的意义；②如果按热量法分摊发电、供热煤耗，计算结果是此热电联产吸收式制冷燃料单耗与直燃型吸收式制冷系统持平，不能表征热电联产供热实现按质用能应有的热力学特性，只是火电机组的这股抽汽发电没有"冷源损失"，其发电煤耗率(发电燃料单耗)的计算值因此降低。基于热量法，一个中低参数的小型背压机的供电煤耗率就可以远远低于代表现代火电机组技术水平的大型超超临界火电机组，但这类小型的热电机组的热力学完善性是远远低于现代大型火电机组的，会造成错误认识；③热量法分摊会导致上述三种制冷方法之间的性能指标失去可比性。因此，热力学第一定律的方法不宜作为能源利用效率分析与评价的统一化方法。

表 8.17　不同制冷技术的热效率

序号	指标名称	单位	压缩制冷机	直燃型双效吸收式制冷系统	热电联产双效吸收式制冷系统
1	制冷燃料单耗（b）	kg/GJ	19.38	31.10	21.76
2	热效率[式(8.119)]	%	176.06	109.71	156.80

参考锅炉㶲效率的计算，制冷的能源利用第二定律效率可以表达成式(8.120)
的形式。

$$\eta_{\mathrm{E}}^{\mathrm{ex}} = \eta\left(\frac{T_0}{T_{\mathrm{r}}} - 1\right) = \frac{34.12}{b}\left(\frac{T_0}{T_{\mathrm{r}}} - 1\right) \tag{8.120}$$

第9章 供热及其单耗分析

9.1 供热过程的㶲分析

根据热力学原理，状态参数㶲的定义式为

$$e = h - h_0 - T_0(s - s_0) \tag{9.1}$$

对于图 9.1 所示 1kg 工质完成的可逆供热过程 $1 \to 2$，其㶲的变化为

$$\Delta e_{12} = e_2 - e_1 = h_2 - h_1 - T_0(s_2 - s_1) \tag{9.2}$$

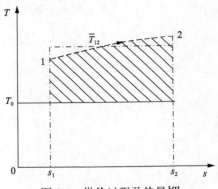

图 9.1 供热过程及热量㶲

根据 $\mathrm{d}s = \delta q / T$，$1 \to 2$ 过程的热力学平均温度为

$$\overline{T}_{12} = \frac{h_2 - h_1}{s_2 - s_1} \tag{9.3}$$

于是，供热量 $h_2 - h_1$ 的热量㶲可以写成

$$\Delta e_{12} = \left(1 - \frac{T_0}{\overline{T}_{12}}\right)(h_2 - h_1) \tag{9.4}$$

式 (9.4) 与第 2 章关于热量㶲的计算公式的形式是一样的。

图 9.1 中，供热过程 $1 \to 2$ 与横坐标围成的面积是供热量 $h_2 - h_1$；这一供热过程的热量㶲为供热过程 $1 \to 2$ 与环境温度 (T_0) 线围成的面积，即图中阴影部分的面积，其物理意义是这股热量具有的做功能力。式 (9.4) 的计算结果等于图 9.1 中

阴影部分的面积，其热力学意义是供热量 $h_2 - h_1$ 在热力学平均温度 $\overline{T}_{12}$ 与环境温度之间的卡诺循环的做功量。显然，$\overline{T}_{12}$ 越高，热量㶲 Δe_{12} 越大，$\overline{T}_{12}$ 是表征供热量 $h_2 - h_1$ 的热力学品质的热力学参数。

从热力学角度看，供热作为热力过程是供热对象(如采暖负荷)吸收热量而维持所需温度的过程。根据式(9.4)，供热量 $h_2 - h_1$ 的比㶲 e_{12} 用式(9.5)计算(注意量纲转换)：

$$e_{12} = 1 - \frac{T_0}{\overline{T}_{12}} = 277.8\left(1 - \frac{T_0}{\overline{T}_{12}}\right)(\mathrm{kW \cdot h / GJ}) \tag{9.5}$$

与作为状态参数的工质比㶲不同，热量的比㶲表示单位热量具有的㶲值，是过程量。卡诺因子代表热量可转化为功的比例。

根据单耗分析理论，供热理论最低燃料单耗是针对供热对象所需维持的温度而言的。假定图 9.2 中状态 1 的温度是供热对象所要求的，为维持这一温度 $T_h = T_1$，抵消供热对象对环境的散热损失，需要供热过程 $1 \to 2$ 才能保证。由于 $T_h = T_1$ 与 $\overline{T}_{12}$ 存在明显的温差，T_2 温度的热风混入室内空气是(混合)温差传热，属于典型的不可逆过程。因此，供热过程 $1 \to 2$ 不能作为供热理论最低燃料单耗计算的依据。对比分析，不难得出结论，针对供热温度 T_h 的热量比㶲为

$$e_h = 277.8\left(1 - \frac{T_0}{T_h}\right)(\mathrm{kW \cdot h / GJ}) \tag{9.6}$$

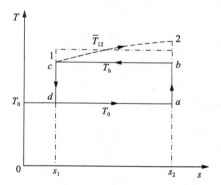

图 9.2 供热过程与逆卡诺热泵循环

根据式(3.7)，供热理论最低燃料单耗为

$$b_h^{\min} = \frac{e_p}{e_f^{e,s}} = \frac{e_h}{e_f^{e,s}} = \frac{277.8}{8.141}\left(1 - \frac{T_0}{T_h}\right) = 34.12\left(1 - \frac{T_0}{T_h}\right)(\mathrm{kg / GJ}) \tag{9.7}$$

也可以用另一种方法求取供热理论最低燃料单耗。假定，在所要求的供热温度 $T_h=T_1$ 和环境温度之间构建一个逆卡诺热泵循环 abcda，则此热泵循环所消耗的功最小，其值为图 9.2 中 abcda 所围成的面积。

逆卡诺热泵循环的供热量：

$$q = T_h(s_2 - s_1) \tag{9.8}$$

循环功耗：

$$w = (T_h - T_0)(s_2 - s_1) \tag{9.9}$$

制热性能系数：

$$\mathrm{COP} = \frac{q}{w} = \frac{T_h}{T_h - T_0} \tag{9.10}$$

假定这一逆卡诺热泵循环所消耗的功 w 来自 100%发电效率的可逆热机，这时热泵循环的燃料单耗最低。而 100% 发电效率的可逆热机的发电燃料单耗为 122.84g/(kW·h)，因此，此逆卡诺热泵循环供热的理论最低燃料单耗（注意量纲转换）为

$$
\begin{aligned}
b_h^{\min} &= \frac{122.84w}{q} = \frac{122.84}{\mathrm{COP}} = 122.84\left(1 - \frac{T_0}{T_h}\right)[\mathrm{g}/(\mathrm{kW}\cdot\mathrm{h})_h] \\
&= 34.12\left(1 - \frac{T_0}{T_h}\right)(\mathrm{kg}/\mathrm{GJ})
\end{aligned}
\tag{9.11}
$$

当供热温度一定（如 $t_h=20℃$）时，逆卡诺热泵循环的性能系数随环境温度的降低而显著降低，如图 9.3 所示。环境温度 T_0 越低，所需供热量越大，这时性能系数反而降低，单位电量供应的热量降低。热泵循环的这一特性意味着随环境温度的降低，压缩式热泵设备供热性能变差。对于实际热泵机组，当环境温度降低到

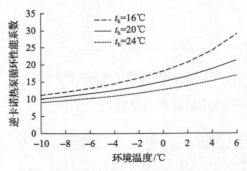

图 9.3　环境温度对逆卡诺热泵循环的影响

一定数值时，压比超过其设计极限，热泵设备将不能工作，这是压缩式热泵机组应用的最大障碍。虽然双级压缩式热泵机组可在更低的环境温度下工作，但机组性能系数较低，且设备造价较高。另外，由于大气中的水蒸气在 0℃时会凝华成冰，这对热泵运行也带来不利影响。在这种条件下运行的热泵机组要具备除霜功能，会额外增加设备能耗，从而进一步降低热泵性能。

由于都是基于逆卡诺循环的，供热的理论最低燃料单耗与制冷的理论最低燃料单耗本质上是一样的。根据式(9.11)，环境温度越低，供热的理论最低燃料单耗越高；而当环境温度一定时，供热的理论最低燃料单耗随供热温度的提高而增大，如图 9.4 所示。显然，不同的地区，环境温度不同，对于相同的供热温度，其供热的理论最低燃料单耗不同，需要根据不同地区的气候条件确定。

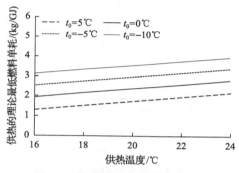

图 9.4　供热的理论最低燃料单耗

这里需要说明的是，由式(9.11)，供热的理论最低燃料单耗随环境温度和供热温度的变化而变化，如果不加以规定，则意味着有无穷多的供热理论最低燃料单耗，这显然是不合适的。对于冬季采暖供热，所要求的供热温度大致是一致的，如设定为 20℃是可行的。但环境温度却随地理位置的不同、气象条件的不同，有比较大的差别。因此这里建议，以各行政区域冬季采暖标准规定的平均室外气温作为环境温度，并以标准的形式确定下来。

9.2　压缩式热泵系统的单耗分析

9.2.1　压缩式热泵系统的熵产分析

与压缩式制冷循环一样，压缩式热泵循环也是基于逆卡诺循环的，只不过以环境为低温热源，以室内空间为高温热源。实际压缩式热泵循环的熵产也与压缩式制冷循环类似，只是蒸发器和冷凝器的换热对象不同，对应的熵产略有不同。

图 9.5 所示的实际热泵循环 12341 由有摩阻的压缩过程 $1 \rightarrow 2$、有阻尼的冷凝过程 $2 \rightarrow 3$、节流过程 $3 \rightarrow 4$ 以及有阻尼的蒸发过程 $4 \rightarrow 1$ 组成。参考第 8 章关于

压缩式制冷循环的分析，与实际循环对应的理论热泵循环可以拟定为 $abc3'4a$，由定熵压缩过程 $a \to b$、等压凝结放热过程 $b \to 3'$、节流过程 $3' \to 4$、等压吸热蒸发过程 $4 \to a$ 组成。这里，假定蒸发器出口工质状态为饱和气态，冷凝器出口工质状态为饱和液态。

实际压缩式热泵循环冷凝器内有阻尼的凝结过程 $2 \to 3$ 放热量 $h_2 - h_3$ 用等压凝结放热过程 $2 \to 3'$ 表示，阻尼的影响相当于液态工质在冷凝器出口的节流；蒸发器内有阻尼的蒸发过程 $4 \to 1$ 的吸热量用等压蒸发过程 $4 \to 1'$ 表示，阻尼的影响相当于工质在蒸发器出口的节流，这与第 4 章关于实际传热过程的熵产分析以及第 8 章制冷循环的熵产分析是一致的，即

$$h_{3'} = h_3 = h_4 \tag{9.12}$$

$$h_{1'} = h_1 \tag{9.13}$$

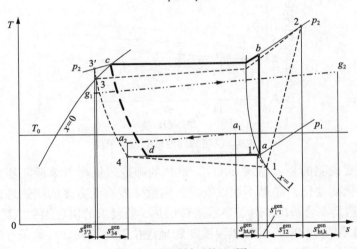

图 9.5　热泵循环的 Ts 图

图 9.5 中的 $s_{3'3}^{\mathrm{gen}}$ 为冷凝器内工质流动阻尼造成的熵产；s_{34}^{gen} 为节流阀中工质的节流熵产；$s_{1'1}^{\mathrm{gen}}$ 表示蒸发器内工质流动阻尼造成的熵产；$s_{\mathrm{ht,ev}}^{\mathrm{gen}}$ 为蒸发器传热温差熵产；s_{12}^{gen} 为压缩过程熵产；$s_{\mathrm{ht,k}}^{\mathrm{gen}}$ 为冷凝器温差传热熵产，此六项为压缩式热泵系统的主要不可逆损失。需要说明的是，这里未考虑系统散热损失造成的影响。另外，为了分析简单，对于冷凝器中室内空气吸热过程 $g_1 \to g_2$ 以及蒸发器中环境热源的放热过程 $a_1 \to a_2$，忽略其阻尼造成的不可逆性，其电功消耗应一并计入热泵系统的电耗。

根据热泵性能系数的定义，理论热泵循环 $abc3'4a$ 的性能系数为

$$\text{COP}^* = \frac{q_\text{h}}{w_\text{i}^*} = \frac{h_b - h_{3'}}{h_b - h_a} = \frac{h_b - h_3}{h_b - h_a} \tag{9.14}$$

实际热泵循环 12341 的性能系数为

$$\text{COP} = \frac{q_\text{h}}{w_\text{i}} = \frac{h_2 - h_3}{h_2 - h_1} \tag{9.15}$$

实际压缩式热泵循环各节点的温度和压力可以通过测量获得，再通过物性计算和查询得到相应的比容、焓值、熵值等参数。对于压缩式热泵循环，状态点 2 处于过热态；对于状态点 1 和 3，则需要判别是饱和态还是过热态或过冷态，以保证计算的准确性；状态点 4 为湿蒸汽状态，可根据状态点 3 的焓和节流后工质压力或蒸发器入口压力确定。有了各节点的物性参数，就可以开展系统熵产计算。

压缩过程的熵产可以用式(9.16)计算：

$$s_\text{com}^\text{gen} = s_{12}^\text{gen} = s_2 - s_1 \tag{9.16}$$

式(9.16)计算的压缩过程熵产是压缩机不可逆损失的总和。对于活塞式压缩机，它包括了吸、排气阀片造成的节流损失，以及余隙容积和活塞压缩过程本身的不可逆损失等；对于封闭式压缩机，还包括了电机损耗和机械损耗的影响等。

如果忽略散热和工质泄漏，冷凝器本体的熵产由两部分构成，一部分是传热温差导致的熵产，另一部分是工质流动阻尼造成的熵产。但是，冷凝器出口空气携带的供热量最终混入室内空气，也造成熵产，因此将这部分熵产一并归为冷凝器的熵产。

冷凝器内工质流动阻尼造成的熵产为

$$s_{3'3}^\text{gen} = s_3 - s_{3'} \tag{9.17}$$

传热温差导致的熵产为

$$s_\text{ht,k}^\text{gen} = s_{3'} - s_2 + \frac{q_\text{h}}{\overline{T}_{g_1 g_2}} = \frac{q_\text{h}}{\overline{T}_{g_1 g_2}} - \frac{q_\text{h}}{\overline{T}_{23'}} \tag{9.18}$$

式中，$q_\text{h} = h_2 - h_3 = h_2 - h_{3'}$ 为冷凝器的热负荷；$\overline{T}_{23'}$ 为工质可逆冷凝过程 $2 \to 3'$ 的热力学平均温度，用式(9.19)计算：

$$\overline{T}_{23'} = \frac{h_{3'} - h_2}{s_{3'} - s_2} \tag{9.19}$$

$\overline{T}_{g_1g_2} \approx (T_{g_2} - T_{g_1}) / \ln(T_{g_2} / T_{g_1})$ 为室内空气吸收热量 q_h 的热力学平均温度，T_{g_1} 和 T_{g_2} 分别为热媒(室内空气)进出冷凝器的温度。

吸收热量 q_h 的室内空气最后混入室内空气，由此造成的熵产为

$$s_{tm,k}^{gen} = \left(\frac{1}{T_h} - \frac{1}{\overline{T}_{g_1g_2}}\right)q_h \tag{9.20}$$

式中，T_h 为室内供热温度。

因此，考虑末端混合传热过程，冷凝器总熵产为

$$s_k^{gen} = s_{3'3}^{gen} + s_{ht,k}^{gen} + s_{tm,k}^{gen} = s_3 - s_2 + \frac{q_h}{T_h} = \left(\frac{1}{T_h} - \frac{1}{\overline{T}_{23}}\right)q_h \tag{9.21}$$

式中，$\overline{T}_{23}$ 用式(9.22)计算：

$$\overline{T}_{23} = \frac{h_{3'} - h_2}{s_3 - s_2} = -\frac{q_h}{s_3 - s_2} \tag{9.22}$$

节流过程 $3 \to 4$ 的熵产：

$$s_{tv}^{gen} = s_{34}^{gen} = s_4 - s_3 \tag{9.23}$$

蒸发器的熵产通常也由两部分构成，一部分是传热温差导致的熵产，另一部分是流动阻尼造成的熵产。对于空气源热泵，冷空气从蒸发器出来混入环境大气中，也存在熵产。

蒸发器内工质流动阻尼造成的熵产：

$$s_{1'1}^{gen} = s_1 - s_{1'} \tag{9.24}$$

传热温差导致的熵产：

$$s_{ht,ev}^{gen} = s_{1'} - s_4 - \frac{q_0}{\overline{T}_{a_1a_2}} = \frac{q_0}{T_{41'}} - \frac{q_0}{\overline{T}_{a_1a_2}} \tag{9.25}$$

式中，$q_0 = h_1 - h_4 = h_{1'} - h_4$ 为蒸发器热负荷；可逆等压蒸发过程温度保持不变，即 $T_{41'} = T_4 = T_{1'}$；$\overline{T}_{a_1a_2} \approx (T_{a_2} - T_{a_1}) / \ln(T_{a_2} / T_{a_1})$ 为室外空气放热过程的热力学平均温度，T_{a_1} 和 T_{a_2} 分别为室外空气进出蒸发器的温度。

蒸发器出口的冷空气与室外空气的混合传热过程熵产为

$$s_{tm,ev}^{gen} = \frac{q_0}{\overline{T}_{a_1a_2}} - \frac{q_0}{T_0} \tag{9.26}$$

因此，考虑室外混合传热过程，蒸发器的熵产为

$$s_{ev}^{gen} = s_{1'1}^{gen} + s_{ht,ev}^{gen} + s_{tm,ev}^{gen} = s_1 - s_4 - \frac{q_0}{T_0} = \frac{q_0}{\overline{T}_{41}} - \frac{q_0}{T_0} \tag{9.27}$$

式中，$\overline{T}_{41}$ 用式(9.28)计算：

$$\overline{T}_{41} = \frac{h_1 - h_4}{s_1 - s_4} = \frac{q_0}{s_1 - s_4} \tag{9.28}$$

对于高于环境大气温度的地热或工业余热资源，如果蒸发器传热温差维持不变，则可以使蒸发过程的平均温度相应提高，使蒸发器熵产减小，同时，还使压缩机的压比降低，从而提高热泵的性能系数。

压缩式热泵系统的熵产为

$$\sum s_{ys,j}^{gen} = s_{com}^{gen} + s_k^{gen} + s_{tv}^{gen} + s_{ev}^{gen} = \frac{q_h}{T_h} - \frac{q_0}{T_0} \tag{9.29}$$

$q_h = q_0 + w_i$，因此，式(9.29)可以写成

$$\sum s_{ys,j}^{gen} = \frac{w_i}{T_0} - \left(\frac{1}{T_0} - \frac{1}{T_h} \right) q_h \tag{9.30}$$

根据 Gouy-Stodola 公式 $i_r = T_0 s^{gen}$ [式(2.199)]，热泵系统的总不可逆损失为

$$\sum i_{rys,j} = T_0 \sum s_{ys,j}^{gen} = w_i - \left(1 - \frac{T_0}{T_h} \right) q_h \tag{9.31}$$

式中，右边第一项为压缩式热泵系统的功耗，第二项为用户(供热对象)得到的热量㶲，即压缩式热泵系统的不可逆损失等于功耗减去供热对象获得的热量㶲。事实上，式(9.31)是压缩式热泵系统的总㶲平衡关系式，可以用于压缩式热泵系统熵产分析结果的验证。

以上分析针对 1kg 工质及 1GJ 热量进行，所得结果均为比参数。

9.2.2　压缩式热泵系统的㶲平衡分析

假定压缩式热泵循环工质的质量流量为 M_r (kg/s)，供热量 $Q_h = M_r q_h$ (kW)，热泵系统所消耗的电功为 $W = W_i / \eta_{mg} = M_r w_i / \eta_{mg}$ (kW)，其中 η_{mg} 为电机效率和机械传动效率的乘积。

压缩式热泵系统的㶲平衡关系式为

$$We_{p,e} = Q_h e_h + \sum I_{rys,j} = Q_h e_h + T_0 \sum S_{ys,j}^{gen} \qquad (9.32)$$

式中，W 为输入电耗量；Q_h 为供热量；$e_{p,e}$ 为电的比㶲，$e_{p,e}=1\text{kW}\cdot\text{h}/(\text{kW}\cdot\text{h})$；$e_h = 1 - T_0/T_h$ 为供热量 $Q_h = M_r(h_2 - h_3) = M_r q_h$ 的比㶲；$\sum I_{rys,j}$ 为不可逆损失之和，包括前面计算的所有熵产对应的各不可逆损失及电机损失和传动损失等。

式(9.31)和式(9.32)的区别在于前者未考虑机械传动及电机损耗，后者则包括这两部分损失。

考虑电机损耗和机械损耗，蒸汽压缩式热泵系统的 COP 用式(9.33)计算。注意对比与式(9.10)的差异。

$$\text{COP} = \frac{Q_h}{W} \qquad (9.33)$$

热泵系统的㶲效率为

$$\eta_{h,ys}^{ex} = \frac{Q_h e_h}{We_{p,e}} = \frac{Q_h(1 - T_0/T_h)}{W} = \left(1 - \frac{T_0}{T_h}\right) \cdot \text{COP} \qquad (9.34)$$

当然，也可以从反平衡的角度来计算㶲效率：

$$\eta_{h,ys}^{ex} = 1 - \frac{T_0 \sum S_{ys,j}^{gen}}{We_{p,e}} = 1 - \frac{T_0 \sum S_{ys,j}^{gen}}{W} \qquad (9.35)$$

考虑电机损失及机械损失，将式(9.31)代入式(9.35)，即得式(9.34)。

对于室外 $t_0 = 0\,^\circ\text{C}$、室内 $t_h = 20\,^\circ\text{C}$ 的采暖需求，热泵系统的㶲效率与热泵 COP 的关系如图 9.6 所示，当 COP 在 2.0~5.5 范围内变化时，热泵系统的㶲效率 η_h^{ex} 为 13.6%~34.1%。空气源热泵的性能受环境温度的影响巨大，COP 在 2.5~4.0 的水平；地(水)源热泵的性能相对稳定，COP 可达 4.5。

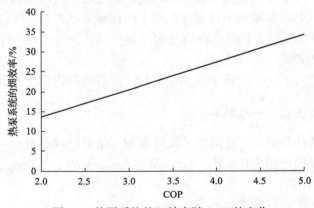

图 9.6　热泵系统的㶲效率随 COP 的变化

对于其他的低品位热能需求, 如生活热水等, 也可以采用热泵技术, 其性能也可以用式(9.34)进行估算, 估算时供热温度可以取平均值。

9.2.3　压缩式热泵系统耗电量所携带的不可逆损失

与第 8 章针对压缩式制冷系统的单耗分析一样, 假定全国电网火电机组平均供电燃料单耗为 $\overline{b}_e^s$, 则压缩式热泵系统耗电量 W 对应的燃料消耗 B_h^s 为

$$B_h^s = \overline{b}_e^s W \tag{9.36}$$

电网发电设备生产这部分电量的㶲平衡关系式可以写成

$$B_h^s e_f^s = \overline{b}_e^s W e_f^s = W e_{p,e} + \sum I_{r,e} \tag{9.37}$$

电网供出这部分电量的单耗分析模型是

$$\overline{b}_e^s = \frac{B_h^s}{W} = 0.12284 + \frac{\sum I_{r,e}}{W e_f^s} \tag{9.38}$$

因此, 压缩式热泵系统的耗电量 W 所携带的不可逆损失用式(9.39)计算:

$$\sum I_{r,e} = (\overline{b}_e^s - 0.12284) W e_f^s \tag{9.39}$$

9.2.4　压缩式热泵系统的燃料单耗构成分析

将式(9.39)代入式(9.37), 得到针对燃料的压缩式热泵系统供热的㶲平衡关系式:

$$B_h^s e_f^s = Q_h e_h + T_0 \sum S_{ys,j}^{gen} + \sum I_{r,e} \tag{9.40}$$

式(9.40)两边同除以 $Q_h e_f^s$, 得热泵系统供热燃料单耗分析模型:

$$b = \frac{B_h^s}{Q_h} = \frac{e_h}{e_f^s} + \frac{\sum T_0 S_{ys,j}^{gen} + \sum I_{r,e}}{Q_h e_f^s} = b_h^{min} + \sum b_{ys,j} + \sum b_e \tag{9.41}$$

式中, b_h^{min} 为热产品的理论最低燃料单耗, 用式(9.11)计算; $\sum b_{ys,j}$ 为压缩式热泵系统不可逆性所致附加燃料单耗; $\sum b_e$ 为所耗电量所携带的不可逆性对应的附加燃料单耗。

压缩式热泵系统不可逆损失所造成的附加燃料单耗为

$$\sum b_{ys,j} = \frac{T_0 \sum S_{ys,j}^{gen}}{Q_h e_f^s} \tag{9.42}$$

压缩式热泵系统的耗电量所携带的不可逆性对应的附加燃料单耗为

$$\sum b_{\mathrm{e}} = \frac{\sum I_{\mathrm{r,e}}}{Q_{\mathrm{h}} e_{\mathrm{f}}^{\mathrm{s}}} \tag{9.43}$$

热泵系统供热燃料单耗还可以用式（9.44）计算。当然，使用式（9.44）时要注意量纲转换：

$$b = \frac{B_{\mathrm{h}}^{\mathrm{s}}}{Q_{\mathrm{h}}} = \frac{B_{\mathrm{h}}^{\mathrm{s}}}{W} \cdot \frac{W}{Q_{\mathrm{h}}} = 277.8 \bar{b}_{\mathrm{e}}^{\mathrm{s}} / \mathrm{COP} \tag{9.44}$$

热泵系统的正平衡能源利用第二定律效率为

$$\begin{aligned}
\eta_{\mathrm{E,ys}}^{\mathrm{ex}} &= \frac{Q_{\mathrm{h}} e_{\mathrm{h}}}{B_{\mathrm{h}}^{\mathrm{s}} e_{\mathrm{f}}^{\mathrm{s}}} = \frac{b_{\mathrm{h}}^{\mathrm{min}}}{b} = \frac{0.12284}{\bar{b}_{\mathrm{e}}^{\mathrm{s}}} \left(1 - \frac{T_0}{T_{\mathrm{h}}}\right) \cdot \mathrm{COP} \\
&= \bar{\eta}_{\mathrm{e}}^{\mathrm{s}} \eta_{\mathrm{h}}^{\mathrm{ex}}
\end{aligned} \tag{9.45}$$

压缩式热泵系统供热的能源利用第二定律效率等于电网火电机组平均供电效率 $\bar{\eta}_{\mathrm{e}}^{\mathrm{s}}$ 与热泵系统的第二定律效率的乘积。显然，电网火电机组平均供电效率 $\bar{\eta}_{\mathrm{e}}^{\mathrm{s}}$ 的提高，可以有效提高压缩式热泵的供热效率。

热泵系统的反平衡能源利用第二定律效率为

$$\eta_{\mathrm{E,ys}}^{\mathrm{ex}} = 1 - \frac{T_0 \sum S_{\mathrm{ys},j}^{\mathrm{gen}} + \sum I_{\mathrm{r,e}}}{B_{\mathrm{h}}^{\mathrm{s}} \cdot e_{\mathrm{f}}^{\mathrm{s}}} \tag{9.46}$$

将式（9.30）和式（9.39）代入式（9.46），即得式（9.45）。

9.2.5　压缩式热泵系统性能评价示例

假定全国电网火电机组平均供电燃料单耗为 $310\mathrm{g}/(\mathrm{kW \cdot h})$，环境温度为 $0\,^{\circ}\mathrm{C}$，室内采暖温度为 $20\,^{\circ}\mathrm{C}$，其理论最低燃料单耗为

$$b_{\mathrm{h}}^{\mathrm{min}} = 34.12 \times (1 - 273.15 / 293.15) = 2.33 (\mathrm{kg} / \mathrm{GJ})$$

如果空气源压缩式热泵的 $\mathrm{COP} = 3$，由式（9.44）得，其供热燃料单耗为

$$b = \frac{B_{\mathrm{h}}^{\mathrm{s}}}{Q_{\mathrm{h}}} = \frac{B_{\mathrm{h}}^{\mathrm{s}}}{W} \cdot \frac{W}{Q_{\mathrm{h}}} = \bar{b}_{\mathrm{e}}^{\mathrm{s}} / \mathrm{COP} = \frac{310}{3} \times \frac{10^3}{3600} = 28.7 (\mathrm{kg} / \mathrm{GJ})$$

由式（9.34），热泵系统的第二定律效率为

$$\eta_{\mathrm{h,ys}}^{\mathrm{ex}} = \left(1 - \frac{T_0}{T_{\mathrm{h}}}\right) \cdot \mathrm{COP} = \left(1 - \frac{273.15}{293.15}\right) \times 3 \times 100\% = 20.47\%$$

由式(9.45)，热泵系统的能源利用第二定律效率为

$$\eta_{E,ys}^{ex} = \frac{Q_h e_h}{B_h^s e_f^s} = \frac{b_h^{min}}{b} = \frac{2.33}{28.7} \times 100\% = 8.12\%$$

或

$$\eta_{E,ys}^{ex} = \frac{b_e^{min}}{\bar{b}_e^s}\left(1 - \frac{T_0}{T_h}\right) \cdot COP = \bar{\eta}_e \eta_{h,ys}^{ex} = \frac{122.84}{310} \times 20.47\% = 8.11\%$$

图 9.7 给出了全国电网火电机组供电燃料单耗取 300～330g/(kW·h)时，热泵系统的供热燃料单耗及其能源利用第二定律效率随热泵 COP 的变化。全国电网火电机组供电燃料单耗越低，热泵供热燃料单耗越低，能源利用效率越高。

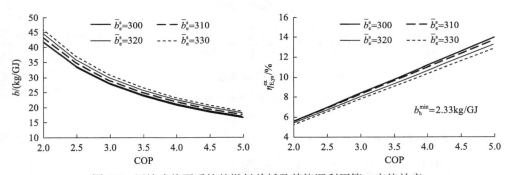

图 9.7　压缩式热泵系统的燃料单耗及其能源利用第二定律效率

9.3　锅炉供热系统的单耗分析及案例分析

9.3.1　锅炉供热燃料单耗构成分析

2015 年我国已建成世界上最大的集中供暖系统，热水管网总长度达到 19.2721 万 km，蒸汽管网总长度达到 1.1692 万 km。集中供暖煤耗达到 1.85 亿 t 标准煤，其中 90%来自煤炭。我国集中供暖管网覆盖建筑面积约达 85 亿 m²。

燃煤锅炉供热系统作为一种集中式采暖技术，对于方便民众生活及提高民众生活品质起到了重要的作用。集中供热方式相对于分散的小型采暖炉及采暖锅炉等，有效地提高了能源利用效率和供热质量。但时至当下，随着技术的发展及时代变迁，它几乎沦为了效率低下、污染严重的代名词。虽然燃煤锅炉供热系统几近被淘汰的边缘，但开展这一用能系统的单耗分析对于理解供热过程及影响供热效率的因素，仍具有重要参考价值。

根据单耗分析理论及方法，不可逆因素造成的附加燃料单耗的大小及其分布

与子系统(或工艺环节)的划分有直接关系。这里以图9.8所示的锅炉供热系统为例开展单耗分析。为了便于理解,这一供热系统划分为锅炉、热网加热器、热网输配系统和用户散热器四个子系统组成,它们之间的热传递和㶲传递如图9.9所示。

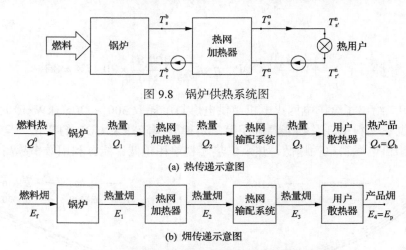

图 9.8 锅炉供热系统图

(a) 热传递示意图

(b) 㶲传递示意图

图 9.9 锅炉供热系统热传递和㶲传递示意图

1. 锅炉供热系统热平衡关系

假定热用户用热需求(用户得到的热量)为 Q_h 。设计时,这一热量可以根据热用户的设施条件、气候环境及需要等计算。根据锅炉供热系统的热传递示意图[图 9.9(a)],有

$$Q_4 = Q_h \tag{9.47}$$

锅炉生产的热量,经由热网输配系统供应到用户散热器。假定热网循环水比定压热容为常数,热网的供热量 Q_3 可用式(9.48)计算:

$$
\begin{aligned}
Q_3 &= M\bar{c}_p(T_{s'}^n - T_r^n) \\
&= Q_4 / \eta_u
\end{aligned}
\tag{9.48}
$$

式中, $T_{s'}^n$ 、 T_r^n 分别为热网循环水进出热用户的温度; M 为进出热用户热网循环水质量流量; η_u 为用户的热效率。

热网加热器供应给热网输配系统的热量 Q_2 可以表示为

$$Q_2 = M\bar{c}_p(T_s^n - T_r^n) = Q_3 / \eta_n \tag{9.49}$$

式中, T_s^n 、 T_r^n 分别为热网加热器供回热网循环水温度; η_n 为热网输配系统热

效率。

假设热网加热器存在散热损失，锅炉热负荷 $Q_b = Q_1$ 为

$$Q_1 = Q_2 / \eta_{nh} \tag{9.50}$$

式中，η_{nh} 为热网加热器热效率。

假定锅炉热效率为 η_b，则锅炉消耗的燃料热为

$$Q^0 = Q_1 / \eta_b \tag{9.51}$$

锅炉的标准煤耗量 B^s 可以表示为

$$B^s = \frac{Q^0}{q_1^s} = \frac{Q_1}{q_1^s \eta_b} \tag{9.52}$$

锅炉的热效率 η_b 为

$$\eta_b = \frac{Q_1}{Q^0} = \frac{Q_1}{B^s q_1^s} \tag{9.53}$$

因此，锅炉供热系统的热效率为

$$\eta_{bs} = \frac{Q_h}{B^s q_1^s} = \frac{Q_1}{B^s q_1^s} \frac{Q_2}{Q_1} \frac{Q_3}{Q_2} \frac{Q_h}{Q_3} = \eta_b \eta_{nh} \eta_n \eta_u \tag{9.54}$$

式(9.54)揭示了图 9.9(a)所示锅炉供热系统的热传递特性。相应地，锅炉供热系统的燃料单耗 b 可以表示为

$$b_{bs} = \frac{B^s}{Q_h} = \frac{34.12}{\eta} = \frac{34.12}{\eta_b \eta_{nh} \eta_n \eta_u} \tag{9.55}$$

于是，锅炉供应热量 Q_1 的燃料单耗为

$$b_b = \frac{B^s}{Q_1} = \frac{34.12}{\eta_b} \tag{9.56}$$

锅炉供热系统的燃料单耗可以写成

$$b_{bs} = \frac{B^s}{Q_h} = \frac{34.12}{\eta_b \eta_{nh} \eta_n \eta_u} = b_b / (\eta_{nh} \eta_n \eta_u) \tag{9.57}$$

34.12kg/GJ 是 100%热效率的供热燃料单耗，因此从式(9.54)～式(9.57)不难理解终端用户的供热燃料单耗是如何被放大的。

2. 热水锅炉的单耗分析

锅炉生产的热产品(锅炉热负荷) Q_1 可以用式(9.58)计算:

$$Q_1 = D(h_s^b - h_r^b) = D\bar{c}_p(T_s^b - T_r^b) \tag{9.58}$$

式中, h_s^b 、 h_r^b 分别为锅炉出入口工质比焓; T_s^b 、 T_r^b 分别为热水锅炉供回水温度; D 为工质流量。

工质吸热的对数平均温度 $\bar{T}_b = \bar{T}_1$ 近似用式(9.59)计算:

$$\bar{T}_1 = (T_s^b - T_r^b) / \ln(T_s^b / T_r^b) \tag{9.59}$$

根据式(9.11), 锅炉生产热产品 Q_1 的理论最低燃料单耗为

$$b^{\min} = 34.12(1 - T_0 / \bar{T}_1) \tag{9.60}$$

锅炉热产品的热量㶲为

$$E_1 = Q_1(1 - T_0 / \bar{T}_1) \tag{9.61}$$

锅炉的第二定律效率:

$$\eta_b^{ex} = E_1 / E_f = \eta_b(1 - T_0 / \bar{T}_1) \tag{9.62}$$

式中, 燃料㶲 $E_f = B^s e_f^s = B^s q_1^s$ 。

3. 锅炉供热系统的单耗分析

根据式(9.11), 热用户得到的热量 Q_h 的热量㶲(热产品㶲)为

$$E_4 = E_p = Q_h(1 - T_0 / T_h) \tag{9.63}$$

式中, T_h 为热用户所要求的供热温度。

热网输配系统供至用户散热器的热量㶲 E_3 为

$$E_3 = Q_3(1 - T_0 / \bar{T}_3) = \frac{Q_h}{\eta_u}(1 - T_0 / \bar{T}_3) \tag{9.64}$$

式中, $\bar{T}_3 = (T_{s'}^n - T_r^n) / \ln(T_{s'}^n / T_r^n)$ 为热网循环水进出热用户的对数平均温度。

热网加热器供给热网输配系统的热量㶲 E_2 为

$$E_2 = Q_2(1 - T_0 / \bar{T}_2) \tag{9.65}$$

式中，$\overline{T}_2 = (T_s^n - T_r^n) / \ln(T_s^n / T_r^n)$ 为热网循环水进出热网加热器的对数平均温度。

锅炉输出热量㶲 $E_b = E_1$ 为

$$E_1 = Q_1(1 - T_0 / \overline{T}_1) \tag{9.66}$$

锅炉输入燃料㶲 E_f 为

$$E_f = B^s e_f^s = Q^0 = Q_1 / \eta_b \tag{9.67}$$

用户散热器的㶲效率：

$$\eta_u^{ex} = \frac{E_4}{E_3} = \eta_u \frac{1 - T_0 / \overline{T}_h}{1 - T_0 / \overline{T}_3} \tag{9.68}$$

热网输配系统的㶲效率：

$$\eta_n^{ex} = \frac{E_3}{E_2} = \eta_n \cdot \frac{1 - T_0 / \overline{T}_3}{1 - T_0 / \overline{T}_2} \tag{9.69}$$

热网加热器的㶲效率：

$$\eta_{nh}^{ex} = \frac{E_2}{E_1} = \eta_{nh} \frac{1 - T_0 / \overline{T}_2}{1 - T_0 / \overline{T}_1} \tag{9.70}$$

锅炉的第二定律效率：

$$\eta_b^{ex} = E_1 / E_f = \eta_b \left(1 - \frac{T_0}{\overline{T}_1}\right)$$

锅炉供热系统的能源利用第二定律效率为

$$\begin{aligned} \eta_{E,bs}^{ex} &= \frac{E_p}{E_f} = \frac{E_p}{E_3} \cdot \frac{E_3}{E_2} \cdot \frac{E_2}{E_1} \cdot \frac{E_1}{E_f} = \eta_u^{ex} \cdot \eta_n^{ex} \cdot \eta_{nh}^{ex} \cdot \eta_b^{ex} \\ &= \eta_b \eta_{nh} \eta_n \eta_u \left(1 - \frac{T_0}{T_h}\right) = \eta_{bs} \left(1 - \frac{T_0}{T_h}\right) \end{aligned} \tag{9.71}$$

用户散热器的㶲损耗或不可逆损失为

$$I_{r,u} = E_3 - E_4 = E_3 - E_p = E_3 \cdot (1 - \eta_u^{ex}) \tag{9.72}$$

热网输配系统的㶲损耗为

$$I_{r,n} = E_2 - E_3 = E_2 \cdot (1 - \eta_n^{ex}) \tag{9.73}$$

热网加热器㶲损耗为

$$I_{r,nh} = E_1 - E_2 = E_1 \cdot (1 - \eta_{nh}^{ex}) \tag{9.74}$$

锅炉的㶲损耗为

$$I_{r,b} = E_f - E_1 = E_f \cdot (1 - \eta_b^{ex}) \tag{9.75}$$

总㶲损耗为

$$\begin{aligned}
\sum I_{r,j} &= I_{r,u} + I_{r,n} + I_{r,nh} + I_{r,b} = E_f - E_4 = E_f - E_p \\
&= E_f \cdot (1 - \eta_u^{ex} \eta_n^{ex} \eta_{nh}^{ex} \eta_b^{ex}) = E_f \cdot (1 - \eta_{E,bs}^{ex})
\end{aligned} \tag{9.76}$$

用户散热器附加燃料单耗：

$$b_u = \frac{E_3 - E_p}{Q_h \cdot e_f^s} = b_h^{min} \left(\frac{1}{\eta_u^{ex}} - 1 \right) \tag{9.77}$$

热网输配系统附加燃料单耗：

$$b_n = \frac{E_2 - E_3}{Q_h \cdot e_f^s} = (b_h^{min} + b_u) \left(\frac{1}{\eta_n^{ex}} - 1 \right) \tag{9.78}$$

热网加热器附加燃料单耗：

$$b_{nh} = \frac{E_1 - E_2}{Q_h \cdot e_f^s} = (b_h^{min} + b_u + b_{nh}) \left(\frac{1}{\eta_{nh}^{ex}} - 1 \right) \tag{9.79}$$

锅炉附加燃料单耗：

$$b_b = \frac{E_f - E_1}{Q_h \cdot e_f^s} = (b_h^{min} + b_u + b_n + b_{nh}) \left(\frac{1}{\eta_b^{ex}} - 1 \right) \tag{9.80}$$

附加燃料单耗之和：

$$\sum b_j = b_h^{min} \cdot \left(\frac{1}{\eta_u^{ex}} \cdot \frac{1}{\eta_n^{ex}} \cdot \frac{1}{\eta_{nh}^{ex}} \cdot \frac{1}{\eta_b^{ex}} - 1 \right) \tag{9.81}$$

供热理论最低燃料单耗 b_h^{min} 用式(3.67)计算。因此，锅炉供热系统的总燃料单耗为

$$b_{bs} = b_h^{min} + \sum b_j = b_h^{min} \frac{1}{\eta_u^{ex}} \cdot \frac{1}{\eta_n^{ex}} \cdot \frac{1}{\eta_{nh}^{ex}} \cdot \frac{1}{\eta_b^{ex}} \tag{9.82}$$

式(9.82)揭示了图 9.9(b)所示的㶲传递特性，它清晰地表明，对于热用户的供热需求，以理论最低燃料单耗供给是最节能的，但供热系统存在一系列的不可逆性，使热能不断地贬值，尤其是热水锅炉，其第二定律效率 η_b^{ex} 极为低下，直接导致了供热燃料单耗的增加。

将式(9.71)代入式(9.82)，得

$$b_{bs} = \frac{b_h^{min}}{\eta_b \eta_{nh} \eta_n \eta_u (1 - T_0 / T_h)} = \frac{34.12}{\eta_b \eta_{nh} \eta_n \eta_u} = \frac{34.12}{\eta_{bs}} \tag{9.83}$$

34.12kg/GJ 是 100%热效率时的供热燃料单耗，式(9.83)清晰地表明实际的锅炉供热燃料单耗是如何随着热损失被逐步放大的。而基于热力学第二定律，如果替换其中最大的不可逆性环节——热水锅炉这一热量生产环节，代之以热电联产的抽汽供热，则其供热燃料单耗就可以大幅度降低。显然，100%热效率时 34.12kg/GJ 的燃料单耗不是供热理论最低燃料单耗。

9.3.2　案例分析

燃煤工业热水炉设计热效率可达 86%，但实际运行多在 55%～75%。热水管网的散热损失大小与介质温度、保温条件、管道直径及室外气温等因素有关，一般占总输热量的 5%～8%。热水管网流动阻尼压降一般在 40～80Pa/m，不超过 300Pa/m。

对于如图 9.8 所示的锅炉供热系统，假定：

(1)供热系统供热量 Q_h =10MW。

(2)锅炉热效率为 η_b =65%。

(3)锅炉出入口热水温度分别为 t_s^b =110℃和 t_r^b =90℃。

(4)热网加热器出入口循环水温度分别为 t_s^n =100℃和 t_r^n =75℃。

(5)热网加热器设置在锅炉房内，锅炉循环水的散热损失为 0。

(6)供水管温降为 1℃，回水管温降为 0.5℃，即循环热水在用户散热器由 99℃放热至 75.5℃，热网热效率近似为 η_n = (99–75.5)/(100–75)=23.5/25=94%。

(7)热用户室内温度为 20℃，环境温度为 0℃。

(8)热水的比定压热容为常数。

(9)忽略流动阻尼和工质泄漏造成的不可逆损失。

锅炉供热系统的热平衡分析结果如表 9.1 所示，从表中可以看到锅炉供热系统的热效率为 61.1%，供热燃料单耗为 55.84kg/GJ，这是目前的常规计算方法的基本结果。这里提请注意的是，表 9.1 提供了从燃料热至热用户的热传递过程：$Q^0 \rightarrow Q_1 \rightarrow Q_2 \rightarrow Q_3 \rightarrow Q_4(Q_h)$，其中 $Q_4 = Q_h$，并假定热网加热器效率 $\eta_{nh} = 100\%$（$Q_1 = Q_2$）和用户散热器热效率 $\eta_u = 100\%$（即 $Q_3 = Q_4$），且无工质泄漏损失等。

表 9.1　锅炉供热系统热平衡分析

变量	计算公式	数值	备注
用户散热器散热量	Q_h	10MW	用户耗热量
热网输配系统供热量	$Q_3 = Q_4 = Q_h$	10MW	
热网输配系统热效率	$\eta_n = Q_3/Q_2 = (T_s^n - T_r^n)/(T_s^n - T_r^n)$	94%	$Q_3 = M\bar{c}_p(T_s^n - T_r^n)$
热网加热器热负荷	$Q_2 = Q_h/\eta_n$	10.64 MW	$Q_2 = M\bar{c}_p(T_s^n - T_r^n)$
锅炉热负荷	$Q_1 = Q_2 = Q_h/\eta_n$	10.64 MW	
锅炉燃料热(耗热量)	$Q^0 = Q_1/\eta_b = Q_h/(\eta_b \cdot \eta_n)$	16.37MW	
锅炉标准煤耗量	$B^s = Q_h/(\eta_n \cdot \eta_b \cdot q_1^s) = Q^0/q_1^s$	2.01t/h	
锅炉热效率	$\eta_b = Q_1/(B^s \cdot q_1^s)$	65%	
供热系统热效率	$\eta_{bs} = Q_h/(B^s \cdot q_1^s) = \eta_n \cdot \eta_b$	61.1%	$q_1^s = 29307.6\text{kJ}/\text{kg}$
供热系统燃料单耗	$b_{bs} = B^s/Q_h = 1/(\eta_n \cdot \eta_b \cdot q_1^s)$	55.84kg/GJ	$\eta_{bs} = 34.12/b_{bs}$

锅炉系统的单耗分析结果如表 9.2 所示，从表中可以看到锅炉生产热量的理论最低燃料单耗为 9.13kg/GJ，实际燃料单耗为 52.46kg/GJ；相应的锅炉热效率为 65%，但其㶲效率仅为 17.41%，说明该锅炉所生产的热能品质很低。

表 9.2　锅炉系统的单耗分析结果

设备或环节	计算公式	数值	备注
锅炉热产品	$Q_1 = Q_2 = Q_h/\eta_n$	10.64MW	锅炉热负荷
热力学平均温度	$\bar{T}_1 = (T_s^b - T_r^b)/\ln(T_s^b/T_r^b)$	373.06K	
理论最低燃料单耗	$b^{min} = 34.1(1 - T_0/\bar{T}_1)$	9.13kg/GJ	
锅炉产品㶲	$E_1 = Q_1(1 - T_0/\bar{T}_1)$	2.85MW	
锅炉热效率	$\eta_b = Q_1/(B^s \cdot q_1^s)$	65%	
燃料㶲	$E_f = B^s \cdot e_f^s = Q_h/(\eta_n \cdot \eta_b)$	16.37MW	$e_f^s = q_1^s$
锅炉供热燃料单耗	$b_b = 34.1/\eta_b$	52.46kg/GJ	
锅炉㶲效率	$\eta_b^{ex} = E_1/E_f = \eta_b(1 - T_0/\bar{T}_1)$	17.41%	$\eta_b^{ex} = b^{min}/b_b$

　　锅炉供热系统的单耗分析结果如表 9.3 所示，从表中可以看到伴随着热的传递过程的㶲传递效率、不可逆损失及其附加燃料单耗等。

表 9.3　锅炉供热系统的单耗分析结果

设备或环节	计算公式	数值	备注
热用户得到的热量㶲	$E_p = Q_h\left(1 - \dfrac{T_0}{T_h}\right)$	0.68MW	$T_h = (273.15 + 20)\,K$
至用户散热器的热量㶲	$E_3 = \dfrac{Q_h}{\eta_u}\left(1 - \dfrac{T_0}{\overline{T}_3}\right)$	2.42MW	$\overline{T}_3$ 为对数平均温度
至热网输配系统的热量㶲	$E_2 = \dfrac{Q_h}{\eta_u \eta_n}\left(1 - \dfrac{T_0}{\overline{T}_2}\right)$	2.58MW	$\overline{T}_2$ 为对数平均温度
至热网加热器的热量㶲	$E_1 = \dfrac{Q_h}{\eta_u \eta_n \eta_{nh}}\left(1 - \dfrac{T_0}{\overline{T}_1}\right)$	2.85MW	$\overline{T}_1 = \overline{T}_b$ 为对数平均温度
燃料㶲	$E_f = B^s e_f^s = \dfrac{Q_h}{\eta_n \eta_u \eta_{nh} \eta_b}$	16.37MW	$e_f^s = q_1^s$
锅炉㶲效率	$\eta_b^{ex} = \dfrac{E_1}{E_f} = \eta_b\left(1 - \dfrac{T_0}{\overline{T}_1}\right)$	17.41%	
热网加热器㶲效率	$\eta_{nh}^{ex} = \dfrac{E_2}{E_1} = \dfrac{1 - T_0/\overline{T}_2}{1 - T_0/\overline{T}_1}$	90.5%	
热网输配系统㶲效率	$\eta_n^{ex} = \dfrac{E_3}{E_2} = \eta_n \cdot \dfrac{1 - T_0/\overline{T}_2}{1 - T_0/\overline{T}_1}$	93.8%	
用户散热器㶲效率	$\eta_u^{ex} = \dfrac{E_p}{E_3} = \dfrac{1 - T_0/\overline{T}_h}{1 - T_0/\overline{T}_2}$	28.2%	
系统㶲效率	$\eta_{E,bs}^{ex} = \dfrac{E_p}{E_f} = \dfrac{E_p}{E_3} \cdot \dfrac{E_3}{E_2} \cdot \dfrac{E_2}{E_1} \cdot \dfrac{E_1}{E_f}$	4.17%	$\eta_{E,bs}^{ex} = \dfrac{E_p}{E_f} = \eta_u^{ex} \eta_n^{ex} \eta_{nh}^{ex} \eta_b^{ex}$
用户散热器㶲损耗	$E_3 - E_p = E_3 \cdot (1 - \eta_u^{ex})$	1.74 MW	
热网输配系统㶲损耗	$E_2 - E_3 = E_2 \cdot (1 - \eta_n^{ex})$	0.16 MW	
热网加热器㶲损耗	$E_1 - E_2 = E_1 \cdot (1 - \eta_{nh}^{ex})$	0.27 MW	
锅炉㶲损耗	$E_f - E_1 = E_f \cdot (1 - \eta_b^{ex})$	13.52MW	
用户散热器附加燃料单耗	$b_u = \dfrac{E_3 - E_p}{Q_h \cdot e_f^s}$	5.92kg/GJ	$b_u = b_h^{min}\left(\dfrac{1}{\eta_u^{ex}} - 1\right)$
热网输配系统附加燃料单耗	$b_n = \dfrac{E_2 - E_3}{Q_h \cdot e_f^s}$	0.54kg/GJ	$b_n = (b_h^{min} + b_u)\left(\dfrac{1}{\eta_n^{ex}} - 1\right)$

设备或环节	计算公式	数值	备注
热网加热器附加燃料单耗	$b_{nh} = \dfrac{E_1 - E_2}{Q_h \cdot e_f^s}$	0.93kg/GJ	$b_{nh} = (b_h^{min} + b_u + b_{nh})\left(\dfrac{1}{\eta_{nh}^{ex}} - 1\right)$
锅炉附加燃料单耗	$b_b = \dfrac{E_f - E_1}{Q_h \cdot e_f^s}$	46.10kg/GJ	$b_b = (b_h^{min} + b_u + b_n + b_{nh})\left(\dfrac{1}{\eta_b^{ex}} - 1\right)$
附加燃料单耗之和	Σb_j	53.49kg/GJ	$\Sigma b_j = b_h^{min} \cdot \left(\dfrac{1}{\eta_u^{ex}} \cdot \dfrac{1}{\eta_n^{ex}} \cdot \dfrac{1}{\eta_{nh}^{ex}} \cdot \dfrac{1}{\eta_b^{ex}} - 1\right)$
供热理论最低燃料单耗	$b_h^{min} = \dfrac{e_p}{e_f^{e,s}} = \dfrac{E_p}{Q_h} \cdot \dfrac{1}{e_f^s}$	2.33kg/GJ	
系统供热燃料单耗	$b_{bs} = b_h^{min} + \Sigma b_j$	55.82kg/GJ	$b_{bs} = b_h^{min} \cdot \dfrac{1}{\eta_u^{ex}} \cdot \dfrac{1}{\eta_n^{ex}} \cdot \dfrac{1}{\eta_{nh}^{ex}} \cdot \dfrac{1}{\eta_b^{ex}}$

需要说明的是，这里对锅炉供热系统的单耗分析是简化的，目的是揭示燃料热能利用过程中的品质差异及其所造成的影响，流动阻尼等影响未及考虑。

9.4 热电联产机组供热系统的单耗分析

热电联产机组供热，一般是指燃煤火电机组抽汽供热或背压供热。但是，随着发电方式的增多，热电联产供热也包括燃气轮机、燃气蒸汽联合循环机组以及内燃机发电余热的供热等。这里仅以燃煤火电机组抽汽供热及背压供热为例进行讨论。

9.4.1 热电联产机组供热燃料单耗构成分析

1. 热电联产机组供热燃料单耗的计算

热电联产机组的供热量 Q_h 为

$$Q_h = D_h(h - \varphi h_{sa}) / 3600 \tag{9.84}$$

式中，D_h 为机组供热蒸汽量；h 为抽汽比焓；h_{sa} 为回水比焓；φ 为回水率。

抽汽供热使供热汽轮机通流部分处于变工况运行状态，机组相对内效率因此降低。为鼓励热电联产，仅以式(9.85)计算抽汽少发的电量，以此作为供热的 EECR：

$$\text{EECR} = D_h(h - h_c)\eta_{mg} / 3600 + W_{pf} \tag{9.85}$$

式中，h_c 为汽轮机排汽比焓(如果供热机组是背压机，可取相同初参数的凝气机组排汽比焓，亦可按表 5.1 进行简化计算)。

供热 ECOP 为

$$\text{ECOP} = Q_\text{h} / \text{EECR} \tag{9.86}$$

假定机组供电量为 W_n，机组总煤耗量为 B^s，则当量供电燃料单耗为

$$b_\text{e}^\text{s} = \frac{B^\text{s}}{W_\text{n} + \text{EECR}} \tag{9.87}$$

这里需要说明的是，供热不能从本质上改善供热机组的发、供电煤耗率，因此，供热机组供电燃料单耗及效率与同参数的凝汽机组大致相同。

供热煤耗量 B_h^s 用式 (9.88) 计算：

$$B_\text{h}^\text{s} = b_\text{e}^\text{s} \cdot \text{EECR} = b_\text{h} \cdot Q_\text{h} \tag{9.88}$$

因此，热电联产机组供热燃料单耗 b_h 可用式 (9.89) 计算 (注意量纲转换)：

$$b_\text{h} = B_\text{h}^\text{s} / Q_\text{h} = b_\text{e}^\text{s} \cdot \text{EECR} / Q_\text{h} = 277.8 b_\text{e}^\text{s} / \text{ECOP} \tag{9.89}$$

2. 热电联产机组供热的单耗分析

热电联产机组供热的理论最低燃料单耗以抽汽压力对应的饱和温度计算：

$$b_\text{h}^\text{min} = 34.12 \left(1 - \frac{T_0}{\overline{T_\text{h}}} \right) \tag{9.90}$$

式中，$\overline{T_\text{h}}$ 为供热抽汽凝结放热平均温度。

$$\overline{T_\text{h}} = (h - Q h_\text{sa}) / (s - Q s_\text{sa}) \tag{9.91}$$

式中，s 为抽汽比熵；s_sa 为回水比熵。

相应地，热电联产机组供热的能源利用第二定律效率为

$$\eta_\text{E,chp}^\text{ex} = \frac{b_\text{h}^\text{min}}{b_\text{h}} \tag{9.92}$$

热电联产供热的㶲输入被设定为 EECR，因此针对供热量 Q_h 的热量㶲，存在一个折算㶲差：

$$E_\text{zs} = \text{EECR} \cdot e_\text{p,e} - Q_\text{h} \cdot e_\text{h} \tag{9.93}$$

式中，$e_h = 1 - T_0 / \overline{T}_h$。

相应的折算熵差为

$$
\begin{aligned}
S_{zs} &= E_{zs} / T_0 = (\text{EECR} \cdot e_{p,e} - Q_h \cdot e_h) / T_0 \\
&= [\text{EECR} - Q_h(1 - T_0 / \overline{T}_h)] / T_0
\end{aligned}
\tag{9.94}
$$

因此，供热过程的第二定律效率为

$$
\eta_{h,chp}^{ex} = \frac{Q_h e_h}{\text{EECR}} = \left(1 - \frac{T_0}{\overline{T}_h}\right)\text{ECOP}
\tag{9.95}
$$

由于 EECR 比抽汽供热量的热量㶲小，式(9.93)的计算值为负值，相应的折算熵差为负值。

忽略凝结水泵的泵功消耗，热电联产供热煤耗量可以用式(9.96)计算：

$$
B_h = b_e^s \cdot \text{EECR}
\tag{9.96}
$$

对于燃气轮机和内燃机的余热锅炉，按联合循环发电系统估算当量发电量，以此作为吸收式热泵系统的 EECR，以开展相应的计算。

热电联产机组生产 EECR 电量的㶲平衡关系式可以写成

$$
B_h^s \cdot e_f^s = b_e^s \cdot \text{EECR} \cdot e_f^s = \text{EECR} \cdot e_{p,e} + \sum I_{r,e}
\tag{9.97}
$$

热电联产机组生产这部分 EECR 的单耗分析模型如下：

$$
b_e^s = \frac{B_h^s}{\text{EECR}} = 0.12284 + \frac{\sum I_{r,e}}{\text{EECR} \cdot e_f^s}
\tag{9.98}
$$

因此，供热 EECR 所携带的不可逆损失为

$$
\sum I_{r,e} = (b_e^s - 0.12284)\text{EECR} \cdot e_f^s
\tag{9.99}
$$

这部分不可逆损失对应的熵产为

$$
\sum S_e^{gen} = \frac{\sum I_{r,e}}{T_0} = \frac{(b_e^s - 0.12284)\text{EECR} \cdot e_f^s}{T_0}
\tag{9.100}
$$

因此，热电联产机组供热的总㶲平衡关系式为

$$
B_h^s e_f^s = Q_h e_h + T_0 S_{zs} + \sum I_{r,e}
\tag{9.101}
$$

式 (9.101) 两边同除以 $Q_h e_f^s$，得热电联产机组供热的单耗分析模型。

$$b_h = \frac{B_h^s}{Q_h} = \frac{e_h}{e_f^s} + \frac{T_0 S_{zs} + \sum I_{r,e}}{Q_h e_f^s} = b_h^{min} + \frac{T_0 S_{zs} + \sum I_{r,e}}{Q_h e_f^s} = b_h^{min} + b_{zs} + \sum b_e \qquad (9.102)$$

热电联产机组供热的附加燃料单耗主要由两部分组成，一部分是当量电耗量携带的不可逆损失所致，另一部分是热电联产折算熵差所致。其中，供热当量电耗量 EECR 携带的不可逆损失所致附加燃料单耗为

$$\sum b_e = \frac{\sum I_{r,e}}{Q_h e_f^s} \qquad (9.103)$$

折算熵差对应的附加燃料单耗用式 (9.104) 计算：

$$b_{zs} = \frac{T_0 S_{zs}}{Q_h e_f^s} \qquad (9.104)$$

热电联产供热的能源利用第二定律效率（正平衡）为

$$\begin{aligned} \eta_{E,chp}^{ex} &= \frac{Q_h e_h}{B_h^s e_f^s} = \frac{b_h^{min}}{b_h} = \frac{b_e^{min}}{b_e^s}\left(1 - \frac{T_0}{\overline{T}_h}\right) ECOP \\ &= \eta_e^s \eta_{h,chp}^{ex} \end{aligned} \qquad (9.105)$$

式中，$\eta_e = b_e^{min} / b_e^s = 0.12284 / b_e^s$ 为热电联产机组的当量供电效率，与同参数凝汽式机组的水平相当。

相应地，热电联产供热的能源利用第二定律效率（反平衡）为

$$\eta_{E,chp}^{ex} = 1 - \frac{T_0 S_{zs} + \sum I_{r,e}}{B_h^s e_f^s} \qquad (9.106)$$

为了给读者一个数量的感性认识，这里以国产超高压 (12.75MPa/2.18MPa) 和亚临界压力 (16.18MPa/3.12MPa) 火电机组为对象，计算了不同抽汽压力下热电联产机组供热的热力性能指标，如图 9.10 所示。计算条件是抽汽凝结水为抽汽压力的饱和状态，回水率为 100%；热电联产机组抽汽供热的理论最低燃料单耗以抽汽压力对应的饱和温度 [即式 (9.91) 的 $\overline{T}_h$ 为抽汽压力对应的饱和温度] 计算，抽汽压力越高，对应的饱和温度越高，理论最低燃料单耗也越高。

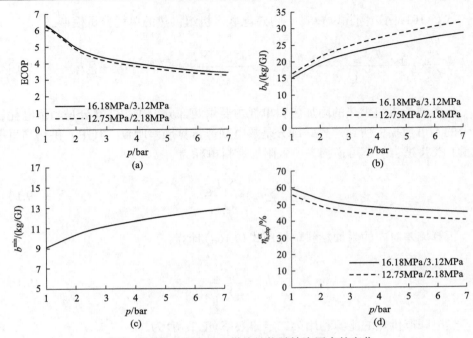

图 9.10　热电联产机组供热性能随抽汽压力的变化

　　从图 9.10 中不难看到，抽汽压力越高，供热 ECOP 越低，供热燃料单耗越高，供热效率越低；热电联产机组的初参数越高，机组热力性能越好，供热燃料单耗越低，供热效率越高。综上所述，从提高能源利用效率的角度，应鼓励用户尽可能使用低品位的热量。从图 9.10 中还可以看出，高参数的火电机组开展热电联产供热更有利。从图 9.10 所示热电联产供热燃料单耗看，其值均低于 34.12kg/GJ，比 100%热效率的锅炉供热的燃料单耗要低，这一数值正好揭示了热电联产实现了按质供热，相对于锅炉供热是节能的。

　　需要说明的是，这里计算不同抽汽压力的供热性能数据，仅表示供热性能参数随压力的变化特性，不代表汽轮机确有相应的抽汽参数。

　　式(9.86)~式(9.106)计算的是热电厂供热出口的数据，是以热电厂门站处的供热量作为终端产品计算的。事实上，热电厂的供热量通常不是最终产品，只是热用户进行其产品生产的二次能源。如果要进一步分析用户终端的产品燃料单耗，还需基于单耗分析理论，开展从热网到热用户的进一步分析。

　　式(9.89)计算的供热燃料单耗是热电厂出口门站的数值，如果后续过程没有热损失，则至用户终端的燃料单耗仍是式(9.89)计算的数值，但用户终端用热温度水平通常比抽汽压缩所对应的饱和温度要低，因此其能源利用第二定律效率随之降低。如果后续过程还存在一定的热损失，如存在热网散热损失，终端供热燃料单耗将因此增大：

$$b_h' = B_h / Q_h = b_e^s \cdot \text{EECR} / Q_h = \frac{b_e^s / \text{ECOP}}{\eta_n} \tag{9.107}$$

式中，η_n 为热网供热系统的热效率。

　　由于后续热网系统还存在一定的电耗，用户终端的燃料单耗还应包括这部分电耗所消耗的燃料，这一问题在第 10 章讨论。

9.4.2　热电联产低品位供热

　　低品位供热可以节能，在理论上并非新的发现，但它的实施是需要条件的，条件之一就是整个用户群都应用高效散热器和热泵。从国内外的技术、经济、生活质量发展看，空调，包括中央空调，成为日常生活必备设施的时代已经或正在到来。热泵（冷暖式空调机）和高效散热器作为空调装置的一个组成部分，均可冬夏两用。按目前的技术水平，以初温为 50℃ 的水作为高效散热器（如风机盘管、地板/顶棚换热器等）的热媒以满足供暖要求是可能的。

　　如果凝汽式燃煤火电机组采用低真空运行，将凝汽器作为热网加热器，利用汽轮机排汽对热网循环水进行加热，配合用户末端地板辐射采暖技术和风机盘管等高效散热器技术，则可实现 45～55℃ 循环水的低品位供热，如图 9.11 所示（宋之平，1997）。这一方案是针对现有凝汽机组供热改造设计的，凝汽式火电机组低真空运行，汽轮机排汽凝结加热循环水至 50℃，循环水直接供给配有高效散热器的热用户，热用户处温降为 20℃，从热用户出来的循环水进入热泵站，由热泵提取其热量供热，进一步降低循环水温度至 10℃，然后返回凝汽器吸热，完成一个循环。高效散热器是指地板辐射散热器或风机盘管散热器等，对于已建成的配备

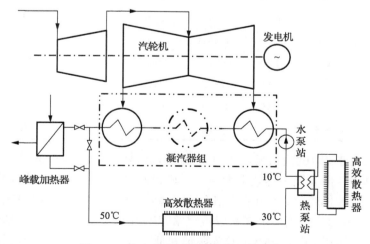

图 9.11　热电联产低品位供热系统示意图

传统的自然对流散热器的居民住宅，需要用风机盘管替代这种老式散热器。对于新建小区，可以按低品位供热的参数要求，配置合适的高效散热器。使用热泵接力供热，是为了适应既有热网温程要求。对于全部新建火电机组和新建居民小区，完全无须热泵接力，这应该成为今后火力发电与低品位供热系统设计的标准配置。

需要注意的是，实际应用时可能出现回水温度过高的情况，需要将冷却塔作为备用。而当气候严寒，50℃循环水供热温度不能满足热用户的需要时，可投入峰载加热器对循环水进一步加热。

凝汽机组低真空运行、循环水供热在我国北方城市早有实践，取得了不错的节能效果。某电厂#3 机原为哈汽 51-50-1 型凝汽机组，额定出力为 50MW，进汽温度为 500℃，进汽压力为 8.88MPa。为满足采暖供热需求，将#3 机改为低真空运行，利用循环水供热，有关单位进行了热力性能试验，结果如表 9.4 所示。实际工程中采用了工况 5 的低真空运行工况，循环水直接供往热用户，热用户采用的是传统的自然对流散热器，在严寒的内蒙古地区也满足了冬季采暖的需要。

表 9.4　某 50MW 凝汽机组低真空试验有关数据

内容	单位	试验工况点					
		1	2	3	4	5	6
发电功率	MW	47.50	46.75	40.33	38.67	37.39	36.17
主蒸汽流量	t/h	217.528	225.052	213.402	217.100	221.787	220.087
主蒸汽压力	MPa	8.88	9.08	9.00	9.01	9.01	9.04
主蒸汽温度	℃	497.5	494.5	497.0	499.5	496.8	495.7
排汽压力	MPa	0.00721	0.01140	0.02490	0.03500	0.04750	0.05580
排汽温度	℃	43.50	51.45	65.40	72.90	79.85	83.55
排汽流量	t/h	168.733	178.314	164.454	169.694	175.069	172.357
循环水量	t/h	12225.8	6210.1	2862.7	2749.3	2097.1	1916.6
入口温度	℃	28.50	28.50	28.50	28.75	29.50	29.50
出口温度	℃	36.25	44.50	60.05	65.00	74.70	78.05
供热量	GJ/h	—	416.0	378.1	387.3	396.9	389.6

如果以表 9.4 中试验工况点 2~6 的循环水对外供热，其 ECOP 和 b_h 如图 9.12 所示。计算中，假设锅炉热效率为 90%，机组发电负荷和循环水供热量以汽轮机主蒸汽流量按比例规整，机组凝汽工况发电燃料单耗以工况 1 点为基础计算，为 453.1g/(kW·h)，供热当量电耗量以机组铭牌出力 50MW 减去低真空运行的发电量估算，因此这里计算的 ECOP 比实际值要低，计算的 b_h 比实际值要高(周少祥等，2004)，但仍然比其他供热方式要好许多。如果改用现代大型火电机组实施这

一低真空运行、循环水供热方案，其 b_h 会随着火电机组供电燃料单耗的降低而大幅度降低，节能效果将更加显著。这说明，热电联产低品位供热是提高采暖供热效率的方向性选择，采暖供热应围绕这一方案开展应用研究。

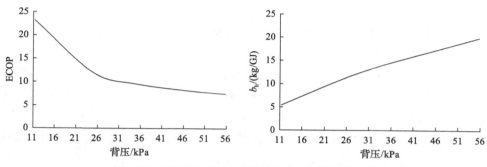

图 9.12　50MW 凝汽机组低真空运行供热性能参数

但是这一方案还存在一些制约因素。第一，其中最大的制约因素是低品位供热会直接降低供回水温程，如果热网不增容改造增加循环水流量，供热量将受限，而热网增容改造又受市政条件制约，一般难以展开。但这一困局可以通过热泵"接力"提取热网回水热量，降低回水温度，提高温程来破解。如图 9.11 所示，50℃循环水供热温度，在一级用户高效散热器放热降温至 30℃，再由热泵提取热量，进一步降温至 10℃及以下，完全可以保证热网至少有 40℃的温程范围。当然，增设电动热泵接力，会增加一定的能源消耗，但节能效果依然很好。第二，用户末端采暖技术需要适应低品位的参数要求，这需要建设部门及有关单位的大力配合。第三，机组全部排汽的热量需要有足够的热用户消纳，但是，这对大中城市不是问题。第四，汽轮机末端叶片的湿汽冲蚀问题及排汽温度升高可能引发的汽轮机振动等问题也应些引起重视。目前，国内类似的工程应用及研究已有不少，积累了许多经验，如机组高背压运行的技术问题等。

需要补充说明的是，近年来，根据实际耗热量付费逐渐成为一种趋势，这促进了热计量技术的发展及建筑节能技术的应用，并取得了很好的效果。反映在供热参数上，是一些热网的回水温度有提高的趋势，一些大温差供热系统所设想的更低回水温度的条件不易实现，这背后的原因是终端用户的热负荷因建筑节能措施的实施而减小。

热电联产低品位供热是采暖节能的关键技术措施，可结合"海绵"城市建设，设置大型地下蓄水管道系统，夏季用于防洪，冬季用于蓄热及供热，是非常完美的方案，但也是一个巨大的工程，需做好深入的研究。2019 年 10 月 12 日第 19 号台风"海贝斯"席卷日本东京及周边一都七县，狂风携带着 1000mm 的最大降水量开始肆掠，这对于东京无异于灭顶之灾。然而关键时刻，东京历时 15 年、折合投资 200 亿元人民币的地下排水系统发挥了重要作用，极大地减小了东京的灾害损失。这种未雨绸缪式的规划建设是值得学习和效仿的。如果能结合北方城市冬季实施热电联产低品位供暖，其效能更为强大。

9.5　热电联产吸收式热泵供热系统的单耗分析

热电联产供热分为工艺负荷供热和采暖供热两种。对于采暖这一季节性供热，早年的供热机组设有压力为 0.1162MPa(1.2at) 的抽汽，以适应热网供回水 90℃/50℃ 的要求，这是一个符合"温度对口、梯级利用"原则的抽汽供热方案。但是在近三十多年的电力建设中，热电联产机组设计却未按这一合理技术参数执行。从 200MW 容量等级的火电机组建设开始，都简单地采用从中压缸到低压缸之间的导气管上抽汽的方式实现热电联产，号称两用机，夏季凝汽工况运行，冬季抽汽供热。但由于未考虑合理的采暖抽汽参数要求，冬季供热期间，供热的电量损失非常大，而非采暖期，抽汽调节阀的存在增加了管道阻尼，造成凝汽发电效率降低。1998 年之后，热电联产机组建设以 300MW 及以上为条件，几乎都采用了这一抽汽方案，由于抽汽压力随着机组发电容量和参数的提高而提高，供热当量电耗量进一步增大。目前，一些热电厂节能改造以及大容量凝汽式机组供热改造等，就受困于没有 0.1162MPa(1.2at) 压力等级的抽汽条件，不得已才有了高背压运行、吸收式热泵，甚至光轴改造等模式的出现，这是没有热电统筹规划、协同设计的必然结果，虽然或多或少能取得一定的节能效果，但远未达到"温度对口"的要求，额外损失巨大。

图 9.13 所示的热电联产吸收式热泵供热系统，严格地讲不是理想的能源梯级利用系统。对于供热而言，合适的能源梯级利用方案应该是让高品位的蒸汽热能用于发电，而在其达到供热参数水平时，被引出用于供热，如抽汽供热或背压供热等。而热电联产吸收式热泵供热，是让火电机组以凝汽方式运行，再用吸收式热泵回收机组排汽的余热，以此加热热网循环水，提升供热参数，从梯级利用的顺序角度，还需消耗额外的、原本可以发电的较高品位的蒸汽，相对于 9.4 节提到的机组低真空运行、循环水供热，好处是供热容量的灵活性增大，代价是额外增加吸收式热泵及巨额投资。另外，由于吸收式热泵仅完成对热网循环水的部分加热，未达到热网供热温度的要求，还需设置热网加热器进一步加热。由于这一方案回收了汽轮机部分排汽余热，相对于目前大机组抽汽加热热网循环水的热电联产方案，减小了抽汽量，在一定程度上起到了节能的作用，在我国北方不少热电厂得到应用，因此这里做简要分析。

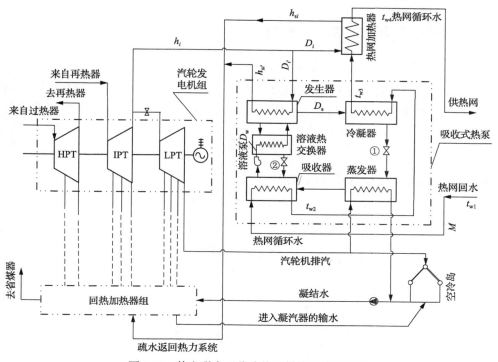

图 9.13　热电联产吸收式热泵供热系统流程图

如图 9.13 所示,汽轮机排汽进入吸收式热泵的蒸发器,凝结放热后返回汽轮机凝结水系统。汽轮机抽汽供发生器和热网加热器,凝结放热后返回汽轮机热力系统。蒸发器中,作为热泵工质的水(处于气液两相状态)吸收汽轮机的排汽潜热蒸发产生蒸汽,蒸汽进入吸收器,被来自节流阀②的浓溶液吸收,浓溶液温度高、流量大,蒸汽被加热并凝结入溶液,释放的热量由热网循环水带走,热网循环水吸热升温,由温度 t_{w1} 升至 t_{w2}。浓溶液吸收水蒸气成为稀溶液,稀溶液经由溶液泵升压,通过溶液热交换器预热进入发生器,在发生器中由来自汽轮机的抽汽 $D_{i'}$ 加热蒸发产生二次蒸汽,二次蒸汽在冷凝器中凝结,实现对热网循环水的进一步加热,使其温度由 t_{w2} 升至 t_{w3}。根据图 9.13,从 t_{w1} 至 t_{w3} 是热网循环水在吸收式热泵中的吸热温升,但这一温升不足以满足供热要求。稀溶液则被蒸发浓缩形成浓溶液,浓溶液经溶液热交换器与稀溶液进行热交换,稀溶液回收浓溶液的热量被预热,可减小对汽轮机抽汽的消耗。浓溶液从溶液热交换器出来,再经节流阀②节流降压进入吸收器,完成溶液循环。冷凝器出来的凝结水经节流阀①降压后进入蒸发器,蒸发吸热完成对汽轮机排汽潜热的回收利用。从吸收式热泵(冷凝器)出来的热网循环水进入热网加热器,由汽轮机供热抽汽 D_i 进一步加热,达到所需的供水温度 t_{w4}。

9.5.1 吸收式热泵供热的第二定律分析

1. 吸收式热泵的热平衡关系

为便于表述，将图 9.13 中的吸收式热泵及热网加热器系统放大注释于图 9.14 中。如果忽略各设备的散热损失和溶液泵泵功，吸收式热泵的能量平衡关系式为

$$Q_k + Q_a = Q_g + Q_{ry} \tag{9.108}$$

式中，$Q_k + Q_a$ 为吸收式热泵的供热量。

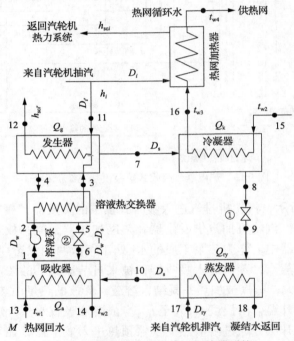

图 9.14 吸收式热泵及热网加热器系统

假定热网循环水质量流量为 M，则

$$Q_a = M(h_{w2} - h_{w1}) = M\bar{c}_p(t_{w2} - t_{w1}) \tag{9.109}$$

式中，t_{w2} 和 t_{w1} 为吸收器出入口热网循环水温度；$\bar{c}_p$ 为热网循环水平均比定压热容；h_{w2} 和 h_{w1} 分别为吸收器出入口热网循环水比焓。

假设二次蒸汽流量为 D_s，冷凝器热负荷 Q_k 可以用式 (9.110) 计算：

$$Q_k = D_s(h_7 - h_8) \tag{9.110}$$

以热网循环水计算，冷凝器热负荷 Q_k 也可以表示为

$$Q_k = M\overline{c}_p(t_{w3} - t_{w2}) \tag{9.111}$$

以循环工质计算，循环耗热量 Q_g 为

$$Q_g = D_s h_7 + (D_w - D_s)h_4 - D_w h_3 = D_s(h_7 - h_4) + D_w(h_4 - h_3) \tag{9.112}$$

式中，D_w 为稀溶液流量。

耗热量也可以根据加热介质的流量和焓差计算，二者是平衡的：

$$Q_g = D_{i'}(h_i - h_{sci'}) \tag{9.113}$$

式中，$D_{i'}$ 为吸收式热泵的加热蒸汽量；h_i 和 $h_{sci'}$ 分别为供热抽汽比焓和凝结水比焓。

以循环工质计算，吸收器热负荷 Q_a 也可以表示为

$$Q_a = D_s h_{10} + (D_w - D_s)h_6 - D_w h_1 \tag{9.114}$$

与冷凝器热负荷计算一样，这里给出的是工质在吸收器放热量的绝对值。

蒸发器的热负荷 Q_{ry}（回收的余热量）为

$$Q_{ry} = D_{ry}(h_c - h_{sc}) = D_s(h_7 - h_8) \tag{9.115}$$

式中，D_{ry} 为进入蒸发器的汽轮机排汽流量；h_c、h_{sc} 分别为汽轮机排汽比焓和凝结水比焓。由于排汽中的含湿量在后续管道及容器中因重力作用会分离一部分出来，如果能确定排汽凝结水流量，则可以此作为进入蒸发器的排汽流量，用排汽压力下的水蒸气潜热计算回收的余热量。

节流过程焓相等，即 $h_8 = h_9$ 和 $h_5 = h_6$；溶液泵扬程不高可以忽略其泵功，则 $h_1 = h_2$。

溶液热交换器的热平衡关系式为

$$(D_w - D_s)(h_4 - h_5) = D_w(h_3 - h_2) \tag{9.116}$$

2. 吸收式热泵系统的熵产及第二定律效率

与吸收式制冷的熵产分析类似，吸收式热泵的熵产是各设备熵产之和。其中，发生器的熵产为

$$S_g^{gen} = D_s s_7 + (D_w - D_s)s_4 - D_w s_3 - \frac{Q_g}{\overline{T}_g} \tag{9.117}$$

式中，$\overline{T}_g = (h_i - h_{sci'})/(s_i - s_{sci'})$ 为发生器中加热介质（汽轮机抽汽凝结放热）的热力学平均温度。

作为热泵，热网循环水在冷凝器和吸收器的吸热量 $Q_k + Q_a$ 是吸收式热泵的供热量：

$$Q_{k+a} = Q_k + Q_a \tag{9.118}$$

因此，吸收器和冷凝器的熵产可以一并求取：

$$\sum S_{k+a}^{gen} = \frac{Q_{k+a}}{\overline{T}_{w13}} + D_s(s_8 - s_7) + D_w s_1 - D_s s_{10} - (D_w - D_s)s_6$$

$$= \frac{Q_{k+a}}{\overline{T}_{w13}} - D_s(s_7 + s_{10} - s_8 - s_6) - D_w(s_6 - s_1) \tag{9.119}$$

式中，$\overline{T}_{w13} = (T_{w3} - T_{w1})/\ln(T_{w3}/T_{w1})$ 为热网循环水在吸收式热泵中的吸热平均温度。

凝结水节流阀的熵产为

$$S_{①}^{gen} = D_s(s_9 - s_8) \tag{9.120}$$

蒸发器本体的熵产为

$$S_{ev}^{gen} = D_s(s_{10} - s_9) - Q_{ry}/\overline{T}_{ry} \tag{9.121}$$

式中，$\overline{T}_{ry} = (h_c - h_{sc})/(s_c - s_{sc})$ 为汽轮机排汽在蒸发器冷凝的热力学平均温度，可以取为排汽冷凝温度，其中，h_{sc}、s_{sc} 分别为排汽凝结水比焓和比熵。

溶液泵的熵产为

$$S_{sp}^{gen} = D_w(s_2 - s_1) \tag{9.122}$$

溶液节流阀的熵产为

$$S_{②}^{gen} = (D_w - D_s)(s_6 - s_5) \tag{9.123}$$

溶液热交换器的熵产为

$$S_{ex}^{gen} = D_w(s_3 - s_2) + (D_w - D_s)(s_5 - s_4) \tag{9.124}$$

需要说明的是，上述公式计算的是吸收式热泵各设备的总熵产，未涉及设备内各种不可逆因素的熵产构成细节。当然，如果热泵工质循环参数足够详细，可以根据第 4 章关于各种不可逆因素的熵产计算方法做更深入的分析计算，这里不再赘述。另外，这里计算熵产未遵循吸热为正、放热为负的规定，统一以热负荷的名义取了热量的绝对值，因此熵产计算公式有相应的调整。

把上述吸收式热泵各设备及过程的熵产求和，即得到吸收式热泵的熵产：

$$S_{x,j}^{gen} = \sum S_j^{gen} = \frac{Q_{k+a}}{\overline{T}_{w13}} - \frac{Q_g}{\overline{T}_g} - \frac{Q_{ry}}{\overline{T}_{ry}} \tag{9.125}$$

根据 Gouy-Stodola 公式 $I_r = T_0 S^{gen}$ ［式 (2.198)］，吸收式热泵的不可逆损失为

$$\sum I_{rx,j} = T_0 \sum S_{x,j}^{gen} = \left(1 - \frac{T_0}{\overline{T}_g}\right)Q_g + \left(1 - \frac{T_0}{\overline{T}_{ry}}\right)Q_{ry} - \left(1 - \frac{T_0}{\overline{T}_{w13}}\right)Q_{k+a} \tag{9.126}$$

式 (9.126) 是吸收式热泵的总㶲平衡关系式，意义是总不可逆损失等于输入热泵的热量㶲之和减去热网循环水得到的热量㶲。

显然，吸收式热泵的第二定律效率用式 (9.127) 计算：

$$\eta_x^{ex} = \frac{Q_{k+a}(1 - T_0 / \overline{T}_{w13})}{(1 - T_0 / \overline{T}_g)Q_g + (1 - T_0 / \overline{T}_{ry})Q_{ry}} \tag{9.127}$$

如果回收的余热 Q_{ry} 只是火电机组发电必需的冷源损失，则在计算吸收式热泵第二定律效率时，可以不把其携带的热量㶲作为输入㶲，即

$$\begin{aligned}
\eta_x^{ex} &= \frac{(Q_k + Q_a)(1 - T_0 / \overline{T}_{w13})}{(1 - T_0 / \overline{T}_g)Q_g} \\
&= \zeta \frac{1 - T_0 / \overline{T}_{w13}}{1 - T_0 / \overline{T}_g}
\end{aligned} \tag{9.128}$$

式中，ζ 为吸收式热泵的热力系数。

这里需要说明的是，如果不计余热回收的热量㶲，则在反平衡效率计算时，需从总熵产计算的不可逆损失中扣除余热携带的热量㶲，否则会面临不平衡的问题。与此处的汽轮机排汽余热回收不同，常规热泵通常是从环境中提取热量，环境的热量㶲为 0，因此不需要这样的考虑。

但是，如果进入蒸发器的蒸汽是火电机组低真空(高背压)运行的排汽，则这股蒸汽是具有发电能力的蒸汽，理应参照 9.4.2 节关于火电机组低真空(高背压)运行的当量电耗量的计算方法，计算其供热当量电耗量，并与发生器工作蒸汽的当量电耗量一并作为吸收式热泵的"输入㶲"，以完成单耗分析。

$$\zeta = \frac{Q_k + Q_a}{Q_g} \qquad (9.129)$$

对比表征压缩式热泵热力性能的性能系数 COP $= Q_h / W$ [式 (9.33)]，不难发现，二者的比较基准不同，因此，将压缩式热泵的性能系数与吸收式热泵的热力系数相比较是没有意义的。这里提请注意的是，一些文献将式 (9.129) 定义的热力系数也用性能系数的缩写符号 COP 表示，使用时应注意。

如果考虑热泵的流程泵，如溶液泵等的电耗 W_{pf}，吸收式热泵的热力系数可以表示为如下形式：

$$\zeta = \frac{Q_k + Q_a}{Q_g + W_{pf}} \qquad (9.130)$$

但这一指标存在很大的缺陷，那就是将热和功等价看待了。

3. 热网加热器的熵产

对于目前常规的采暖终端模式，单纯的吸收式热泵出口水温往往不足以满足采暖供热的需要，还需要由热网加热器进一步加热，因此，吸收式热泵供热系统的熵产还应包括热网加热器的熵产。

$$S_{nh}^{gen} = \frac{Q_{nh}}{\overline{T}_{w34}} - \frac{Q_{nh}}{\overline{T}_{nh}} \qquad (9.131)$$

式中，$\overline{T}_{w34} = (T_{w4} - T_{w3}) / \ln(T_{w4} / T_{w3})$ 热网循环水在热网加热器中吸热的热力学平均温度；$\overline{T}_{nh} = (h_i - h_{sci}) / (s_i - s_{sci})$ 为抽汽在热网加热器的凝结放热平均温度，Q_{nh} 为热网加热器的热负荷：

$$Q_{nh} = M\overline{c}_p(t_{w4} - t_{w3}) = D_i(h_i - h_{sci}) \qquad (9.132)$$

其中，D_i 为热网加热器使用的供热抽汽量；h_{sci} 为热网加热器凝结水比焓。

4. 吸收式热泵供热系统的熵产及第二定律效率

吸收式热泵供热系统的熵产等于吸收式热泵的熵产与热网加热器熵产之和：

$$\sum S_{xn,j}^{gen} = \sum S_{x,j}^{gen} + S_{nh}^{gen} = \frac{Q_k + Q_a}{\overline{T}_{w13}} - \frac{Q_g}{\overline{T}_g} - \frac{Q_{ry}}{\overline{T}_{ry}} + \frac{Q_{nh}}{\overline{T}_{w34}} - \frac{Q_{nh}}{\overline{T}_{nh}}$$

$$= \frac{Q_k + Q_a + Q_{nh}}{\overline{T}_{w14}} - \frac{Q_g}{\overline{T}_g} - \frac{Q_{ry}}{\overline{T}_{ry}} - \frac{Q_{nh}}{\overline{T}_{nh}} \qquad (9.133)$$

式中，$\bar{T}_{w14} = (T_{w4} - T_{w1}) / \ln(T_{w4} / T_{w1})$ 为热网循环水在吸收式热泵供热系统的吸热平均温度。

根据 Gouy-Stodola 公式 $I_r = T_0 S^{gen}$［式 (2.198)］，吸收式热泵供热系统的总不可逆损失为

$$
\begin{aligned}
\sum I_{rxn,j} &= T_0 \sum S_{xn,j}^{gen} \\
&= \left(1 - \frac{T_0}{\bar{T}_{nh}}\right) Q_{nh} + \left(1 - \frac{T_0}{\bar{T}_g}\right) Q_g + \left(1 - \frac{T_0}{\bar{T}_{ry}}\right) Q_{ry} - \left(1 - \frac{T_0}{\bar{T}_{w14}}\right)(Q_k + Q_a + Q_{nh})
\end{aligned} \tag{9.134}
$$

式 (9.134) 是吸收式热泵供热系统的总㶲平衡关系式，意义是总不可逆损失等于输入系统的热量㶲之和减去热网循环水得到的热量㶲。

忽略溶液泵泵功，对于吸收式热泵供热系统，其总㶲平衡关系式为

$$
\sum E_{in} = \sum E_p + \sum I_{rxn,j} = Q_h e_h + T_0 \sum S_{xn,j}^{gen}
$$

$$
\left(1 - \frac{T_0}{\bar{T}_{nh}}\right) Q_{nh} + \left(1 - \frac{T_0}{\bar{T}_g}\right) Q_g + \left(1 - \frac{T_0}{\bar{T}_{ry}}\right) Q_{ry} = (Q_k + Q_a + Q_{nh})\left(1 - \frac{T_0}{\bar{T}_{w14}}\right) + T_0 \sum S_{xn,j}^{gen}
$$

$$\tag{9.135}$$

式中，$Q_h = Q_g + Q_a + Q_{nh}$ 为吸收式热泵供热系统的供热量；$e_h = 1 - T_0 / \bar{T}_{w14}$ 为供热量的比㶲。

吸收式热泵供热系统的第二定律效率用式 (9.136) 计算：

$$
\eta_{xn}^{ex} = \frac{\sum E_p}{\sum E_{in}} = \frac{(Q_k + Q_a + Q_{nh})(1 - T_0 / \bar{T}_{w14})}{(1 - T_0 / \bar{T}_{nh}) Q_{nh} + (1 - T_0 / \bar{T}_g) Q_g + (1 - T_0 / \bar{T}_{ry}) Q_{ry}} \tag{9.136}
$$

如果不计回收的余热 Q_{ry} 携带的热量㶲，并忽略发生器和热网加热器中的加热蒸汽凝结平均温度的差别，统一用 $\bar{T}_{xn}$ 表示，则式 (9.136) 可以写成

$$
\eta_{xn}^{ex} = \frac{(Q_k + Q_a + Q_{nh})(1 - T_0 / \bar{T}_{w14})}{(1 - T_0 / \bar{T}_{xn})(Q_{nh} + Q_g)} = \zeta_{xn} \frac{(1 - T_0 / \bar{T}_{w14})}{(1 - T_0 / \bar{T}_{xn})} \tag{9.137}
$$

式中

$$
\zeta_{xn} = \frac{Q_k + Q_a + Q_{nh}}{Q_{nh} + Q_g} \tag{9.138}
$$

式 (9.138) 可以定义为吸收式热泵供热系统的热力系数。

热力系数在一定程度上可以表征系统的热力学性能，但不足以反映能源利用的真实效率。式 (9.137) 是吸收式热泵供热系统的第二定律效率，是常规第二定律

分析方法的结果。如果据此计算供热的燃料单耗指标等能效指标，在进行各种供热技术方案对比分析时，会面临相应性能指标的可比性问题，参见第 5 章。

如果考虑吸收式热泵供热系统的流程泵，如溶液泵、热网循环泵等的电耗 W_{pf}，则式 (9.138) 可以表示为如下形式：

$$\zeta_{\mathrm{xn}} = \frac{Q_{\mathrm{k}} + Q_{\mathrm{a}} + Q_{\mathrm{nh}}}{Q_{\mathrm{nh}} + Q_{\mathrm{g}} + W_{\mathrm{pf}}} \tag{9.139}$$

9.5.2　热电联产吸收式热泵供热燃料单耗构成分析

热电联产吸收式热泵供热系统的供热量为 $Q_{\mathrm{h}} = Q_{\mathrm{g}} + Q_{\mathrm{a}} + Q_{\mathrm{nh}}$，需将抽汽分两股（$D_{i'}$ 和 D_i）分别在吸收式热泵和热网加热器对热网循环水进行加热，基于单耗分析理论，所减小的机组发电量作为热电联产吸收式热泵供热系统的当量电耗量 EECR。

$$\mathrm{EECR} = (D_{i'} + D_i)(h_i - h_{\mathrm{c}})\eta_{\mathrm{mg}} / 3600$$

式中，$D_{i'}$ 和 D_i 分别吸收式热泵和热网加热器的耗汽量；h_i 和 h_{c} 分别为抽汽比焓和机组排汽比焓。

需要说明的是，由于抽汽对汽轮机通流部分的影响，抽汽减小的机组发电量实际大于上式计算的供热 EECR。但是，出于计算方法简单明了的考虑，以及对热电联产这一传统节能技术的支持，汽轮机因抽汽供热的变工况运行造成的额外损耗不计入供热侧。对于背压机，上式的机组排汽比焓取值与参数凝汽机组排汽比焓相同，可参照 5.2 节介绍的方法进行计算。

参照压缩式热泵性能系数的定义，热电联产吸收式热泵供热系统的供热 ECOP 为

$$\mathrm{ECOP} = (Q_{\mathrm{g}} + Q_{\mathrm{a}} + Q_{\mathrm{nh}}) / \mathrm{EECR}$$

此时，由于吸收式热泵供热系统消耗的热量㶲以 EECR 计算，因此存在一个折算㶲差：

$$E_{\mathrm{zs}} = \mathrm{EECR} \cdot e_{\mathrm{p,e}} - Q_{\mathrm{g}} \cdot e_{\mathrm{g}} - Q_{\mathrm{nh}} \cdot e_{\mathrm{nh}} \tag{9.140}$$

相应的折算熵差为

$$\begin{aligned} S_{\mathrm{zs}} = E_{\mathrm{zs}} / T_0 &= (\mathrm{EECR} \cdot e_{\mathrm{p,e}} - Q_{\mathrm{g}} \cdot e_{\mathrm{g}} - Q_{\mathrm{nh}} \cdot e_{\mathrm{nh}}) / T_0 \\ &= [\mathrm{EECR} - Q_{\mathrm{g}}(1 - T_0 / \bar{T}_{\mathrm{g}}) - Q_{\mathrm{nh}}(1 - T_0 / \bar{T}_{\mathrm{nh}})] / T_0 \end{aligned} \tag{9.141}$$

因此，热电联产吸收式热泵供热系统的熵产为式(9.133)计算的总熵产与式(9.141)之和：

$$\sum S_{\mathrm{xchp},j}^{\mathrm{gen}} = \frac{Q_{\mathrm{k}} + Q_{\mathrm{a}} + Q_{\mathrm{nh}}}{\overline{T}_{\mathrm{w14}}} - \frac{Q_{\mathrm{g}}}{\overline{T}_{\mathrm{g}}} - \frac{Q_{\mathrm{ry}}}{\overline{T}_{\mathrm{ry}}} - \frac{Q_{\mathrm{nh}}}{\overline{T}_{\mathrm{nh}}} + \frac{\mathrm{EECR}}{T_0} - \frac{Q_{\mathrm{g}}}{T_0}\left(1 - \frac{T_0}{\overline{T}_{\mathrm{g}}}\right) - \frac{Q_{\mathrm{nh}}}{T_0}\left(1 - \frac{T_0}{\overline{T}_{\mathrm{nh}}}\right)$$

$$= \frac{\mathrm{EECR}}{T_0} - \frac{Q_{\mathrm{g}}}{T_0} - \frac{Q_{\mathrm{ry}}}{\overline{T}_{\mathrm{ry}}} - \frac{Q_{\mathrm{nh}}}{T_0} + \frac{Q_{\mathrm{k}} + Q_{\mathrm{a}} + Q_{\mathrm{nh}}}{\overline{T}_{\mathrm{w14}}}$$

$$(9.142)$$

根据 Gouy-Stodola 公式 $I_{\mathrm{r}} = T_0 S^{\mathrm{gen}}$ [式(2.198)]，热电联产吸收式热泵系统的不可逆损失为

$$\sum I_{\mathrm{rxchp},j} = T_0 \sum S_{\mathrm{xchp},j}^{\mathrm{gen}} = \mathrm{EECR} + \left(1 - \frac{T_0}{\overline{T}_{\mathrm{ry}}}\right)Q_{\mathrm{ry}} - \left(1 - \frac{T_0}{\overline{T}_{\mathrm{w14}}}\right)(Q_{\mathrm{k}} + Q_{\mathrm{a}} + Q_{\mathrm{nh}}) \quad (9.143)$$

如果忽略汽轮机排汽余热利用输入的热量㶲，则热电联产吸收式热泵供热系统的㶲平衡关系式为

$$\sum I_{\mathrm{rxchp},j} = T_0 \sum S_{\mathrm{xchp},j}^{\mathrm{gen}} = \mathrm{EECR} - \left(1 - \frac{T_0}{\overline{T}_{\mathrm{w14}}}\right)(Q_{\mathrm{k}} + Q_{\mathrm{a}} + Q_{\mathrm{nh}}) \quad (9.144)$$

或

$$\mathrm{EECR} \cdot e_{\mathrm{p,e}} = (Q_{\mathrm{k}} + Q_{\mathrm{a}} + Q_{\mathrm{nh}})e_{\mathrm{h}} + T_0 \sum S_{\mathrm{xchp},j}^{\mathrm{gen}} \quad (9.145)$$

因此，热电联产吸收式热泵供热系统的㶲效率为

$$\eta_{\mathrm{xchp}}^{\mathrm{ex}} = \frac{(Q_{\mathrm{k}} + Q_{\mathrm{a}} + Q_{\mathrm{nh}})e_{\mathrm{h}}}{\mathrm{EECR} \cdot e_{\mathrm{p,e}}} = \frac{(Q_{\mathrm{k}} + Q_{\mathrm{a}} + Q_{\mathrm{nh}})(1 - T_0 / \overline{T}_{\mathrm{w14}})}{\mathrm{EECR}}$$

$$= \left(1 - \frac{T_0}{\overline{T}_{\mathrm{w14}}}\right) \cdot \mathrm{ECOP}$$

$$(9.146)$$

式(9.146)与式(9.34)的形式是一致的，这反映出单耗分析理论构建了一个统一的评价体系。

吸收式热泵供热系统的反平衡第二定律效率为

$$\eta_{\mathrm{xchp}}^{\mathrm{ex}} = 1 - \frac{\sum I_{\mathrm{rxchp},j}}{\mathrm{EECR} \cdot e_{\mathrm{p,e}}} = 1 - \frac{T_0 \sum S_{\mathrm{xchp},j}^{\mathrm{gen}}}{\mathrm{EECR}} \quad (9.147)$$

由于这里忽略了汽轮机排汽的热量㶲，在应用式(9.144)进行计算时，需要从总不可逆损失中扣除余热的热量㶲，否则系统㶲平衡有问题。

将式(9.144)代入式(9.147)，即得式(9.146)。

热电联产机组的供电燃料单耗 b_e^s 为

$$b_e^s = \frac{B^s}{W_n + \text{EECR}}$$

式中，B^s 为热电联产机组的总标准煤耗量；W_n 为热电联产机组净供电量。

热电联产吸收式热泵供热系统的燃料消耗量可以用式(9.148)计算：

$$B_h^s = b_e^s \cdot (\text{EECR} + W_{pf}) \tag{9.148}$$

式中，b_e^s 为热电联产机组的供电燃料单耗，相当于基于凝汽发电的计算值；W_{pf} 为吸收式热泵系统溶液泵泵功(更一般的情况下，为系统内各类泵功之和)。

对于燃气轮机和内燃机的余热锅炉，按联合循环发电系统估算当量发电量，以此作为吸收式热泵系统的当量电耗量，以开展相应的计算。

热电联产机组生产 $\text{EECR} + W_{pf}$ 电量的㶲平衡关系式可以写成

$$B_h^s e_f^s = b_e^s(\text{EECR} + W_{pf})e_f^s = (\text{EECR} + W_{pf})e_{p,e} + \sum I_{r,e} \tag{9.149}$$

热电联产机组生产这部分当量电耗量 $(\text{EECR} + W_{pf})$ 的单耗分析模型为

$$b_e^s = \frac{B_h^s}{\text{EECR} + W_{pf}} = 0.12284 + \frac{\sum I_{r,e}}{(\text{EECR} + W_{pf})e_f^s} \tag{9.150}$$

因此，热电联产吸收式热泵供热系统的当量电耗量 $(\text{EECR} + W_{pf})$ 所携带的不可逆损失为

$$\sum I_{r,e} = (b_e^s - 0.12284)(\text{EECR} + W_{pf})e_f^s \tag{9.151}$$

这部分不可逆损失所对应的总熵产为

$$\sum S_e^{\text{gen}} = \frac{\sum I_{r,e}}{T_0} = \frac{(b_e^s - 0.12284)(\text{EECR} + W_{pf})e_f^s}{T_0} \tag{9.152}$$

因此，热电联产吸收式热泵供热系统的总㶲平衡关系式为

$$B_h^s e_f^s = Q_h e_h + T_0 \sum S_{\text{xchp},j}^{\text{gen}} + \sum I_{r,e} \tag{9.153}$$

式(9.153)两边同除以 $Q_h e_f^s$，得热电联产吸收式热泵供热系统的单耗分析模型：

$$b = \frac{B_{\mathrm{h}}^{\mathrm{s}}}{Q_{\mathrm{h}}} = \frac{e_{\mathrm{h}}}{e_{\mathrm{f}}^{\mathrm{s}}} + \frac{\sum T_0 S_{\mathrm{xchp},j}^{\mathrm{gen}} + \sum I_{\mathrm{r,e}}}{Q_{\mathrm{h}} e_{\mathrm{f}}^{\mathrm{s}}} = b_{\mathrm{h}}^{\min} + \frac{T_0 \sum S_{\mathrm{xchp},j}^{\mathrm{gen}} + \sum I_{\mathrm{r,e}}}{Q_{\mathrm{h}} e_{\mathrm{f}}^{\mathrm{s}}} = b_{\mathrm{h}}^{\min} + \sum b_{\mathrm{xchp},j} + \sum b_{\mathrm{e}}$$

$$(9.154)$$

吸收式热泵供热系统不可逆损失所造成的附加燃料单耗为

$$\sum b_{\mathrm{xchp},j} = \frac{T_0 \sum S_{\mathrm{xchp},j}^{\mathrm{gen}}}{Q_{\mathrm{h}} e_{\mathrm{f}}^{\mathrm{s}}} \qquad (9.155)$$

热电联产吸收式热泵供热系统的当量电耗量所携带的不可逆损失对应的供热附加燃料单耗为

$$\sum b_{\mathrm{e}} = \frac{\sum I_{\mathrm{r,e}}}{Q_{\mathrm{h}} e_{\mathrm{f}}^{\mathrm{s}}} \qquad (9.156)$$

热电联产吸收式热泵供热系统的燃料单耗还可以用下面的方式直接求得。注意，使用式 (9.157) 时注意量纲转换：

$$b = \frac{B_{\mathrm{h}}^{\mathrm{s}}}{Q_{\mathrm{h}}} = \frac{B_{\mathrm{h}}^{\mathrm{s}}}{\mathrm{EECR} + W_{\mathrm{pf}}} \cdot \frac{\mathrm{EECR} + W_{\mathrm{pf}}}{Q_{\mathrm{h}}} = 277.8 b_{\mathrm{e}}^{\mathrm{s}} / \mathrm{ECOP} \qquad (9.157)$$

式中，ECOP 为热电联产吸收式热泵系统的当量性能系数：

$$\mathrm{ECOP} = \frac{Q_{\mathrm{h}}}{\mathrm{EECR} + W_{\mathrm{pf}}} \qquad (9.158)$$

与式 (9.33) 的 COP 指标是等价的。

热电联产吸收式热泵供热系统的正平衡能源利用第二定律效率为

$$\eta_{\mathrm{E,xchp}}^{\mathrm{ex}} = \frac{Q_{\mathrm{h}} e_{\mathrm{h}}}{B_{\mathrm{h}}^{\mathrm{s}} e_{\mathrm{f}}^{\mathrm{s}}} = \frac{b_{\mathrm{h}}^{\min}}{b} = \frac{b_{\mathrm{e}}^{\min}}{b_{\mathrm{e}}^{\mathrm{s}}} \left(1 - \frac{T_0}{\overline{T}_{\mathrm{w14}}} \right) \cdot \mathrm{ECOP}$$

$$= \eta_{\mathrm{e}}^{\mathrm{s}} \eta_{\mathrm{xchp}}^{\mathrm{ex}} \qquad (9.159)$$

式中，$\eta_{\mathrm{e}}^{\mathrm{s}} = b_{\mathrm{h}}^{\min} / b_{\mathrm{e}}^{\mathrm{s}} = 0.12284 / b_{\mathrm{e}}^{\mathrm{s}}$，为热电联产机组的当量供电效率，与同参数凝汽式机组的水平相当。

相应地，反平衡能源利用第二定律效率为

$$\eta_{\mathrm{E,xchp}}^{\mathrm{ex}} = 1 - \frac{T_0 \sum S_{\mathrm{xchp},j}^{\mathrm{gen}} + \sum I_{\mathrm{r,e}}}{B_{\mathrm{h}}^{\mathrm{s}} \cdot e_{\mathrm{f}}^{\mathrm{s}}} \qquad (9.160)$$

9.5.3　案例分析

　　某热电厂 CZK300/258-16.7/0.4/537/537 直接空冷汽轮机的主要参数如表 9.5 所示。为实现节能目的，该机组冬季采用热电联产吸收式热泵供热方式运行，如图 9.13 所示。其中，吸收式热泵及热网加热器系统如图 9.14 所示，各状态点及参数如表 9.6 所示。热网循环水流量为 1220.00kg/s，热网回水温度为 50.00℃，进入吸收式热泵的吸收器吸热升温至 63.53℃，然后在冷凝器中吸热升温至 75.00℃，最后在热网加热器进一步吸热达到 120℃。热网加热器所用加热蒸汽及吸收式热泵发生器所用工作蒸汽来自火电机组的第 5 段抽汽(中压缸排汽)，假定其凝结过程有 5%的压降，凝结水为饱和状态，凝结水返回汽轮机热力系统。汽轮机排汽作为蒸发器余热回收的热源。计算中忽略热泵系统工质及热网循环水流动阻尼的影响。

表 9.5　直接空冷汽轮机主要参数

名称	单位	数值
额定功率	MW	300
主蒸汽压力	MPa	16.67
主蒸汽温度	℃	537
高压缸排汽压力	MPa	3.534
中压缸排汽(第 5 段抽汽)压力	MPa	0.484
中压缸排汽(第 5 段抽汽)温度	℃	335
汽轮机额定背压	kPa	15
机组供电燃料单耗	g/(kW·h)	350

表 9.6　热电联产吸收式热泵供热系统各状态点及参数

状态点	压力/kPa	温度/℃	浓度/%	比焓/(kJ/kg)	比熵/[kJ/(K·kg)]	质量流量/(kg/s)	备注
				热泵工质循环			
1	11.75	86.00	56.1	191.09	0.51366	374.69	忽略阻尼
2	46.00	86.00	56.1	191.09	0.51366	374.69	忽略阻尼
3	46.00	113.20	56.1	246.65	0.66482	374.69	忽略阻尼
4	46.00	131.40	60.0	280.61	0.68300	350.31	忽略阻尼
5	46.00	95.50	60.0	221.20	0.52815	350.31	忽略阻尼
6	11.75	90.50	60.0	221.20	—	350.31	未计算比熵
7	46.00	126.00		2733.77	7.86650	24.38	忽略阻尼
8	46.00	79.25	0	331.82	1.06652	24.38	忽略阻尼

续表

状态点	压力/kPa	温度/℃	浓度/%	比焓/(kJ/kg)	比熵/[kJ/(K·kg)]	质量流量/(kg/s)	备注
热泵工质循环							
9	11.75	49.00	0	331.82	1.08402	24.38	忽略阻尼
10	11.75	49.00	0	2589.54	8.09237	24.38	忽略阻尼
加热蒸汽							
11	484.00	335.00	—	3137.30	7.59943	28.87	
12	459.80	148.70	—	626.66	1.82876	28.87	5%压损
热网循环水							
13	600.00	50.00(t_{w1})	—	209.84	0.70352	1218.30	忽略阻尼
14	600.00	63.54(t_{w2})	—	266.45	0.87512	1218.30	$h_{14}=h_{15}$
15	600.00	63.54(t_{w2})	—	266.45	0.87512	1218.30	$s_{14}=s_{15}$
16	600.00	75.00(t_{w3})	—	314.43	1.01525	1218.30	忽略阻尼
汽轮机排汽							
17	15.00	53.97	—	2598.30	8.00712	23.18	干饱和状态
18	15.00	53.97	—	225.94	0.75484	23.18	饱和液态
热网加热器							
循环水入口	600.00	75.00(t_{w3})	—	314.43	1.01525	1218.30	忽略阻尼
循环水出口	600.00	120.00(t_{w4})	—	504.07	1.52756	1218.30	忽略阻尼
加热蒸汽	484.00	335.00	—	3137.30	7.59943	92.03	
凝结水	459.80	148.70	—	626.66	1.82876	92.03	5%压损

1. 吸收式热泵系统的㶲平衡分析

吸收式热泵系统的热力计算和第二定律分析结果如表 9.7 所示，热力计算中的各设备热平衡误差在 0.07%以内。稀溶液浓度为 56.1%，浓溶液浓度为 60.0%，循环倍率为 15.38。吸收式热泵循环的热力系数为 1.76，为供热量与发生器输入热量之比。热泵循环的第二定律效率为 65.70%，为输出热量㶲（供热量的热量㶲）与发生器输入热量㶲之比，参考式(9.128)。

表 9.8 和图 9.15 为吸收式热泵循环熵产分析的结果。从中可以看到，吸收器的熵产值最大，达 19.4085kW/K，其次是发生器，为 15.1941kW/K。冷凝器和蒸发器的熵产值分别为 5.1069kW/K 和 2.3795kW/K。节流阀②的熵产计入了吸收器之中。

表 9.9 给出了各设备冷热介质的温度水平，熵产大小取决于冷热介质温差、温度水平及热交换量的大小。

表 9.7 吸收式热泵系统的热力计算和㶲平衡分析结果

名称		符号	单位	计算公式	数值	备注
余热回收量		Q_{ry}	kW	$D_{ry}(h_{17}-h_{18})$	54986.50	以 15kPa 水蒸气潜热计算
二次蒸汽流量		D_s	kg/s	$M(h_{16}-h_{15})/(h_7-h_8)$ $=M(h_{w3}-h_{w2})/(h_7-h_8)$	24.35	$h_{16}-t_{15}=\overline{c}_p(t_{w3}-t_{w2})$
稀溶液浓度		ξ_w	%	—	56.1	
浓溶液浓度		ξ_b	%	—	60.0	
循环倍率		F	—	$F=\xi_b/(\xi_b-\xi_w)$	15.38	式(8.53)
稀溶液流量		D_w	kg/s	FD_s	374.69	
浓溶液流量			kg/s	D_w-D_s	350.34	
冷凝器热负荷		Q_k	kW	$D_s(h_7-h_8)$	58499.12	$M\overline{c}_p(t_{w3}-t_{w2})$
蒸发器热负荷		Q_{ry}	kW	$D_s(h_{10}-h_9)$	54991.48	热平衡误差 0.01%
吸收器热负荷		Q_a	kW	$D_s h_{10}+(D_w-D_s)h_6-D_w h_1$	68958.12	$M(h_{14}-h_{13})=M(h_{w2}-h_{w1})$
溶液换热器热负荷			kW	$(D_w-D_s)(h_4-h_5)=D_w(h_3-h_2)$	20815.92	
发生器热负荷		Q_g	kW	$D_s h_7+(D_w-D_s)h_4-D_w h_3=D_{i'}(h_i-h_{sci'})$	72469.97	工作蒸汽凝结压损 5%
热力系数		ζ	—	$(Q_a+Q_k)/Q_g$	1.76	
输入㶲		E_g	kW	$(1-T_0/\overline{T}_g)Q_g$	36043.81	$\overline{T}_g=(h_i-h_{sci'})/(s_i-s_{sci'})$
吸收式热泵供热量			kW	Q_a+Q_k	127457.24	
热泵供热量的热量㶲		$E_{x,h}$	kW	$(1-T_0/\overline{T}_{w13})(Q_k+Q_a)$	23679.12	$\overline{T}_{w13}=(T_{w3}-T_{w1})/\ln(T_{w3}/T_{w1})$
吸收式热泵的熵产		$\sum S_{x,j}^{gen}$	kW/K	$(Q_k+Q_a)/\overline{T}_{w13}-Q_g/\overline{T}_g-Q_{ry}/\overline{T}_{ry}$	45.0946	$\overline{T}_{ry}\approx 54℃$(15kPa 饱和温度)
总㶲损耗		$\sum I_{rx,j}$	kW	$T_0\sum S_{x,j}^{gen}$	12317.60	
㶲效率	正平衡	η_x^{ex}	%	$100 E_{x,h}/E_g$	65.70	式(9.128)
	反平衡	η_x^{ex}	%	$100(1-T_0\sum S_{x,j}^{gen}/E_g)$	65.83	

表 9.8　吸收式热泵的熵产分布

名称	公式	熵产/(kW/K)	备注
发生器	$(D_w - D_s)s_4 + D_s s_7 - D_w s_3 + D_{l'}(s_{12} - s_{11})$	15.1941	
溶液热交换器	$(D_w - D_s)(s_5 - s_4) + D_w(s_3 - s_2)$	2.3795	$s_2 \approx s_1$
吸收器	$M(s_{14} - s_{13}) + [D_w s_1 - (D_w - D_s)s_5 - D_s s_{10}]$	19.4085	$s_{14} - s_{13} = (h_{14} - h_{13})/\overline{T}_{w12}$
冷凝器	$M(s_{16} - s_{15}) + D_s(s_8 - s_7)$	5.1069	$s_{16} - s_{15} = (h_{16} - h_{15})/\overline{T}_{w23}$
节流阀①	$D_s(s_9 - s_8)$	0.4262	节流阀②的熵产计入吸收器
蒸发器	$D_{ry}(s_{18} - s_{17}) + D_s(s_{10} - s_9)$	2.5794	
合计	$\sum S_{x,j}^{gen} = M(s_{16} - s_{13}) + D_{l'}(s_{12} - s_{11}) + D_{ry}(s_{18} - s_{17})$	45.0946	$s_{14} = s_{15}$（$h_{14} = h_{15}$）

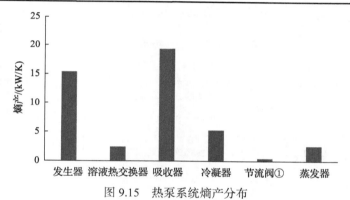

图 9.15　热泵系统熵产分布

表 9.9　吸收式热泵设备热力过程的平均温度

设备	过程	公式	结果/K（℃）	温差/℃
发生器	工作蒸汽凝结	$\overline{T}_g = (h_i - h_{sci'})/(s_i - s_{sci'})$	435.07（161.92）	36.37
	稀溶液蒸发	$[D_s h_7 + (D_w - D_s)h_4 - D_w h_3]/[D_s s_7 + (D_w - D_s)s_4 - D_w s_3]$	398.70（125.55）	
吸收器	吸收过程	$[D_w h_1 - (D_w - D_s)h_5 - D_s h_{10}]/[D_w s_1 - (D_w - D_s)s_5 - D_s s_{10}]$	363.62（90.47）	33.74
	热网循环水	$\overline{T}_{w12} = (T_{w2} - T_{w1})/\ln(T_{w2}/T_{w1})$	329.88（56.73）	
冷凝器	蒸汽冷凝	$(h_8 - h_7)/(s_8 - s_7)$	353.23（80.08）	10.84
	热网循环水	$\overline{T}_{w23} = (T_{w3} - T_{w2})/\ln(T_{w3}/T_{w2})$	342.39（69.24）	
蒸发器	蒸发温度	11.75kPa 的饱和温度	322.15（49.00）	5.00
	余热回收	15kPa 的饱和温度 $\overline{T}_{ry}$	327.15（54.00）	
热网加热器	工作蒸汽凝结	$\overline{T}_{nh} = (h_i - h_{sci})/(s_i - s_{sci})$	435.07（161.92）	64.90
	热网循环水	$\overline{T}_{w34} = (T_{w4} - T_{w3})/\ln(T_{w4}/T_{w3})$	370.17（97.02）	
	热网循环水吸热	$\overline{T}_{w14} = (T_{w4} - T_{w1})/\ln(T_{w4}/T_{w1})$	357.01（83.86）	

2. 热电联产吸收式热泵供热的单耗分析

热电联产吸收式热泵供热，包括热泵及热网加热器对热网循环水的加热两部分。其单耗分析结果如表 9.10 所示，计算分正、反平衡两部分，结果很好地相互印证。

表 9.10　热电联产吸收式热泵供热的单耗分析结果

名称	单位	计算公式	结果	备注
终端产品燃料单耗计算及能源利用第二定律效率(正平衡)				
供热量	kW	$Q_h = Q_a + Q_k + Q_{nh}$	358452.63	
供热抽汽量	kg/s	$D_{l'} + D_l$	120.895	
供热当量电耗量	kW	$EECR = (D_{l'} + D_l)(h_i - h_c)\eta_{mg}$	80731.66	
机组供电燃料单耗	g/(kW·h)	$B^s / (W_n + EECR)$	350	同类机组数值
供热当量性能系数	—	$ECOP = Q_h / EECR$	4.44	
供热燃料单耗	kg/GJ	$b = 2.778 b_e^s / ECOP$	21.88	
环境温度	℃	t_0	0	$T_0 = 273.15K$
供热理论最低燃料单耗	kg/GJ	$b_h^{min} = 34.12(1 - T_0 / \bar{T}_{w14})$	8.01	
能源利用第二定律效率	%	$\eta_{E,xchp}^{ex} = b_h^{min} / b$	36.61	正平衡
单耗构成分析及能源利用第二定律效率(反平衡)				
余热回收热量㶲	kW	$E_{ry} = (1 - T_0 / \bar{T}_{ry})Q_{ry}$	9072.82	$\bar{T}_{ry}$ (表 9.9)
加热蒸汽热量㶲	kW	$(1 - T_0 / \bar{T}_{nh})Q_{nh}$	85991.35	$\bar{T}_{nh}$ (表 9.9)
热泵工作蒸汽热量㶲	kW	$(1 - T_0 / \bar{T}_g)Q_g$	26970.99	$\bar{T}_g$ (表 9.9)
输入热量㶲之和	kW	$(1 - T_0 / \bar{T}_{nh})(Q_{nh} + Q_g)$	112962.34	$\bar{T}_g = \bar{T}_{nh}$，不计余热㶲
供热燃料消耗	kg/h	$B_h^s = (b_e^s / 1000) \cdot EECR$	28256.08	$b_e^s = 350$ g/(kW·h)
余热回收热量㶲折算熵差	kW/K	$S_{ry,zs} = -E_{ry} / T_0$	−33.2155	余热㶲扣除

续表

名称	单位	计算公式	结果	备注
单耗构成分析及能源利用第二定律效率(反平衡)				
热泵系统熵产	kW/K	$S_{x,j}^{gen}$	45.0946	表 9.7
热网加热器的熵产	kW/K	$S_{nh}^{gen} = M(s_{w4} - s_{w3}) + D_i(s_{sci} - s_i)$	93.0730	$S_{nh}^{gen} = (1/\overline{T}_{w34} - 1/\overline{T}_n)Q_n$
折算熵差	kW/K	$S_{zs} = [EECR - (1 - T_0/\overline{T}_{nh})(Q_{nh} + Q_g)]/T_0$	−117.9963	
当量电耗量携带的熵产	kW/K	$S_e^{gen} = (b_e^s - b_e^{min}) \times 10^{-3} EECR \cdot e_f^s / T_0$	546.6022	
供热总熵产	kW/K	$\sum S_j^{gen} = S_{ry,zs} + S_{x,j}^{gen} + S_{nh}^{gen} + S_{zs} + S_e^{gen}$	533.5581	
能源利用第二定律效率	%	$\eta_{E,xchp}^{ex} = 100[1 - T_0 \sum S_j^{gen}/(B_h^s \cdot e_f^{e,s})]$	36.64	反平衡
热泵系统附加燃料单耗	kg/GJ	$277.8T_0 S_{x,j}^{gen}/(Q_h \cdot e_f^{e,s})$	1.1725	
热网加热器燃料单耗	kg/GJ	$277.8T_0 S_{nh}^{gen}/(Q_h \cdot e_f^{e,s})$	2.4200	
折算㶲差附加燃料单耗	kg/GJ	$277.8T_0 S_{zs}/(Q_h \cdot e_f^{e,s})$	−3.0680	
当量电耗携带的附加燃料单耗	kg/GJ	$277.8T_0 S_e^{gen}/(Q_h \cdot e_f^{e,s})$	14.2120	
余热㶲折算附加燃料单耗	kg/GJ	$-277.8E_{ry}/(Q_h \cdot e_f^{e,s})$	−0.8636	
理论最低燃料单耗	kg/GJ	$b_h^{min} = 34.12(1 - T_0/\overline{T}_{w14})$	8.01	
供热燃料单耗	kg/GJ	$b_h^{min} + 277.8T_0 \sum S_j^{gen}/(Q_h \cdot e_f^{e,s})$	21.8929	

第一部分是基于终端产品燃料单耗计算方法计算的结果,这一供热方案的当量性能系数为 4.44,供热燃料单耗为 21.88kg/GJ,与 8.01kg/GJ 的理论最低燃料单耗相比,其能源利用第二定律效率为 36.61%。热网循环水供热温度高达 120℃,尽管采用了热电联产的供热方式,由于远超 20℃ 的采暖温度要求,与图 9.12 所示 50MW 凝汽机组实施的热电联产低品位供热相比,其供热燃料单耗也没有任何优势,说明这一方案的节能效果有限。

第二部分是通过开展系统熵产分析完成的,从热电联产吸收式热泵供热的单

耗构成分析结果看 (表 9.10 和图 9.16)，计算是正确的。在供热单耗构成中，当量电耗量携带的附加燃料单耗最大，这与先前的分析计算一致。其次是热产品理论最低燃料单耗。热泵系统附加燃料单耗小于热网加热器的附加燃料单耗，其所发挥的作用十分有限。将 EECR 作为吸收式热泵系统的㶲输入，是一种"人为规定"，是为了与压缩式热泵的性能指标 ($COP = Q_h / W$) 之间有可比性。于是，引入折算㶲差这一概念，突出展示了人为规定性的影响。折算熵差及其附加燃料单耗值为负，对总供热单耗是一种扣减效果，在一定程度上减轻了 EECR 携带不可逆性的影响。

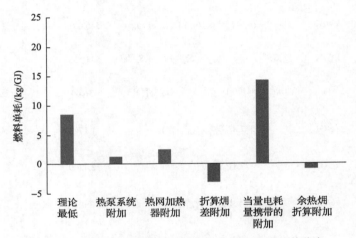

图 9.16　热电联产吸收式热泵供热的附加单耗及其分布

另外，余热回收的热量㶲在其供热燃料单耗中的地位和作用，用一个成语可以概括：事半功倍。需要说明的是，这里的分析以热网循环水的吸热量为热产品，相对于冬季 20℃ 的室内采暖，有较大的温差，参考 9.3 节及 9.4 节的分析，这一供热方式不属于合理的温度匹配。另外，这里的分析也没有考虑热网管道输运特性的影响，如果考虑输运损耗的影响，其热力学性能还会有所降低。由于大型火电厂一般都远离城市热负荷中心，远距离的热量输运，需要的工程投资巨大，对于采暖来讲，这是一个很大的不利因素，第 10 章对比做了简单的分析。

3. 常规抽汽供热与吸收式热泵供热的节能评价

常规抽汽供热是用汽轮机抽汽作为热源直接加热热网循环水，将其从 50℃ 加热至 120℃ 的供水温度。在相同供热量的条件下，常规抽汽供热方案要比增设吸收式热泵的方案消耗更多的汽轮机抽汽，即吸收式热泵的应用可以增大机组发电量，这也是一种节能效果，表 9.11 给出了这两种方案的对比分析结果。

表 9.11　常规抽汽供热与吸收式热泵供热的比较

项目名称	符号	单位	常规抽汽供热	吸收式热泵供热	增量
供热量	Q_h	kW	358952.81	358952.81	0
供热抽汽量	D	kg/s	142.97	120.97	−22.00
当量电耗量	EECR	kW	95474.67	80781.74	−14692.93
当量性能系数	ECOP	—	3.76	4.44	0.68

计算结果表明，机组采用热泵加热热网循环水，可减少机组供热抽汽量 22.00kg/s，增加机组发电量 14.69293MW，供热系统当量性能系数从 3.76 提高到 4.44，吸收式热泵的投入有明显的节能效果。

但是，这一供热改造方案与 9.4 节介绍的热电联产低品位供热相比，供热燃料单耗要高许多，这主要是供热抽汽压力过高所致。显然，这一供热方案不宜成为热电联产的发展方向。

9.6　小　　结

综上分析，至用户终端的供热过程的能源利用第二定律效率可以一般化地表示为如下形式：

$$\eta_E^{ex} = \prod \eta_{hi}\left(1 - \frac{T_0}{\overline{T}_h}\right) \tag{9.161}$$

式中，$\overline{T}_h$ 为供热量的热力学温度；$\prod \eta_{hi}$ 为供热的热效率，为从燃料至用户的各子系统热效率的连乘积。

对于锅炉采暖，从燃料到用户处的这种热传递效率可表示为锅炉热效率与热网效率的乘积：

$$\prod \eta_{hi} = \eta_b \eta_n \tag{9.162}$$

对于压缩式热泵供热，则供热热效率可以表示为电网火电机组平均供电效率与热泵性能系数的乘积。热泵处于用户处，热网效率可视为 100%。

$$\prod \eta_{hi} = \overline{\eta}_e^s \cdot COP \tag{9.163}$$

对于热电联产供热，供热热效率可以表示为供热机组的供电效率、热网效率及供热当量性能系数的连乘积。基于单耗分析理论，供热机组的供电效率与同参数凝汽机组相当。

$$\prod \eta_{hi} = \eta_e^s \eta_n \cdot \text{ECOP} \tag{9.164}$$

不同供热模式的能源利用效率取决于式(9.162)~式(9.164)中各个环节的能效。相对于锅炉供热，热泵及热电联产之所以节能，是因为它们可以实现按质用能，有比较高的性能系数或当量性能系数。而用式(9.163)和式(9.164)计算，热泵及热电联产供热的热效率完全可以超过100%。

本章给出了详细的供热及其单耗分析的理论方法和案例，清晰地展示了各种不可逆因素对供热热力学性能的影响。供热理论最低燃料单耗这一概念决定了供热方案的合理发展方向，分析计算表明，低品位热电联产供热是"温度对口、梯级利用"的能源高效利用原则的完美体现。

9.4 节已经谈及，实施低品位热电联产供热，可结合"海绵"城市建设，设置大型地下蓄水池及管道系统，夏季用于防洪及蓄洪，冬季可蓄热及供热，这是一个非常理想的节能供暖方案，可以作为今后长江流域及以北地区城镇建设的一个方向性选择。当然，这需要一整套的完备设计理念，将各种热源有机整合，以及各种中继设备及用户终端设备的配套等。对新兴城镇，尤其是城镇化改造的新区，实施这一方案的难度则会小很多。

事实上，低品位热电联产供热方案早在 20 世纪 90 年代就由宋之平教授提出了，遗憾的是未能引起有关部门的重视。而随后我国经济及房地产的高速发展，更加剧了今后改造的难度和成本。但问题是，如果畏惧这一难度而不愿意努力，则意味着建筑采暖节能将难以取得理想的结果。目前一些城市实施的热电联产吸收式热泵供热改造方案，节能效果有限，且存在一些不确定性的因素，其中最为主要的就是火电机组的服役年限与新近改建的供热系统不同步，由此留下隐患。2018 年 11 月 20 日，1991 年和 1992 年投产的太原第一热电厂 2×300MW 机组在爆破声中轰然倒下，服役年限未及三十年的设计寿命。而几乎与此同时，离太原 37km 的古交电厂火电机组进行了热电联产供热改造，将 130℃的高温热水送至太原供热改造工程与火电机组工期不同步，且偏离了现代节能理论所指出的采暖供热节能的发展方向，出现这种情形着实让人扼腕感叹。

第10章 能源输运特性的热力学分析

10.1 引　　言

能源利用可一般化地分为生产供应、网络输配和用户使用三个环节,如图 10.1 所示,它们分属不同的利益集团,之间的能量交换往往以货币结算,从而阻断了能源利用效率分析与评价的连续性。不同的能源品质不同,开采、输运及其能耗特性大相径庭,且影响因素很多,分析计算难度大。而能源利用的有效程度是以输入燃料的标准煤折算值为基准的,从而直接将能源的输运特性排除在终端能源利用效率的分析与评价之外,因此,能源利用效率的分析与评价理论是不够完善的,这极大地阻碍了人们从全局的视角认识和掌握能源利用的真实情况。

图 10.1　一般化能源利用系统

天然气、煤、石油等一次能源可以通过铁路、公路和航运等交通网络输运,也可以通过专门的管道输运,如输油管、输气管和输粉管(燃煤电厂大量采用)等,还可以将这些一次能源转化为电、热(含热水、蒸汽以及冷、热空气)等二次能源进行输运。不同的输运方式(铁路、公路、航运及管道)和输运距离,能耗相差很大,而网络输运环节对能源利用效率和经济性的影响极大,比如,我国能源资源以煤为主,地理分布不均,约 50%的全国铁路货运能力在运煤,而原煤中含有相当比例的灰分(占 20%~40%),其输运效率大打折扣。如果煤的利用是以发电为目的,是运煤,还是将煤转化为电力再输运是很值得研究的问题;如果要满足城镇居民的生活需要,可以将煤转化为煤气或煤制油等输运,借此可以消除灰分输运的损耗,也为消除散煤燃烧的大气污染创造了条件。因此,对能源转化和输运过程的能耗也需进行认真的对比分析。

二次能源,如电、热等,也可以通过网络输配,电网、热网和暖通空调的风系统等都是二次能源的输配系统。不同的输配系统,能耗相差非常大。比较而言,电力输配能流密度大,效率也高,也正因为此,电网规模才最大;热网输配不仅有热损失,还必然要消耗电(功)以克服管道阻尼,输配效率较低,即热不适合远距离输配,因此热网规模远小于电网。据统计,中央空调系统中冷(热)空气输运系统的能耗可以占其总能耗的大部分,是中央空调系统能耗偏高的主要原因,同样的问题在水源热泵系统中也非常突出。

输运过程是能源利用的重要一环，对其特性的热力学分析对于全面把握能源利用效率具有重要意义。

另外，由于煤燃烧供热造成的大气污染问题，近些年来煤改气备受推崇，但也暴露出不少问题。首先，相对于煤炭，我国天然气价格明显偏高。其根本原因在于我国天然气储量非常有限，供给能力严重不足，且分布不均，由于供给严重不足，一旦遇到严寒，供热保障率会受到很大威胁。为满足天然气需求的不断增长，我国扩大了进口规模，于是天然气的远距离输运无法避免。而事实上，天然气的远距离输运正是造成其价格偏高的一个重要原因，但其间的热力学实质却并不为人知晓。其次，燃气直接燃烧供热，相当于燃煤锅炉房集中供热模式，虽然其能源利用的热效率高于燃煤锅炉，但高品质的燃料直接燃烧采暖供热，仍属于不合理用能方式，其能源利用第二定律效率也非常低下。因此，能源结构及能源战略研究需认真考虑能源输运特性问题。

根据热力学原理，氢燃料电池发电不受卡诺循环限制，预期可以取得超过常规燃料的热能动力循环的发电效率，加之其仅排放水蒸气，无碳排放，因此被称为清洁能源。但是，由于氢气分子量最小，其内禀输运能耗最高，相同条件下是天然气的 8 倍，是一氧化碳的 14 倍，这决定了氢能输运的成本高，因此，氢能发展需更全面的论证。本章开展能源输运特性的热力学分析，为全面的能源利用效率分析提供参考。

10.2　能源输运的能耗统计方法

统计能源输运能耗的方法有许多，这里整理提出的是一套比较简单易行的方法。以一个时间周期，如 1 个月、1 季或 1 年等为考核周期，以标准煤折算量作为统计单位。

10.2.1　电网输运能耗的统计计算方法

第 5 章从供电燃料单耗的角度给出了电网网损的计算公式。这里从电网输入输出电量的角度计算网损，假定电网输入电量为 $\sum W_{in}$，输出电量为 $\sum W_{out}$，则电网平均损耗率 ξ 为

$$\xi = \frac{\sum W_{in} - \sum W_{out}}{\sum W_{in}} \tag{10.1}$$

电网输运电量的一次能源消耗量为

$$\Delta B = \overline{b}_e^s (\sum W_{in} - \sum W_{out}) \tag{10.2}$$

根据中国电力企业联合会官方网站统计资料，2016 年全国电网线路损失率为6.49%。

10.2.2 燃料管道输运能耗的统计计算方法

流质燃料，如石油、天然气等的远距离输运，需每隔一段距离进行升压以克服管道阻尼；在冬季，一些黏度很大的燃料输运还需要加热等以减小燃料黏性；这些都需要消耗一定的电力或燃料。一般来讲，所消耗的燃料来自所输运的燃料，再加上管网可能还存在漏点，则输出燃料量必然小于输入燃料量。而消耗的电力则有可能取自电网，这也是一部分输运能耗。

假定管网输入燃料量为 $\sum M_{in}$，输出燃料为 $\sum M_{out}$，消耗电网的电力为 $\sum W_j$，则管道输运一次能源消耗量为

$$\Delta B = \sum M_{in} - \sum M_{out} + \overline{b}_e^s \cdot \sum W_j \tag{10.3}$$

管道输运的一次能源消耗率(输运损耗率)为

$$\xi = \frac{\Delta B}{\sum M_{in}} = \frac{\sum M_{in} - \sum M_{out} + \overline{b}_e^s \cdot \sum W_j}{\sum M_{in}} \tag{10.4}$$

10.2.3 煤炭铁路输运能耗的统计计算方法

煤炭铁路输运可采用电力机车，消耗的电力 $\sum W_j$ 一般取自电网，因此，其输运一定标准煤燃料量($\sum M_{in}$)的一次能源消耗量可以用式(10.5)计算：

$$\Delta B = \overline{b}_e^s \cdot \sum W_j \tag{10.5}$$

如果机车是内燃机车，则所消耗的一次能源 $\sum M_j$ 可以折算为标准煤当量。另外，煤炭输运存在遗撒等损耗，这些损耗可直接统计计算：

$$\Delta B = \sum M_j \tag{10.6}$$

煤炭铁路输运的一次能源消耗率(输运损耗率)为

$$\xi = \frac{\Delta B}{\sum M_{in}} \tag{10.7}$$

10.2.4 单位输运距离的一次能源消耗率

单纯的输运系统一次能源消耗率尚不足以完整地反映输运效率，因为未及考虑输运距离的影响。若输运距离为 l，则单位距离的输运一次能源消耗率用式(10.8)计算。

$$\xi_l = \frac{\xi}{l} \tag{10.8}$$

其物理意义与汽车吨公里油耗一致。

当然，还有一些因素，如高程差、交通状况及天气环境等，也会影响输运损耗，严格地讲，这些因素都应该考虑。

10.3　基于单耗分析理论的输运能耗估算方法

根据热力学第二定律，不可逆损失是能耗增大或产品产量减少的根本原因。根据单耗分析理论，对于任一耗能产品的生产，其㶲平衡关系可以一般性地描述为燃料㶲=产品㶲+㶲损耗，即

$$B^s \cdot e_f^s = P \cdot e_p + \sum I_{rj} \tag{10.9}$$

式中，e_f^s 为标准煤的燃料比㶲；e_p 为产品的比㶲；B^s 为标准煤耗量；P 为产品产量；I_{rj} 为系统内某一不可逆因素所致不可逆损失。

根据第 3 章，不同品质的燃料统一折算为标准煤，即取 $e_f^s = q_l^s =29307.6\text{kJ/kg}$。因此，某一不可逆损失 I_{rj} 所增加的燃料消耗量用式(10.10)计算：

$$B_j = \frac{I_{rj}}{B^s \cdot e_f^s} B^s = \frac{I_{rj}}{e_f^s} = \frac{I_{rj}}{q_l^s} \tag{10.10}$$

根据热力学理论，不可逆损失与熵产的 Gouy-Stodola 关系为

$$I_{rj} = T_0 S_j^{gen}$$

单耗分析理论研究的是从一次能源输入到产品输出的每一个环节。对于以一次能源为燃料输入的耗能系统，应用式(10.10)直接计算各种不可逆因素导致的燃料消耗非常便利。但是许多耗能系统，其输入的能源可能是取自电网的电量，如果想沿用式(10.10)进行计算，就需要将发电厂系统也纳入进来，进行完整的单耗分析，但问题的复杂性增大了许多，应用起来极为不方便，也没有必要。

这里提供一种简化的估算方法，以便于输运能耗的计算。假定已知输运管道的动力设备，如压气机、鼓风机及水泵的效率为 η_p，电网火电机组平均供电燃料单耗为 $\bar{b}_e^s$（相应的平均供电效率 $\bar{\eta}_e^s = 0.12284/\bar{b}_e^s$）。如果输运管道系统总的不可逆熵产为 $\sum S_j^{gen}$，则其总不可逆损失为 $\sum I_{rj} = T_0 \sum S_j^{gen}$，根据单耗分析理论，输运系统的一次能耗消耗量可用式(10.11)计算。

$$\sum B_j = \frac{\sum I_{rj}}{\overline{\eta}_e^s \eta_p \eta_m \eta_g e_f^s} = \frac{\overline{b}_e^s \sum I_{rj}}{0.12284 \eta_p \eta_m \eta_g q_l^s} = \frac{\overline{b}_e^s T_0 \sum S_j^{gen}}{0.12284 \eta_p \eta_m \eta_g q_l^s} \qquad (10.11)$$

式中，η_p 为泵、风机或压缩机的效率；η_m 为机械效率；η_g 为电机效率。

如果燃料输运系统取输运的燃料作为其能源输入，通过燃气轮机或内燃机驱动压气机、鼓风机及水泵，则可以通过燃气轮机或内燃机的热效率 η 计算其一次能源消耗量。

$$\sum B_j = \frac{\sum I_{rj}}{\eta \eta_m \eta_p e_f^s} = \frac{T_0 \sum S_j^{gen}}{\eta \eta_m \eta_p q_l^s} \qquad (10.12)$$

10.4　管道输运能耗计算方法及存在的问题

10.4.1　管道流动阻尼压降及输运能耗的计算方法

根据 4.5 节关于有散热损失的节流过程的热力学分析，只要知道管道进出口温度和压力及流量参数，就可以分解出管道的阻尼熵产和散热熵产以及输运能耗。工程流体力学也为管道能耗的计算提供了一种方法（于萍，2008），通过阻尼压降计算，继而可以求取管道系统所需的流程泵、风机或压缩机的扬程及功率。

$$W_{pf} = \frac{G \sum \Delta p}{\eta_p \eta_m \eta_g} \qquad (10.13)$$

式中，G 为管道流体的体积流量；$\sum \Delta p$ 为管段或管件阻尼压降之和。

对于工程管道，管内流体流动阻尼造成的沿程水头损失用式(10.14)计算：

$$\Delta h = \lambda \frac{l}{d} \frac{\overline{v}^2}{2g} \qquad (10.14)$$

式中，λ 为阻尼系数；l 为管道长度；d 为管道直径；$\overline{v}$ 为管内流体平均流速；g 为重力加速度。

阀门、三通等管件局部阻尼造成的水头损失用式(10.15)表示：

$$\Delta h = \omega \frac{\overline{v}^2}{2g} \qquad (10.15)$$

式中，ω 为阀门等管件的局部阻尼系数。

管道阻尼压降与水头损失的关系为

$$\Delta h = \frac{\Delta p}{\rho g} \tag{10.16}$$

式中，ρ 为流体密度。

对于层流，$Re < 2000$，

$$\lambda = \frac{64}{Re} \tag{10.17}$$

式中

$$Re = \frac{\overline{v}d}{\mu/\rho} \tag{10.18}$$

称为雷诺数，μ 为流体的动力黏度。

当 $2000 < Re \leqslant 4000$ 时，流动处于层流与紊流的临界区，可能是层流，也可能是紊流，不确定。当 $4000 < Re \leqslant 10^5$ 时，可利用布拉休斯（Blasius）总结的阻尼系数公式：

$$\lambda = \frac{0.3164}{Re^{0.25}} \tag{10.19}$$

当 $10^5 < Re < 3 \times 10^6$ 时，可以利用尼古拉斯光滑管的经验公式：

$$\frac{1}{\lambda^{0.5}} = 2.0 \lg(Re\lambda^{0.5}) - 0.8 \tag{10.20}$$

这一公式需要用反复试算、迭代才能求出阻尼系数值。

光滑管紊流区的下限为 $Re = 4000$，其上限与管道的相对粗糙度（e/d）有关：

$$4000 < Re < 22.2 \left(\frac{e}{d}\right)^{-8/7} \tag{10.21}$$

此时，流动处于紊流光滑管区，这时壁面粗糙度淹没在层流底层中，壁面相对粗糙度（e/d）对紊流流动区无影响，沿程阻尼系数 λ 只与 Re 有关，而与相对粗糙度（e/d）关系不大。

当 $Re > 22.2(e/d)^{-8/7}$ 时，层流低层变薄，相对粗糙度（e/d）对紊流区产生影响，流动阻尼系数可用式（10.22）计算：

$$\frac{1}{\lambda^{0.5}} = -2.0 \lg \left(\frac{e/d}{3.7} + \frac{2.51}{Re\lambda^{0.5}}\right) \tag{10.22}$$

计算式(10.22)时，阻尼系数的初值可以用式(10.23)计算(Swamee and Jain，1976)：

$$\lambda_0 = 0.25 \left[\lg \left(\frac{e/d}{3.7} + \frac{5.74}{Re^{0.9}} \right) \right]^{-2} \tag{10.23}$$

需要补充的是，式(10.22)适用于 $10^4 < Re < 10^6$ 的整个紊流区，是紊流沿程阻尼系数的综合计算公式。

从热力学第二定律的视角，阻尼系数是表征不可逆损失的参量，与边界结构及流体物性等因素有关，只能通过实验获得，不可能通过理论推导得到(李如生，1980)。上述阻尼系数的程式化处理方法，极大地降低了管路系统设计的难度。但是在工程实践中，人们对阻尼系数计算值的准确性心存疑虑，尤其是对全新管路系统的设计。保险起见，设计人员在求得管路系统水头损失之后，往往会乘以1.05%～1.15%的系数，以此作为选配流程泵的依据。而在选配流程泵时，又多选择扬程高于计算扬程的水泵，结果往往造成泵的流量扬程特性与管路系统特性的严重失配。加之管路系统又时常工作在低于额定工况的条件下，这一失配问题显得更为突出，如果采用简单的节流调节技术，则不仅会造成管路系统的能耗偏高，还会造成设备噪声和振动偏大等问题。一些泵的节能改造项目，包括增设变频器以适应泵系统的变工况运行等，不少是对管道阻尼计算的一种修正。

事实上，在管路系统设计及分析时，还经常有人用"管道压降与流速的平方成正比"来概括管路系统特性，如式(10.14)和式(10.15)所示。但是，由于阻尼系数与流体流速(或雷诺数 Re)的大小有关，因此这一说法很不严格。

10.4.2　管内不可压缩流体流动阻尼特性分析存在的问题

对于不可压缩牛顿流体，其运动方程的一般表达式(Robert et al.，1985)为

$$\frac{\partial \vec{v}}{\partial t} + (\vec{v} \cdot \nabla)\vec{v} = \vec{F} - \frac{1}{\rho}\nabla p + \frac{1}{\rho}\mu\nabla^2\vec{v} \tag{10.24}$$

式中，$\vec{F}$ 为质量力；μ 为流体动力黏度；ρ 为流体密度；p 为流体压力；∇ 为哈密顿(Hamilton)算符。

这一方程是 Navier-Stokes 方程针对不可压缩流体流动的简化方程。为了求解这一方程，人们先研究了层流流动。层流是流体质点的一种简单的运动形式，流体内摩擦切应力严格遵从牛顿内摩擦定律。层流运动的速度分布、流量、损失等参数都是从理论上用严密的数学方法推得的，结果为准确的数学表达式。

　　这里以如图 10.2 所示的不可压缩的牛顿流体在水平放置的等直径圆管内的层流运动为例，研究流量 G 与管段的压差 Δp 的关系。对于稳定流动，$\partial \vec{v} / \partial t = 0$；若所研究的流动为恒定层流流动，则柱坐标下各分速度满足如下关系：

$$\frac{\partial v_z}{\partial z} = \frac{\partial v_r}{\partial r} = \frac{\partial v_\theta}{\partial \theta} = 0 \tag{10.25}$$

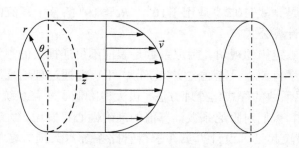

图 10.2　柱坐标下管内层流示意图

不可压缩流体的连续性方程：

$$\nabla \cdot \vec{v} = 0 \tag{10.26}$$

即管内层流的 $v_r = 0$，$v_\theta = 0$ 和 $v_z = v$；对于有压水平圆管内的稳定流动，质量力的作用可以忽略（$\vec{F} = 0$），因此式（10.24）的运动方程可以简化表示为

$$\frac{1}{\mu} \frac{\partial p}{\partial z} = \frac{\partial^2 v}{\partial r^2} + \frac{1}{r} \frac{\partial v}{\partial r} \tag{10.27}$$

　　v 仅仅是半径 r 的函数，p 仅仅是轴向距离 z 的函数，因此

$$\frac{1}{\mu} \frac{\mathrm{d}p}{\mathrm{d}z} = \frac{\mathrm{d}^2 v}{\mathrm{d}r^2} + \frac{1}{r} \frac{\mathrm{d}v}{\mathrm{d}r} = 常数 \tag{10.28}$$

　　若设管长 l 上的压降为 Δp，则有

$$\frac{\mathrm{d}p}{\mathrm{d}z} = -\frac{\Delta p}{l} \tag{10.29}$$

式中，"－"表明压力增量 $\mathrm{d}p$ 沿流动方向为负值。代入式（10.28）得

$$\frac{\mathrm{d}^2 v}{\mathrm{d}r^2} + \frac{1}{r} \frac{\mathrm{d}v}{\mathrm{d}r} = -\frac{1}{\mu} \frac{\Delta p}{l} \tag{10.30}$$

积分得

$$v = -\frac{1}{4\mu}\frac{\Delta p}{l}r^2 + c_1\ln r + c_2 \tag{10.31}$$

由边界条件 $(\mathrm{d}v/\mathrm{d}r)_{r=0}=0$ 和 $v_{r=r_0}=0$ ，得 $c_1=0$ 和 $c_2=(1/4\mu)(\Delta p/l)r_0^2$ 。因此：

$$v = \frac{1}{4\mu}\frac{\Delta p}{l}(r_0^2 - r^2) \tag{10.32}$$

通过管道的流量为

$$G = \int \mathrm{d}G = \int_0^{r_0} 2\pi r v \mathrm{d}r = \int_0^{r_0} 2\pi r \frac{1}{4\mu}\frac{\Delta p}{l}(r_0^2 - r^2)\mathrm{d}r \tag{10.33}$$

$$G = \frac{\pi r_0^2}{8\mu}\frac{\Delta p}{l} \tag{10.34}$$

式（10.34）表明层流运动的管道流量（G）与管道单位长度压降（$\Delta p/l$）成正比，即在偏离热力学平衡不远的流体输送过程中，遵循线性非平衡热力学的唯象关系（李如生，1986）。

在流体力学中，常用管内平均流速来表征流体流动状态：

$$\bar{v} = \frac{G}{\pi r_0^2} = \frac{r_0^2}{8\mu}\frac{\Delta p}{l} \tag{10.35}$$

由牛顿内摩擦定律可得流体中的切应力分布规律为

$$\begin{aligned}\tau &= -\mu\frac{\mathrm{d}v}{\mathrm{d}r} = -\mu\frac{\mathrm{d}}{\mathrm{d}r}\left[\frac{1}{4\mu}\frac{\Delta p}{l}(r_0^2 - r^2)\right]\\ &= \frac{\Delta p}{2l}r\end{aligned} \tag{10.36}$$

因此，在管壁 $r=r_0$ 处的切应力最大，在 $r=0$ 处的切应力最小。

在工程中，常以管道的流速来计算管道压降，根据式（10.35），管道压降可以表示为

$$\frac{\Delta p}{l} = \frac{8\mu}{r_0^2}\bar{v} = \frac{32\mu}{d^2}\bar{v} \tag{10.37}$$

式（10.37）经推导可表示为工程中常用的水头损失形式。

$$\Delta h = \frac{\Delta p}{\rho g} = \frac{32\mu l}{\rho g d^2} \overline{v} \tag{10.38}$$

式中，d 为管道直径；g 为重力加速度。

进一步演化，有

$$\Delta h = \frac{64}{\dfrac{\overline{v}d}{\mu/\rho}} \frac{l}{d} \frac{\overline{v}^2}{2g} = \frac{64}{Re} \frac{l}{d} \frac{\overline{v}^2}{2g} \tag{10.39}$$

根据雷诺数 $Re = \dfrac{\overline{v}d}{\mu/\rho}$ 的定义，令 $\lambda = \dfrac{64}{Re}$，表示沿程阻尼系数，因此有

$$\Delta h = \lambda \frac{l}{d} \frac{\overline{v}^2}{2g} \tag{10.40}$$

式(10.40)是工程设计、分析与校核中常用的公式。比较式(10.37)和式(10.40)，可以清楚地看到二者源于同一管内层流流动过程，但经过式(10.38)到式(10.40)的转化后，被引申为工程管道系统的紊流压降与管内流体流速的平方成正比(Robert et al.，1985)。它跨越了层流流动的热力学力与热力学流之间的线性关系，用与热力学流(平均流速 $\overline{v}$)有直接关系的沿程阻尼系数，将原本的线性关系人为地表示为非线性关系，这种比拟缺乏理论的支持。

黏性流体流动是典型的非平衡热力学问题，其间存在功的耗散。从非平衡热力学视角，流量(热力学流)是管道水头损失 Δh (热力学力)的函数 $G(\Delta h)$ (李如生，1986)。当然，也可以用其反函数表征管道水头损失与流量的关系。

$$\Delta h = F(\overline{v}) \tag{10.41}$$

假设这一函数存在且连续，则可以以某一平衡态为参考态进行泰勒(Taylor)展开，得

$$\Delta h = F_0(\overline{v}_0) + \left(\frac{\partial F}{\partial \overline{v}}\right)_0 (\overline{v} - \overline{v}_0) + \frac{1}{2}\left(\frac{\partial^2 F}{\partial \overline{v}^2}\right)_0 (\overline{v} - \overline{v}_0)^2 + \cdots \tag{10.42}$$

对于平衡态 $\overline{v}_0 = 0$，$F_0(\overline{v}_0) = 0$；对于离平衡态不远的层流流动，各高次项均小到可以忽略，$(\partial F / \partial \overline{v})_0 = 32\mu l/(\rho g d^2)$，即式(10.42)退化为式(10.38)。

工程中，流体流动多为紊流。如果忽略式(10.42)的三次及以上各高次项，并令

$$\lambda \frac{l}{d} \frac{1}{g} = (\partial^2 F / \partial \bar{v}^2)_{\bar{v}_0=0} \tag{10.43}$$

则

$$\Delta h = \frac{32\mu l}{\rho g d^2} \bar{v} + \lambda \frac{l}{d} \frac{\bar{v}^2}{2g} = \left(\frac{64}{Re} + \lambda\right) \frac{l}{d} \frac{\bar{v}^2}{2g} \tag{10.44}$$

如果管内流体的水头损失与流量(流速)的函数关系是连续的,那么水头损失与流速的关系,除了二次项,还应包括层流的一次项,如式(10.44)所示。但问题是,管内流体的水头损失与流量的关系并不是连续函数,尼古拉斯实验曲线和穆迪图清晰地揭示了这一点,流体力学学术著作所给出的管道阻尼系数经验计算公式(Robert et al.,1985;于萍,2008)都是分段回归出来的,因此把从层流推导出来的线性关系式[式(10.38)],演化成非线性的二次函数形式[式(10.40)],其实是一种不严谨的处理方法。

另外,对比穆迪图(图 10.3)和尼古拉斯实验曲线(图 10.4)[①],穆迪图与实验曲线的差距十分明显,因此,工程管道设计中,阻尼系数的计算存在误差在所难免。工程实践中,需要工程技术人员根据经验进行校正。

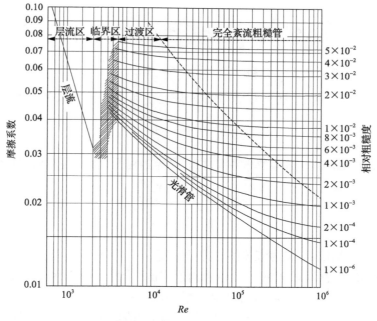

图 10.3　管内流动阻尼系数穆迪图

---

① 图 10.3 和图 10.4 是根据有关文献描制和截取的。

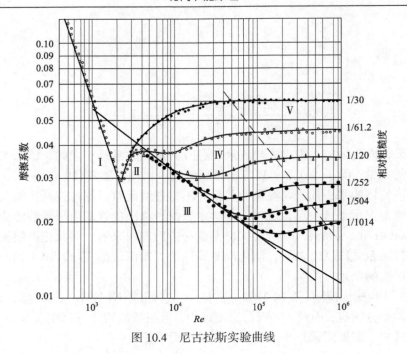

图 10.4　尼古拉斯实验曲线

10.5　流体输运特性的热力学分析

10.5.1　节流过程的热力学分析

热力学一般关系式(曾丹苓等, 1980; 宋之平和王加璇, 1985):

$$\mathrm{d}h = T\mathrm{d}s + v\mathrm{d}p \tag{10.45}$$

由于节流($\mathrm{d}h=0$)是典型的非平衡过程, 节流过程的熵变就是节流过程的比熵产。

$$\left(\frac{\partial s^{\mathrm{gen}}}{\partial p} \right)_{\mathrm{h}} = -\frac{v}{T} \tag{10.46}$$

式中, v 为流体比容; T 为流体的热力学温度。

式(10.46)的物理意义在于节流导致流体压力降低, 即 $\mathrm{d}p<0$, 因此流体输运的熵产永远为正。式(10.46)是根据热力学一般关系式推导出来的, 没有针对任何介质, 因而具有普遍意义, 即可以根据流体物性估算流动阻尼导致的熵产, 继而计算输运能耗。式(10.46)表明, 流体比容越小, 温度越高, 熵产随节流压降的变化率越低, 这意味着输运能耗越低。显然, 液体输运的熵产要低于气体, 这意味

着石油的管道输运能耗会远低于天然气。

对于理想气体 $pv = RT$ ，式(10.46)可以写成

$$\left(\frac{\partial s^{\text{gen}}}{\partial p}\right)_h = -\frac{R}{p} = -\frac{R_{\text{M}}}{M_{\text{n}}} \cdot \frac{1}{p} \tag{10.47}$$

式中，R_{M} 为通用气体常数，8.314J/(K·mol)；M_{n} 为输运气体分子量。

10.5.2　考虑散热损失的节流过程不可逆性分析

在天然气远距离输运过程中，必须设置增压站以提升气体压力用以克服管道阻尼。升压后天然气温度也必然随之升高，因此在到达下一个增压站的远距离输运过程中，天然气输运管道的阻尼过程中还存在散热损失。类似地，火电厂主蒸汽管道、再热蒸汽管道等既存在阻尼造成的节流效应，也存在散热损失。

有散热损失的节流过程可用图 10.5 中的$1 \rightarrow 2$过程表示。这一个过程可以分解为单纯的节流过程$1 \rightarrow 2'$和散热过程$2' \rightarrow 2$，节流过程$1 \rightarrow 2'$的熵产 $s_{12'}^{\text{gen}}$ 用式(4.16)计算。对于散热过程，工质比焓降低（$h_{2'} \rightarrow h_2$）是熵减过程（$s_{2'} \rightarrow s_2$），而环境得到热量$h_{2'} - h_2$后，环境熵增加$(h_{2'} - h_2)/T_0$，因此散热损失造成的熵产 $s_{2'2}^{\text{gen}}$ 等于环境因获得热量而增加的熵与工质散热而减少的熵的代数和，即

$$s_{2'2}^{\text{gen}} = \frac{h_{2'} - h_2}{T_0} + \int_{h_{2'}}^{h_2} \frac{\text{d}h}{T} \tag{10.48}$$

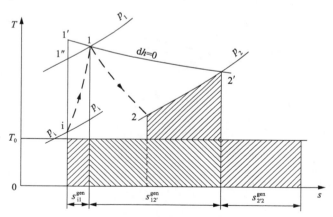

图 10.5　天然气增压及输运节流和散热的熵产

如果已知工质比定压热容，且为常数$\bar{c}_p$，则$\text{d}h = \bar{c}_p \text{d}T$，于是有

$$s_{2'2}^{\text{gen}} = \frac{\overline{c}_p(T_{2'} - T_2)}{T_0} + \overline{c}_p \int_{T_{2'}}^{T_2} \frac{\mathrm{d}T}{T} = \frac{h_{2'} - h_2}{T_0}\left(1 - \frac{T_0}{T_{2'} - T_2}\ln\frac{T_{2'}}{T_2}\right)$$

$$= \frac{h_{2'} - h_2}{T_0}\left(1 - \frac{T_0}{\overline{T}_{2'2}}\right) \tag{10.49}$$

式中

$$\overline{T}_{2'2} = \frac{T_{2'} - T_2}{\ln(T_{2'}/T_2)} \tag{10.50}$$

为 $2' \rightarrow 2$ 过程的热力学平均温度。

10.5.3 一些气体燃料的管道输运特性

根据式(10.47)，理想气体输运熵产与输运压力成反比，压力越高，熵产越小。这与电能输运特性一样，电压等级越高，相同功率输运的电流越小，输运网损越小。另外，从式(10.47)还可以看出，输运的气体分子量越小，相同条件下的输运熵产越大，输运能耗越高。而要降低输运能耗，除提高运输压力外，还必须降低管道压降，亦即需要更低的流速，而这会导致输运管道直径增大，投资增大，输运成本增大。图10.6给出了不同气体燃料以理想气体性质计算的节流熵产随节流压降的变化率。

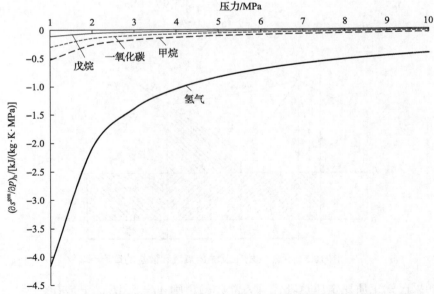

图 10.6　不同气体燃料以理想气体性质计算的节流熵产随节流压降的变化率

从图 10.6 中可以看出，氢气作为理想气体的输运熵产随节流压降的变化率的绝对值远大于其他气体燃料，这是因为氢气的分子量最小，其输运能耗最高。根据式 (10.47)，在其他条件相同的情况下，氢气的输运能耗是甲烷的 8 倍、乙炔的 13 倍、一氧化碳和乙烯的 14 倍、乙烷的 15 倍。因此，如果将其作为能源利用，并采用管道输运，那么其输运能耗会非常高。另外，氢燃料不是常规的一次能源，它属于二次能源，生产氢燃料，无论什么方法都会付出比较大的代价。因此，考虑到氢燃料的生产及输运过程的能耗，即便氢燃料电池本身的发电效率明显高于其他发电方式，氢燃料电池技术也不宜作为常规电源建设的技术选项。

根据 10.6 节关于天然气管道输运特性的分析，西气东输工程从新疆轮南至郑州 2511km 的损耗在 4.53% 的水平，与电网输电能耗比，也属于一个很低的水平，但这是以巨额投资换来的。经核算，此工程中天然气管内流速只有 4m/s 的水平，比燃煤火电厂 30～60m/s 的蒸汽流速低很多，因而需要更大直径的管道来输运，从而造成投资规模的显著增大，能源成本必然居高不下。西气东输工程是当年的国家重点工程，投资额超过 3000 亿元，年输气 120 亿 m^3。如果以 30 年工程使用寿命计算，静态折旧成本为 0.83 元/m^3。对比天然气，氢气的输运要困难许多，成本亦会高许多。

表 10.1 给出了氢气、作为天然气主要成分的甲烷以及作为汽油主要成分的戊烷在 25℃ 的环境温度、不同压力下的热物理性质参数。从表中可以看出，0.1MPa 压力下，氢气和甲烷是气态，密度非常小，而戊烷是液态，密度约为甲烷的 958 倍、氢气的 7664 倍。即便升压至 70MPa，氢气密度也只有 39.223kg/m^3，0.1MPa 压力下的戊烷密度为 620.83kg/m^3 是 70MPa 压力下氢气的 15.8 倍。以家用乘用车 50L 容积油箱计算，70MPa 压力下的氢燃料充灌量仅为 39.223×0.05=1.961150kg。以氢燃料 141.87MJ/kg 的高位热值计算，总热值只有 278.23MJ，而一箱 0.1MPa 的 50L 以液体戊烷（热值为 48.74MJ/kg）计算的汽油的热值有 48.74×620.830×0.05=1512.96MJ。相同容积的氢燃料热值只有汽油的 18.4%，这限制了氢燃料的续航能力。另外，容器压力 700 倍于汽油箱，其危险性也会比较高。据称，日本丰田的第二代氢能源汽车充灌 5kg 氢气的续航里程达 650km，但是需要 122.4L 容积装载这些 70MPa 压力的氢气，容积是普通乘用车 60L 油箱的 2.04 倍，会占用乘用车更大的"有效"空间。

表 10.1　一些燃料的热物理性质参数

燃料	压力/MPa	密度/(kg/m^3)	比焓/(kJ/kg)	比熵/[kJ/(K·kg)]
氢气(H_2)	0.1	0.081	3931.8	53.430
	20	14.481	4033.8	31.426
	70	39.223	4381.8	26.117

燃料	压力/MPa	密度/(kg/m³)	比焓/(kJ/kg)	比熵/[kJ/(K·kg)]
甲烷(CH₄)	0.1	0.648	910.0	6.681
	20	157.090	729.1	3.475
	70	307.990	693.4	2.671
戊烷(C₅H₁₂)	0.1	620.830	−25.9	−0.085
	20	642.740	−7.7	−0.130
	70	679.640	43.5	−0.211

注：计算温度为25℃。

70MPa的氢燃料箱压力，相对于大气压，需要至少三级压缩来实现。众所周知，压比越高、压缩级数越多，压缩过程的效率越低。因此，氢燃料压缩过程的效率要远低于天然气压缩过程。西气东输工程中继升压站的压比不超过2，压缩机效率平均不超过85%。

目前，我国氢气的来源以煤、天然气及石油等化石燃料制氢为主，约占97%，其中又以天然气重整制氢为主。目前比较稳定成熟的电解制氢技术转化效率在70%的水平，天然气制氢效率在71.5%的水平。氢燃料电池的理论热效率达83%（宋之平和王加璇，1985），目前初步达到50%的水平。从电解制氢到氢燃料电池发电，转化效率在70%×50%=35%的水平，远低于抽水蓄能电站75%的转化效率。天然气重整制氢亦是如此。再考虑氢燃料输运能耗高的问题，从能效的视角，应用氢气储能及氢燃料电池发电俨然不是一个理想的技术路线。

但是，对于氢燃料电池汽车技术的发展，却还存在可能性及合理性，这是因为它属于电驱动汽车。目前，小型电动乘用车的百公里电耗在15kW·h的水平，相比于汽油车有很大的节省，即氢燃料电池汽车可以因此而取得节能效果。而有关单位的实践表明，光伏发电成本已降至0.08元/(kW·h)，可以实现"平价"供电。氢气的低位热值为119949.6kJ/kg，用等量电量表示为33.32kW·h/kg；目前电解制氢效率约为70%，则制氢电耗约为48kW·h/kg。假设电价为0.3元/(kW·h)，电解制氢的能源成本为14.4元/kg；假设电解制氢的能源成本占制氢成本的60%，则电解制氢的成本可以降到24元/(kW·h)的水平。参考日本丰田二代氢能汽车的百公里气耗，在不考虑燃料输运成本的条件下，使用氢燃料电池汽车的能源成本可望低于汽油车。从这个角度，氢燃料电池汽车可能会有一定的发展前景，但是，发展纯电动汽车显得更合理一些。当然发展电池技术还需要考虑适合环境温度及报废后的回收处理问题。另外，电源系统的安全、重量和体积也是需要考虑的因素。

液体比容明显小于气体，从理论上讲液体燃料比气体燃料更适合输运，因此液化天然气技术的商业化应用就成为一个重要的选择。从全球天然气交易看，2016

年管道天然气交易量为 7375 亿 m³，液化天然气交易量为 3466 亿 m³①，管道输运量是液化输运量的 2 倍多。

石油作为一种液体燃料，输运能耗应该比气体燃料低。值得注意的是，不同原油的黏性是不一样的，且随着温度的降低而增大，因此石油的远距离输运需要克服的是冬季环境气温过低造成的影响。为解决这一问题，一般会从输配管路上取一定的燃料燃烧加热输运油料，以减小其黏度，从而降低其输配能耗，保证油料的输配。进一步地分析，不难理解，作为固体燃料的煤炭，其输运能耗应该低于液体燃料的管道输运。但是煤炭中通常含有相当比例的灰分（20%～40%），这将直接降低其输运效率。电是最适合输运且输运效率最高的能量。

节流熵产可以用式（10.51）计算：

$$s^{\text{gen}} = -R\int \frac{\mathrm{d}p}{p} = -\frac{R_{\text{M}}}{M_{\text{n}}} \cdot \frac{\Delta p}{\overline{p}} \tag{10.51}$$

式中，$\overline{p}$ 为输配管道内的介质平均压力；$\Delta p = p_2 - p_1$ 为输运管段的压力变化，其值为负，表示压力降低。

平均压力 $\overline{p}$ 可以用式（10.52）计算：

$$\overline{p} = \frac{p_2 - p_1}{\ln(p_2 / p_1)} = \frac{\Delta p}{\ln(1 + \Delta p / p_1)} \tag{10.52}$$

流动阻尼压降 $|\Delta p|$ 越大，熵产越大；不仅如此，如果流体的比容 v 越大（密度越低），温度越低，则熵产也越大。另外，相同温度和压力下，实际气体比容 $v = (V - \delta) / m$（其中 δ 为气体分子的体积）小于理想气体比容 $v^* = V / m$，因此，实际气体节流的不可逆损失小于理想气体，因此按式（10.51）计算的气体输运过程的熵产略大于实际值。

对于节流的熵产计算，无论是什么介质节流过程，只要知道节流过程的出入口参数，就可以根据状态参数与路径无关的特性，依据式（10.53）计算阻尼熵产。

$$s^{\text{gen}} = s(h_1, p_2) - s(h_1, p_1) = s(h_1, p_1 + \Delta p) - s(h_1, p_1) \tag{10.53}$$

天然气远距离管道输运需要克服管道阻尼，需设置中间增压站，其增压动力可能取自电网，用电动压缩机增压；也可能采用燃气轮机，其燃料来自管道内输运的天然气。天然气管道输运的熵产包括压缩机增压过程的熵产、管道阻尼造成的节流熵产以及管道散热损失造成的熵产，如图 10.5 所示。压缩机的实际增压过程可以用 i → 1 表示，其熵产可以表示为 $s_{\text{i}1}^{\text{gen}} = s_{1'1}^{\text{gen}}$；管道内天然气的实际流动过

---

① 《BP 世界能源统计年鉴》2017 版。

程可以用 $1 \rightarrow 2$ 表示，其熵产由两部分组成，一部分是流动阻尼造成的熵产 $s_{12'}^{\text{gen}}$，另一部分是天然气对环境的散热造成的熵产 $s_{2'2}^{\text{gen}}$。

实际天然气管道输运的熵产，可以通过检测管道系统的出入口压力和温度，根据天然气热物理性质进行计算，管道散热损失可以通过管道出入口的焓差判断。注意实际天然气管道工程可能存在高程差等影响因素，这些因素对熵产分析产生影响。但是由于很难掌握详细资料，通过热力学参数测量及计算获得的熵产数据是一个综合结果。如果要掌握更细节的情况，则需要了解实际天然气输运管道的完整信息。

根据式(10.47)，气体输运时，压力等级越高，输运熵产或损耗越小。但是，压力等级越高，管道出现泄漏的可能性越大。对于电力输运，电压等级越高，漏电的可能性也越大。

泄漏是一种故障性损耗，无法通过热力学分析计算，只能通过管道出入口的物质平衡进行统计核算。如果施工、材料及维护得当，这一损耗可以小到可以忽略，现代热工设备的泄漏情况得到了很好的控制。

10.5.4 天然气远距离管道输运特性的热力学分析

1. 天然气管道输运的功耗

天然气的远距离输运系统由多个中继增压输运子系统构成，每一个中继增压输运子系统由一台压缩机和输运管道构成。一个中继增压输运子系统的热力过程如图 10.5 所示。在压缩机中天然气从状态点 i 压缩至 1 点，由于不可逆性的存在，这一过程的熵产为 s_{i1}^{gen}。天然气从压缩机出来后进入输运管道，从状态点 1 到达输运管道出口的状态点 2，输运过程中存在阻尼和散热等不可逆性，因此出现节流熵产($s_{12'}^{\text{gen}}$)和散热熵产($s_{2'2}^{\text{gen}}$)。这些熵产之和为

$$\sum s^{\text{gen}} = s_{i1}^{\text{gen}} + s_{12'}^{\text{gen}} + s_{2'2}^{\text{gen}} \tag{10.54}$$

如果忽略地势高程差及天然气余速的影响，根据 Gouy-Stodola 公式 $i_r = T_0 s^{\text{gen}}$ [式(2.199)]，则一个中继增压输运子系统的比功耗可以用式(10.55)计算。

$$w_i = \sum i_r = T_0 \sum s^{\text{gen}} = T_0(s_{i1}^{\text{gen}} + s_{12'}^{\text{gen}} + s_{2'2}^{\text{gen}}) \tag{10.55}$$

如果出口天然气状态 2 完全回到压缩机入口状态 i，则天然气的一个增压输运全过程相当于完成一个循环，则式(10.55)的计算值等于压缩机的比内功率 ($h_1 - h_i$)。但通常情况下，状态点 2 不可能回到压缩机的入口状态点 i，则式(10.55)的计算值不等于压缩机的比内功率，但在很大程度上反映着压缩机的功率消耗。

如果将每一个中继增压输运子系统的比功耗求和，其近似等于整个天然气输

运系统的比内功率消耗。

$$\sum w_{\mathrm{i},k} = T_0 \sum (s_{\mathrm{i}1,k}^{\mathrm{gen}} + s_{12',k}^{\mathrm{gen}} + s_{2'2,k}^{\mathrm{gen}}) \tag{10.56}$$

式(10.56)的物理意义是远距离输运 1kg 天然气的总功耗。对于能源远距离输运，除了要考察天然气输运的比功耗，还应该考察其单位输运距离的比功耗率，用式(10.57)计算。

$$\xi = \frac{\sum w_{\mathrm{i},k}}{L} = \frac{\sum w_{\mathrm{i},k}}{\sum l_k} = \frac{T_0 \sum (s_{\mathrm{i}1,k}^{\mathrm{gen}} + s_{12',k}^{\mathrm{gen}} + s_{2'2,k}^{\mathrm{gen}})}{\sum l_k} \tag{10.57}$$

式中，$L = \sum l_k$ 为输运距离，k 为中继增压输运子系统编号。

如果已知压缩机内效率、机械传动效率以及燃气轮机(或电动机)效率、运输距离及输运量等参数，就可以进一步计算出天然气输运的一次能源消耗以及单位输运距离的一次能源消耗率等能耗特性指标。

2. 压缩机比功率计算

压缩机的比内功率为

$$w_{\mathrm{i}} = h_1 - h_{\mathrm{i}} \tag{10.58}$$

压缩机内效率为

$$\eta_{\mathrm{i}} = \frac{h_{1,\mathrm{t}} - h_{\mathrm{i}}}{h_1 - h_{\mathrm{i}}} \tag{10.59}$$

式中，$h_{1,\mathrm{t}} = h(s_{\mathrm{i}}, p_1)$ 为定熵压缩达到出口压力 p_1 的比焓。

3. 案例分析

西气东输是我国距离最长、管径最大、输气量最大的天然气输运管道系统，西起塔里木盆地的轮南，东至上海。表 10.2 列出了西气东输西段由轮南至郑州沿程各增压站及输运管道参数(陈庆勋等，2004)，以及计算的压缩熵产、压缩机效率和压缩机比内功率等性能参数。

表 10.2　西气东输工程轮南至郑州沿程各增压站参数及压缩过程计算结果

站点	进站压力/MPa	出站压力/MPa	进站温度/℃	出站温度/℃	压缩熵产/[kJ/(K·kg)]	压缩机效率/%	比内功率/(kJ/kg)
1	7.2	10.0	14	43	0.0346	80.3	55.36
2	6.9	10.0	13	44	0.0225	87.7	57.64
3	7.0	10.0	10	41	0.0351	81.3	58.55

站点	进站压力/MPa	出站压力/MPa	进站温度/°C	出站温度/°C	压缩熵产/[kJ/(K·kg)]	压缩机效率/%	比内功率/(kJ/kg)
4	6.9	10.0	9	41	0.0345	82.1	60.19
5	7.1	10.0	10	39	0.0270	84.4	53.92
6	7.1	10.0	9	38	0.0278	84.0	53.84
7	6.9	10.0	11	43	0.0329	82.9	60.35
8	7.0	10.0	14	45	0.0323	82.7	58.88
9	7.3	10.0	25	54	0.0377	78.6	57.27
10	7.0	10.0	29	61	0.0317	83.3	63.12
11	5.3	9.4	23	74	0.0460	84.5	102.45
12	7.1	10.0	38	70	0.0366	80.8	65.00
13	7.1	10.0	25	55	0.0267	85.0	58.06
合计	—	—	—	—	0.4254		804.63

　　表 10.3 列出了各输运管段的参数及分析计算结果。可以看出，天然气远距离管道输运不仅存在阻尼熵产，还存在散热熵产。散热熵产与阻尼熵产之比在 2.60%~20.25%，说明天然气远距离输运以阻尼熵产为主、散热熵产为辅。从数据可以看到，西气东输这一远距离管道输运过程中，起始段环境温度和输运气体温度都比较低，散热熵产与阻尼熵产之比在 6.23%~8.41%，在中段，环境温度逐渐升高，散热熵产对阻尼熵产之比减小，最低到 2.60%；末端，环境温度进一步升高，输运气体温度也升高较多，这时散热熵产与阻尼熵产之比增大，最高达到 20.25%。这说明环境温度这一与地理位置有关的因素对输运能耗存在影响，而本案例的分析仅在于示范热力学视角的能耗分析方法的有效性。由于数据的局限性，所做的分析还不够深入。

　　表 10.3 中所列总熵产为一个增压输运子系统的总熵产，它等于压缩机熵产、阻尼熵产和散热熵产之和[式 (10.54)]。

表 10.3　西气东输工程西段各管段参数及熵产分析结果

管段	入口压力/MPa	出口压力/MPa	入口温度/°C	出口温度/°C	阻尼熵产/[kJ/(K·kg)]	散热熵产/[kJ/(K·kg)]	散/节/%	总熵产/[kJ/(K·kg)]	总比功耗/(kJ/kg)
1	10	6.9	43	13	0.1717	0.0119	6.93	0.2182	60.68
2	10	7.0	44	10	0.1652	0.0139	8.41	0.2016	56.08
3	10	6.9	41	10	0.1711	0.0109	6.37	0.2171	60.39
4	10	7.1	41	10	0.1578	0.0114	7.22	0.2037	56.66
5	10	7.1	39	9	0.1572	0.0098	6.23	0.1940	53.97
6	10	6.9	38	11	0.1701	0.0080	4.70	0.2059	57.27

管段	入口压力 /MPa	出口压力 /MPa	入口温度 /℃	出口温度 /℃	阻尼熵产 /[kJ/(K·kg)]	散热熵产 /[kJ/(K·kg)]	散/节 /%	总熵产 /[kJ/(K·kg)]	总比功耗 /(kJ/kg)
7	10	7.0	43	14	0.165	0.0072	4.36	0.2051	58.50
8	10	7.3	45	25	0.1459	0.0038	2.60	0.1820	53.35
9	10	7.0	54	29	0.1679	0.0081	4.82	0.2137	62.63
10	10	5.3	61	23	0.3035	0.0101	3.33	0.3453	101.23
11	9.4	7.1	74	38	0.1358	0.0275	20.25	0.2093	61.37
12	10	7.1	70	25	0.1646	0.0252	15.31	0.2264	66.36
13	10	—	55		—	—	—	—	—
合计	—	—	—	—	2.0758	0.1478		2.6223	748.49

　　各增压站压缩机的比内功率之和为 804.63kJ/kg。将从压缩机入口至下一级增压站压缩机入口作为一个输运管段，由于 13 号增压站出口输运管段的压降及末端温度未知，无法核算其管段损耗，12 个管段的总比功耗之和为 748.49kJ/kg，每段平均约 60kJ/kg，说明本书的计算是正确的。当然，计算存在诸多产生误差的因素，如温度和压力测量的误差、流体物性参数的准确性、远距离输运的地理高程差等。测量误差是显而易见的，因为出入口压力和温度的精度等级不高；输运的天然气实质是混合气体，如果以纯天然气进行物性计算，也会产生计算误差。另外，远距离输运还存在高程差，对所测的天然气压力产生直接影响。另外，远距离输运中环境温度变化也是必须考虑的问题。

　　从轮南至郑州输运距离为 2511km，平均每千米输运距离的比内功率约0.3204kJ/(kg·km)。如果掌握压缩机性能、驱动方式及所耗能源，还可以进一步计算出输运过程的一次能源消耗。实际工程中，电力驱动和燃气轮机驱动间或有之。在有电网的条件下，一般用电驱动压缩机，不得已才采用天然气燃气轮机驱动压缩机，一方面是为了减小投资，另一方面是为了减小运行费用。为简明地揭示天然气远距离输运能耗特性，这里假设驱动压缩机的能源取自所输运的天然气，用燃气轮机驱动压缩机(平均效率为82.9%)，假设燃气轮机的效率为38%，机械传动效率为 98%，天然气热值取 37.26MJ/Nm³，则输运过程的天然气消耗约为0.02786×10^{-3}Nm³/(kg·km)。标准状态下天然气的密度为 0.6483kg/Nm³，则天然气平均远距离输运损耗约为 0.01806×10^{-3}Nm³/(Nm³·km)，即每标准立方米天然气输运损耗为每 100km 损耗 0.1806%，2511km 的总损耗约4.53%。单看数值，这是很低的能耗水平，但这是通过提高运输压力(10MPa)以及降低流速(4m/s)得到的结果(作为对比，火电厂蒸汽流速一般在 30~60m/s)，导致增压输运管道系统的比投资增大很多，这就解释了为什么天然气的价格会高居不下。当然，这里计算的是一个特例的数据，需要更多的分析计算数据给予补充。

根据理想气体状态方程($pv = RT$),在压力一定的条件下,温度越低,气体比容越小,压缩过程的功耗越小($-\int vdp$),从而达到节能的目的;压缩机入口温度降低,相同压比条件下的压缩机出口温度也必然随之降低,输运过程的散热熵产也会相应减小;天然气比容减小,在管道中的流速随之降低,管道的阻尼压降减小,即节流熵产会相应减小。因此,降低天然气的温度,尤其是压缩机入口温度,是天然气输运节能的一项重要措施,应根据压缩机出口温度、散热熵产比重、输运管段距离、当地大气环境及变化等自然因素做全面的分析,专题研究是否有必要专设冷却器等。

10.6   热网输配系统的影响

10.6.1   热网供热系统终端产品燃料单耗的计算

根据《热电联产管理办法》,以热水为供热介质的热电联产机组,供热半径一般按 20km 考虑,供热范围内原则上不再另行规划建设抽凝热电联产机组。以蒸汽为供热介质的热电联产机组,供热半径一般按 10km 考虑,规定热电联产机组的供热距离是出于管道输运效率的考量。

但是,由于目前燃煤火电机组发电出力严重不足,不少火电企业寻找新的发展空间,热电联产是一个不错的选择;更由于冬季采暖大气污染问题的压力,一些大中城市愿意接受周边火电企业热电联产改造的采暖供热量。于是,一些远距离的热电联产供热工程项目在实施。但是,由于理论上的不足,目前的方法只能简单地计算一些常规的、基于热力学第一定律的指标,无法揭示能源利用效率随供热距离的变化,因此无法对此做出理论上的指导和性能上的评价。本节基于单耗分析理论的方法,整理一套分析计算热网供热系统终端产品燃料单耗的计算方法。

首先讨论单一热源的热网输运系统。假定输入热网的热量 Q_{h0} 所携带的燃料单耗为 b_{h0},热网散热损失为 $Q_{sr,n}$,则热网系统供出的热量 Q_h 为

$$Q_h = Q_{h0} - Q_{sr,n} \tag{10.60}$$

热网热效率为

$$\eta_n = \frac{Q_h}{Q_{h0}} = \frac{Q_{h0} - Q_{sr,n}}{Q_{h0}} \tag{10.61}$$

热网供出热量 Q_h 的燃料单耗为

$$b_{hn} = \frac{b_{h0}Q_{h0}}{Q_h} = \frac{1}{\eta_n}b_{h0} \tag{10.62}$$

供热燃料单耗因散热损失而被放大。

进一步，如果热网输运该热量 Q_{h0} 的流程泵的电耗为 W_{pf}，假设所耗电量来自电网，则耗电量对应的燃料量为

$$B_p = \overline{b}_e^s W_{pf} \qquad (10.63)$$

考虑热网耗电，热网供出热量 Q_h 的燃料单耗为

$$b_{hn} = \frac{b_{h0} Q_{h0} + \overline{b}_e^s W_{pf}}{Q_h} \qquad (10.64)$$

如果热网输入热量来自锅炉，锅炉热效率为 η_b，则热网供热的终端燃料单耗可以写成如下形式：

$$b_{hn} = \frac{(34.12 / \eta_b) Q_{h0} + \overline{b}_e^s W_{pf}}{Q_h} = \frac{34.12}{\eta_b \eta_n} + \overline{b}_e^s \frac{W_{pf}}{Q_h}$$

$$= \frac{34.12}{\eta_b \eta_n} + \overline{b}_e^s \omega_n \qquad (10.65)$$

式中

$$\omega_n = W_{pf} / Q_h \qquad (10.66)$$

为热网供热的单位电耗率。

如果热网输入热量来自热电联产机组，考虑到热电联产供热的当量电耗量 EECR，该机组供电燃料单耗为 b_e^s，其供热燃料单耗(注意量纲转换)为

$$b_{h0} = b_e^s \cdot \text{EECR} / Q_{h0}$$

$$= 277.8 b_e^s / \text{ECOP} \qquad (10.67)$$

假定热网输配的电耗也由供热机组承担，则热电联产机组通过热网供热的终端产品燃料单耗为

$$b_{hn} = \frac{b_{h0} Q_{h0} + b_e^s W_{pf}}{Q_h} = \frac{b_{h0}}{\eta_n} + b_e^s \omega_n = \frac{b_e^s (\text{EECR} + W_{pf})}{Q_h}$$

$$= 277.8 b_e^s / (\text{ECOP} \cdot \eta_n) + b_e^s \omega_n \qquad (10.68)$$

如果热网耗电量来自电网，则式(10.68)中的 b_e^s 用全国电网火电机组平均供电燃料单耗 $\overline{b}_e^s$ 替代即可。

当然，也可以参考第 5 章的分析，继续沿用当量性能系数表示热网供热的热电等价转化数量关系的方法，将终端产品燃料单耗[式(10.68)]表示为如下形式：

$$b_{hn} = \frac{b_e^s(EECR + W_{pf})}{Q_h}$$ (10.69)
$$= 277.8 b_e^s / ECOP_{hn}$$

式中

$$ECOP_{hn} = Q_h / (EECR + W_{pf})$$ (10.70)
$$= (\eta_n Q_{h0}) / (EECR + W_{pf})$$

式(10.70)和式(10.69)表明，供热 $ECOP_{hn}$ 因热网散热损失和电耗 W_{pf} 的存在而减小，而供热 $ECOP_{hn}$ 的降低必然造成终端供热燃料单耗的增大。热电联产机组供热 EECR 的计算方法参考第 5 章的介绍。

多热源进入热网时，根据每一个热源输入热网的热量的燃料单耗 b_{h0}，计算其总燃料消耗，再考虑热网散热损失和电耗及来源，热网供热平均终端产品燃料单耗用式(10.71)计算：

$$b_{hn} = \frac{\sum b_{h0} Q_{h0} + \sum b_e^s W_{pf}}{\sum Q_h}$$ (10.71)

这里需要指出的是，终端产品燃料单耗是评价化石能源利用水平的性能指标，余热及可再生能源进入热网系统，可以认为是对化石能源的一种节省，以热网供热平均终端产品燃料单耗计算其节煤量，而不将其纳入终端产品燃料单耗的计算，即余热及可再生能源利用不改变终端产品燃料单耗。

热网散热损失对供热系统终端产品燃料单耗产生直接影响。20 世纪 80 年代初，热网散热损失占有比较高的比重，达 5%~15%(索科洛夫，1988)。《严寒和寒冷地区居住建筑节能设计标准》(JGJ 26—2018)给出的输送效率指标是 92%，采暖锅炉效率取值 70%。该标准 95 版还提供了北京地区单位供热面积的输配电耗指标：每年每平方米供热面积的热水输配电耗为 2.75kW·h。根据式(10.40)，相同的流体流速，管径增大，比压降随之减小，目前，一些大直径远距离热水输运管道的比压降在 22~25Pa/m 的水平。

随着节能环保要求的逐步提高和经济的快速发展，市政建设水平显著提高，供热损失明显降低。在冬季环境温度低至 −12~−10℃的内蒙古呼和浩特，某 $\Phi 900mm$ 架空热水管道的沿程温降在 0.3~0.8℃/km 的水平(张呼生和武涛，2013)。综合管廊内供热管道的热损失已可以控制在 0.01℃/km 的水平(郭奇志和郭斌继，2017)，大管径远距离输运的温降甚至更低。与此相对应,热水管网供热距离已达近 40km 的水平。

对于蒸汽管道供热,比压降一般在 100～150Pa/m(王宇清,2018),供热半径通常不超过 10km。近几年来,由于采用了低阻尼管道及新型旋转补偿器等供热技术,比压降可控制在 20～30Pa/m 的水平(周传锦,2016),与此相对应,供热半径已达 30km(张全斌,2018)。

10.6.2　供热系统的㶲传递特性分析

第 6 章已经涉及锅炉系统内的㶲传递特性。供热系统的㶲传递的实质是以温差传热这一不可逆过程为核心的热传递过程,可以一般化地描述成图 10.7 所示的链式结构系统,$E_{in} = E_f$ 为输入系统的燃料㶲。

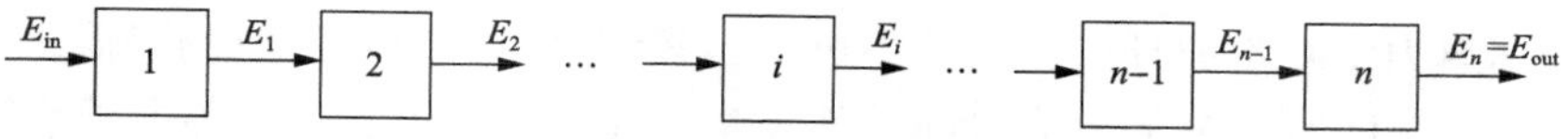

图 10.7　供热系统㶲传递过程示意图

热用户处的散热器为第 n 个子系统,其附加燃料单耗为

$$b_n = b_h^{min}\left(\frac{E_{n-1}}{E_n} - 1\right) = b_h^{min}\left(\frac{1}{\eta_n^{ex}} - 1\right) \tag{10.72}$$

式中,$E_n = E_p = Q_h(1 - T_0 / T_h)$ 为用户得到热量㶲;E_{n-1} 为输送到热用户散热器第 n 个子系统的热量㶲;η_n^{ex} 为第 n 个子系统的㶲效率:

$$\eta_n^{ex} = E_n / E_{n-1} \tag{10.73}$$

第 $n-1$ 个子系统的附加燃料单耗为

$$b_{n-1} = (b_h^{min} + b_n)\left(\frac{E_{n-2}}{E_{n-1}} - 1\right) = b_h^{min}\frac{1}{\eta_n^{ex}}\left(\frac{1}{\eta_{n-1}^{ex}} - 1\right) \tag{10.74}$$

第 $n-2$ 个子系统的附加燃料单耗为

$$b_{n-2} = (b_h^{min} + b_n + b_{n-1})\left(\frac{E_{n-3}}{E_{n-2}} - 1\right) = b_h^{min}\frac{1}{\eta_n^{ex}}\frac{1}{\eta_{n-1}^{ex}}\left(\frac{1}{\eta_{n-2}^{ex}} - 1\right) \tag{10.75}$$

第 i 个子系统的附加燃料单耗可以表示为下列通式:

$$b_i = \left(b_h^{min} + \sum_{j=i+1}^{n} b_j \right) \left(\frac{E_{i-1}}{E_i} - 1 \right) = b_h^{min} \prod_{j=i+1}^{n} \frac{1}{\eta_j^{ex}} \left(\frac{1}{\eta_i^{ex}} - 1 \right) \tag{10.76}$$

式中，E_{i-1} 为输入第 i 个子系统的㶲；E_i 为输出第 i 个子系统的㶲，也是第 $i+1$ 个子系统的输入㶲；$\sum_{j=i+1}^{n} b_j$ 为第 i 个子系统之后的各子系统附加燃料单耗之和。$\eta_i^{ex} = E_i / E_{i-1}$ 为第 i 个子系统的㶲效率。

因此，一般化供热系统的燃料单耗的通式为

$$b = b_h^{min} + \sum_{j=1}^{n} b_j = b_h^{min} \prod_{j=1}^{n} \frac{E_{j-1}}{E_j} = b_h^{min} \prod_{j=1}^{n} \frac{1}{\eta_j^{ex}} \tag{10.77}$$

根据热力学基本原理，任何的不可逆因素都会导致能量品位的降低，因此对于供热系统，任何一个子系统的㶲损耗发生变化，都会引起下游各个子系统㶲效率变化，甚至引起上游的变化，如供回水系统的散热损失，必然影响上游加热器的㶲效率。

但从设计角度看，供热系统中的第 i 个子系统的㶲效率 η_i^{ex} 发生变化，可以保持上游第 1 至第 $i-1$ 个子系统的㶲效率保持不变，其后第 i 至第 n 个子系统的㶲效率则将随之变化，因此，系统燃料单耗的变化为

$$\Delta b = \left(\frac{\partial b}{\partial \eta_i^{ex}} \right) \Delta \eta_i^{ex} + \left(\frac{\partial b}{\partial \eta_{i+1}^{ex}} \right) \Delta \eta_{i+1}^{ex} + \cdots + \left(\frac{\partial b}{\partial \eta_n^{ex}} \right) \Delta \eta_n^{ex}$$

$$= -b_h^{min} \prod_{j=1}^{n} \frac{1}{\eta_j^{ex}} \cdot \left(\frac{1}{\eta_i^{ex}} \cdot \Delta \eta_i^{ex} + \frac{1}{\eta_{i+1}^{ex}} \cdot \Delta \eta_{i+1}^{ex} + \cdots + \frac{1}{\eta_n^{ex}} \cdot \Delta \eta_n^{ex} \right) \tag{10.78}$$

这时，第 i 至第 n 个子系统的附加燃料单耗变化为

$$\Delta b_i = \left(\frac{\partial b_i}{\partial \eta_i^{ex}} \right) \Delta \eta_i^{ex} + \left(\frac{\partial b_i}{\partial \eta_{i+1}^{ex}} \right) \Delta \eta_{i+1}^{ex} + \cdots + \left(\frac{\partial b_i}{\partial \eta_n^{ex}} \right) \Delta \eta_n^{ex}$$

$$= -b_h^{min} \left[\prod_{j=i+1}^{n} \frac{1}{\eta_j^{ex}} \cdot \frac{1}{(\eta_i^{ex})^2} \cdot \Delta \eta_i^{ex} + \prod_{j=i+2}^{n} \frac{1}{\eta_j^{ex}} \cdot \frac{1}{(\eta_{i+1}^{ex})^2} \left(\frac{1}{\eta_i^{ex}} - 1 \right) \cdot \Delta \eta_{i+1}^{ex} \right. \tag{10.79}$$

$$\left. + \cdots + \prod_{j=i+1}^{n-1} \frac{1}{\eta_j^{ex}} \cdot \frac{1}{(\eta_n^{ex})^2} \left(\frac{1}{\eta_i^{ex}} - 1 \right) \cdot \Delta \eta_n^{ex} \right]$$

$$\Delta b_{i+1} = \left(\frac{\partial b_{i+1}}{\partial \eta_{i+1}^{\mathrm{ex}}}\right)\Delta \eta_{i+1}^{\mathrm{ex}} + \left(\frac{\partial b_{i+1}}{\partial \eta_{i+2}^{\mathrm{ex}}}\right)\Delta \eta_{i+2}^{\mathrm{ex}} + \cdots + \left(\frac{\partial b_{i+1}}{\partial \eta_{n}^{\mathrm{ex}}}\right)\Delta \eta_{n}^{\mathrm{ex}}$$

$$= -b_{\mathrm{h}}^{\mathrm{min}}\left[\prod_{j=i+2}^{n}\frac{1}{\eta_{j}^{\mathrm{ex}}}\cdot\frac{1}{(\eta_{i+1}^{\mathrm{ex}})^{2}}\cdot\Delta\eta_{i+1}^{\mathrm{ex}} + \prod_{j=i+3}^{n}\frac{1}{\eta_{j}^{\mathrm{ex}}}\cdot\frac{1}{(\eta_{i+2}^{\mathrm{ex}})^{2}}\left(\frac{1}{\eta_{i+1}^{\mathrm{ex}}}-1\right)\cdot\Delta\eta_{i+2}^{\mathrm{ex}}\right. \qquad (10.80)$$

$$\left. + \cdots + \prod_{j=i+2}^{n-1}\frac{1}{\eta_{j}^{\mathrm{ex}}}\cdot\frac{1}{(\eta_{n}^{\mathrm{ex}})^{2}}\left(\frac{1}{\eta_{i+1}^{\mathrm{ex}}}-1\right)\cdot\Delta\eta_{n}^{\mathrm{ex}}\right]$$

$$\vdots$$

$$\Delta b_{n} = \frac{\partial b_{n}}{\partial \eta_{n}^{\mathrm{ex}}}\cdot\Delta\eta_{n}^{\mathrm{ex}} = -b_{\mathrm{h}}^{\mathrm{min}}\cdot\frac{1}{(\eta_{n}^{\mathrm{ex}})^{2}}\cdot\Delta\eta_{n}^{\mathrm{ex}} \qquad (10.81)$$

将式(10.79)~式(10.81)求和，整理得

$$\sum_{j=i}^{n}\Delta b_{j} = -b_{\mathrm{h}}^{\mathrm{min}}\cdot\prod_{j=i}^{n}\frac{1}{\eta_{j}^{\mathrm{ex}}}\cdot\left(\frac{1}{\eta_{i}^{\mathrm{ex}}}\cdot\Delta\eta_{i}^{\mathrm{ex}} + \frac{1}{\eta_{i+1}^{\mathrm{ex}}}\cdot\Delta\eta_{i+1}^{\mathrm{ex}} + \cdots + \frac{1}{\eta_{n}^{\mathrm{ex}}}\cdot\Delta\eta_{n}^{\mathrm{ex}}\right) \qquad (10.82)$$

将式(10.78)与式(10.82)相除，得

$$\frac{\Delta b}{\displaystyle\sum_{j=i}^{n}\Delta b_{j}} = \prod_{j=1}^{i-1}\frac{1}{\eta_{j}^{\mathrm{ex}}} \qquad (10.83)$$

式(10.83)表明，第 i 个子系统㶲效率变化引起系统燃料单耗的增量与第 i 个子系统及下游各子系统附加燃料单耗增量之和的比值等于该子系统上游各子系统的㶲效率倒数的连乘积。在㶲分析的结构系数法中，这一比例系数被称为㶲损耗的放大系数。《㶲方法及其在火电厂中的应用》(王加璇和张树芳, 1991)一书介绍了德国学者 Beyer 提出的结构系数法 (Kotas, 1985)，也分析了链式系统的㶲传递特性。但是，这一方法提出了中间某一子系统㶲效率变化、其他子系统的㶲效率保持不变的假设。本书的上述推导证明这一假设是错误的，其结果存在缺陷，有兴趣的读者可以参考比较。

某环节 i 传递的热量㶲 E_i 可以一般化地表示为

$$E_i = Q_i\left(1 - \frac{T_0}{\overline{T}_i}\right) \qquad (10.84)$$

式中，Q_i 为第 i 个子系统输出的热量；$\overline{T}_i$ 为第 i 个子系统输出热量 Q_i 的热力学平均温度。

其㶲传递效率可以表示为

$$\eta_i^{ex} = \frac{E_i}{E_{i-1}} = \frac{Q_i(1 - T_0 / \overline{T}_i)}{Q_{i-1}(1 - T_0 / \overline{T}_{i-1})} = \eta_i \frac{1 - T_0 / \overline{T}_i}{1 - T_0 / \overline{T}_{i-1}} \quad (10.85)$$

式中，$\eta_i = Q_i / Q_{i-1}$ 为第 i 个子系统的热效率。

10.6.3 案例分析

1. 供热系统㶲传递特性分析

针对图 9.8 所示的锅炉供热系统。假定锅炉效率为 $\eta_b = Q_1 / (B^s q_1^s) = 65\%$，燃料比㶲 e_f^s 取标准煤的热值 q_1^s。锅炉供回水温度分别为 110℃和 90℃，热网加热器供回水温度分别为 100℃和 75℃。假设热网输配系统散热损失使热网循环水供回水温度分别降低 3℃和 2℃，即循环水在用户处由 97℃散热至 77℃，这时热网输配系统热效率为 $\eta_n = Q_3 / Q_2 = 20/25 = 80\%$。热用户室内温度为 20℃，环境温度为 0℃。

为了分析中间环节㶲效率变化产生的影响，假定热网输配系统散热损失增大，供水温度由 97℃逐步降至 93℃，回水温度维持 77℃不变。经分析计算，锅炉供热系统的单耗分布和㶲效率如表 10.4 所示。

表 10.4　锅炉供热系统单耗分析和㶲效率

供水温度	名称	单位	锅炉	热网加热器	热网输配系统	用户散热器	供热燃料单耗
97℃	附加燃料单耗	kg/GJ	54.23	1.08	2.11	5.92	65.68
	㶲效率	%	17.4	90.5	79.7	28.2	—
95℃	附加燃料单耗	kg/GJ	60.26	1.20	3.33	5.85	72.97
	㶲效率	%	17.4	90.5	71.1	28.5	—
93℃	附加燃料单耗	kg/GJ	67.80	1.35	4.84	5.78	82.1
	㶲效率	%	17.4	90.5	62.6	28.7	—

单耗分析表明，锅炉的附加燃料单耗最大，这是因为锅炉的不可逆损失大，说明锅炉供热是不合理的用能方式；用户散热器的附加燃料单耗是除锅炉外最大的，这主要是因为供热水温度在 93～97℃的水平，高于所需的 20℃采暖温度过多，即采暖温度匹配不合理。

随着热网输配系统散热损失的增大(供水温度降低)，其自身㶲效率明显降低，其附加燃料单耗明显增大。

用户散热器的㶲效率随热网输配系统散热损失的增大而提高，其附加燃料单耗降低，这一事实证明某子系统的㶲效率变化会传递到其他子系统。

　　需要特别指出的是，某一子系统㶲效率降低，其输出能量的品位随之降低，但是其下游子系统的㶲效率却随之提高，这在通常的热力学分析看来有违常理。事实上，在满足供热需要的前提下，能量品位的降低使下游的各子系统的供热参数匹配关系更趋合理，附加燃料单耗会因此降低。

　　处于上游的热网加热器和锅炉的㶲效率不变，但其附加燃料单耗以某种比例明显放大了，经验算系统总燃料单耗的增量与㶲效率变化各子系统附加燃料单耗增量之和的比值等于常数，证明式 (10.83) 是正确的，如表 10.5 所示。

表 10.5　热网散热损失增大的影响

温度变化	$\Delta b / (\text{kg/GJ})$	$\sum\limits_{j=i}^{n} \Delta b_j / (\text{kg/GJ})$	$\Delta b / \sum\limits_{j=i}^{n} \Delta b_j$	$\prod\limits_{j=1}^{i-1} (1/\eta_j^{\text{ex}})$
97℃变为 95℃	7.30	1.15	6.35	6.35
97℃变为 93℃	16.43	2.59	6.34	6.35
95℃变为 93℃	9.13	1.44	6.34	6.35

　　根据上述分析，不难得出结论。

　　(1) 一般化供热系统是一个链式传递系统，其供热燃料单耗等于各子系统的附加燃料单耗与理论最低燃料单耗之和，并等于理论最低燃料单耗与各子系统㶲效率的倒数的连乘积。

　　(2) 某子系统损失增大，其自身㶲效率降低、附加燃料单耗增大；其下游各子系统的㶲效率却随之提高、附加燃料单耗降低；而其上游各子系统的㶲效率不变、附加燃料单耗却明显增大。

　　(3) 在满足供热需要的前提下，尽可能使用低品位热能，促进供热参数的匹配非常重要。

　　(4) 某子系统㶲效率变化引起系统燃料单耗的增量与该子系统及其下游各子系统附加燃料单耗增量之和的比值等于该子系统上游各子系统㶲效率倒数的连乘积。因此，越是接近末端的子系统，其㶲效率变化的影响越大，即越是接近用户末端，能质匹配关系就显得越重要。

　　尽管以上分析仅仅是对于一般化供热系统展开的，但由于链式系统的特点以及单耗分析的普适性，上述分析对于任何具有链式结构的系统都具有参考作用。

2. 大容量长距离热电联产吸收式热泵采暖供热的性能评价

　　9.5 节开展了热电联产吸收式热泵供热的单耗分析。这一供热方案供回水温度为 120℃/50℃，供热量 $Q_h = 358952.81 \text{kW}$。计算中未考虑热网循环泵及增压泵的泵功消耗与热网散热损失的影响。出厂供热燃料单耗 $b_h = 21.88 \text{kg/GJ}$，热网循环水流量为 1220kg/s。

为分析供热距离及其散热损失的影响，这里假设供热距离为 35km，根据有关信息，大流量管道输运的比压降取 23Pa/m，温降取 1.0℃/10km。

35km 的供热距离，全程温降为 3.5×1.0=3.5℃，假设热网循环水比定压热容为常数，则热网输运热效率近似为

$$\left(1-\frac{3.5\times1.0}{120-50}\right)\times100\%=95\%$$

根据 9.5 节的案例分析数据，热电厂供热（120℃/50℃）的出厂供热燃料单耗为 21.88kg/GJ，至用户端的供热燃料单耗为

$$21.88/0.95=23.03\,\text{kg/GJ}$$

假设循环水泵及增压泵效率为 85%，电机效率为 95%，如果不计高程变化影响，输运 1220kg/s 热网循环水往返的泵功消耗为

$$\frac{2\times23\times35\times1220/1000}{0.85\times0.95}=2432.45\,(\text{kW})$$

假定热网循环泵及增压泵所消耗的电量来自热电联产机组本身，其供电燃料单耗为 350g/（kW·h），则供热 95%×358952.81kW 的燃料单耗为

$$\frac{277.8\times0.350\times2432.44}{0.95\times358952.81}=0.69\,(\text{kg/GJ})$$

因此，至用户终端的供热燃料单耗为

$$0.69+23.03=23.72\,(\text{kg/GJ})$$

比出厂的热产品燃料单耗增大了 23.72–21.88 = 1.84kg/GJ。

我们知道，对于环境温度为 0℃、室内温度为 20℃的采暖需求，其理论最低燃料单耗只有 34.12×（1–273.15/293.15）=2.33kg/GJ。

根据表 9.10，针对 120～50℃的热网循环水供回水温度，其供热理论最低燃料单耗为 8.01kg/GJ，相应的能源利用第二定律效率为 36.61%。

但如果这种供热方式仅用于冬季采暖，而针对 20℃室内采暖负荷仅 2.33kg/GJ 的理论最低燃料单耗，二者之间有 5.68kg/GJ 的不可逆损失，这是 120～50℃的热网循环水对 20℃室温的温差传热所致。

显然，如果出厂热网循环水直接对室温 20℃的建筑供热，其能源利用的第二定律效率为

$$100\%\times2.33/21.88=10.65\%$$

即从针对 120～50℃热网循环水的 36.61%降至针对室内采暖的 10.65%,降幅巨大,这是未满足"温度对口"原则的直接后果。

由于热网输运损耗的存在,供热燃料单耗从 22.18kg/GJ 增大至 23.72kg/GJ,至用户终端,能源利用第二定律效率降为

$$100\% \times 2.33/23.72 = 9.82\%$$

降低了 0.83%(=10.65%–9.82%)。

如果想实现更大温程的热网供热方案,还需要在末端增设热泵系统以降低回水温度,这将进一步增大供热系统投资和损耗。

需要提请注意的是,这里的计算只是作为一种参照,主要在于展示网络输配影响的分析计算方法。

第 11 章　高炉炼铁过程的单耗分析

11.1　高炉炼铁的单耗分析模型

11.1.1　炼铁理论最低燃料单耗

根据热力学，物质的化学㶲等于该物质在环境温度和压力下经可逆化学反应生成基准态物质时的化学功 $(-\Delta G_R^0)$。但是根据第 3 章的燃料㶲分析，为了便于开展统一化的能效分析与评价，可以将单质产品相对于其基准态物质（如铁相对于 Fe_2O_3）的标准反应焓的绝对值视为产品比㶲。对于炼铁，作为单质产品的铁的产品比㶲可以表示为如下形式。

$$e_p = \frac{|\Delta h_{R,Fe}^0|}{M_{n,Fe}} \tag{11.1}$$

式中，$\Delta h_{R,Fe}^0$ 为单质铁产品氧化生成其基准态物质（Fe_2O_3）的标准反应焓；$M_{n,Fe}$ 为铁的分子量，$M_{n,Fe} = 55.847g/mol$。

根据热化学的定义，环境温度（298.15K）和压力下单质分子的焓值为 0，$\Delta h_{R,Fe}^0$ 常可以用基准态物质（Fe_2O_3）的标准生成焓直接计算，对于由 Fe_2O_3 还原生成铁的反应，$\Delta h_{R,Fe}^0 = 0.5 h_{Fe_2O_3}^0$。$h_{Fe_2O_3}^0$ 为环境温度和压力下 Fe_2O_3 的摩尔比焓（以下简称比焓），根据热化学数据手册（Barin，1995），$h_{Fe_2O_3}^0 = -824248kJ/kmol$。

但是，由于铁矿石中不仅含有 Fe_2O_3，还可能含有 FeO 和 Fe_3O_4 等成分，从还原反应的能源消耗的角度，铁的比㶲应基于单质铁产品通过氧化反应返回原含铁矿物形态的标准反应焓计算。

$$\Delta \overline{h}_{R,Fe}^0 = \sum x_i \Delta h_{R,Fe,i}^0 \tag{11.2}$$

式中，i 为矿物中含铁化合物的种类；x_i 为矿物中矿物成分 i 的摩尔分数，以矿物有效成分为基础计算，对于铁矿石，可以用 Fe_2O_3、FeO 和 Fe_3O_4 三者之和为基数计算；$\Delta h_{R,Fe,i}^0$ 为单质产品（Fe）返回矿物成分 i 的标准反应焓，对于 FeO，$\Delta h_{FeO}^0 = h_{FeO}^0$，对于 Fe_3O_4，$\Delta h_{Fe_3O_4}^0 = 1/3 h_{Fe_3O_4}^0$。

高炉炼铁工艺生成的往往不是纯铁，而是含有 4.2%～4.5%碳元素的生铁。在分析计算炼铁生产能耗时，一般以吨生铁为计量单位，因此为便于开展炼铁过程的单耗分析, 将炼铁工艺的产品定义为环境温度和压力下的生铁, 其比㶲可以用式(11.3)计算。

$$e_{P_M} = \frac{|x_{Fe}\Delta\overline{h}_{R,Fe}^0 + x_C\Delta h_{R,C}^0|}{x_{Fe}M_{n,Fe} + x_C M_{n,C}} = \frac{|\Delta h_{R,P_M}^0|}{\overline{M}_{n,P_M}} \tag{11.3}$$

式中, x_{Fe} 和 x_C 分别为生铁中铁和碳的摩尔分数; $\Delta h_{R,C}^0 = h_{CO_2}^0$ 为碳燃烧生成 CO_2 的标准反应焓(等于环境温度和压力下 CO_2 的摩尔比焓), kJ/kmol; $M_{n,C}$ 为碳的分子量, $M_{n,C}=12.0112$g/mol; $\overline{M}_{n,P_M} = x_{Fe}M_{n,Fe} + x_C M_{n,C}$ 为生铁平均分子量, g/mol; $\Delta\overline{h}_{R,P_M}^0$ 为生产生铁的标准反应焓, 下标 P_M 代表生铁。

$$\Delta h_{R,P_M}^0 = x_{Fe}\Delta\overline{h}_{R,Fe}^0 + x_C\Delta h_{R,C}^0 \tag{11.4}$$

如果生铁中还含有其他有效物质成分, 可参照此处计算。

如果以式(11.1)计算, 经还原反应生成单质铁产品的理论最低燃料单耗用式(11.5)计算。

$$b^{min} = \frac{e_p}{e_f^s} = 0.03412\frac{|\Delta h_{R,Fe}^0|}{M_{n,Fe}}\text{kg/t} \tag{11.5}$$

式中, e_f^s 为燃料比㶲, 取标准煤热值, 即 $e_f^s = 29307.6$ kJ/kg。

对于由多种矿物成分还原的生铁生产, 其理论最低燃料单耗(每吨生铁产品的最低煤耗率)可以用式(11.6)计算。

$$b^{min} = \frac{e_{P_M}}{e_f^s} = 0.03412\frac{|\Delta h_{R,P_M}^0|}{\overline{M}_{n,P_M}}\text{kg/t} \tag{11.6}$$

需要说明的是, 不是所有 Fe_2O_3 都能全部还原成铁, 总有部分 FeO 残留在炉渣之中。从这个角度, 式(11.4)还应当做相应的修改, 这一问题放在后续分析中讨论。

11.1.2　炼铁过程的热平衡和㶲平衡

为准确计算高炉炼铁过程的能源利用效率, 需以"扩大的"能源利用系统为研究对象。参考第 3 章, 所谓扩大的能源利用系统, 其边界条件为环境温度和环境压力, 即所有进出系统的物流所携带的热量均以与环境温度下的焓值之差计算。

以生产 1 吨生铁产品(表示为 $P_M = 1000$ kg/t)为单位, 炼铁过程的热平衡式如下。

$$B^s q_1^s = P_M \frac{|\Delta h_{R,P_M}^0|}{\overline{M}_{n,P_M}} + \sum Q_i = 10^3 \times \frac{|\Delta h_{R,P_M}^0|}{\overline{M}_{n,P_M}} + \sum Q_i \tag{11.7}$$

式中，B^s 为每吨生铁产品的标准煤耗量；q_1^s 为标准煤热值，$q_1^s = 29307.6\,\text{kJ/kg}$；$\sum Q_i$ 为系统热损失之和。

相应的，炼铁过程的㶲平衡关系可以写成如下形式：

$$\begin{aligned} B^s e_f^s = B^s q_1^s &= P_M e_{P_M} + \sum I_{r,j} = 1000 e_{P_M} + \sum I_{r,j} \\ &= 10^3 \times \frac{|\Delta h_{R,P_M}^0| + T_0 \sum s_j^{\text{gen}}}{\overline{M}_{n,P_M}} \end{aligned} \tag{11.8}$$

式中，$\sum s_j^{\text{gen}}$ 为生产 1kmol 生铁产品的系统的熵产之和，$\text{kJ/(K} \cdot \text{kmol)}$。

实际高炉炼铁过程中，输入输出系统的物流成分构成（或组元）、温度、有无余热回收利用等情况，都会对系统热平衡和㶲平衡产生影响，因此，应尽可能地将研究范围扩展至全厂。如果难以开展全厂范围的详细分析，则在系统熵平衡分析时，需关注余热㶲输入造成的影响，可参考第 12 章热电联产多效蒸馏海水淡化系统的单耗分析。

另外，实际炼铁过程中，铁矿石中的 Fe_2O_3 并未全部还原成铁，炉渣中仍存在少量 FeO，因此在计算 Fe_2O_3 的还原热时需要加以注意。由于出入口温度不同，未参与反应的物质对高炉热平衡计算产生影响。在计算高炉热平衡时，应认真处理系统物质平衡，否则很容易导致计算误差。

孤岛运行的能源利用系统中，式(11.8)中的 $\sum I_{r,j} = 10^3 T_0 \sum s_j^{\text{gen}} / \overline{M}_{n,P_M}$ 与式(11.7)中的 $\sum Q_i$ 相等，其物理意义是所有的熵产最终都转化为对环境的余热排放，即不可逆损失总和与总热损失相等。

11.1.3 产品燃料单耗

单质产品的燃料单耗为

$$b = \frac{B^s}{P_M} = b^{\min} + \sum b_j \tag{11.9}$$

式中，$\sum b_j = T_0 \sum s_j^{\text{gen}} / (q_1^s \cdot \overline{M}_{n,P_M})$ 为炼铁过程中㶲损耗所致附加燃料单耗之和。

11.1.4 炼铁过程的能源利用效率

由式(11.8)和式(11.7)，炼铁过程的第一定律效率和第二定律效率等同。

$$\eta_{\mathrm{E}}^{\mathrm{ex}} = \eta = \frac{b^{\min}}{b} = \frac{10^3 (|\Delta h_{\mathrm{R,P_M}}^0| / \overline{M}_{\mathrm{n,P_M}})}{B^{\mathrm{s}} e_{\mathrm{f}}^{\mathrm{s}}} \quad (\text{正平衡}) \tag{11.10}$$

$$\eta_{\mathrm{E}}^{\mathrm{ex}} = \eta = 1 - \frac{10^3 T_0 \sum s_j^{\mathrm{gen}} / \overline{M}_{\mathrm{n,P_M}}}{B^{\mathrm{s}} e_{\mathrm{f}}^{\mathrm{s}}} = 1 - \frac{\sum Q_{\mathrm{i}}}{B^{\mathrm{s}} q_1^{\mathrm{s}}} \quad (\text{反平衡}) \tag{11.11}$$

11.1.5　考虑铁水余热利用的效率修正

根据钢铁冶炼的工艺流程,为了节能,高炉生产的铁水可用罐车送至炼钢车间,其余热得到利用。因此,在计算高炉炼铁的能源利用效率时,需要考虑铁水余热利用的节能效果。

根据热力学第二定律,铁水余热的热量㶲为

$$e_{\mathrm{P_M}} = \frac{h_{\mathrm{P_M}} - h_{\mathrm{P_M}}^0}{\overline{M}_{\mathrm{n,P_M}}} \left(1 - \frac{T_0}{\overline{T}_{\mathrm{P_M}}}\right) \tag{11.12}$$

式中, $h_{\mathrm{P_M}} = x_{\mathrm{Fe}} h_{\mathrm{Fe}} + x_{\mathrm{C}} h_{\mathrm{C}}$ 为高炉出口铁水比焓; $h_{\mathrm{P_M}}^0 = x_{\mathrm{Fe}} h_{\mathrm{Fe}}^0 + x_{\mathrm{C}} h_{\mathrm{C}}^0$ 为生铁在环境温度下的比焓; $\overline{T}_{\mathrm{P_M}}$ 为高炉出口铁水温度 $T_{\mathrm{P_M}}$ 冷却至环境温度的热力学平均温度,用式(11.13)计算:

$$\overline{T}_{\mathrm{P_M}} = \frac{h_{\mathrm{P_M}} - h_{\mathrm{P_M}}^0}{s_{\mathrm{P_M}} - s_{\mathrm{P_M}}^0} \tag{11.13}$$

式中, $s_{\mathrm{P_M}}$ 、 $s_{\mathrm{P_M}}^0$ 分别为铁水比熵和环境温度下的生铁比熵。

高炉炼铁的㶲效率为

$$\begin{aligned}\eta^{\mathrm{ex}} &= \frac{10^3 [|\Delta h_{\mathrm{R,P_M}}^0| + (h_{\mathrm{P_M}} - h_{\mathrm{P_M}}^0)(1 - T_0 / \overline{T}_{\mathrm{P_M}})] / \overline{M}_{\mathrm{n,P_M}}}{B^{\mathrm{s}} e_{\mathrm{f}}^{\mathrm{s}}} \\ &= \frac{10^3 [|\Delta h_{\mathrm{R,P_M}}^0| + (h_{\mathrm{P_M}} - h_{\mathrm{P_M}}^0)(1 - T_0 / \overline{T}_{\mathrm{P_M}})] / \overline{M}_{\mathrm{n,P_M}}}{B^{\mathrm{s}} q_1^{\mathrm{s}}} \end{aligned} \quad (\text{正平衡}) \tag{11.14}$$

$$\eta^{\mathrm{ex}} = 1 - \frac{1000 T_0 \sum s_j^{\mathrm{gen}}}{B^{\mathrm{s}} q_1^{\mathrm{s}} \overline{M}_{\mathrm{n,P_M}}} \quad (\text{反平衡}) \tag{11.15}$$

注意式(11.14)和式(11.10)以及式(11.15)和式(11.11)的区别。式(11.10)和

式(11.11)以炼铁产品达到环境温度为计算条件，式(11.14)和式(11.15)以铁水为产品，余热㶲作为产品的一部分纳入效率计算，余热排放的熵产因此减少，修正后的效率值将有所提高。尽管如此，炼铁工艺的产品单耗指标却保持不变，这对分析钢铁厂各工序能效传递有重要意义。余热回收利用的节能量计算需参照第 5 章的分析进行。

考虑了铁水余热利用之后，式(11.7)中的热损失将减少。当然，其他余热利用也将对系统效率产生影响，甚至能起到降低能源消耗的作用，需具体问题具体分析。

11.2　炼铁化学反应过程及其热力学分析

炼铁是一项古老的工艺。一般认为在高炉炼铁过程中，矿石从高炉顶部自上而下投入，被自下而上的气流(煤气)预热加热，并发生如下反应(Ertem and Gürgen, 2006)。

$$3/2Fe_2O_3 + 1/2CO == Fe_3O_4 + 1/2CO_2$$

$$1/3Fe_3O_4 + 1/3CO == FeO + 1/3CO_2$$

$$FeO + CO == Fe + CO_2$$

$$2C + O_2 == 2CO$$

$$C + O_2 == CO_2$$

根据高炉内反应物的构成，至少还可以写出如下还原反应方程式。

$$FeO + 1/2C == Fe + 1/2CO_2$$

$$FeO + C == Fe + CO$$

$$1/2Fe_2O_3 + 1/2CO == FeO + 1/2CO_2$$

$$1/3Fe_3O_4 + 2/3C == Fe + 2/3CO_2$$

$$1/2Fe_2O_3 + 3/2C == Fe + 3/2CO$$

$$1/3Fe_3O_4 + 4/3C == Fe + 4/3CO$$

图 11.1 给出了一些 Fe_2O_3 等的还原反应的反应自由焓 ΔG 随反应温度的变化。从图中可以看出，环境温度下，Fe_2O_3 的化学稳定性最高，因此 Fe_2O_3 被定为 Fe

元素的基准态物质。从氧化铁还原成 Fe 的角度，在 298～2000K 温度范围内，无论是 Fe_2O_3、FeO 还是 Fe_3O_4，都不能直接还原成 Fe 和 O_2。

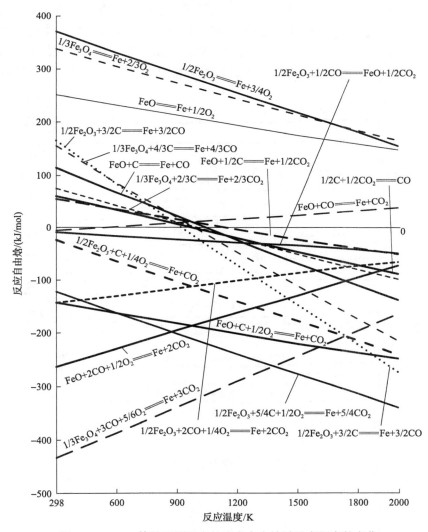

图 11.1　Fe_2O_3 等的还原反应的反应自由焓随反应温度的变化

从计算结果看，C 是比 CO 更好的还原剂，在高温下，不仅可以将所有 Fe_2O_3 还原成 Fe 和 CO_2，甚至还可以生成 CO（那树人，2005）。当然，相应的反应焓 ΔH 大于零，反应需要额外的能量输入，如图 11.2 所示。然而，进入高炉的焦炭中所含有的 C 呈固体状态，不利于与同为固体的 FeO 分子碰撞并发生反应。但是，FeO 的熔点在 1650K，远低于 Fe 的熔点温度（1809K）（Barin，1995），如果说高炉

内 Fe_2O_3 和 Fe_3O_4 在前期全部转化成了 FeO，那么熔化了的 FeO 会从矿石中渗出，在重力的作用下向下流动，完全有机会与 C 直接接触，于是上述还原反应完全有可能发生。事实上，C 的活性非常高，活性炭具有很强的吸附能力，在工业生产及水处理、空气净化等过程中扮演着非常重要的角色。从高炉炼铁中的一些事实可以判断，C 与 Fe 的亲和力应该非常高，以致铁水中含有相当比例的 C，而在铁水上面漂浮、介于铁水和焦炭及矿石之间的炉渣基本上不含 C，却仍然还含有少

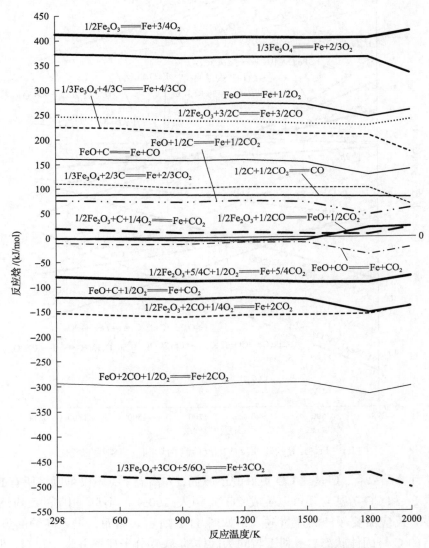

图 11.2　Fe_2O_3 等的还原反应的反应焓随反应温度的变化

许 FeO(Ertem and Gürgen，2006)，这些事实足以说明问题。因此，可以认为 C 作为还原剂在高炉炼铁中发挥了重要作用，高炉中 FeO 还原成铁的反应机理需要有新的认识。

如果以 CO 作为还原剂，在高温下，FeO 和 Fe_3O_4 还原成 Fe 和 CO_2 的反应自由焓 $\Delta G > 0$，根据热力学原理，这一反应不能进行。有文献指出不能完全根据 ΔG 的正负判断反应过程是否能够进行(李洪桂，2005；魏寿昆，2010)，这是对热力学第二定律的一种否定。但是，如果同时有少量 O_2 的作用，所有的 Fe_2O_3 都可以还原成 Fe，如下列反应式：

$$FeO+2CO+1/2O_2 === Fe+2CO_2$$

$$1/2Fe_2O_3+2CO+1/4O_2 === Fe+2CO_2$$

$$1/3Fe_3O_4+3CO+5/6O_2 === Fe+3CO_2$$

在这些反应中，除了反应自由焓 ΔG 小于零，其反应焓 ΔH 也小于零，反应释放出热量，如图 11.2 所示。再结合具有流动性的 FeO 与 C 可能发生的还原反应，因此可以肯定高炉进行的还原反应未超出热力学理论的范畴。

根据第 4 章，直接混合进行的化学反应过程的熵产根据 $S^{gen} = -\Delta G / T$ [式(4.73)]计算。图 11.3 给出了相应的 Fe_2O_3 等的还原反应的熵产随反应温度的变化。根据热力学第二定律，熵产为负的过程是不可能进行的，这与反应自由焓 ΔG 不能为正是完全等同的。计算结果表明，随着反应温度的提高，反应过程的熵产减小。

当然，这里所做的计算是仅基于物性开展的，计算结果只能作为一种参考。需要指出的是，如果热力学判据表明某一热力过程不可能进行，那么这一过程一定不可行，比如，反应自由焓大于零或熵产小于零的化学反应过程一定是不可行的。但是反过来，即便热力学判据表明某一化学反应过程是可行的，也不能说这一过程一定能够得以进行，如图 11.1 所示的环境温度附近的诸多反应自由焓为负的那些还原反应，基本上都不可能进行，尤其是以 C 作为还原剂的诸多反应。

图 11.1 和图 11.2 出现折线，是因为计算的温度跨度比较大以及 FeO 在 1650K、Fe 在 1809K、Fe_3O_4 在 1870K 下发生熔化相变，比焓中有熔化潜热。图 11.3 是平滑化曲线，用于反映变化趋势。

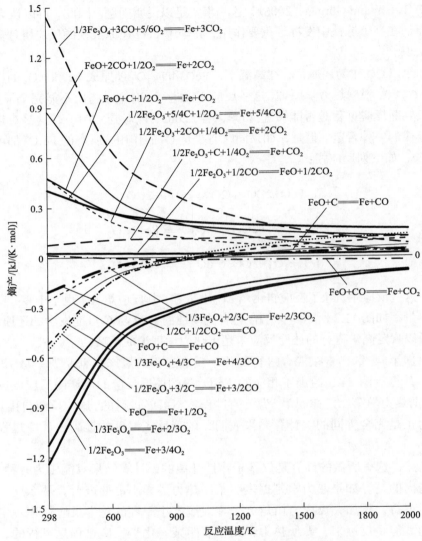

图 11.3　Fe$_2$O$_3$ 等的还原反应的熵产随反应温度的变化

11.3　高炉热平衡分析

高炉炼铁工艺中，矿石（烧结矿、球团等）、焦炭等从高炉顶部进入，炉渣和铁水从炉底排出；煤从炉底送入，热风从炉底部吹入，高炉煤气从炉顶排出；炉尘通常会被送回高炉。高炉煤气的一部分用于热风炉预热空气，经过热风炉换热后，热风温度一般在 1100～1250℃。有在热风炉使用单一高炉煤气燃料的条件下

热风温度达 1300℃的报道(张福明等，2012)。燃料燃烧烟气向上流动，加热矿料
(含烧结矿、球团及焦炭等)，自身温度降低。铁水的显热及潜热可用于炼钢，炉
渣显热也逐步得到回收利用。高炉煤气的 30%～45%用于热风炉，剩余的高炉煤
气一般用于钢铁企业其他用煤气用户，包括焦化车间、烧结车间、轧钢加热炉车
间等，富余的煤气用于发电。

图 11.4 所示为高炉炼铁物质平衡及热平衡关系图。为了简单，假设输入原料
为煤、焦炭和铁矿石，且各自具有特定的成分构成。

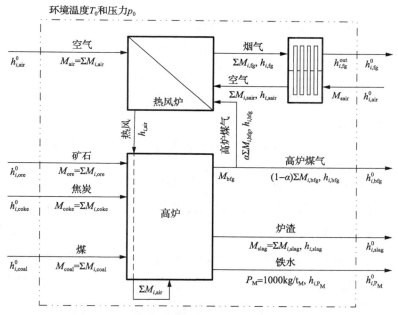

图 11.4　现代高炉炼铁物质平衡及热平衡关系图

以吨铁水为单位，高炉物质平衡关系式为

$$M_{ore} + M_{coke} + M_{coal} + M_{air} = P_M + M_{bfg} + M_{slag} \qquad (11.16)$$

或

$$\sum n_{i,ore} + \sum n_{i,coke} + \sum n_{i,coal} + \sum n_{i,air} = \sum n_{i,P_M} + \sum n_{i,bfg} + \sum n_{i,slag} \qquad (11.16a)$$

式中，$P_M = \sum n_{i,P_M} M_{n,i,P_M}$ 为铁水产量，$P_M = 1000\text{kg/t}$，其中 n_{i,P_M} 为铁水各成分的物质
的量，M_{n,i,P_M} 为铁水各成分的分子量；$M_{ore} = \sum n_{i,ore} M_{n,i,ore}$、$M_{coke} = \sum n_{i,coke} M_{n,i,coke}$、
$M_{coal} = \sum n_{i,coal} M_{n,i,coal}$ 和 $M_{air} = \sum n_{i,air} M_{n,i,air}$ 分别为输入高炉的矿石量、焦炭量、
煤量和空气量及其各自成分构成(物质的量及分子量)；$M_{bfg} = \sum n_{i,bfg} M_{n,i,bfg}$ 和

$M_{\text{slag}} = \sum n_{i,\text{slag}} M_{\text{n},i,\text{slag}}$ 分别为高炉煤气量和炉渣量及其成分构成（物质的量及分子量）；下标 slag、bfg、ad、ore 和 coke 分别代表炉渣、高炉煤气、输入煤绝热燃烧产物、矿石和焦炭；上标 0 代表环境状态。

如果有额外的纯氧注入，式（11.16）应包括此项。

假设参与炼铁全过程的物质组元已知，反应物不混合地进入、产物不混合地流出系统，忽略高炉散热损失及其他矿物反应热影响等，则高炉热平衡关系如式（11.17）所示。

$$\Delta Q_{\text{ore}} + \Delta Q_{\text{coke}} + \Delta Q_{\text{coal}} + \Delta Q_{\text{air}} = \Delta Q_{P_{\text{M}}} + \Delta Q_{\text{bfg}} + \Delta Q_{\text{slag}} \tag{11.17}$$

具体形式如下：

$$\begin{aligned}
&\sum n_{i,\text{ore}}(h_{i,\text{ore}} - h_{i,\text{ore}}^0) + \sum n_{i,\text{coke}}(h_{i,\text{coke}} - h_{i,\text{coke}}^0) + \sum n_{i,\text{coal}}(h_{i,\text{coal}} - h_{i,\text{coal}}^0) \\
&+ \sum n_{i,\text{air}}(h_{i,\text{air}} - h_{i,\text{air}}^0) \\
&= \sum n_{i,P_{\text{M}}}(h_{i,P_{\text{M}}} - h_{i,P_{\text{M}}}^0) + \sum n_{i,\text{bfg}}(h_{i,\text{bfg}} - h_{i,\text{bfg}}^0) + \sum n_{i,\text{slag}}(h_{i,\text{slag}} - h_{i,\text{slag}}^0)
\end{aligned} \tag{11.18}$$

式中，$h_{i,\text{ore}}$ 和 $h_{i,\text{ore}}^0$ 分别为高炉入口及环境温度下矿石各组元的比焓；$h_{i,\text{coke}}$ 和 $h_{i,\text{coke}}^0$ 分别为高炉入口及环境温度下焦炭各组元的比焓；$h_{i,\text{coal}}$ 和 $h_{i,\text{coal}}^0$ 分别为高炉入口及环境温度下煤炭各组元的比焓；$h_{i,\text{air}}$ 和 $h_{i,\text{air}}^0$ 分别为高炉入口及环境温度下空气各组元的比焓；$h_{i,P_{\text{M}}}$ 和 $h_{i,P_{\text{M}}}^0$ 分别为高炉出口及环境温度下铁水各组元的比焓；$h_{i,\text{bfg}}$ 和 $h_{i,\text{bfg}}^0$ 分别为高炉出口和环境温度下高炉煤气各组元的比焓；$h_{i,\text{slag}}$ 和 $h_{i,\text{slag}}^0$ 分别为高炉出口和环境温度下炉渣各组元的比焓。

式（11.18）中的 $h_{i,\text{ore}} - h_{i,\text{ore}}^0$、$h_{i,\text{coke}} - h_{i,\text{coke}}^0$ 和 $h_{i,\text{coal}} - h_{i,\text{coal}}^0$ 等焓差代表物料进入高炉带入的显热，这些焓差的数值越高，意味着被利用的外部热量或余热越多，所需消耗的燃料（$\sum n_{i,\text{coal}}$ 和 $\sum n_{i,\text{coke}}$）将越少，会有直接的节能效果。如果从孤岛运行角度看，这些热量应来自系统内部，或为产物余热，或为余燃料燃烧热，都是输入燃料热的一部分。现代高炉炼铁中，热风带入高炉的显热（$h_{i,\text{air}} - h_{i,\text{air}}^0$）来自一部分高炉煤气（$\alpha M_{\text{bfg}}$）在热风炉中燃烧释放的热量。如果铁水携带的热量（$h_{i,P_{\text{M}}} - h_{i,P_{\text{M}}}^0$）作为产品的一部分用于下游的炼钢工艺，加之铁水中的 C 可继续燃烧发热，则可有效降低后续炼钢的能耗。当然，如果将铁水冷却至环境温度，则全部携带的热量被损失殆尽，后续工艺能耗会因此增大。从高炉炼铁工艺过程看，矿料（含烧结矿、球团和焦炭）被高炉煤气预热加热。反应物（矿石、焦炭等）温度越高，高炉出口煤气温度越高，热风炉加热空气所需高炉煤气量就越少，热风温度可能越高。现代炼铁节能的一项重要措施就是提高热风温度，可有效地降低炼铁能耗，相比于高炉煤气和铁水量，炉渣量要少很多，而且其余热利用对于节能也会有积极意义。

热风带入高炉的热量可用式(11.19)计算。

$$\Delta Q_{air} = \sum n_{i,air}(h_{i,air} - h_{i,air}^0) \tag{11.19}$$

矿石、焦炭和煤带入的热量分别用式(11.20)~式(11.22)计算。

$$\Delta Q_{ore} = \sum n_{i,ore}(h_{i,ore} - h_{i,ore}^0) \tag{11.20}$$

$$\Delta Q_{coke} = \sum n_{i,coke}(h_{i,coke} - h_{i,coke}^0) \tag{11.21}$$

$$\Delta Q_{coal} = \sum n_{i,coal}(h_{i,coal} - h_{i,coal}^0) \tag{11.22}$$

同样，高炉出口的高炉煤气、炉渣及铁水带出的热量用式(11.23)~式(11.25)计算。

$$\Delta Q_{bfg} = \sum n_{i,bfg}(h_{i,bfg} - h_{i,bfg}^0) \tag{11.23}$$

$$\Delta Q_{slag} = \sum n_{i,slag}(h_{i,slag} - h_{i,slag}^0) \tag{11.24}$$

$$\Delta Q_{P_M} = \sum n_{i,P_M}(h_{i,P_M} - h_{i,P_M}^0) \tag{11.25}$$

如果不计热风炉散热损失、不完全燃烧损失以及水及水蒸气的影响，热风炉本体的热平衡关系式如下：

$$
\begin{aligned}
\Delta Q_{air} &= \sum n_{i,air}(h_{i,air} - h_{i,air}^0) \\
&= \alpha \sum n_{i,bfg}(h_{i,bfg} - h_{i,bfg}^0) + \sum n_{i,sair}(h_{i,sair} - h_{i,air}^0) \\
&\quad - \sum n_{i,fg}(h_{i,fg} - h_{i,fg}^0) \\
&= \alpha \Delta Q_{bfg} + \Delta Q_{sair} - \Delta Q_{fg}
\end{aligned} \tag{11.26}
$$

式中，α 为热风炉消耗的高炉煤气量占高炉煤气总量的比例；$n_{i,fg}$ 为热风炉排出烟气各成分的物质的量；$h_{i,fg}$ 和 $h_{i,fg}^0$ 分别为热风炉出口和环境温度下烟气各组元的比焓；$\sum n_{i,sair}$ 为热风炉助燃空气各成分的物质的量；$h_{i,sair}$ 和 $h_{i,air}^0$ 分别为热风炉入口和环境温度下助燃空气各成分的比焓。

高炉煤气在热风炉里与一定过量空气系数的助燃空气燃烧，其物质平衡关系为

$$M_{fg} = \sum M_{i,fg} = M_{sair} + \alpha M_{bfg} \tag{11.27}$$

式中，$M_{sair} = \sum n_{i,sair} M_{n,i,air}$ 为热风炉助燃空气量及成分构成（物质的量和分子量）；$M_{fg} = \sum n_{i,fg} M_{n,i,fg}$ 为热风炉出口烟气量及成分构成（物质的量和分子量）。

热风炉助燃空气带入热风炉的显热为

$$\Delta Q_{sair} = \sum n_{i,sair}(h_{i,sair} - h_{i,air}^0) \tag{11.28}$$

这部分助燃空气显热一般来自空气预热器，与电站锅炉空气预热器的作用一样，可以有效地提高燃烧温度，对于提高热风温度有益，同时有助于减小热风炉的传热面积。

热风炉出口排烟携带的显热 ΔQ_{fg} 可以用式（11.29）计算。

$$\Delta Q_{fg} = \sum n_{i,fg}(h_{i,fg} - h_{i,fg}^0) \tag{11.29}$$

空气预热器热平衡关系式为

$$\Delta Q_{sair} = \sum n_{i,sair}(h_{i,sair} - h_{i,air}^0) = \sum n_{i,fg}(h_{i,fg} - h_{i,fg}^{out}) \tag{11.30}$$

式中，$h_{i,fg}^{out}$ 为空气预热器出口排烟各组元的比焓。

热风炉排烟热损失为

$$\Delta Q_{wh,fg} = \Delta Q_{fg} - \Delta Q_{sair} = \sum n_{i,fg}(h_{i,fg}^{out} - h_{i,fg}^0) \tag{11.31}$$

高炉炼铁中，相当一部分 C 及 CO 是作为还原剂参与 Fe_2O_3 等氧化物的还原反应的，但在高炉炼铁的能耗分析时，往往将所使用的全部煤、焦炭及天然气等作为高炉的能源输入，以全部燃料的热值作为高炉炼铁的热耗。为了简单，这里仅考虑煤和焦炭两种燃料输入，燃料的热值可以通过燃料燃烧的标准反应焓计算。由于热力学规定环境温度和压力下单原子分子的比焓为 0，对于已知组元构成的焦炭和煤，其热值可以用式（11.32）计算。

$$B^s q_1^s = -\Delta H_{R,C\&C}^0$$
$$= (n_{C,coke} + n_{C,coal})(-h_{CO_2}^0) + n_{H_2,coal}(-h_{H_2O}^0) \tag{11.32}$$

式中，$\Delta H_{R,C\&C}^0$ 为输入煤和焦炭在环境温度和压力下燃烧的反应焓；$n_{C,coke} = M_{C,coke} / M_{n,C}$ 和 $n_{C,coal} = M_{C,coal} / M_{n,C}$ 分别为输入焦炭和煤中碳元素的物质的量，其中 $M_{C,coke}$ 和 $M_{C,coal}$ 分别为输入焦炭和煤中碳元素的质量；$h_{CO_2}^0$ 为环境温度和压力下 CO_2 的比焓；$n_{H_2,coal} = M_{H_2,coal} / M_{n,H_2}$ 为输入煤中以氢分子计量的氢原子物质的量，其中，$M_{H_2,coal}$ 为煤中氢元素的质量，M_{n,H_2} 为氢气的分子量，M_{n,H_2} =2.016g/mol；

$h_{H_2O}^0$ 为环境温度和压力下水蒸气的比焓。

需要说明的是，如果实际输入的煤含有除碳和氢之外的可燃物，式(11.32)需要进行相应的修正。

工程上常用测定的燃煤和焦炭热值进行高炉热平衡分析，但不利于物质平衡和热平衡的详细分析与计算，以致高炉煤气成分及其热值不能计算，需采用经验性的数据进行计算，高炉炼铁过程的一些细节难以得到揭示。

因此，每生产 1t 生铁炼铁标准煤耗为

$$B^s = -\Delta H_{R,C\&C}^0 / q_1^s = [(n_{C,coke} + n_{C,coal})(-h_{CO_2}^0) + n_{H_2,coal}(-h_{H_2O}^0)] / q_1^s \quad (11.33)$$

对于有其他燃料输入的高炉，式(11.33)需做相应的调整。

与式(11.33)相对应，以化学能的形式储存于每吨生铁的热量等于其中的 Fe 返回原矿石状态的反应焓与所含 C 的热值之和。考虑到炉渣中含有一定比例的 FeO，从热平衡角度看，在环境温度和压力下生产 1t 生铁的标准反应焓更合适用式(11.34)计算[参考式(11.4)]。

$$-\Delta H_{R,P_M}^0 = -[n_{Fe_2O_3,ore}h_{Fe_2O_3}^0 + (n_{Fe,P_M} - 2n_{Fe_2O_3,ore})h_{FeO}^0 + n_{C,P_M}h_{CO_2}^0] \quad (11.34)$$

式中，$n_{Fe,P_M} = M_{Fe,P_M} / M_{n,Fe}$ 为 1t 铁水中铁的物质的量，其中 M_{Fe,P_M} 为 1t 铁水中铁的质量；$n_{Fe_2O_3,ore}$ 为每生产 1t 铁水所还原的铁矿石中 Fe_2O_3 的物质的量；$n_{C,P_M} = M_{C,P_M} / M_{n,C}$ 为 1t 铁水中 C 的物质的量，其中 M_{C,P_M} 为 1t 铁水中 C 的质量；h_{FeO}^0 为环境温度下 FeO 的比焓。

如果矿石中还含有其他含铁矿物以及在高炉环境下可以发生还原反应的矿物，式(11.34)需做适当的修正。

高炉煤气 M_{bfg} (n_{bfg}) 的热值可以用式(11.35)计算。

$$\begin{aligned} M_{bfg}q_{bfg}^0 &= -\Delta H_{R,bfg}^0 \\ &= n_{CO,bfg}(-h_{CO_2}^0 + h_{CO}^0) + n_{CH_4,bfg}(-h_{CO_2}^0 - 2h_{H_2O}^0 + h_{CH_4}^0) \\ &\quad + n_{H_2,bfg}(-h_{H_2O}^0) \\ &= n_{CO,bfg}(-\Delta h_{R,CO}^0) + n_{CH_4,bfg}(-\Delta h_{R,CH_4}^0) + n_{H_2,bfg}(-\Delta h_{R,H_2}^0) \end{aligned} \quad (11.35)$$

式中，$\Delta H_{R,bfg}^0$ 为高炉煤气在环境温度和压力下燃烧的反应焓；h_{CO}^0 和 $h_{CH_4}^0$ 分别为环境温度下 CO 和 CH_4 的摩尔比焓；$n_{CO,bfg} = M_{CO,bfg} / M_{n,CO}$ 为高炉煤气中 CO 的物质的量；$n_{CH_4,bfg} = M_{CH_4,bfg} / M_{n,CH_4}$ 为高炉煤气中 CH_4 的物质的量；$n_{H_2,bfg} = M_{H_2,bfg} / M_{n,H_2}$ 为高炉煤气中 H_2 的物质的量；$M_{CO,bfg}$、$M_{CH_4,bfg}$ 及 $M_{H_2,bfg}$ 分别为高炉煤气中 CO、CH_4 和 H_2 的质量；$M_{n,CO}$、M_{n,CH_4} 及 M_{n,H_2} 分别为 CO、CH_4

和H_2的分子量；$\Delta h_{R,CO}^0$、$\Delta h_{R,CH_4}^0$、$\Delta h_{R,H_2}^0$为高炉煤气中可燃成分CO、CH_4、H_2的标准反应焓，kJ/kmol。

11.4　高炉炼铁过程的熵产分析

11.4.1　热风炉熵产分析

1. 高炉煤气（$\alpha \sum n_{i,\text{bfg}}$）的绝热燃烧熵产

根据第二定律（$\Delta S = \Delta_e S + S^{\text{gen}}$），热风炉内高炉煤气绝热燃烧的熵流为0，即$\Delta_e S = 0$，绝热燃烧熵产等于熵变。

$$S_{\text{ad,st}}^{\text{gen}} = \sum n_{i,\text{fg}} s_{i,\text{fg}}^{\text{ad}} - \sum n_{i,\text{sair}} s_{i,\text{sair}} - \alpha \sum n_{i,\text{bfg}} s_{i,\text{bfg}} \tag{11.36}$$

式中，$s_{i,\text{fg}}^{\text{ad}}$为高炉煤气绝热燃烧温度下烟气各成分的比熵；$s_{i,\text{sair}}$为热风炉入口助燃空气各成分的比熵；$s_{i,\text{bfg}}$为高炉煤气各成分的比熵。

分解构建式(11.36)中的熵变关系，高炉煤气绝热燃烧熵产可用如下形式计算。

$$
\begin{aligned}
S_{\text{ad,st}}^{\text{gen}} = & \left(\sum n_{i,\text{fg}} s_{i,\text{fg}}^{\text{ad}} - \sum n_{i,\text{fg}} s_{i,\text{fg}}\right) - \left(\sum n_{i,\text{sair}} s_{i,\text{sair}} - \sum n_{i,\text{sair}} s_{i,\text{air}}^0\right) \\
& - \alpha \left(\sum n_{i,\text{bfg}} s_{i,\text{bfg}} - \sum n_{i,\text{bfg}} s_{i,\text{bfg}}^0\right) + \left(\sum n_{i,\text{fg}} s_{i,\text{fg}} - \sum n_{i,\text{fg}} s_{i,\text{fg,aph}}^{\text{out}}\right) \\
& + \left(\sum n_{i,\text{fg}} s_{i,\text{fg,aph}}^{\text{out}} - \sum n_{i,\text{fg}} s_{i,\text{fg}}^0\right) + \sum n_{i,\text{fg}} s_{i,\text{fg}}^0 - \sum n_{i,\text{sair}} s_{i,\text{air}}^0 - \alpha \sum n_{i,\text{bfg}} s_{i,\text{bfg}}^0
\end{aligned} \tag{11.37}
$$

$$
\begin{aligned}
= & \frac{\Delta Q_{\text{air}}}{\overline{T}_{\text{fg,st}}^{\text{ad}}} - \frac{\Delta Q_{\text{sair}}}{\overline{T}_{\text{sair}}} - \frac{\alpha \Delta Q_{\text{bfg}}}{\overline{T}_{\text{bfg}}} + \frac{\Delta Q_{\text{sair}}}{\overline{T}_{\text{fg,aph}}} + \frac{\Delta Q_{\text{wh,fg}}}{\overline{T}_{\text{fg}}} + \alpha \Delta S_{R,\text{bfg}}^0 \\
= & \frac{\Delta Q_{\text{air}}}{\overline{T}_{\text{fg,st}}^{\text{ad}}} - \Delta Q_{\text{sair}} \left(\frac{1}{\overline{T}_{\text{sair}}} - \frac{1}{\overline{T}_{\text{fg,aph}}}\right) - \frac{\alpha \Delta Q_{\text{bfg}}}{\overline{T}_{\text{bfg}}} + \frac{\Delta Q_{\text{wh,fg}}}{\overline{T}_{\text{fg}}} + \alpha \Delta S_{R,\text{bfg}}^0
\end{aligned}
$$

式中，$s_{i,\text{fg}}$为热风炉出口烟气各成分的比熵；$s_{i,\text{fg,aph}}^{\text{out}}$为空气预热器出口烟气各成分的比熵；$s_{i,\text{fg}}^0$为环境温度下烟气各成分的比熵；$s_{i,\text{air}}^0$为环境温度下空气各成分的比熵；$s_{i,\text{bfg}}^0$为环境温度下高炉煤气各成分的比熵。

$\overline{T}_{\text{fg,st}}^{\text{ad}}$为烟气从绝热燃烧温度至热风炉出口温度的热力学平均温度，用式(11.38)计算。

$$\overline{T}_{\text{fg,st}}^{\text{ad}} = \frac{\sum n_{i,\text{fg}} h_{i,\text{fg}}^{\text{ad}} - \sum n_{i,\text{fg}} h_{i,\text{fg}}}{\sum n_{i,\text{fg}} s_{i,\text{fg}}^{\text{ad}} - \sum n_{i,\text{fg}} s_{i,\text{fg}}} = \frac{\Delta Q_{\text{air}}}{\sum n_{i,\text{fg}} s_{i,\text{fg}}^{\text{ad}} - \sum n_{i,\text{fg}} s_{i,\text{fg}}} \tag{11.38}$$

$\overline{T}_{\text{sair}}$ 为助燃空气在空气预热器中的吸热热力学平均温度，用式(11.39)计算。

$$\overline{T}_{\text{sair}} = \frac{\sum n_{i,\text{sair}} h_{i,\text{sair}} - \sum n_{i,\text{sair}} h_{i,\text{air}}^0}{\sum n_{i,\text{sair}} s_{i,\text{sair}} - \sum n_{i,\text{sair}} s_{i,\text{air}}^0} = \frac{\Delta Q_{\text{sair}}}{\sum n_{i,\text{sair}} s_{i,\text{sair}} - \sum n_{i,\text{sair}} s_{i,\text{air}}^0} \tag{11.39}$$

$\overline{T}_{\text{bfg}}$ 为高炉煤气从高炉出口温度至环境温度的热力学平均温度。

$$\overline{T}_{\text{bfg}} = \frac{\sum n_{i,\text{bfg}} h_{i,\text{bfg}} - \sum n_{i,\text{bfg}} h_{i,\text{bfg}}^0}{\sum n_{i,\text{bfg}} s_{i,\text{bfg}} - \sum n_{i,\text{bfg}} s_{i,\text{bfg}}^0} = \frac{\Delta Q_{\text{bfg}}}{\sum n_{i,\text{bfg}} s_{i,\text{bfg}} - \sum n_{i,\text{bfg}} s_{i,\text{bfg}}^0} \tag{11.40}$$

$\overline{T}_{\text{fg,aph}}$ 为从热风炉出口烟温至空气预热器出口烟温($T_{\text{fg,aph}}^{\text{out}}$)的热力学平均温度。

$$\overline{T}_{\text{fg,aph}} = \frac{\sum n_{i,\text{fg}} h_{i,\text{fg}} - \sum n_{i,\text{fg}} h_{i,\text{fg,aph}}^{\text{out}}}{\sum n_{i,\text{fg}} s_{i,\text{fg}} - \sum n_{i,\text{fg}} s_{i,\text{fg,aph}}^{\text{out}}} = \frac{\Delta Q_{\text{sair}}}{\sum n_{i,\text{fg}} s_{i,\text{fg}} - \sum n_{i,\text{fg}} s_{i,\text{fg,aph}}^{\text{out}}} \tag{11.41}$$

$\overline{T}_{\text{fg}}$ 为烟气从空气预热器出口至环境温度的热力学平均温度。

$$\overline{T}_{\text{fg}} = \frac{\sum n_{i,\text{fg}} h_{i,\text{fg,aph}}^{\text{out}} - \sum n_{i,\text{fg}} h_{i,\text{fg}}^0}{\sum n_{i,\text{fg}} s_{i,\text{fg,aph}}^{\text{out}} - \sum n_{i,\text{fg}} s_{i,\text{fg}}^0} = \frac{\Delta Q_{\text{wh,fg}}}{\sum n_{i,\text{fg}} s_{i,\text{fg,aph}}^{\text{out}} - \sum n_{i,\text{fg}} s_{i,\text{fg}}^0} \tag{11.42}$$

以上公式中的 $h_{i,*}$ 和 $h_{i,*}^0$ 分别为各物质成分在各自状态点下的比焓。

为了计算上的简单化，可以将各物流的比定压热容视为常数，上述各平均温度也可近似用对数平均温度计算。

$\alpha \Delta S_{R,\text{bfg}}^0$ 为热风炉所用高炉煤气在环境温度和压力下燃烧的反应熵：

$$\alpha \Delta S_{R,\text{bfg}}^0 = \sum n_{i,\text{fg}} s_{i,\text{fg}}^0 - \sum n_{i,\text{sair}} s_{i,\text{air}}^0 - \alpha \sum n_{i,\text{bfg}} s_{i,\text{bfg}}^0 \tag{11.43}$$

从式(11.37)不难看出，热风炉内高炉煤气绝热燃烧熵产主要取决于热风炉热负荷 ΔQ_{air} 及其烟气放热平均温度 $\overline{T}_{\text{fg,st}}^{\text{ad}}$；热风炉空气预热器的传热熵产被减去，说明空气预热器是热风炉的回热器，可降低绝热燃烧的熵产；进入热风炉的高炉煤气携带的显热 $\alpha \Delta Q_{\text{bfg}}$ 也可减小绝热燃烧熵产，说明了外部热量利用的节能价值；热风炉排烟热损失 $\Delta Q_{\text{wh,fg}}$ 是导致熵产增大的一个重要因素，降低余热排放是节能的重要措施。需要说明的是，式(11.37)的推导没有考虑不完全燃烧、热风炉散热损失等因素。

绝热燃烧温度（$T_{\text{fg,st}}^{\text{ad}}$）可以根据物质成分构成进行绝热燃烧的热平衡计算得到，可用式（11.44）近似计算。

$$T_{\text{fg,st}}^{\text{ad}} - T_0 = \frac{\sum n_{i,\text{fg}} h_{i,\text{fg}}^{\text{ad}} - \sum n_{i,\text{fg}} h_{i,\text{fg}}^0}{\sum n_{i,\text{fg}} \overline{c}_{p,i}} = \frac{\alpha(-\Delta H_{\text{bfg}}^0 + \Delta Q_{\text{bfg}}) + \Delta Q_{\text{sair}}}{\sum n_{i,\text{fg}} \overline{c}_{p,i}} \quad (11.44)$$

式中，$\overline{c}_{p,i}$ 为热风炉烟气各成分的比定压热容。

2. 热风炉传热过程熵产

根据换热器熵平衡关系式 $S^{\text{gen}} = \sum S^{\text{out}} - \sum S^{\text{in}}$，热风炉传热过程的熵产可以用式（11.45）计算：

$$\begin{aligned}
S_{\text{ht,st}}^{\text{gen}} &= \sum n_{i,\text{air}} s_{i,\text{air}} - \sum n_{i,\text{air}} s_{i,\text{air}}^0 - \left(\sum n_{i,\text{fg}} s_{i,\text{fg}}^{\text{ad}} - \sum n_{i,\text{fg}} s_{i,\text{fg}}\right) \\
&= \frac{\Delta Q_{\text{air}}}{\overline{T}_{\text{air}}} - \frac{\sum n_{i,\text{fg}} h_{i,\text{fg}}^{\text{ad}} - \sum n_{i,\text{fg}} h_{i,\text{fg}}}{\overline{T}_{\text{fg,st}}^{\text{ad}}} = \Delta Q_{\text{air}} \left(\frac{1}{\overline{T}_{\text{air}}} - \frac{1}{\overline{T}_{\text{fg,st}}^{\text{ad}}}\right)
\end{aligned} \quad (11.45)$$

式中，$s_{i,\text{fg}}$ 为热风炉出口烟气各成分的比熵；$s_{i,\text{air}}$ 和 $s_{i,\text{air}}^0$ 为热风炉出口热风及环境空气各成分的比熵。

$\overline{T}_{\text{air}}$ 为热风在热风炉中的吸热热力学平均温度，用式（11.46）计算：

$$\overline{T}_{\text{air}} = \frac{\sum n_{i,\text{air}} h_{i,\text{air}} - \sum n_{i,\text{air}} h_{i,\text{air}}^0}{\sum n_{i,\text{air}} s_{i,\text{air}} - \sum n_{i,\text{air}} s_{i,\text{air}}^0} = \frac{\Delta Q_{\text{air}}}{\sum n_{i,\text{air}} s_{i,\text{air}} - \sum n_{i,\text{air}} s_{i,\text{air}}^0} \quad (11.46)$$

3. 热风炉空气预热器熵产

空气预热器不一定是热风炉的标配。而事实是，热风炉排烟温度往往比较高，一般远远高于火电机组平均 125℃的水平，会造成比较大的热损失。首钢京唐钢铁联合有限责任公司 5500m³ 高炉 BSK（Beijing Shougang Kalugin）顶燃式热风炉利用烟气余热预热煤气和助燃空气，助燃空气经预热器预热至 520～600℃（张福明等，2012）。进入高炉的冷风温度已达 235℃，这显然不是取自环境大气，而是来自企业内部余热回收。相应地，此热风炉排烟温度最大为 450℃，正常平均值为349℃，拱顶温度达 1420℃，热风温度为 1300℃。表 11.1 为国内一些热风炉烟气余热回收利用情况（李军等，2009），相对于火电机组大约 125℃的排烟温度，热风炉系统还没有达到精细的水平。

表 11.1　外燃式热风炉烟气余热回收装置利用水平　　　　　　　（单位：℃）

钢企及高炉编号	烟气温度	煤气温度	助燃空气温度
宝钢四高炉	287	180	186
宝钢一高炉	277	123	130
鞍钢新一号	200～300	150～160	150～160
马钢新一号	330	100	160
马钢新二号	390	150	170
邯钢	265	137	155
太钢(设计)	200～300	180	180

对于有空气预热器的热风炉，空气预热器回收的烟气热量 ΔQ_{sair} 用式 (11.30) 计算。

空气预热器换热过程的熵产可用式 (11.47) 计算：

$$
\begin{aligned}
S_{aph}^{gen} &= \sum n_{i,sair}s_{i,sair} - \sum n_{i,sair}s_{i,air}^0 - \left(\sum n_{i,fg}s_{i,fg} - \sum n_{i,fg}s_{i,fg,aph}^{out}\right) \\
&= \Delta Q_{sair}\left(\frac{1}{\overline{T}_{sair}} - \frac{1}{\overline{T}_{fg,aph}}\right)
\end{aligned}
\tag{11.47}
$$

4. 排烟热损失熵产

排烟温度一般要高于环境温度，烟气进入环境，对环境放热以致环境熵增，其自身降温熵减，故其熵产为二者的代数和：

$$
S_{fg}^{gen} = \frac{\Delta Q_{wh,fg}}{T_0} - \left(\sum n_{i,fg}s_{i,fg,aph}^{out} - \sum n_{i,fg}s_{i,fg}^0\right) = \Delta Q_{wh,fg}\left(\frac{1}{T_0} - \frac{1}{\overline{T}_{fg}}\right)
\tag{11.48}
$$

式中，$\overline{T}_{fg}$ 为空气预热器出口烟气进入大气并降至环境温度的热力学平均温度。

5. 热风炉系统熵产

热风炉系统熵产等于上述各环节熵产之和：

$$
\begin{aligned}
S_{st}^{gen} &= \frac{\Delta Q_{wh,fg}}{T_0} + \left(\sum n_{i,air}s_{i,air} - \sum n_{i,air}s_{i,air}^0\right) \\
&\quad + \sum n_{i,fg}s_{i,fg}^0 - \sum n_{i,sair}s_{i,air}^0 - \alpha\sum n_{i,bfg}s_{i,bfg} \\
&= \frac{\Delta Q_{air}}{\overline{T}_{air}} - \frac{\alpha\Delta Q_{bfg}}{\overline{T}_{bfg}} + \frac{\Delta Q_{wh,fg}}{T_0} + \alpha\Delta S_{R,bfg}^0
\end{aligned}
\tag{11.49}
$$

式(11.49)表明，热风炉系统的熵产主要取决于热风炉空气吸收的热量 ΔQ_{air} 及其热力学平均温度 $\overline{T}_{\text{air}}$；高炉煤气携带的显热以及烟气排放热损失的作用显而易见。

11.4.2 高炉本体熵产

1. 输入煤绝热燃烧温度及绝热燃烧熵产

对于单纯的燃烧过程，完全可以根据绝热燃烧温度的热力学定义，以燃料完全燃烧释放的热量计算燃烧产物能达到的温度。但对于高炉炼铁，高炉输出的气体为高炉煤气，它含有 N_2、CO_2、CO、H_2 和 CH_4 等成分，含有相当比例的可燃成分。根据有关文献及前面的分析，C、CO 及 H 都可能参与了 Fe_2O_3 的还原反应，这些反应不属于燃烧过程，且多为吸热反应，从而增加了高炉中燃料燃烧过程的绝热燃烧温度的计算复杂性。

一般认为，高炉炼铁中的碳素在风口区域的燃烧，是在含有湿分的热风中不完全燃烧，燃烧的最终产物是 CO、H_2 及 N_2，认为绝热燃烧温度是指燃料在风口区不完全燃烧，燃料和鼓风所含热量及燃烧反应放出的热量，全部传给燃烧产物时所能达到的温度(那树人，2005)，这里的燃料包括了煤和焦炭。具体计算时，采用了以风口前 1kg 碳素燃烧产生煤气及 $1m^3$ 鼓风为条件计算的方法(那树人，2005)。然而，从高炉输入燃料燃烧的角度看，作为助燃剂输入的全部氧气，包括热风中的氧气和注入的纯氧在内，不仅不足以让进入高炉的全部碳素氧化成 CO_2，也不足以将全部碳素氧化成 CO。事实上，生成高炉煤气所需的氧，相当一部分来自矿石中的 Fe_2O_3 等，因此上述计算绝热燃烧温度的方法缺乏"物质基础"。从高炉实际生产过程看，煤(不包括焦炭)与热风进入高炉燃烧，在1300℃的高温热风条件下，煤可以完全燃烧，而且输入的氧气还有富余，因此目前文献所给绝热燃烧温度的计算方法之理论基础不够充分。

根据高炉生产实际和绝热燃烧温度的热力学定义，可以认为输入的煤在高温富氧空气中完全燃烧产生 CO_2 和 H_2O，这一燃烧过程的全部热量用于加热燃烧产物本身所能达到的温度为绝热燃烧温度。当然，燃烧产物不仅包括空气和碳素氧化物，还包括煤中不可燃成分。这些不可燃成分的存在增大了燃烧产物的热容量，降低了绝热燃烧温度。

对于绝热燃烧过程，熵流 $\Delta_e S = 0$，根据热力学第二定律，系统熵变为熵产，因此，输入煤绝热燃烧过程的熵产为

$$
\begin{aligned}
S_{\text{ad}}^{\text{gen}} &= \Delta S = \sum S^{\text{out}} - \sum S^{\text{in}} = S_{\text{ad}} - S_{\text{air}} - S_{\text{coal}}^0 - S_{O_2}^0 \\
&= \sum n_{i,\text{ad}} s_{i,\text{ad}} - \sum n_{i,\text{air}} s_{i,\text{air}} - \sum n_{i,\text{coal}} s_{i,\text{coal}}^0 - n_{O_2} s_{O_2}^0
\end{aligned} \tag{11.50}
$$

式中，$S_{ad} = \sum n_{i,ad} s_{i,ad}$ 为绝热燃烧温度（T_{ad}）下煤燃烧产物的熵，$s_{i,ad}$ 为相应燃烧产物各组分的比熵；$S_{coal}^0 = \sum n_{i,coal} s_{i,coal}^0$ 为输入煤的熵，$s_{i,coal}^0$ 为环境温度和压力下输入煤各组元的比熵；$S_{air} = \sum n_{i,air} s_{i,air}$ 为热风熵，$s_{i,air}$ 为热风各组元的比熵；$S_{O_2}^0 = n_{O_2} s_{O_2}^0$ 为注入纯氧的熵，$s_{O_2}^0$ 为注入纯氧在环境温度和压力下的比熵。

式（11.50）还可写成

$$
\begin{aligned}
S_{ad}^{gen} &= \sum n_{i,ad} s_{i,ad} - \sum n_{i,ad} s_{i,ad}^0 - \left(\sum n_{i,air} s_{i,air} - \sum n_{i,air} s_{i,air}^0 \right) \\
&\quad + \sum n_{i,ad} s_{i,ad}^0 - \sum n_{i,coal} s_{i,coal}^0 - \sum n_{i,air} s_{i,air}^0 - n_{O_2} s_{O_2}^0 \\
&= \frac{\sum n_{i,ad} h_{i,ad} - \sum n_{i,ad}^0 h_{i,ad}^0}{\overline{T}_{ad}} - \frac{\Delta Q_{air}}{\overline{T}_{air}} + \Delta S_{R,coal}^0
\end{aligned}
\tag{11.51}
$$

显然，热风带入高炉热量（ΔQ_{air}）越多，输入煤绝热燃烧熵产越低。如果输入煤和纯氧气也有额外的显热带入，也能起到降低绝热燃烧熵产的作用。

式（11.51）中的 $\sum n_{i,ad} h_{i,ad} - \sum n_{i,ad} h_{i,ad}^0$ 为绝热燃烧产物从绝热燃烧温度至环境温度的焓差，如果已知输入煤的成分构成，这一焓差可用式（11.52）计算。

$$
\begin{aligned}
\sum n_{i,ad} h_{i,ad} - \sum n_{i,ad} h_{i,ad}^0 &= -\Delta H_{R,coal}^0 + \Delta Q_{air} \\
&= n_{C,coal}(-h_{CO_2}^0) + n_{H_2,coal}(-h_{H_2O}^0) + \Delta Q_{air}
\end{aligned}
\tag{11.52}
$$

式中，$\Delta H_{R,coal}^0$ 为输入煤在环境温度和压力下燃烧的反应焓；$n_{ad} = \sum n_{i,ad} = \sum M_{i,ad} / M_{n,i,ad}$ 为输入煤绝热燃烧产物的物质的量及成分构成；$h_{i,ad}$ 和 $h_{i,ad}^0$ 分别为输入煤绝热燃烧产物各成分在绝热燃烧温度（T_{ad}）与环境温度下的比焓。

式（11.51）中的 $\overline{T}_{ad}$ 为输入煤绝热燃烧温度至环境温度的热力学平均温度，用式（11.53）计算：

$$
\overline{T}_{ad} = \frac{\sum n_{i,ad} h_{i,ad} - \sum n_{i,ad} h_{i,ad}^0}{\sum n_{i,ad} s_{i,ad} - \sum n_{i,ad} s_{i,ad}^0}
\tag{11.53}
$$

式中，$\sum n_{i,ad} s_{i,ad} - \sum n_{i,ad} s_{i,ad}^0$ 为绝热燃烧产物从绝热燃烧温度至环境温度的熵差。

相应地，绝热燃烧温度也可以根据物质成分构成进行绝热燃烧的热平衡计算得到，可用式（11.54）近似计算：

$$T_{ad} - T_0 = \frac{\sum n_{i,ad} h_{i,ad} - \sum n_{i,ad} h_{i,ad}^0}{\sum M_{i,ad} \overline{c}_{pi,ad}}$$

$$= \frac{n_{C,coal}(-h_{CO_2}^0) + n_{H_2,coal}(-h_{H_2O}^0) + \Delta Q_{air}}{\sum M_{i,ad} \overline{c}_{pi,ad}} \quad (11.54)$$

$$= \frac{M_{coal} q_{coal} + \Delta Q_{air}}{\sum M_{i,ad} \overline{c}_{pi,ad}} = \frac{-\Delta H_{R,coal}^0 + \Delta Q_{air}}{\sum M_{i,ad} \overline{c}_{pi,ad}}$$

式中，$\overline{c}_{pi,ad}$ 为燃烧产物各成分的比定压热容。

M_{ad} 为煤与热风及纯氧燃烧产物的质量，M_{O_2} 为注入的纯氧量：

$$M_{ad} = \sum M_{i,ad} = M_{coal} + M_{air} + M_{O_2} = \sum M_{i,coal} + \sum M_{i,air} + M_{O_2} \quad (11.55)$$

q_{coal} 为输入煤的热值，用式(11.56)计算：

$$q_{coal} = \frac{-\Delta H_{R,coal}^0}{M_{coal}} = \frac{n_{C,coal}(-h_{CO_2}^0) + n_{H_2,coal}(-h_{H_2O}^0)}{M_{coal}} \quad (11.56)$$

2. 还原反应熵产

铁矿石的有效成分是 Fe_2O_3，Fe_3O_4 和 FeO，它们在一定温度下还原成 Fe。高炉内的还原反应，可以分解为 FeO 到 Fe 的还原反应和 Fe_3O_4 及 Fe_2O_3 到 FeO 的初级还原反应。为了分析反应过程的熵产，一般假定反应在等温等压下进行，根据第 4 章的分析，反应过程的熵产可以用下式计算：

$$S_R^{gen} = \frac{-\Delta G_R}{T} = \frac{-(\Delta H_R - T\Delta S_R)}{T}$$

还原反应温度可以通过热平衡计算得到，也可以通过实验测试得到。

3. 高炉炼铁过程的传热及反应过程的熵产

如图 11.3 所示，高炉炼铁工作温度范围内，Fe_2O_3 等的还原反应熵产不大，所致不可逆损失有限，即高炉炼铁的主要熵产发生在输入煤的燃烧及炉内传热过程。总体上看，高炉炼铁是输入煤燃烧产生的高温烟气对矿石和焦炭的热传导过程，在炼铁温度(约 1560℃)下，发生 $FeO + C \Longrightarrow Fe + CO$ 等还原反应，产生中间状态的高炉煤气；中间煤气继续向上流动，预热加热矿石和焦炭，在约 626.85℃(900K)温度下，发生 $Fe_2O_3 + CO \Longrightarrow 2FeO + CO_2$ 等初级还原反应。需要说明的是，在 C 及 CO 参与 Fe_2O_3 还原反应的过程，也会释放出热量，即焦炭的热值在 Fe_2O_3 的还原过程中得以释放。

如果将输入煤绝热燃烧产生的高温烟气至高炉出口煤气的放热过程，以及矿石和焦炭从环境温度预热加热并发生还原反应生成铁水和炉渣的吸热过程作为研究对象，在忽略高炉散热损失的条件下，这一研究对象可以视为绝热系统，对外无热流。根据热力学第二定律，熵产等于熵变–熵流，对于绝热系统，熵流为 0，熵变为系统熵产，即

$$
\begin{aligned}
S_{\text{ht\&rr}}^{\text{gen}} &= \Delta S = \sum S^{\text{out}} - \sum S^{\text{in}} \\
&= \sum n_{i,\text{P}_\text{M}} s_{i,\text{P}_\text{M}} + \sum n_{i,\text{slag}} s_{i,\text{slag}} + \sum n_{i,\text{bfg}} s_{i,\text{bfg}} \\
&\quad - \sum n_{i,\text{ad}} s_{i,\text{ad}} - \sum n_{i,\text{ore}}^0 s_{i,\text{ore}}^0 - \sum n_{i,\text{coke}}^0 s_{i,\text{coke}}^0
\end{aligned}
\tag{11.57}
$$

式中，$n_{i,*}$ 为各输入输出物质成分的物质的量；$s_{i,*}$ 和 $s_{i,*}^0$ 分别为各输入输出物质成分在各自状态点下的摩尔比熵。

分解构建式 (11.57) 中的熵变关系可得

$$
\begin{aligned}
S_{\text{ht\&rr}}^{\text{gen}} &= (\sum n_{i,\text{P}_\text{M}} s_{i,\text{P}_\text{M}} - \sum n_{i,\text{P}_\text{M}} s_{i,\text{P}_\text{M}}^0) + (\sum n_{i,\text{slag}} s_{i,\text{slag}} - \sum n_{i,\text{slag}} s_{i,\text{slag}}^0) \\
&\quad + (\sum n_{i,\text{bfg}} s_{i,\text{bfg}} - \sum n_{i,\text{bfg}} s_{i,\text{bfg}}^0) - (\sum n_{i,\text{ad}} s_{i,\text{ad}} - \sum n_{i,\text{ad}} s_{i,\text{ad}}^0) \\
&\quad - (\sum n_{i,\text{ore}}^0 s_{i,\text{ore}}^0 - \sum n_{i,\text{air}}' s_{i,\text{air}}^0 + \sum n_{i,\text{P}_\text{M}} s_{i,\text{P}_\text{M}}^0 + \sum n_{i,\text{slag}} s_{i,\text{slag}}^0) \\
&\quad - (\sum n_{i,\text{fg}}'' s_{i,\text{fg}}^0 - \sum n_{i,\text{bfg}} s_{i,\text{bfg}}^0 - \sum n_{i,\text{air}}'' s_{i,\text{air}}^0) \\
&\quad + (\sum n_{i,\text{fg}}''' s_{i,\text{fg}}^0 - \sum n_{i,\text{coke}}^0 s_{i,\text{coke}}^0 - \sum n_{i,\text{air}}''' s_{i,\text{air}}^0)
\end{aligned}
\tag{11.57 a}
$$

式中，$\sum n_{i,*}'$、$\sum n_{i,*}''$ 和 $\sum n_{i,*}'''$ 为适应分解构建熵变关系所需各物质成分的物质的量及构成，遵循化学计量要求。

绝热燃烧产物是输入煤燃烧产生的烟气，Fe_2O_3 等还原产生氧，而中间煤气及焦炭氧化需要氧，其间存在内在物质平衡。高炉内传热及氧化还原反应的熵产可以写成如下形式：

$$
S_{\text{ht\&rr}}^{\text{gen}} = \frac{\Delta Q_{\text{P}_\text{M}}}{\overline{T}_{\text{P}_\text{M}}} + \frac{\Delta Q_{\text{slag}}}{\overline{T}_{\text{slag}}} + \frac{\Delta Q_{\text{bfg}}}{\overline{T}_{\text{bfg}}} - \frac{\sum n_{i,\text{ad}} h_{i,\text{ad}} - \sum n_{i,\text{ad}} h_{i,\text{ad}}^0}{\overline{T}_{\text{ad}}} \\
- \Delta S_{\text{R,P}_\text{M}}^0 - \Delta S_{\text{R,bfg}}^0 + \Delta S_{\text{R,coke}}^0
\tag{11.57 b}
$$

$\overline{T}_{\text{P}_\text{M}}$ 为铁水冷却至环境温度的热力学平均温度，用式 (11.58) 计算：

$$
\overline{T}_{\text{P}_\text{M}} = \frac{\sum n_{i,\text{P}_\text{M}} h_{i,\text{P}_\text{M}} - \sum n_{i,\text{P}_\text{M}} h_{i,\text{P}_\text{M}}^0}{\sum n_{i,\text{P}_\text{M}} s_{i,\text{P}_\text{M}} - \sum n_{i,\text{P}_\text{M}} s_{i,\text{P}_\text{M}}^0}
\tag{11.58}
$$

式中，$h_{i,\mathrm{P_M}}^0$ 为环境温度下的生铁各成分的比焓。

4. 高炉本体的熵产

高炉本体的熵产等于输入煤绝热燃烧熵产与炼铁过程的传热及反应过程的熵产之和：

$$S_{\mathrm{bf}}^{\mathrm{gen}} = \frac{\Delta Q_{\mathrm{P_M}}}{\overline{T}_{\mathrm{P_M}}} + \frac{\Delta Q_{\mathrm{slag}}}{\overline{T}_{\mathrm{slag}}} + \frac{\Delta Q_{\mathrm{bfg}}}{\overline{T}_{\mathrm{bfg}}} - \frac{\Delta Q_{\mathrm{air}}}{\overline{T}_{\mathrm{air}}} - \Delta S_{\mathrm{R,P_M}}^0 - \Delta S_{\mathrm{R,bfg}}^0 + \Delta S_{\mathrm{R,C\&C}}^0 \quad (11.59)$$

式中，$\Delta S_{\mathrm{R,C\&C}}^0 = \Delta S_{\mathrm{R,coal}}^0 + \Delta S_{\mathrm{R,coke}}^0$ 为输入煤和焦炭在环境温度和压力下燃烧的反应熵之和。

11.4.3　炉渣热损失熵产

如果炉渣显热没有得到利用，则所造成的熵产等于环境获得这一热量的熵增与炉渣自身因降温的熵减代数和。

$$\begin{aligned}S_{\mathrm{slag}}^{\mathrm{gen}} &= \frac{\Delta Q_{\mathrm{slag}}}{T_0} - \left(\sum n_{i,\mathrm{slag}} s_{i,\mathrm{slag}} - \sum n_{i,\mathrm{slag}} s_{i,\mathrm{slag}}^0\right) \\ &= \Delta Q_{\mathrm{slag}}\left(\frac{1}{T_0} - \frac{1}{\overline{T}_{\mathrm{slag}}}\right)\end{aligned} \quad (11.60)$$

$$\overline{T}_{\mathrm{slag}} = \frac{\sum n_{i,\mathrm{slag}} h_{i,\mathrm{slag}} - \sum n_{i,\mathrm{slag}} h_{i,\mathrm{slag}}^0}{\sum n_{i,\mathrm{slag}} s_{i,\mathrm{slag}} - \sum n_{i,\mathrm{slag}} s_{i,\mathrm{slag}}^0} \quad (11.61)$$

11.4.4　富余高炉煤气排放造成的熵产

1. 富余高炉煤气显热散失造成的熵产

高炉煤气一部分用于热风炉，所造成的影响已纳入热风炉的熵产计算，另一部分则被回收以待后续利用。回收待用的这部分富余高炉煤气降至环境温度所造成的熵产为

$$\begin{aligned}S_{\mathrm{bfg}}^{\mathrm{gen}} &= (1-\alpha)\left[\frac{\Delta Q_{\mathrm{bfg}}}{T_0} - \left(\sum n_{i,\mathrm{bfg}} s_{i,\mathrm{bfg}} - \sum n_{i,\mathrm{bfg}} s_{i,\mathrm{bfg}}^0\right)\right] \\ &= (1-\alpha)\Delta Q_{\mathrm{bfg}}\left(\frac{1}{T_0} - \frac{1}{\overline{T}_{\mathrm{bfg}}}\right)\end{aligned} \quad (11.62)$$

2. 富余高炉煤气排放造成的熵产

高炉煤气含有相当比例的可燃物，即使冷却至环境温度，仍然具有化学㶲。

如果直接排放，其化学功 $(-\Delta G_{R,bfg}^0)$ 将完全损失。因此，高炉煤气排放造成的熵产可以参考式(4.73)计算，相当于这部分高炉煤气在环境温度和压力下"燃烧"的熵产。

$$S_{hv,bfg}^{gen} = \frac{(1-\alpha)(-\Delta G_{R,bfg}^0)}{T_0} = (1-\alpha)\left(\frac{-\Delta H_{R,bfg}^0}{T_0} + \Delta S_{R,bfg}^0\right) \qquad (11.63)$$

式中，$-\Delta H_{R,bfg}^0 = M_{bfg}q_{bfg}^0$ 为高炉煤气热值，根据式(11.35)确定，$\Delta H_{R,bfg}^0$ 亦称为高炉煤气在环境温度和压力下燃烧的反应焓；$\Delta S_{R,bfg}^0$ 为高炉煤气在环境温度和压力下燃烧的反应熵，可用式(11.64)计算，亦可参考式(11.43)计算：

$$(1-\alpha)\Delta S_{R,bfg}^0 = \sum n_{i,fg'}s_{i,fg'}^0 - (1-\alpha)\sum n_{i,bfg}s_{i,bfg}^0 - \sum n_{i,air'}s_{i,air}^0 \qquad (11.64)$$

式中，$n_{i,fg'}s_{i,fg'}^0$ 为所排放的高炉煤气"燃烧"产生的烟气熵；$n_{i,air'}s_{i,air}^0$ 为燃烧这部分高炉煤气所需要的空气的熵。

这里的烟气量 $\sum n_{i,fg'}$ 和空气量 $\sum n_{i,air'}$ 根据这部分高炉煤气完全燃烧的化学计量数确定，所有物质的熵值均以环境温度和压力下的摩尔比熵计算。

高炉煤气直接排空所造成的熵产为式(11.62)和式(11.63)之和。如果高炉煤气得到利用，则根据余热余燃料资源利用计算相应的节能量，参见第 5 章。

将式(11.64)和式(11.43)相加即为在环境温度和压力下高炉煤气燃烧的反应熵。如果以高炉煤气中可燃成分的物质的量计，其值可以表示为式(11.65)的形式：

$$\begin{aligned} \Delta S_{R,bfg}^0 &= n_{CO,bfg}(s_{CO_2}^0 - s_{CO}^0 - 0.5s_{O_2}^0) + n_{H_2,bfg}(s_{H_2O}^0 - s_{H_2}^0 - 0.5s_{O_2}^0) \\ &\quad + n_{CH_4,bfg}(s_{CO_2}^0 + 2s_{H_2O}^0 - s_{CH_4}^0 - 2s_{O_2}^0) \\ &= n_{CO,bfg}\Delta s_{R,CO}^0 + n_{H_2,bfg}\Delta s_{R,H_2}^0 + n_{CH_4,bfg}\Delta s_{R,CH_4}^0 \end{aligned} \qquad (11.65)$$

式中，$\Delta s_{R,CO}^0$、$\Delta s_{R,H_2}^0$、$\Delta s_{R,CH_4}^0$ 为高炉煤气中可燃成分 CO、H_2、CH_4 的标准反应熵，$kJ/(K \cdot kmol)$。

结合式(11.35)，高炉煤气在环境温度和压力下的反应自由焓为

$$\begin{aligned} \Delta G_{R,bfg}^0 &= \Delta H_{R,bfg}^0 - T_0\Delta S_{R,bfg}^0 \\ &= n_{CO,bfg}\Delta g_{R,CO}^0 + n_{H_2,bfg}\Delta g_{R,H_2}^0 + n_{CH_4,bfg}\Delta g_{R,CH_4}^0 \end{aligned} \qquad (11.66)$$

式中，$\Delta g_{R,CO}^0$、$\Delta g_{R,H_2}^0$、$\Delta g_{R,CH_4}^0$ 为高炉煤气中可燃成分 CO、H_2、CH_4 的标准反应自由焓，$kJ/kmol$。

11.4.5　铁水显热散失造成的熵产

如果铁水显热没有得到利用，则这部分热损失造成的熵产为

$$
\begin{aligned}
S_{P_M}^{\text{gen}} &= \frac{\Delta Q_{P_M}}{T_0} - \left(\sum n_{i,P_M} s_{i,P_M} - \sum n_{i,P_M} s_{i,P_M}^0 \right) \\
&= \Delta Q_{P_M} \left(\frac{1}{T_0} - \frac{1}{\overline{T}_{P_M}} \right)
\end{aligned}
\tag{11.67}
$$

11.4.6　高炉炼铁总熵产

高炉炼铁总熵产等于上述各环节熵产之和。

$$
\begin{aligned}
\sum S_j^{\text{gen}} &= \frac{1}{T_0} \left[(1-\alpha)(\Delta Q_{\text{bfg}} - \Delta H_{R,\text{bfg}}^0) + \Delta Q_{P_M} + \Delta Q_{\text{slag}} + \Delta Q_{\text{wh,fg}} \right] + \Delta S_R^0 \\
&= \sum Q_i / T_0 + \Delta S_R^0
\end{aligned}
\tag{11.68}
$$

式中

$$
\begin{aligned}
\Delta S_R^0 =& \sum n_{i,P_M} s_{i,P_M}^0 + \sum n_{i,\text{slag}} s_{i,\text{slag}}^0 + \sum n_{i,\text{fg}} s_{i,\text{fg}}^0 + \sum n_{i,\text{fg}'} s_{i,\text{fg}'}^0 \\
&- \sum n_{i,\text{sair}} s_{i,\text{air}}^0 - \sum n_{i,\text{air}} s_{i,\text{air}}^0 - \sum n_{i,\text{air}'} s_{i,\text{air}}^0 - n_{O_2} s_{O_2}^0 \\
&- \sum n_{i,\text{coal}} s_{i,\text{coal}}^0 - \sum n_{i,\text{coke}} s_{i,\text{coke}}^0 - \sum n_{i,\text{ore}} s_{i,\text{ore}}^0
\end{aligned}
\tag{11.69}
$$

为环境温度和压力下生产 1t 生铁的高炉炼铁的反应熵。

由于未参与反应的物质熵会被抵消掉，只余下参与反应的物质成分熵，式 (11.69)可以进一步写成如下形式：

$$
\begin{aligned}
\Delta S_R^0 =& \; n_{\text{Fe},P_M} s_{\text{Fe}}^0 + n_{C,P_M} s_C^0 + n_{\text{FeO,slag}} s_{\text{FeO}}^0 \\
&+ (n_{CO_2,\text{fg}} + n_{CO_2,\text{fg}'}) s_{CO_2}^0 + (n_{H_2O,\text{fg}} + n_{H_2O,\text{fg}'}) s_{H_2O}^0 \\
&- (n_{O_2,\text{sair}} + n_{O_2,\text{air}} + n_{O_2,\text{air}'} + n_{O_2}) s_{O_2}^0 - (n_{C,\text{coal}} s_C^0 + n_{H_2,\text{coal}} s_{H_2}^0 \\
&+ n_{\text{FeO,coal}} s_{\text{FeO}}^0) - (n_{C,\text{coke}} s_C^0 + n_{\text{FeO,coke}} s_{\text{FeO}}^0) \\
&- (n_{\text{Fe}_2O_3,\text{ore}} s_{\text{Fe}_2O_3}^0 + n_{\text{FeO,ore}} s_{\text{FeO}}^0)
\end{aligned}
\tag{11.70}
$$

根据物质平衡原理，反应产物的物质的量与输入原料中相应成分的物质的量相等，即

$$
\text{Fe:} \quad n_{\text{Fe},P_M} + n_{\text{FeO,slag}} = 2n_{\text{Fe}_2O_3,\text{ore}} + n_{\text{FeO,ore}} + n_{\text{FeO,coal}} + n_{\text{FeO,coke}}
\tag{11.71}
$$

C: $\quad n_{C,P_M} + n_{CO_2,fg} + n_{CO_2,fg'} = n_{C,coal} + n_{C,coke}$　　　　(11.72)

O$_2$: $\quad n_{CO_2,fg} + n_{CO_2,fg'} + 0.5(n_{FeO,slag} + n_{H_2O,fg} + n_{H_2O,fg'})$

$$= n_{O_2,s\,air} + n_{O_2,air} + n_{O_2,air'} + n_{O_2} + 0.5(n_{FeO,coal} + n_{FeO,coke} + 3n_{Fe_2O_3,ore} + n_{FeO,ore})$$
(11.73)

H: $\quad n_{H_2O,fg} + n_{H_2O,fg'} = n_{H_2,coal}$　　　　(11.74)

计算所需各物质的熵值取环境温度和压力下的摩尔比熵。另外，为了简单，这里将煤中的可燃氢 (H) 视为氢气，其熵取为氢气在环境温度和压力下的摩尔比熵。如果将铁水生成的还原反应及煤和焦炭的氧化反应分类归纳，则式 (11.70) 可以写成

$$\begin{aligned}
\Delta S_R^0 &= n_{Fe,P_M}s_{Fe}^0 + n_{C,P_M}s_C^0 + n_{FeO,slag}s_{FeO}^0 - n_{FeO,coal}s_{FeO}^0 - n_{FeO,coke}s_{FeO}^0 \\
&\quad - (n_{Fe_2O_3,ore}s_{Fe_2O_3}^0 + n_{FeO,ore}s_{FeO}^0) \\
&\quad + (n_{CO_2,fg} + n_{CO_2,fg'})s_{CO_2}^0 + (n_{H_2O,fg} + n_{H_2O,fg'})s_{H_2O}^0 - n_{C,coke}s_C^0 \\
&\quad - (n_{C,coal}s_C^0 + n_{H_2,coal}s_{H_2}^0) - (n_{O_2,s\,air} + n_{O_2,air} + n_{O_2,air'} + n_{O_2})s_{O_2}^0 \\
&= -\Delta S_{R,P_M}^0 + \Delta S_{R,C\&C}^0
\end{aligned}$$
(11.75)

式中

$$\begin{aligned}
-\Delta S_{R,P_M}^0 &= n_{Fe,P_M}s_{Fe}^0 + n_{C,P_M}s_C^0 + n_{O_2}^*s_{O_2}^0 + n_{FeO,slag}s_{FeO}^0 - n_{FeO,coal}s_{FeO}^0 \\
&\quad - n_{FeO,coke}s_{FeO}^0 - (n_{Fe_2O_3,ore}s_{Fe_2O_3}^0 + n_{FeO,ore}s_{FeO}^0) - n_{C,P_M}s_{CO_2}^0
\end{aligned}$$
(11.76)

$\Delta S_{R,P_M}^0$ 为铁矿石和 CO$_2$ 在环境温度和压力下还原成生铁的反应熵。

生铁含有 Fe 和 C，Fe 是 Fe$_2$O$_3$ 还原反应生成的，而其中的 C 是未参与反应的部分焦炭。但是从理论完整性的角度，可以假设这部分 C 是由 CO$_2$ 还原生成的。于是，式 (11.76) 中的 $n_{O_2}^* s_{O_2}^0$ 可以认为是 Fe$_2$O$_3$ 和 CO$_2$ 还原成 Fe 和 C 的过程中"释放"出来的氧气熵。另外，考虑到未参与反应的物质熵可以相互抵消，且炉渣中仅含有少量 FeO 的事实，根据化学计量关系，式 (11.76) 可以改写成如下形式:

$$\begin{aligned}
-\Delta S_{R,P_M}^0 &= n_{Fe,P_M}s_{Fe}^0 + 0.5(n_{Fe_2O_3,ore} + n_{Fe,P_M})s_{O_2}^0 - n_{Fe_2O_3,ore}s_{Fe_2O_3}^0 \\
&\quad - (n_{Fe,P_M} - 2n_{Fe_2O_3,ore})s_{FeO}^0 + n_{C,P_M}(s_C^0 + s_{O_2}^0 - s_{CO_2}^0)
\end{aligned}$$
(11.77)

相应地，

$$\Delta S^0_{R,C\&C} = (n_{C,coal} + n_{C,coke})(s^0_{CO_2} - s^0_C) + n_{H_2,coal}(s^0_{H_2O} - s^0_{H_2})$$
$$- (n_{C,coal} + n_{C,coke} + n_{H_2,coal})s^0_{O_2} \tag{11.78}$$

为输入煤和焦炭在环境温度和压力下与氧燃烧的反应熵。

式(11.77)和式(11.78)所给出的反应熵分别与式(11.34)和式(11.32)所给出的反应焓相对应，说明上述推导过程在理论上具有封闭性，是正确的。但是这里需要说明的是，上述公式是在各物质成分不混合地进入及流出系统的假设条件下推导得到的，而混合过程是典型的不可逆过程，因此，根据上述公式进行计算，结果是近似的，尤其是反应熵的计算。

11.4.7　高炉炼铁总㶲平衡及能源利用效率

根据热力学原理，高炉炼铁的总㶲平衡式如下：

$$B^s(-\Delta g^0_{R,C\&C}) = P_M(-\Delta g^0_{R,P_M}) + T_0\Sigma S^{gen}_j$$
$$= (-\Delta H^0_{R,P_M} + T_0\Delta S^0_{R,P_M}) + [(1-\alpha)(\Delta Q_{bfg} - \Delta H^0_{R,bfg}) + \Delta Q_{P_M}$$
$$+ \Delta Q_{slag} + \Delta Q_{wh,fg}] + T_0(-\Delta S^0_{R,P_M} + \Delta S^0_{R,C\&C}) \tag{11.79}$$
$$= -\Delta H^0_{R,C\&C} + T_0\Delta S^0_{R,C\&C}$$
$$= -\Delta G^0_{R,C\&C} = B^s(-\Delta g^0_{R,C\&C})$$

式中

$$-\Delta H^0_{R,C\&C} = -\Delta H^0_{R,P_M} + (1-\alpha)(\Delta Q_{bfg} - \Delta H^0_{R,bfg}) + \Delta Q_{P_M} + \Delta Q_{slag} + \Delta Q_{wh,fg}$$
$$= B^s(-\Delta h^0_{R,C\&C}) \tag{11.80}$$

为输入煤和焦炭的热值；$\Delta h^0_{R,C\&C}$ 和 $\Delta g^0_{R,C\&C}$ 分别为输入煤和焦炭的标准反应焓和标准反应自由焓。

式(11.80)为高炉炼铁的能量平衡方程，输入能源(煤和焦炭)的发热量(燃烧反应焓的负值)等于储存于生铁中的热值(Fe_2O_3 等的还原热及所含碳的热值之和)、系统各部分的热损失以及高炉煤气的热值之和，参见式(11.32)。

于是，高炉炼铁的热效率为

$$\eta = \frac{-\Delta H^0_{R,P_M}}{-\Delta H^0_{R,C\&C}} \tag{11.81}$$

高炉炼铁的能源利用第二定律效率为

$$\eta^{\mathrm{ex}} = \frac{-\Delta G_{\mathrm{R,P_M}}^0}{-\Delta G_{\mathrm{R,C\&C}}^0} = \frac{P_{\mathrm{M}}(-\Delta g_{\mathrm{R,P_M}}^0)}{B^s(-\Delta g_{\mathrm{R,C\&C}}^0)} \quad \text{正平衡} \tag{11.82}$$

$$\eta^{\mathrm{ex}} = 1 - \frac{T_0 \sum S_j^{\mathrm{gen}}}{-\Delta G_{\mathrm{R,C\&C}}^0} \quad \text{反平衡} \tag{11.83}$$

但是，由于化学功（$-\Delta G_{\mathrm{R}}^0$）与燃料的热值（$-\Delta H_{\mathrm{R}}^0$）明显不同，第一定律和第二定律能效评价的基准不统一，这对能源利用效率评价极为不利。根据第 3 章的论述，燃料的化学㶲取燃料的热值，相应地，高炉炼铁的产品㶲取 $-\Delta H_{\mathrm{R,P_M}}^0$ [参考式(11.4)]，这相当于令高炉炼铁的第二定律效率与第一定律效率相等。

$$\eta^{\mathrm{ex}} = \eta = \frac{-\Delta H_{\mathrm{R,P_M}}^0}{-\Delta H_{\mathrm{R,C\&C}}^0} \tag{11.84}$$

后续的案例分析结果表明，基于式(11.81)计算的第一定律效率与基于(11.82)和式(11.83)计算的第二定律效率是比较接近的，这与锅炉的情况完全不同。

燃料的化学㶲取燃料的热值，高炉炼铁的总熵产计算式可以简化为如下形式：

$$\sum S_j^{\mathrm{gen}} = \frac{1}{T_0}[(1-\alpha)(\Delta Q_{\mathrm{bfg}} - \Delta H_{\mathrm{R,bfg}}^0) + \Delta Q_{\mathrm{P_M}} + \Delta Q_{\mathrm{slag}} + \Delta Q_{\mathrm{fg}}] \tag{11.85}$$

如果铁水的显热 $\Delta Q_{\mathrm{P_M}}$ 在后续炼钢工艺中得以利用，则能效计算需考虑这部分余热利用的价值，参见 11.1 节的讨论。如果高炉煤气的热值 $(1-\alpha)(-\Delta H_{\mathrm{R,bfg}}^0)$ 等余燃料及余热资源得到后续利用，需考虑其带来的节能效果，参见第 5 章的分析。

11.5　案例分析

11.5.1　高炉热平衡分析

1. 高炉热平衡分析

某大型高炉物质平衡及温度关系如图 11.5 所示。为了简单，这里假设铁矿石的有效成分为 Fe_2O_3 和 FeO，并忽略其他参与反应的物质成分。

高炉生产采用富氧喷煤技术，焦炭耗量 386.97kg/t，煤耗量 121.49kg/t，富氧率 1.7%，热风温度 1300℃，生铁含碳 4.47%，矿石 1541.36kg/t，炉渣 274.76kg/t，高炉煤气 2001.73kg/t，其中热风炉使用 704.76kg/t，富余煤气 1296.96kg/t，热风量 1196.36kg/t，热风炉助燃空气量 448.41kg/t，烟气量 1193.17kg/t。

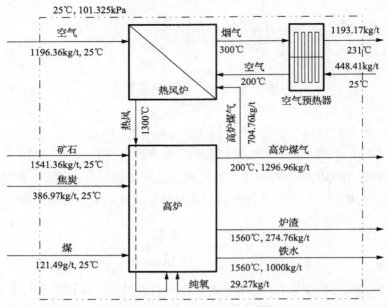

图 11.5　高炉物质平衡及温度关系

　　高炉炼铁输入输出物质组元构成及平均分子量如表 11.2 所示。高炉输入输出物质平衡及热平衡如表 11.3 所示。热风炉输入输出物质平衡和热平衡如表 11.4 所示。热风炉空气预热器物质平衡及热平衡如表 11.5 所示，热风炉绝热燃烧温度计算如表 11.6 所示，绝热燃烧温度达 1477.31℃，高温烟气从绝热燃烧温度 1477.31℃（表 11.6）降至 300℃（表 11.4）的放热量为

$$-2379183.5-(-4099235.6)=1720052.1 (kJ/t)$$

　　与表 11.4 所示热风出口焓值 1720096.9kJ/t 基本吻合，完全可以满足加热空气到 1300℃ 的要求。富氧率由物质平衡和热平衡计算得到，从表 11.4 中的数据看，物质平衡和热平衡误差很小，说明了计算的准确性。

表 11.2　高炉及热风炉输入输出物质组元构成及平均分子量计算

组元	摩尔分数 -	分子量 g/mol	平均分子量 g/mol	组元	摩尔分数 -	分子量 g/mol	平均分子量 g/mol
		空气				铁水	
O_2	0.21	31.9988	6.71975	Fe	0.82131	55.847	45.86793
N_2	0.79	28.0134	22.13059	C	0.17869	12.0112	2.14623
平均分子量			28.85033	平均分子量			48.01416

组元	摩尔分数 -	分子量 g/mol	平均分子量 g/mol	组元	摩尔分数 -	分子量 g/mol	平均分子量 g/mol
	高炉煤气				炉渣		
CO	0.251	28.0116	7.03091	SiO_2	0.38596	60.0843	23.19042
CO_2	0.218	44.011	9.5944	Al_2O_3	0.08606	101.961	8.77475
CH_4	0.008	16.04408	0.12835	CaO	0.43031	56.0774	24.13057
H_2	0.015	2.01594	0.03024	MgO	0.09331	40.3044	3.76061
N_2	0.508	28.0134	14.23081	FeO	0.00436	71.8464	0.31338
平均分子量			31.01471	平均分子量			60.16974
	煤				焦炭		
C	0.63167	12.0112	7.5871	C	0.96205	12.0112	11.55538
H	0.33231	1.00797	0.33496				
SiO_2	0.01390	60.0843	0.83526	SiO_2	0.01465	60.0843	0.88006
Al_2O_3	0.0031	101.961	0.31605	Al_2O_3	0.00327	101.961	0.333
CaO	0.0155	56.0774	0.86912	CaO	0.01633	56.0774	0.91574
MgO	0.00336	40.3044	0.13545	MgO	0.00354	40.3044	0.14271
FeO	0.00016	71.8464	0.01129	FeO	0.00017	71.8464	0.01189
平均分子量			10.08923	平均分子量			13.83878
	矿石				烟气		
Fe_2O_3	0.65338	159.6922	104.34012	CO_2	0.29591	44.011	13.0231
FeO	0.09603	71.8464	6.89932	H_2O	0.01923	18.0153	0.3464
SiO_2	0.09714	60.0843	5.83671	N_2	0.68024	28.0134	19.0559
Al_2O_3	0.02166	101.961	2.20849	O_2	0.00462	31.9988	0.1479
CaO	0.10830	56.0774	6.07334				
MgO	0.02348	40.3044	0.94649				
平均分子量			126.30447	平均分子量			32.5733

表 11.3　高炉输入输出物质平衡及热平衡

输入和输出	名称	物质的量/(kmol/t)	温度/℃	比焓/(kJ/kmol)	焓值/(kJ/t)
	热风量	41.502	1300		1720096.9
	氧气量	0.915	25		0
输入　流股分类	矿石	12.204	25		−9425442.8
	煤	12.041	25		−358387.0
	焦炭	27.963	25		−876878.1
	焓值合计				−8940611.0

输入和输出		名称	物质的量/(kmol/t)	温度/℃	比焓/(kJ/kmol)	焓值/(kJ/t)
输入	成分分类	O_2	8.716	1300	43282.4	377228.3
		N_2	32.787	1300	40957.4	1342868.7
		O_2^*	0.915	25	0	0
		Fe_2O_3	7.974	25	−824248	−6572212.0
		FeO	1.178	25	−272044	−320579.6
		SiO_2	1.762	25	−910857	−1605334
		Al_2O_3	0.393	25	−1675692	−658510.3
		CaO	1.965	25	−635089	−1247906.0
		MgO	0.426	25	−601241	−256166.2
		C	34.508	25	0	0
		H	4.002	25	0	0
	焓值合计					−8940611.0
输入	流股分类	煤气	64.541	200		−7005371.0
		铁水	20.827	1560		1379087.9
		炉渣	4.566	1560		−3314329.0
	焓值合计					−8940612.1
输出	成分分类	CO	16.2	200	−105386.4	−1707242.8
		CO_2	14.07	200	−386372.8	−5436259.5
		CH_4	0.516	200	−67610.2	−34909.2
		H_2	0.968	200	5108.4	4945.5
		N_2	32.787	200	5126.9	168095.0
		Fe	17.106	1560	73823.3	1262796.9
		C	3.722	1560	31248.2	116291.0
		SiO_2	1.762	1560	−803300.6	−1415771.8
		Al_2O_3	0.393	1560	−1488661.5	−585011.4
		CaO	1.965	1560	−553319.9	−1087235.5
		MgO	0.426	1560	−523854.8	−223194.8
		FeO	0.02	1560	−156414.2	−3115.4
	焓值合计					−8940612.1

注：按富氧率 1.7% 注入的纯氧的物质的量。为简单，输入空气仅考虑氧气和氮气，比例 0.21∶0.79。

表 11.4 热风炉物质平衡及热平衡

输入和输出		名称	物质的量/(kmol/t)	温度/℃	比焓/(kJ/kmol)	焓值/(kJ/t)
输入	热风	O_2	8.716	25	0	0
		N_2	32.787	25	0	0
	焓值小计				0	0

输入和输出	名称		物质的量/(kmol/t)	温度/℃	比焓/(kJ/kmol)	焓值/(kJ/t)
输入	高炉煤气	CO	5.704	200	−105386.4	−601081.6
		CO_2	4.954	200	−386372.8	−1913984.0
		CH_4	0.182	200	−67610.2	−12290.7
		H_2	0.341	200	5108.4	1741.2
		N_2	11.544	200	5126.9	59128.4
		焓值小计				−2466486.7
	助燃空气	O_2	3.555	200	5254.9	18681.7
		N_2	13.374	200	5126.9	68566.6
		焓值小计				87248.3
	焓值合计					−2379238.4
输出	热风	O_2	8.716	1300	43282.4	377228.3
		N_2	32.787	1300	40957.4	1342868.6
		焓值小计				1720096.9
	烟气	CO_2	10.839	300	−381845.1	−4138861.3
		H_2O	0.704	300	−232282.2	−163626.2
		N_2	24.917	300	8100.0	201832.1
		O_2	0.169	300	8386.5	1419.7
		焓值小计				−4099235.6
	焓值合计					−2379138.6

表 11.5　热风炉空气预热器物质平衡及热平衡

		输入				输出				
名称		物质的量/(kmol/t)	温度/℃	比焓/(kJ/kmol)	焓值/(kJ/t)	名称	物质的量/(kmol/t)	温度/℃	比焓/(kJ/kmol)	焓值/(kJ/t)
助燃空气	O_2	3.555	25	0	0	O_2	3.555	200	5254.9	18681.7
	N_2	13.374	25	0	0	N_2	13.374	200	5126.9	68566.6
	小计				0	小计				87248.3
烟气	CO_2	10.839	300	−381845.1	−4138861.3	CO_2	10.839	231.2	−384989.8	−4172946.2
	H_2O	0.704	300	−232282.2	−163626.2	H_2O	0.704	231.2	−234732.1	−165351.9
	N_2	24.917	300	8100.0	201832.1	N_2	24.917	231.2	6051.4	150785.1
	O_2	0.169	300	8386.5	1419.7	O_2	0.169	231.2	6222.4	1053.4
	小计				−4099235.6	小计				−4186459.6
合计					−4099235.6	合计				−4099211.3

表 11.6　热风炉高炉煤气绝热燃烧温度

输入和输出	名称	物质的量/(kmol/t)	温度/℃	比焓/(kJ/kmol)	焓值/(kJ/t)
输入	高炉煤气 CO	5.704	200	−105386.4	−601081.6
	CO$_2$	4.954	200	−386372.8	−1913984.0
	CH$_4$	0.182	200	−67610.2	−12290.7
	H$_2$	0.341	200	5108.4	1741.2
	N$_2$	11.544	200	5126.9	59128.4
	焓值小计				−2466486.7
	助燃空气 O$_2$	3.555	200	5254.9	18681.7
	N$_2$	13.374	200	5126.9	68566.6
	焓值小计				87248.3
	输入焓合计				−2379238.4
输出	烟气 CO$_2$	10.839	1477.31	−317012.9	−3436137.6
	H$_2$O	0.704	1477.31	−181445.4	−127815.3
	N$_2$	24.917	1477.31	47209.1	1176331.6
	O$_2$	0.169	1477.31	49842.1	8437.8
	输出焓合计				−2379183.5

　　从热平衡视角看，焦炭和煤中的碳和氢是高炉炼铁的主要能量输入，而还原反应则是炼铁的主要能量消耗。高炉热平衡验算结果如表 11.7 所示，针对输入燃料的热值 14062096.1kJ/t（式(11.32)）。如果不计铁水含碳，高炉炼铁的热效率为 48.98%；若包括铁水含碳的 10.41%，效率高达 59.39%。

表 11.7　高炉热平衡验算

名称	公式	数值 kJ/t	百分数 %
还原热	$-[n_{Fe_2O_3,ore}h^0_{Fe_2O_3} + (n_{Fe,P_M} - 2n_{Fe_2O_3,ore})h^0_{FeO}]$（参考式(11.34)）	8351740.9	48.98
铁水含碳	$-n_{C,P_M}h^0_{CO_2}$（参考式(11.34)）	1464368.1	10.41
铁水携带热量	$\sum n_{i,P_M}(h_{i,P_M} - h^0_{i,P_M})$（式(11.25)）	1379087.9	9.81
炉渣显热	$\sum n_{i,slag}(h_{i,slag} - h^0_{i,slag})$（式(11.24)）	459006.1	3.26
富余高炉煤气热值	$(1-\alpha)(-\Delta H^0_{R,bfg})$（式(11.35)）	3390199.1	24.11

续表

名称	公式	数值 kJ/t	百分数 %
富余高炉煤气显热	$(1-\alpha)\Sigma n_{i,\mathrm{bfg}}(h_{i,\mathrm{bfg}}-h_{i,\mathrm{bfg}}^0)$（参考式（11.23））	233185.1	1.66
烟气排热损失	$\Sigma n_{i,\mathrm{fg}}(h_{i,\mathrm{fg}}-h_{i,\mathrm{fg}}^0)$（式（11.31））	248879.7	1.77
合计		14062098.8	≈100%

高炉炼铁燃料单耗用式（11.33）计算，等于吨生铁（P_M=1000kg/t）输入燃料热值 $\left|\Delta H_{\mathrm{R,C\&C}}^0\right|$ 除以标准煤热值，即

$$b=\frac{B^\mathrm{s}}{P_\mathrm{M}}=\frac{\left|\Delta H_{\mathrm{R,C\&C}}^0\right|}{q_1^\mathrm{s}}=14062096.1/29307.6=479.8\mathrm{kg/t}$$

高炉炼铁的理论最低燃料单耗用式（11.6）计算，等于吨生铁中铁还原热与铁水含碳热值之和 $\left|\Delta H_{\mathrm{R,P_M}}^0\right|$ 除以标准煤热值，即

$$b^\mathrm{min}=\frac{\left|\Delta H_{\mathrm{R,P_M}}^0\right|}{q_1^\mathrm{s}}=8351740.9/29307.6=284.96\mathrm{kg/t}$$

高炉煤气量 M_bfg=2001.72kg/t，热值 $M_\mathrm{bfg}q_\mathrm{bfg}$=5232413.5kJ/t（$q_\mathrm{bfg}$=2613.96 kJ/kg），其中 α=35.21%的高炉煤气（704.76kg/t）在热风炉燃烧，释放热量 1842214.4kJ/t，用于加热高炉热风。富余高炉煤气1296.96kg/t，热值为3390199.1kJ/t，占输入燃料热值的24.11%。热风炉中热风吸热1720096.9kJ/t，占输入燃料热值的 12.23%（=1720096.9/14062096.1）。

铁水携带的热量包含铁的熔化潜热以及碳和铁的显热，占输入燃料热值的 9.81%，这部分余热如果不用于后续炼钢，是一个很大的损失。炉渣显热占输入燃料热值的3.26%，富余高炉煤气显热占1.66%，热风炉排烟热损失占1.77%。由于给定的物质构成及平衡清晰且准确，热平衡计算有足够高的精度。

需要说明的是，表11.3给出的输入输出物质的组元及物质的量，参考了相关文献资料对此所做的分析。计算表明，物质成分对热平衡产生直接影响，尤其是 Fe_2O_3、C 及 H 等有效物质成分。当然，也可以根据一些专业文献给出的经验公式开展热平衡计算。实际生产过程中，物质构成不容易弄清楚，完成上述计算存在很大的困难。但理论上的分析与计算还是很有意义的，因为有了详细的物质构成等条件，开展热风温度、高炉煤气成分等参数变化的影响分析会方便许多。对于高炉各反应过程的认识和理解有重要的帮助。

2. 热风温度的影响

图 11.6 给出了热风温度变化对能源利用效率及吨生铁燃料单耗的影响。假定其他参数不变，热风温度从 1000℃升至 1300℃，吨生铁燃料单耗从 502.7kg/t 降低至 479.8kg/t，相应地，能源利用效率从 56.68%提高至 59.39%，节能效果明显。

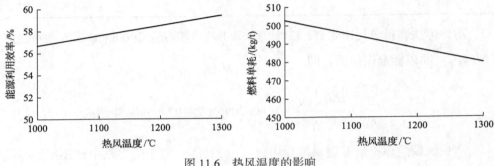

图 11.6　热风温度的影响

3. 高炉绝热燃烧过程的热平衡计算

根据热力学定义的绝热燃烧温度计算方法，输入煤在富氧空气中完全燃烧产生 CO_2 和 H_2O，富余部分 O_2，其余未参与燃烧的物质保持不变，如表 11.8 所示。计算平衡温度(绝热燃烧温度)是 3009.1℃，包含了煤中所含杂质的吸热量。

表 11.8　绝热燃烧过程及平衡温度计算

输入和输出		名称	物质的量/(kmol/t)	温度/℃	比熔/(kJ/kmol)	熔值/(kJ/t)
输入	热风	N_2	32.787	1300	40957.4	1342868.7
		O_2	8.716	1300	43282.4	377228.3
	纯氧	O_2	3.555	25	0	0
	煤	C	7.606	25	0	0
		H	4.002	25	0	0
		SiO_2	0.1674	25	−910857	−152472.8
		Al_2O_3	0.0373	25	−1675692	−62544.6
		CaO	0.1866	25	−635089	−118524.7
		MgO	0.0405	25	−601241	−24330.4
		FeO	0.0019	25	−272044	−514.6
熔值合计						1361709.9

续表

输入和输出		名称	物质的量/(kmol/t)	温度/℃	比焓/(kJ/kmol)	焓值/(kJ/t)
输出	绝热燃烧产物	N_2	32.787	3009.1	103201.3	3383654.4
		CO_2	7.606	3009.1	−223086.3	−1696846.7
		H_2O	2.001	3009.1	−98004.7	−196085.6
		O_2	1.0237	3009.1	109471.9	112061.7
		SiO_2	0.1674	3009.1	−671345.4	−112379.8
		Al_2O_3	0.0373	3009.1	−1125995.2	−42027.3
		CaO	0.1866	3009.1	−385808.0	−72002.1
		MgO	0.0405	3009.1	−361269.4	−14619.5
		FeO	0.0019	3009.1	−57587.6	−108.9
焓值合计						1361646.2

输入煤绝热燃烧产物得到的热量，包括热风携带进入的热量和输入煤燃烧释放的热量。热风带入的热量为

$$n_{N_2}(h_{N_2} - h_{N_2}^0) + n_{O_2}(h_{O_2} - h_{O_2}^0) = 1720096.9 \text{kJ/t}$$

占高炉输入煤和焦炭总热值（14062096.1kJ/t）的 12.23%。

输入煤燃烧释放的热量为

$$n_{C,coal}(-h_{CO_2}^0) + 0.5n_{H,coal}(-h_{H_2O}^0) = 3476756.4 \text{kJ/t}$$

占总热值的 24.72%。二者合计 5196853.3kJ/t，约占总输入热量的 36.95%。

4. 高炉内还原反应过程的热平衡计算

高炉内进行的还原反应如下：

$$\text{FeO+C} \longrightarrow \text{Fe+CO} \qquad \Delta h_{R,1560℃} = 140642.2 \text{kJ/kmol}$$

这是一个耗热反应，所需热量由煤燃烧提供。反应过程的物质平衡和热平衡如表 11.9 所示。其中，高炉煤气中的 CH_4 和 H_2 也是在这一还原反应过程中一并生成的，由 H_2O 与 C 作用而产生；甚至煤燃烧产生的 CO_2 也有部分还原生成 CO，否则无法满足物质平衡的要求，这应该是高温环境下 C 的还原作用。中间高炉煤气的 CO 浓度远高于 CO_2，为后续将 Fe_2O_3 还原成 FeO 提供了物质基础。

计算中假设高炉内 Fe_2O_3 还原成 Fe 的反应在等温等压下进行，反应温度为 1560℃，如图 11.5 所示。另外，通过物质平衡和热平衡反复试算，高炉中间煤气的"出口"温度为 1601℃，略高于 1560℃的 Fe_2O_3 还原反应温度。

表 11.9　煤绝热燃烧产物放热及 FeO 还原反应的物质平衡和热平衡

输入和输出		名称	物质的量/(kmol/t)	温度/℃	比焓/(kJ/kmol)	焓值/(kJ/t)
输入	绝热燃烧产物	N₂	32.787	3009.1	103201.3	3383654.4
		CO₂	7.606	3009.1	−223086.3	−1696846.7
		H₂O	2.001	3009.1	−98004.7	−196085.6
		O₂	1.0237	3009.1	109471.9	112061.7
		SiO₂	0.1674	3009.1	−671345.4	−112379.8
		Al₂O₃	0.0373	3009.1	−1125995.2	−42027.3
		CaO	0.1866	3009.1	−385808.0	−72002.1
		MgO	0.0405	3009.1	−361269.4	−14619.5
		FeO	0.0019	3009.1	−57587.6	−108.9
	焓值小计					1361646.2
	矿石初级还原产物	FeO	17.1191	1560	−156414.2	−2677663.7
		SiO₂	1.1855	1560	−803300.6	−952294.9
		Al₂O₃	0.2643	1560	−1488661.5	−393498.1
		CaO	1.3217	1560	−553319.9	−731310.6
		MgO	0.2866	1560	−523854.8	−150128.2
	焓值小计					−4904895.5
	焦炭	C	26.9014	1560	31248.2	840621.9
		SiO₂	0.4096	1560	−803300.6	−329008.5
		Al₂O₃	0.0913	1560	−1488661.5	−135949.7
		CaO	0.4566	1560	−553319.9	−252660.6
		MgO	0.0990	1560	−523854.8	−51867.8
	焓值小计					70411.4
	焓值合计					−3472837.9
输出	铁水	Fe	17.1057	1560	73823.3	1262796.9
		C	3.7215	1560	31248.2	116291.0
	焓值小计					1379087.9
	炉渣	SiO₂	1.7624	1560	−803300.6	−1415771.8
		Al₂O₃	0.3930	1560	−1488661.5	−585011.4
		CaO	1.9649	1560	−553319.9	−1087235.5
		MgO	0.4261	1560	−523854.8	−223194.8
		FeO	0.0199	1560	−156414.2	−3115.4
	焓值小计					−3314328.9
	中间煤气	CO	24.1753	1601	−58341.7	−1410315.7
		CO₂	6.0945	1601	−309619.4	−1887575.7
		CH₄	0.5163	1601	40829.5	21081.5
		H₂	0.9681	1601	48656.5	47105.2
		N₂	32.7869	1601	51614.8	1692290.5
	焓值小计					−1537414.2
	焓值合计					−3472655.2

如此高温的高炉中间煤气再往高炉顶部流动，预热加热矿石和焦炭达到 1560℃的反应温度，并促成 Fe_2O_3 还原成 FeO。

$$Fe_2O_3 + CO \longrightarrow 2FeO + CO_2$$

显然，中间高炉煤气温度(1601℃)高于 1560℃的反应温度，符合热传导的要求。

5. 矿石和焦炭预热加热及 Fe_2O_3 初级还原过程的热平衡计算

矿石和焦炭预热加热及 Fe_2O_3 在高温的中间煤气作用下还原生成 FeO 的反应是一个耗热反应。该反应发生在 200～700℃的温度范围(Ertem and Gürgen,2006)，反应所需热量由中间高温煤气提供，其反应过程的物质平衡及热平衡如表 11.10 所示。在这一反应过程中，CO 参与 Fe_2O_3 的初级还原而减少，CO_2 份额增大。在这种环境下，煤气中的 CH_4 和 H_2 得到保存。

表 11.10　矿石和焦炭的预热加热及 Fe_2O_3 初级还原反应的物质平衡和热平衡

输入和输出		名称	物质的量/(kmol/t)	温度/℃	比熵/(kJ/kmol)	熵值/(kJ/t)
输入	中间煤气	CO	24.1753	1601	−58341.7	−1410315.7
		CO_2	6.0945	1601	−309619.4	−1887575.7
		CH_4	0.5163	1601	40829.5	21081.5
		H_2	0.9681	1601	48656.5	47105.2
		N_2	32.7869	1601	51614.8	1692290.5
		熵值小计				−1537414.2
	矿石初始状态	Fe_2O_3	7.9736	25	−824248	−6572211.7
		FeO	1.1719	25	−272044	−318805.8
		SiO_2	1.1855	25	−910857	−1079800.7
		Al_2O_3	0.2643	25	−1675692	−442935.8
		CaO	1.3217	25	−635089	−839382.9
		MgO	0.2866	25	−601241	−172305.9
		熵值小计				−9425442.8
	焦炭初始状态	C	26.9014	25	0	0
		SiO_2	0.4096	25	−910857	−373060.5
		Al_2O_3	0.0913	25	−1675692	−153030.0
		CaO	0.4566	25	−635089	−289998.5
		MgO	0.0990	25	−601241	−59530.0
		FeO	0.0046	25	−272044	−1259.2
		熵值小计				−876878.2
熵值合计						−11839735.1

续表

输入和输出		名称	物质的量/(kmol/t)	温度/℃	比焓/(kJ/kmol)	焓值/(kJ/t)
	高炉煤气	CO	16.1998	200	−105386.4	−1707242.8
		CO$_2$	14.07	200	−386372.8	−5436259.5
		CH$_4$	0.5163	200	−67610.2	−34909.2
		H$_2$	0.9681	200	5108.4	4945.5
		N$_2$	32.7869	200	5126.9	168095.0
	焓值小计					−7005371.0
输出	矿石预热加热及初级还原产物	Fe$_2$O$_3$	0	—	—	—
		FeO	17.1191	1560	−156414.2	−2677663.7
		SiO$_2$	1.1855	1560	−803300.6	−952294.9
		Al$_2$O$_3$	0.2643	1560	−1488661.5	−393498.0
		CaO	1.3217	1560	−553319.9	−731310.6
		MgO	0.2866	1560	−523854.8	−150128.2
	焓值小计					−4904895.5
	焦炭预热	C	26.9014	1560	31248.2	840621.9
		SiO$_2$	0.4096	1560	−803300.6	−329008.5
		Al$_2$O$_3$	0.0913	1560	−1488661.5	−135949.7
		CaO	0.4566	1560	−553319.9	−252660.6
		MgO	0.0990	1560	−523854.8	−51867.8
		FeO	0.0046	1560	−156414.2	−724.0
	焓值小计					70411.4
焓值合计						−11839855.1

6. 热传导视角下的高炉热平衡分析

从表 11.9 和表 11.10 及上述分析不难看出，高炉炼铁过程中主要有五个耗热的还原反应，它们的产物有更高的化学能，如表 11.11 所示。表 11.11 中各还原反应的物质平衡根据高炉煤气成分构成分析以及 Fe$_2$O$_3$ 还原反应的化学计量数确定，温度取上述平衡计算的各节点温度。从表 11.11 中的数据可以看出，FeO 的还原反应耗热排在第一位，其二是 Fe$_2$O$_3$ 预热加热及其初级还原。

在图 11.5 所示高炉系统参数条件下，高炉内进行的这些耗热反应的总热耗为 4050549.2kJ/t。这一耗热量占输入燃料(煤和焦炭)总热值的 28.8%，低于在热风环境中输入煤绝热燃烧产物得到(或携带)的热量(5196853.343kJ/t)，这说明在 1300℃的高温热风环境下，仅输入煤绝热燃烧产物携带的热量完全满足高炉内还

表 11.11　高炉内耗热反应及其耗热量

反应式	输入					输出					耗热量/(kJ/t)
	反应物	物质的量/(kmol/t)	温度/℃	比焓/(kJ/kmol)	焓值/(kJ/t)	生成物	物质的量/(kmol/t)	温度/℃	比焓/(kJ/kmol)	焓值/(kJ/t)	
$FeO+C \longrightarrow Fe+CO$	FeO	17.1057	1560	-156414.2	-2677663.7	Fe	17.1057	1560	73823.3	1262796.9	2407843.2
	C	17.1057	1560	31248.2	534521.2	CO	17.1057	1601	-58348.9	-998096.2	
$H_2O+1.5C \longrightarrow CO+0.5CH_4$	H_2O	1.0327	3009.1	-98004.7	-101205.5	CO	1.0327	1601	-58341.7	-60247.1	13636.8
	C	1.5490	1560	31248.2	48403.1	CH_4	0.5163	1601	40829.5	21081.5	
$H_2O+C \longrightarrow CO+H_2$	H_2O	0.9681	3009.1	-98004.7	-94880.1	CO	0.9681	1601	-58341.7	-56481.6	55251.8
	C	0.9681	1560	31248.2	30252.0	H_2	0.9681	1601	48656.5	47105.2	
$CO_2+C \longrightarrow 2CO$	CO_2	1.5117	3009.1	-223086.3	-337248.4	CO	3.0235	1601	-58348.9	-176416.6	113592.6
	C	1.5117	1560	31248.2	47239.2						
$Fe_2O_3+CO \longrightarrow 2FeO+CO_2$	Fe_2O_3	7.9736	25	-824248	-6572211.7	FeO	15.9472	1560	-156414.2	-2494363.4	1462321.2
	CO	7.9736	1601	-58348.9	-465249.7	CO_2	7.9736	200	-386372.8	-3080776.7	
合计											4050549.2

原过程的能量需求。与矿石一起进入高炉的焦炭则基本上是为了满足 Fe_2O_3 还原成 Fe 这一化学反应的物质需要，并非满足炼铁的能量需求。

因此，可以将绝热燃烧产物携带的热量视为高炉炼铁过程的热源，烟气"放热"，矿石和焦炭等非气体物质吸热，并发生氧化还原化学反应。从这一热传导视角看，输入煤绝热燃烧产物的放热与 FeO 还原成 Fe 等反应的热平衡如表 11.12 所示。输入煤绝热燃烧的气体产物从 3009.1℃ 的温度降至 1601℃，非气体产物降至 1560℃，与炉渣混合，放热量为 2634030.2kJ/t；在高温及高还原性环境下，绝热燃烧富余的 O_2 会与 C 发生不完全燃烧，放热 239170.4kJ/t，二者合计 2873200.6kJ/t。相应温度下，FeO、H_2O 和部分 CO_2 的还原反应耗热量之和为 2873386.9kJ/t。二者之间是平衡的，说明了计算的合理性。

表 11.12　绝热燃烧产物放热和 FeO 还原反应的热平衡

输入					输出				
名称	物质的量/(kmol/t)	温度/℃	比焓/(kJ/kmol)	焓值/(kJ/t)	名称	物质的量/(kmol/t)	温度/℃	比焓/(kJ/kmol)	焓值/(kJ/t)
绝热燃烧产物放热量计算									
烟气焓					1601℃下的烟气焓				
N_2	32.7869	3009.1	103201.3	3383654.4	N_2	32.7869	1601	51614.8	1692290.5
CO_2	7.6062	3009.1	−223086.3	−1696846.7	CO_2	7.6062	1601	−309619.4	−2355038.2
O_2	1.0237	3009.1	109471.9	112061.7	O_2	1.0237	1601	54463.4	55751.8
H_2O	2.0008	3009.1	−98004.7	−196085.6	H_2O	2.0008	1601	−175230.4	−350597.0
煤渣焓					1560℃下的煤渣焓				
SiO_2	0.1674	3009.1	−671345.4	−112379.8	SiO_2	0.1674	1560	−803300.6	−134468.4
Al_2O_3	0.0373	3009.1	−1125995.2	−42027.3	Al_2O_3	0.0373	1560	−1488661.5	−55563.7
CaO	0.1866	3009.1	−385808.0	−72002.1	CaO	0.1866	1560	−553319.9	−103264.4
MgO	0.0405	3009.1	−361269.4	−14619.5	MgO	0.0405	1560	−523854.8	−21198.8
FeO	0.0019	3009.1	−57587.6	−108.9	FeO	0.0019	1560	−156414.2	−295.9
小计				1361646.2	小计				−1272384.0
放热量 =输入焓−输出焓=1361646.2−(−1272384.0)=									2634030.2
富余 O_2 与 C 的不完全燃烧放热，反应式：$C+O_2 \longrightarrow CO$									
C	2.0473	1560	31248.2	63974.9	CO	2.0473	1601	−58341.7	−119443.7
O_2	1.0237	1601	54463.4	55751.8					
小计				119726.7	小计				−119443.7
放热量 =输入焓之和−输出焓之和=119726.7−(−119443.7)=									239170.4
放热量合计		2634030.2+239170.4=							2873200.6

输入					输出				
名称	物质的量/(kmol/t)	温度/℃	比焓/(kJ/kmol)	焓值/(kJ/t)	名称	物质的量/(kmol/t)	温度/℃	比焓/(kJ/kmol)	焓值/(kJ/t)
还原反应的耗热量计算，反应式：$FeO + C \longrightarrow Fe+CO$									
FeO	17.1057	1560	−156414.2	−2675568.2	Fe	17.1057	1560	73823.3	1262796.9
C	17.1057	1560	31248.2	534521.2	CO	17.1057	1601	−58348.9	−997972.9
小计				−2141047.0	小计				264824.0
耗热量	=输出焓之和−输入焓之和=264824.0−(−2141047.0)=								2405871.0
反应式：$H_2O + 1.5C \longrightarrow CO+0.5CH_4$									
H_2O	1.0327	1601	−175230.4	−180953.3	CO	1.0327	1601	−58341.7	−60247.1
C	1.5490	1560	31248.2	48403.1	CH_4	0.5163	1601	40829.5	21081.5
小计				−132550.2	小计				−39165.6
耗热量	=输出焓之和−输入焓之和= −39165.6−(−132550.2)=								93384.6
反应式：$H_2O + C \longrightarrow CO+H_2$									
H_2O	0.9681	1601	−175230.4	−169643.7	CO	0.9681	1601	−58341.7	−56481.6
C	0.9681	1560	31248.2	30252.0	H_2	0.9681	1601	48656.5	47105.2
小计				−139391.7	小计				−9376.4
耗热量	=输出焓之和−输入焓之和= −9376.4−(−139391.7)=								130015.3
反应式：$CO_2 + C \longrightarrow 2CO$									
CO_2	1.5098	1601	−309619.4	−467462.5	CO	3.0196	1601	−58341.7	−176168.1
C	1.5098	1560	31248.2	47178.4					
小计				−420284.1	小计				−176168.1
耗热量	=输出焓之和−输入焓之和= −176168.1−(−420284.1)=								244115.9
耗热量合计	2405871.0+93384.6+130015.3+244115.9=								2873386.8

反应过程的计算基于化学计量数完成。为了简单，反应物和产物温度取相应的节点温度，未按等温反应计算。为了满足热平衡，绝热燃烧产物的放热终了温度按实际可能分别取值，气体产物取 1601℃，非气体产物则取炉渣温度；参与还原反应的 FeO 和 C 取铁水温度，铁水和炉渣温度视为相等，这一温度关系符合热传导要求，如图 11.5 所示。

热传导视角下，高炉内 Fe_2O_3 初级还原反应及产物的预热加热的热平衡如表 11.13 所示。为了计算简单，假设 Fe_2O_3 的初级还原反应（$Fe_2O_3 \rightarrow FeO$）发生在 626.85℃（900K），是耗热反应；与此同时，CO 的氧化反应（$CO \rightarrow CO_2$）是放热反应。二者综合，Fe_2O_3 的初级还原反应是放热反应，参见图 11.2。

$$Fe_2O_3 +CO \longrightarrow 2FeO+CO_2 \qquad \Delta h_{R,626.85℃} =-11351.7kJ/kmol$$

表 11.13　Fe$_2$O$_3$ 初级还原反应及产物的预热加热热平衡

	输入				输出			
名称	物质的量 /(kmol/t)	温度/℃	比焓 /(kJ/kmol)	焓值 /(kJ/t)	名称	物质的量 /(kmol/t)	温度/℃	比焓 /(kJ/kmol)	焓值 /(kJ/t)
中间高炉煤气放热量及 CO 氧化反应放热量计算									
中间高炉煤气焓					626.85℃下的中间高炉煤气焓				
CO	24.1753	1601	−58341.7	−1410313.4	CO	24.1753	690.8	−90026.2	−2176235.3
CO$_2$	6.0964	1601	−309619.4	−1887575.7	CO$_2$	6.0964	690.8	−362041.3	−2207162.5
CH$_4$	0.5163	1601	40829.5	21081.5	CH$_4$	0.5163	690.8	−38571.8	−19915.8
H$_2$	0.9681	1601	48656.5	47105.2	H$_2$	0.9681	690.8	19600.7	18975.8
N$_2$	32.7869	1601	51614.8	1692290.5	N$_2$	32.7869	690.8	20291.1	665282.6
小计				−1537411.9	小计				−3719055.2
放热量 =输入焓−输出焓=−1537411.9−(−3719055.2)=									2181643.3
部分煤气在 Fe$_2$O$_3$+CO ⟶ 2FeO+CO$_2$ 反应中氧化放热									
CO	7.9736	690.8	−90026.2	−717831.8	CO$_2$	7.9736	690.8	−362041.3	−2886767.3
放热量 =输入焓−输出焓=−717831.8−(−2886767.3)=									2168935.5
放热量合计	2181643.3+2108935.5=								4350578.8
Fe$_2$O$_3$ 初级还原反应的吸热量及还原产物预热加热计算									
Fe$_2$O$_3$ 在 Fe$_2$O$_3$+CO ⟶ 2FeO+CO$_2$ 反应中初级还原过程的吸热量									
Fe$_2$O$_3$	7.9736	626.85	−740340	−5903164.1	FeO	15.9472	626.85	−239175	−3814164.5
耗热量 =输出焓−输入焓=−3814164.5−(−5903164.1)=									2088999.6
626.85 温度下初级还原产物焓					1560℃温度下初级还原产物焓				
FeO	17.1191	626.85	−239175	−4094451.4	FeO	17.1191	1560	−156414.2	−2677663.7
SiO$_2$	1.1855	626.85	−872343	−1034143.2	SiO$_2$	1.1855	1560	−803300.6	−952294.9
Al$_2$O$_3$	0.2643	626.85	−1610087	−425594.5	Al$_2$O$_3$	0.2643	1560	−1488661.5	−393498.1
CaO	1.3217	626.85	−605193	−799870.0	CaO	1.3217	1560	−553319.9	−731310.6
MgO	0.2866	626.85	−573327	−164306.2	MgO	0.2866	1560	−523854.8	−150128.2
626.85℃温度下焦炭焓					1560℃温度下焦炭焓				
C	26.9014	626.85	9699	260917.1	C	26.9014	1560	31248.2	840621.9
SiO$_2$	0.4096	626.85	−872343	−357286.2	SiO$_2$	0.4096	1560	−803300.6	−329008.5
Al$_2$O$_3$	0.0913	626.85	−1610087	−147038.8	Al$_2$O$_3$	0.0913	1560	−1488661.5	−135949.7
CaO	0.4566	626.85	−605193	−276347.2	CaO	0.4566	1560	−553319.9	−252660.6
MgO	0.0990	626.85	−573327	−56766.2	MgO	0.0990	1560	−523854.8	−51867.8
FeO	0.0046	626.85	−239175	−1107.1	FeO	0.0046	1560	−156414.2	−724.0
小计				−7095993.4	小计				−4834484.1
耗热量 =输出焓−输入焓=−4834484.1−(−7095993.4)=									2261509.3
耗热量合计	2088999.6+2261509.3=								4350508.9

通过反复试算，中间高炉煤气从 1601℃冷却至 690.8℃释放的热量及反应释放的热量可以满足矿石和焦炭从 626.85℃经初级还原及预热加热至 1560℃所需的热量。高炉煤气温度高于矿石和焦炭符合热传导的要求。经过上述初级还原反应，煤气中的 CO 的物质的量减小，CO_2 的物质的量增大。

高炉煤气从 690.8℃降温至出口的 200℃，是单纯的显热释放过程。与此同时，矿石和焦炭从 25℃吸热升温至 626.85℃，这一换热过程的热平衡如表 11.14 所示。

表 11.14　矿石和焦炭的初步预热加热及高炉煤气放热热平衡

	输入				输出			
名称	物质的量/(kmol/t)	温度/℃	比焓/(kJ/kmol)	焓值/(kJ/t)	名称	物质的量/(kmol/t)	温度/℃	比焓/(kJ/kmol)	焓值/(kJ/t)
高炉煤气放热量计算									
CO	16.1998	690.8	−90026.2	−1458403.6	CO	16.1998	200	−105386.4	−1707242.8
CO_2	14.0700	690.8	−362041.3	−5093929.8	CO_2	14.0700	200	−386372.8	−5436259.5
CH_4	0.5163	690.8	−38571.8	−19915.8	CH_4	0.5163	200	−67610.2	−34909.2
H_2	0.9681	690.8	19600.7	18975.8	H_2	0.9681	200	5108.4	4945.5
N_2	32.7869	690.8	20291.1	665282.6	N_2	32.7869	200	5126.9	168095.0
小计				−5887990.7	小计				−7005371.1

放热量　=输入焓−输出焓=−5887990.7−(−7005371.1)=　　　1117380.4

矿石和焦炭的初级预热加热计算

	环境温度下矿石焓				626.85℃温度下矿石焓			
Fe_2O_3	7.9736	25	−824248	−6572211.7	Fe_2O_3	7.9736	626.85	−740340	−5903164.1
FeO	1.1719	25	−272044	−318805.8	FeO	1.1719	626.85	−239175	−280286.9
SiO_2	1.1855	25	−910857	−1079800.7	SiO_2	1.1855	626.85	−872343	−1034143.2
Al_2O_3	0.2643	25	−1675692	−442935.8	Al_2O_3	0.2643	626.85	−1610087	−425594.5
CaO	1.3217	25	−635089	−839382.9	CaO	1.3217	626.85	−605193	−799870.0
MgO	0.2866	25	−601241	−172305.9	MgO	0.2866	626.85	−573327	−164306.2
环境温度下焦炭焓					626.85℃温度下焦炭焓				
C	26.9014	25	0	0	C	26.9014	626.85	9699	260917.1
SiO_2	0.4096	25	−910857	−373060.5	SiO_2	0.4096	626.85	−872343	−357286.2
Al_2O_3	0.0913	25	−1675692	−153030.0	Al_2O_3	0.0913	626.85	−1610087	−147038.8
CaO	0.4566	25	−635089	−289998.5	CaO	0.4566	626.85	−605193	−276347.2
MgO	0.0990	25	−601241	−59530.0	MgO	0.0990	626.85	−573327	−56766.2
FeO	0.0046	25	−272044	−1259.2	FeO	0.0046	626.85	−239175	−1107.1
小计				−10302320.8	小计				−9184993.1

耗热量　=输出焓−输入焓=−9184993.1−(−10302320.8)=　　　1117327.7

如果将表 11.13 和表 11.14 中的反应及过程合并处理，以整个过程的初终节点参数表示，则矿石和焦炭的预热加热及 Fe_2O_3 初级还原反应的热平衡可以用表 11.15 表示。

1601℃的中间高炉煤气对矿石和焦炭进行预热加热，其中部分 CO 与矿石中的 Fe_2O_3 发生反应生成 FeO 和 CO_2，其后高炉煤气冷却至 200℃的高炉出口温度，总放热量为 5467959.1kJ/t。矿石和焦炭的初步预热加热、Fe_2O_3 初级还原反应及产物的预热加热吸热量为 5467836.9kJ/t。二者之间相差 0.002%，说明计算结果正确。

表 11.15　传热学视角下的预热加热及 Fe_2O_3 初级还原反应的热平衡

输入					输出				
名称	物质的量 /(kmol/t)	温度/℃	比焓 /(kJ/kmol)	焓值 /(kJ/t)	名称	物质的量 /(kmol/t)	温度/℃	比焓 /(kJ/kmol)	焓值 /(kJ/t)
煤气放热量计算									
中间高炉煤气焓					高炉煤气出口焓				
CO	24.1753	1601	−58341.7	−1410313.4	CO	16.1998	200	−105386.4	−1707242.8
CO_2	6.0945	1601	−309619.4	−1887575.7	CO_2	14.0700	200	−386372.8	−5436259.5
CH_4	0.5163	1601	40829.5	21081.5	CH_4	0.5163	200	−67610.2	−34909.2
H_2	0.9681	1601	48656.5	47105.2	H_2	0.9681	200	5108.4	4945.5
N_2	32.7869	1601	51614.8	1692290.5	N_2	32.7869	200	5126.9	168095.0
小计				−1537411.9	小计				−7005371.0
放热量	=输入焓−输出焓=−1537411.9−(−7005371.0)=								5467959.1
矿石和焦炭预热加热及 Fe_2O_3 初级还原反应的吸热量计算									
矿石初始状态焓					1560℃温度下初级还原产物焓				
Fe_2O_3	7.9736	25	−824248	−6572211.7	Fe_2O_3	0			
FeO	1.1719	25	−272044	−318805.8	FeO	17.1191	1560	−156414.2	−2677663.7
SiO_2	1.1855	25	−910857	−1079800.7	SiO_2	1.1855	1560	−803300.6	−952294.9
Al_2O_3	0.2643	25	−1675692	−442935.8	Al_2O_3	0.2643	1560	−1488661.5	−393498.1
CaO	1.3217	25	−635089	−839382.9	CaO	1.3217	1560	−553319.9	−731310.6
MgO	0.2866	25	−601241	−172305.9	MgO	0.2866	1560	−523854.8	−150128.2
焦炭初始状态焓					1560℃温度下焦炭焓				
C	26.9014	25	0	0	C	26.9014	1560	31248.2	840621.9
SiO_2	0.4096	25	−910857	−373060.5	SiO_2	0.4096	1560	−803300.6	−329008.5
Al_2O_3	0.0913	25	−1675692	−153030.0	Al_2O_3	0.0913	1560	−1488661.5	−135949.7
CaO	0.4566	25	−635089	−289998.5	CaO	0.4566	1560	−553319.9	−252660.6
MgO	0.0990	25	−601241	−59530.0	MgO	0.0990	1560	−523854.8	−51867.8
FeO	0.0046	25	−272044	−1259.2	FeO	0.0046	1560	−156414.2	−724.0
小计				−10302321.0	小计				−4834484.2
吸热量	=输出焓−输入焓=−4834484.2−(−10302321.0)=								5467836.8

从热传导视角看,绝热燃烧产物放热及 FeO 还原等反应(表 11.12)的平衡热量:2873200.6kJ/t。

中间高炉煤气放热,矿石和焦炭的预热加热及 Fe_2O_3 初级还原反应的平衡热量:5467959.1kJ/t。

富余高炉煤气热值 $(1-\alpha)(-\Delta H_{R,bfg}^0)$:3390199.1kJ/t

富余高炉煤气显热 $(1-\alpha)\Delta Q_{bfg}$:233185.1kJ/t

炉渣显热 ΔQ_{slag}:459006.1kJ/t

铁水显热 ΔQ_{P_M}:1379087.9kJ/t

热风炉排烟显热 ΔQ_{fg}:248879.7kJ/t

合计:14051517.6kJ/t

与 14062096.1kJ/t 的输入煤和焦炭总热值(表 11.7)相比,相对误差为 0.075%,说明了计算的准确性。从计算结果看,高炉内"换热量"之和为 8341159.7(2873200.6+5467959.1)kJ/t,占输入总能量的 59.32%,与 59.39% 的 Fe_2O_3 还原热+生铁含 C 热值的占比基本相等(热效率,参见表 11.7),说明高炉内的有效传热量全部储存于生铁的化学能之中。

从表 11.12 可以看出,富余 O_2 与 C 不完全燃烧的放热量为 239170.4kJ/t,占总燃料输入热量的 1.7%(=239170.4/14051517.6)。从本案例的热平衡计算看,这部分热量其实是多余的,原则上是可以节省的。但是,由于这里的计算是在一定假设基础下完成的,与实际情况有一定的出入。其一,为了简单化,一些物质未纳入分析范围,如矿石中 FeS 和 MnO_2 等物质以及进入高炉的水分,它们也会发生还原反应,并消耗能量;其二,关于焓值的计算方法,这里采用的是各物质组元焓值的简单相加,相当于假设了各物质成分不混合进入,不混合排出高炉,也与实际情况有出入;其三,这里也未及考虑散热损失的影响,等等。这些都会导致热耗增大,因此纯氧注入有其合理性。

上述热平衡计算得到的高炉输出总热量为 14051517.6kJ/t,输入煤绝热燃烧产物得到的热量为 5196853.343kJ/t,说明从整体上看,焦炭的热值不是通过与 O_2 直接燃烧释放的,而主要是 C 作为还原剂在 FeO+C——→Fe+CO 反应,继而以 CO 作为还原剂在 Fe_2O_3+CO——→2FeO+CO_2 的反应中释放出来的。

需要说明的是,上述各表的合计数与分项数之和并不严格相等,是数据各自四舍五入的近似造成的,这里未作平衡处理。

11.5.2　高炉炼铁的第二定律分析

1. 高炉炼铁的第二定律效率

高炉炼铁的第二定律分析结果如表 11.16 所示。从正、反平衡角度计算,高炉炼铁的第二定律效率为 54.82%,说明了计算的准确性。

2. 高炉炼铁的还原反应的熵产计算

炼铁过程的核心是 Fe_2O_3 的还原反应。根据上述高炉物质平衡和热平衡分析，总体说来，Fe_2O_3 的还原反应分两步进行，第一步为 Fe_2O_3 在 CO 的作用下发生初级还原反应生成 FeO，第二步为 FeO 在 C 的作用下还原生成 Fe。假设 FeO 的还原反应发生在 1560℃ (1833.15K) 的温度水平，该反应的热力数据如表 11.17 所示。

表 11.16　高炉炼铁的第二定律分析

指标	符号	单位	公式	数值	备注
铁矿石和 CO_2 还原成生铁的反应焓	$\Delta H_{R,P_M}^0$	kJ/t	式(11.34)	−8351740.9	T_0，p_0
铁矿石和 CO_2 还原成生铁的反应熵	$\Delta S_{R,P_M}^0$	kJ/(K·t)	式(11.76)	−2260.9	T_0，p_0
铁矿石和 CO_2 还原成生铁的反应自由焓	$\Delta G_{R,P_M}^0$	kJ/t	$\Delta G_{P_M}^0 = \Delta H_{P_M}^0 - T_0\Delta S_{P_M}^0$	−7677655.1	T_0，p_0
煤和焦炭燃烧的反应焓	$\Delta H_{R,C\&C}^0$	kJ/t	式(11.32)	−14062096.1	T_0，p_0
煤和焦炭燃烧的反应熵	$\Delta S_{R,C\&C}^0$	kJ/(K·t)	式(11.78)	−194.1	T_0，p_0
煤和焦炭燃烧的反应自由焓	$\Delta G_{R,C\&C}^0$	kJ/t	$\Delta G_{C\&C}^0 = \Delta H_{C\&C}^0 - T_0\Delta S_{C\&C}^0$	−14004221.1	式(11.79)
第二定律效率(正平衡)	η^{ex}	%	$-\Delta G_{P_M}^0 / \Delta G_{C\&C}^0$	54.82	式(11.82)
铁水显热	ΔQ_{P_M}	kJ/t		1379087.9	表 11.7
炉渣显热	ΔQ_{slag}	kJ/t		459006.1	表 11.7
富余高炉煤气热值	—	kJ/t	$(1-\alpha)(-\Delta H_{bfg}^0)$ 和式(11.35)	3390199.1	表 11.7
富余高炉煤气显热	—	kJ/t	$(1-\alpha)\Delta Q_{bfg}$ 和式(11.23)	233185.1	表 11.7
排烟热损失	$\Delta Q_{wh,fg}$	kJ/t	式(11.31)	248879.7	表 11.7
热损失总和	ΣQ_i	kJ/t		5710357.9	
总热损失造成的环境熵增	—	kJ/(K·t)	$\Sigma Q_i / T_0$	19152.6	
T_0，P_0 下高炉炼铁的反应熵	ΔS_R^0	kJ/(K·t)	$\Delta S_R^0 = -\Delta S_{R,P_M}^0 + \Delta S_{R,C\&C}^0$	2066.8	式(11.75)
高炉炼铁总熵产	ΣS_j^{gen}	kJ/(K·t)	$\Sigma S_j^{gen} = \Sigma Q_i / T_0 + \Delta S_R^0$	21219.4	式(11.68)
第二定律效率(反平衡)	η^{ex}	%	$1 - T_0\Sigma S_j^{gen} / (-\Delta G_{R,C\&C}^0)$	54.82	式(11.83)

表 11.17　FeO→Fe 还原反应的热力数据

名称	物质的量/(kmol/t)	H/(kJ/t)	S/[kJ/(K·t)]	G/(kJ/t)	名称	物质的量/(kmol/t)	H/(kJ/t)	S/[kJ/(K·t)]	G/(kJ/t)
FeO	17.1057	−2675568.2	3064.3	−8292913.0	Fe	17.1057	1262796.9	1715.9	−1882665.8
C	17.1057	534521.2	659.6	−674653.5	CO	17.1057	−1023227.6	4371.4	−9036647.1

反应焓：$\Delta H_{R,1560℃} = \Sigma H^{Pr} - \Sigma H^{R} = 2380616.2\,(kJ/t)$。上标 R 表示反应物，Pr 表示产物。

反应熵：$\Delta S_{R,1560℃} = \Sigma S^{Pr} - \Sigma S^{R} = 2363.3\,kJ/(K \cdot t)$。

反应自由焓：$\Delta G_{R,1560℃} = \Sigma G^{Pr} - \Sigma G^{R} = -1951746.4\,(kJ/t)$。

反应熵产：$S^{gen}_{FeO \to Fe} = -\Delta G_{R,1560℃}/T = 1951746.4/1833.15 = 1064.7[kJ/(K \cdot t)]$。

相应的不可逆损失：$I_{rFeO \to Fe} = T_0 S^{gen}_{FeO \to Fe} = 298.15 \times 1064.7 = 317440.3\,(kJ/t)$。

还原反应不可逆损失在燃料㶲中的占比：$\xi_{FeO \to Fe} = 317440.3/14004221.1 = 2.27\%$。

反应焓为正，说明反应是吸热反应。反应过程的吸热量在燃料热值中的占比为

$$2380616.2/14062096.1 = 16.9\%$$

在热平衡分析中，$Fe_2O_3 \to FeO$ 这一初级还原反应的温度设定在 626.85℃（900K）的水平，相应的热力参数如表 11.18 所示。

表 11.18　$Fe_2O_3 \to FeO$ 还原反应的热力数据

名称	物质的量/(kmol/t)	H/(kJ/t)	S/[kJ/(K·t)]	G/(kJ/t)	名称	物质的量/(kmol/t)	H/(kJ/t)	S/[kJ/(K·t)]	G/(kJ/t)
Fe_2O_3	7.9736	−5903164.1	235.4	−7592225.4	FeO	15.9472	−3814164.5	120.2	−5539917.9
CO	7.9736	−734537.4	231.1	−2392741.2	CO_2	7.9736	−2914050.4	263.6	−4805790.1

反应焓：$\Delta H_{R,626.85℃} = \Sigma H^{Pr} - \Sigma H^{R} = -90513.4\,(kJ/t)$。

反应熵：$\Delta S_{R,626.85℃} = \Sigma S^{Pr} - \Sigma S^{R} = -82.6\,kJ/(K \cdot t)$。

反应自由焓：$\Delta G_{R,626.85℃} = \Sigma G^{Pr} - \Sigma G^{R} = -360741.3\,(kJ/t)$。

反应熵产为 $S^{gen}_{Fe_2O_3 \to FeO} = -\Delta G_{R,626.85℃}/T = 360741.3/900 = 400.82[kJ/(K \cdot t)]$。

反应的不可逆损失 $I_{rFe_2O_3 \to FeO} = T_0 S^{gen}_{Fe_2O_3 \to FeO} = 298.15 \times 400.82 = 119504.5\,(kJ/t)$。

反应不可逆损失在燃料㶲中的占比为 $\xi_{Fe_2O_3 \to FeO} = 119504.5/14004221.1 = 0.85\%$。

显然，高炉炼铁还原反应的熵产有限，所致不可逆损失之和在燃料㶲中仅占 3.12%，这说明在图 11.5 所示的高炉参数条件下，高炉炼铁的主要不可逆损失并不在还原反应过程中。根据高炉热平衡分析，高炉炼铁的不可逆损失主要发生在燃料燃烧和传热过程以及高温物流的排出等。

3. 高炉炼铁中的标准反应焓、标准反应熵和标准反应自由焓

表 11.19 列出了高炉炼铁主要物质参与的氧化还原反应在环境温度和压力下

　　的反应焓、反应熵和反应自由焓，是针对生产 1t 生铁计算的，可以视为反应的一种标准值，这些数值对于揭示高炉炼铁的能效关系有重要价值。

　　表 11.20 给出了上述反应焓、反应熵和反应自由焓针对其相应物质的比参数，即各自的标准值，与热化学数据手册(Barin, 1995)给出的相关数据有很好的对应关系，比如对于焦炭，其可燃组元成分为 C，因此算出来的 Δh_{coke}^0 即为 C 的标准反应焓($\Delta h_{R,\text{coke}}^0 = h_{CO_2}^0$)。高炉煤气是高炉炼铁的副产品，计算出来的标准值可以用于计算高炉煤气的热值，对其他高炉煤气的热值计算等有一定的参考作用。

表 11.19　环境温度和压力下高炉炼铁中的反应焓、反应熵和反应自由焓

名称	单位	公式	数据	备注
$\Delta H_{R,P_M}^0$	kJ/t	式(11.34)	−8351740.9	生铁
$\Delta S_{R,P_M}^0$	kJ/(K·t)	式(11.76)	−2260.9	生铁
$\Delta G_{R,P_M}^0$	kJ/t	$\Delta G_{R,P_M}^0 = \Delta H_{R,P_M}^0 - T_0 \Delta S_{R,P_M}^0$	−7677655.1	生铁
$\Delta H_{R,C\&C}^0$	kJ/t	式(11.32)	−14062096.1	焦炭和煤
$\Delta S_{R,C\&C}^0$	kJ/(K·t)	式(11.78)	−194.1	焦炭和煤
$\Delta G_{R,C\&C}^0$	kJ/t	$\Delta G_{R,C\&C}^0 = \Delta H_{R,C\&C}^0 - T_0 \Delta S_{R,C\&C}^0$	−14004221.1	焦和煤
$\Delta H_{R,\text{coke}}^0$	kJ/t	$\Delta H_{R,\text{coke}}^0 = n_{C,\text{coke}}(h_{CO_2}^0)$	−10585339.6	焦炭
$\Delta S_{R,\text{coke}}^0$	kJ/(K·t)	$\Delta S_{R,\text{coke}}^0 = n_{C,\text{coke}}(s_{CO_2}^0 - s_C^0 - s_{O_2}^0)$	77.9	焦炭
$\Delta G_{R,\text{coke}}^0$	kJ/t	$\Delta G_{R,\text{coke}}^0 = \Delta H_{R,\text{coke}}^0 - T_0 \Delta S_{R,\text{coke}}^0$	−10608579.4	焦炭
$\Delta H_{R,\text{coal}}^0$	kJ/t	$\Delta H_{R,\text{coal}}^0 = n_{C,\text{coal}}(h_{CO_2}^0) + n_{H_2,\text{coal}}(h_{H_2O}^0)$	−3476756.4	煤
$\Delta S_{R,\text{coal}}^0$	kJ/(K·t)	$\Delta S_{R,\text{coal}}^0 = n_{C,\text{coal}}(s_{CO_2}^0 - s_C^0 - s_{O_2}^0) + n_{H_2,\text{coal}}(s_{H_2O}^0 - s_{H_2}^0 - s_{O_2}^0)$	−272.1	煤
$\Delta G_{R,\text{coal}}^0$	kJ/t	$\Delta G_{R,\text{coal}}^0 = \Delta H_{R,\text{coal}}^0 - T_0 \Delta S_{R,\text{coal}}^0$	−3395641.7	煤
$\Delta H_{R,\text{bfg}}^0$	kJ/t	式(11.35)	−5232412.2	煤气
$\Delta S_{R,\text{bfg}}^0$	kJ/(K·t)	式(11.65)和式(11.43)	−1446.0	煤气
$\Delta G_{R,\text{bfg}}^0$	kJ/t	式(11.66)	−4801284.4	煤气
ΔH_R^0	kJ/t	$\Delta H_R^0 = -\Delta H_{R,P_M}^0 + \Delta H_{R,C\&C}^0$	−5710355.1	
ΔS_R^0	kJ/(K·t)	$\Delta S_R^0 = -\Delta S_{R,P_M}^0 + \Delta S_{R,C\&C}^0$	2066.8	
ΔG_R^0	kJ/t	$\Delta G_R^0 = -\Delta G_{R,P_M}^0 + \Delta G_{R,C\&C}^0$	−6326566.0	

表 11.20　高炉炼铁中的标准反应焓、标准反应熵和标准反应自由焓

名称	单位	公式	数据	备注
$\Delta h_{R,P_M}^0$	kJ/kmol	$= \Delta H_{R,P_M}^0 / \Sigma n_{i,P_M}$	-401001.8	生铁
$\Delta s_{R,P_M}^0$	kJ/(K·kmol)	$= \Delta S_{R,P_M}^0 / \Sigma n_{i,P_M}$	-108.6	生铁
$\Delta g_{R,P_M}^0$	kJ/kmol	$= \Delta G_{R,P_M}^0 / \Sigma n_{i,P_M}$	-368636.1	生铁
$\Delta h_{R,C\&C}^0$	kJ/kmol	$= \Delta H_{R,C\&C}^0 / \Sigma n_{i,C\&C}$	-365161.6	焦和煤
$\Delta s_{R,C\&C}^0$	kJ/(K·kmol)	$= \Delta S_{R,C\&C}^0 / \Sigma n_{i,C\&C}$	-5.0	焦和煤
$\Delta g_{R,C\&C}^0$	kJ/kmol	$= \Delta G_{R,C\&C}^0 / \Sigma n_{i,C\&C}$	-363658.7	焦和煤
$\Delta h_{R,coke}^0$	kJ/kmol	$= \Delta H_{R,coke}^0 / n_{C,coke} = h_{CO_2}^0$	-393485.7	焦炭
$\Delta s_{R,coke}^0$	kJ/(K·kmol)	$= \Delta S_{R,coke}^0 / n_{C,coke} = s_{CO_2}^0 - s_C^0 - s_{O_2}^0$	2.9	焦炭
$\Delta g_{R,coke}^0$	kJ/kmol	$= \Delta h_{R,coke}^0 - T_0 \Delta s_{R,coke}^0$	-394349.7	焦炭
$\Delta h_{R,coal}^0$	kJ/kmol	$= \Delta H_{R,coal}^0 / \Sigma n_{i,coal}$	-299519.2	煤
$\Delta s_{R,coal}^0$	kJ/(K·kmol)	$= \Delta S_{R,coal}^0 / \Sigma n_{i,coal}$	-23.4	煤
$\Delta g_{R,coal}^0$	kJ/kmol	$= \Delta h_{R,coal}^0 - T_0 \Delta s_{R,coal}^0$	-292531.3	煤
$\Delta h_{R,bfg}^0$	kJ/kmol	$= \Delta H_{bfg}^0 / \Sigma n_{i,bfg}$	-164778.2	煤气
$\Delta s_{R,bfg}^0$	kJ/(K·kmol)	$= \Delta S_{R,bfg}^0 / \Sigma n_{i,bfg}$	-45.5	煤气
$\Delta g_{R,bfg}^0$	kJ/kmol	$= \Delta h_{R,bfg}^0 - T_0 \Delta s_{R,bfg}^0$	-151201.2	煤气

11.5.3　高炉炼铁的燃料单耗构成分析

根据上述分析，高炉炼铁的熵产分布、不可逆损失及其所致附加燃料单耗如表 11.21 所示。表中的附加燃料单耗是以燃料的化学功为基础计算的，不同于第 3 章介绍的单耗分析方法，因此这里的燃料单耗构成分析被打上了引号。之所以如此，是因为从熵产计算公式，如式(11.37)、式(11.49)、式(11.51)、式(11.57b)、式(11.59)、式(11.63)和式(11.68)，以及表 11.19 和表 11.21 的数据不难看出，反应熵 ΔS_R^0 在涉及化学反应过程的熵产中占有较大的份额，是炼铁过程的氧化还原反应不可逆性的重要体现，不能被剔除。

表 11.21　高炉炼铁的熵产、不可逆损失及附加燃料单耗分布

名称		熵产 /[kJ/(K·t)]	熵产 计算公式	不可逆损失 /(kJ/t)	附加燃料单耗 /(kg/t)	不可逆损失系数 /%
热风炉	高炉煤气绝热燃烧	1322.5	式(11.37)	394303.4	13.454	2.82
	传热过程	578.5	式(11.45)	172479.8	5.885	1.23
	空气预热器传热过程	67.9	式(11.47)	20244.4	0.691	0.14
	排烟热损失	202.6	式(11.48)	60405.2	2.061	0.43
	小计	2171.5	式(11.49)	647432.7	22.091	4.62
高炉 本体	输入煤绝热燃烧	1453.5	式(11.51)	433361.0	14.786	3.09
	传热及氧化还原反应	2714.9	式(11.57b)	809447.4	27.619	5.78
	小计	4168.4	式(11.59)	1242808.5	42.405	8.87
余热及 余燃料	炉渣余热	1023.4	式(11.60)	305126.7	10.411	2.18
	富余高炉煤气显热	168.2	式(11.62)	50148.8	1.711	0.36
	富余高炉煤气热值	10433.9	式(11.63)	3110867.3	106.144	22.21
	铁水显热	3254.1	式(11.67)	970209.9	33.104	6.93
	小计	14879.6		4436352.7	151.370	31.68
合计		21219.5	式(11.68)	6326593.9	215.866	45.18

　　根据表 11.21 的计算数据，高炉炼铁的总熵产为 21219.5kJ/(K·t)。根据 Gouy-Stodola 关系式，相应的不可逆损失为 6326593.9kJ/t，占输入煤和焦炭的化学功（$-\Delta G_{R,C\&C}^0$=14004221.1kJ/t）的 45.18%，即通过分解计算的高炉炼铁第二定律效率（反平衡）为 54.82%，与表 11.16 给出的结果完全吻合，说明了计算的准确性。

　　从表 11.21 中的数据看，高炉炼铁的主要不可逆损失发生在余燃料及余热的排放上。富余高炉煤气具有很高的热值，如果不加以利用，造成的不可逆损失最大，占燃料化学功的 22.21%；其次是铁水显热，占 6.93%；在其后的依次是高炉本体传热及还原反应、输入煤绝热燃烧、热风炉高炉煤气绝热燃烧以及炉渣余热损失的不可逆性。显然，高炉节能的重点在于余热及余燃料的回收利用。

　　目前，高炉煤气及铁水余热等都得到一定程度的利用，其节能效果可根据第 5 章的内容加以分析。

　　高炉炼铁的主要过程的热力学平均温度如表 11.22 所示。

表 11.22　高炉炼铁的主要过程的热力学平均温度

名称	公式	结果/K（℃）	温差/℃
$\overline{T}_{\text{fg,st}}^{\text{ad}}$	式(11.38)	1074.38(801.23)	810.23−516.05 =284.18
$\overline{T}_{\text{air}}$	式(11.46)	789.20(516.05)	
$\overline{T}_{\text{bfg}}$	式(11.40)	379.81(106.66)	106.66−25.00=81.66
$\overline{T}_{\text{fg}}$	式(11.42)	393.68(120.53)	120.53−25.00=95.53
$\overline{T}_{\text{sair}}$	式(11.39)	379.27(106.12)	265.05−106.12 =158.93
$\overline{T}_{\text{fg,aph}}$	式(11.41)	538.20(265.05)	
$\overline{T}_{\text{ad}}$	式(11.53)	1330.78(1057.63)	—*
$\overline{T}_{\text{slag}}$	式(11.61)	889.27(616.12)	616.12−25.00=591.12
$\overline{T}_{\text{P}_{\text{M}}}$	式(11.58)	1005.62(732.47)	732.47−25.00=707.47

*仅用于计算输入煤绝热燃烧熵产及高炉内传热熵产，并不存在这一温度变化过程。

11.5.4　单耗分析理论视角下的高炉炼铁能效评价

根据第 3 章的分析，除锅炉之外，其他所有能源利用系统的能效，无论是基于热力学第一定律的，还是基于热力学第二定律的，数值上都相差不大，可以认为第一定律效率与第二定律效率相等，如式(11.84)所示。

之所以如此处理，是因为物质熵不易准确得到，且参与反应的物质的混合熵无法计算，以各物质成分的熵值求和计算严重偏离热力学原理，据此进行熵产分析并不严格，以致第二定律分析的结果并不可靠。对于铁矿石，依据其成分构成，以其不混合地进入高炉进行熵值计算，基于这一处理方法的第二定律分析及其结果与实际情况会有一定出入。输入煤、焦炭以及铁水、炉渣和烟气等，都面临同样的问题。

为简化能源利用系统的第二定律分析，针对能源利用效率分析，第 3 章介绍的单耗分析理论提出将燃料在环境温度和压力下燃烧的反应熵从总熵产计算式中剔除，以能源利用系统的总热平衡数据计算系统总熵产[参考式(3.54)]。落实到高炉炼铁，可具体用式(11.85)计算高炉炼铁的总熵产。根据前面的案例分析给出的高炉炼铁热平衡分析数据，如果各项余热未得到利用，高炉炼铁的各项热损失如下。

富余高炉煤气热值 $(1-\alpha)(-\Delta H_{\text{R,bfg}}^0)$：3390199.1kJ/t。

富余高炉煤气显热 $(1-\alpha)\Delta Q_{\text{bfg}}$：233185.1kJ/t。

炉渣显热 ΔQ_{slag}：459006.1kJ/t。

铁水显热 $\Delta Q_{\text{P}_{\text{M}}}$：1379087.9kJ/t。

烟气显热 ΔQ_{fg}：248879.7kJ/t。

如果这些热量都未得到利用，则高炉炼铁的总熵产为

$$\Sigma S_j^{\mathrm{gen}} = \Sigma Q_i / T_0 = 5710357.9/298.15 = 19152.6\mathrm{kJ}/(\mathrm{K} \cdot \mathrm{t})$$

将燃料的热值（$-\Delta H_{\mathrm{R,C\&C}}^0$）视为燃料化学㶲，高炉炼铁的能源利用反平衡第二定律效率为

$$1 - T_0 \Sigma S_j^{\mathrm{gen}} / (-\Delta H_{\mathrm{R,C\&C}}^0) = 1 - 298.15 \times 19152.6/14062096.1 = 59.39\%$$

高炉炼铁的能源利用正平衡效率为

$$-\Delta H_{\mathrm{R,P_M}}^0 / (-\Delta H_{\mathrm{R,C\&C}}^0) = -8351740.9/(-14062096.1) = 59.39\%$$

由于这一数据可以通过热平衡审计验证，比 11.5.2 节计算的第二定律效率（54.82%）更可靠，二者数量级相同，说明用热效率代表第二定律效率完全是可行的，也简单很多。从宏观能效评价的视角，高炉炼铁过程的单耗分析可在系统总体热平衡的基础上进行。

11.6　小　　结

高炉炼铁是钢铁行业的一个基础性生产工艺，本章所做的单耗分析只是一个初步探索，旨在搭建钢铁行业单耗分析的基本构架，不少因素未纳入考虑范畴，如水及水蒸气、矿石中其他元素还原反应等，因此还存在明显的不足。另外，由于钢铁厂内部余热回收利用的方式多样性，进入高炉的矿石（烧结矿、球团等）、焦炭以及煤粉等可能或多或少高于环境温度，携带有一定的显热，这些因素对高炉生产都会产生相应的影响。因此，要全面透彻地开展钢铁行业整体的不可逆损失及单耗构成分析，还需要开展进一步的研究。

需要说明的是，计算中所有的中间状态是人为设定值，这些设定值基本符合高炉炼铁的实际过程，但计算结果不是唯一的。不仅如此，本章所开展的分析计算在高炉内的一些过程还可以进一步分解，比如，从热化学角度看，Fe_2O_3 还原成 Fe 在等温等压条件下进行，但是这里的分析将还原过程与传热过程混在一起，完全可以根据矿石预热至还原反应温度所需热量，计算高炉煤气开始对矿石预热加热时的温度，从而分别计算煤气放热对还原过程和矿石预热加热过程的熵产等。

计算所用物质的焓、熵等状态参数主要来自有关文献（Barin, 1995）。

第 12 章 热电联产多效蒸馏海水淡化的单耗分析

12.1 海水淡化过程的常规性能指标及存在的主要问题

对于蒸馏法海水淡化装置，传统的热力性能指标通常以单位淡水产量的热耗率 q 或性能比（performance ratio，PR）来表示。在一些文献中，PR 也称造水比。

$$q = 3600Q_h / M_d \tag{12.1}$$

或

$$PR = M_d / D_h \tag{12.2}$$

式中，M_d 为海水淡化装置的淡水产量；Q_h 为加热蒸汽放热量；D_h 为加热蒸汽量消耗量。

这是基于热力学第一定律的指标，对于不同的蒸馏脱盐技术，单位淡水产量的热耗率 q 或 PR 有不同的具体形式，但本质上是等价的。如果近似将蒸汽潜热 l 取值 2400kJ/kg（对应的饱和温度为 42.5℃），则 q 与 PR 之间的关系可以近似为

$$q \approx 1000l / PR = 2.4 \times 10^6 / PR \tag{12.3}$$

单位淡水产量的㶲耗率可以近似表示为

$$\epsilon = (1 - T_0 / \overline{T}_h)q \tag{12.4}$$

式中，T_0 为环境温度；$\overline{T}_h$ 为加热蒸汽的热力学平均温度。

可以看出 ϵ 与 q 的关系，它揭示了能量品位对用能系统的热力学性能的影响，反映了用能过程的实质。在 q 相同的情况下，加热蒸汽参数越高，其单位淡水产量的㶲耗率 ϵ 就越高，系统的热力性能就越差，反之亦然。

反渗透（reverse osmosis，RO）和机械压缩蒸馏（mechanical vapour compression，MVC）等海水淡化系统，只需消耗一定的电量 W 即可以实现海水淡化，因此可用单位淡水产量的电耗率评价其性能。

$$ecr = W / M_d \tag{12.5}$$

虽然这些性能指标对相应海水淡化技术是有效的，但是，由于能量之间的不

等价性等，不同海水淡化技术的常规性能指标之间不具有可比性，也无从计算其终端产品燃料单耗，作为能效指标则显得不够完整，不利于各种海水淡化技术之间的横向比较。

12.2　海水淡化的最小分离功及理论最低燃料单耗

海水淡化技术方案有很多，如反渗透、电渗析、机械压缩蒸馏、多级闪蒸（multistage flash，MSF）和多效蒸馏（multi-effect distillation，MED）等，任何技术方案都要消耗足够的能量才能把海水中的组元分离开来。

以环境温度 T_0 和环境压力 p_0 条件下的海水为基准物，海水中每一种成分的纯组元相对于海水都具有㶲。参考第 2 章关于化学势的有关内容，对于组成为 $x_0 = \left\{ x_1^0, x_2^0, \cdots, x_n^0 \right\}$ 的海水，从中分离任一纯组元 i 的理论最小摩尔分离功（J/mol）为

$$w_i^{\min} = -R_M T_0 \ln[a_i^0(T_0, p_0, x_0)] \tag{12.6}$$

或

$$w_i^{\min} = -R_M T_0 \ln(\gamma_i^0 x_i^0) \tag{12.7}$$

式中，x_i^0 为海水中组元 i 的摩尔分数；a_i^0 为环境温度和压力下组元 i 的活度，$a_i^0 = \gamma_i^0 x_i^0$；γ_i^0 为环境温度压力 (T_0, p_0) 下，海水中组元 i 的活度系数；R_M 为通用气体常数，$R_M = 8.314 \text{J}/(\text{K} \cdot \text{mol})$。

分离 1mol 海水所需的理论最小分离功等于各组分的最小分离功之和。

$$w_i^{\min} = -R_M T_0 \sum x_i \ln a_i^0 \tag{12.8}$$

如果以分离 1kg 某组元 i 计算，最小分离功（kJ/kg）可以表示为

$$w_i^{\min} = -(R_M / M_{n,i}) T_0 \ln a_i^0 \tag{12.9}$$

式中，$M_{n,i}$ 为组元 i 的分子量。

如果以分离 1t 某组元 i 的电耗表示分离功，则其理论最小单位分离电耗可以写成

$$w_i^{\min} = -0.2778(R_M / M_{n,i}) T_0 \ln a_i^0 \tag{12.10}$$

式（12.10）的量纲是 kW·h/t。

如果以分离 1t 海水的电耗表示分离功，则其理论最小单位分离电耗可以写成

$$w^{\min} = -0.2778(R_M / \overline{M}_n) T_0 \sum x_i \ln a_i^0 \tag{12.11}$$

式中，$\overline{M}_n = \Sigma x_i M_{n,i}$ 为海水的平均分子量。

如果假设海水为理想溶液，则 $a_i^0 = x_i$，最小分离功的计算将简单许多。

假设海水淡化所需电耗来自 100%发电效率的热机，发电燃料单耗为 0.12284kg/(kW·h)，则分离 1t 某组元 i 的理论最低燃料单耗(kg/t)为

$$b^{\min} = 0.12284 w_i^{\min} \tag{12.12}$$

实际海水组元数很多，为了简便理解，这里假设某一特定海水含 NaCl 27g、$MgCl_2$ 5.1g、其余为水(宋之平和王加璇，1985)，海水温度为 25℃。表 12.1 给出了这 1000g 海水及其组分的理论最小分离功和理论最低燃料单耗等数据。

表 12.1　分离海水及其组分的理论最小分离功及理论最低燃料单耗

指标名称	单位	NaCl	$MgCl_2$	H_2O	海水
质量	g	27	5.1	967.9	1000
分子量	g/mol	58.442	95.21	18.015	18.436
物质的量	mol	0.4620	0.0536	53.72	54.2423
摩尔分数	—	0.008517	0.000988	0.990495	1
活度系数	—	0.68	0.70	1	—
活度	—	0.005792	0.000691	0.990495	—
最小摩尔分离功	kJ/mol	12.7692	18.0384	0.02367	0.1500
最小分离功	kJ/kg	218.494	189.459	1.3141	8.1375
最小分离电耗	kW·h	0.0016387	0.0002684	0.0003533	0.0022604
最小单位分离电耗	kW·h/t	60.693	52.627	0.365	2.260
理论最低燃料单耗	kg/t	7.455	6.464	0.045	0.278

从表 12.1 中可以看到，从这 1000g 海水中分离出其中的 27g 为 NaCl，最小分离电耗为 0.0016387kW·h，即分离 NaCl 的理论最小单位分离电耗为 0.0016387/0.000027=60.693kW·h/t；分离出 5.1g 的 $MgCl_2$，最小分离电耗为 0.0002684kW·h，即分离 $MgCl_2$ 的理论最小单位分离电耗为 0.0002684/0.0000051=52.627kW·h/t；而分离 967.9g 的水，最小分离电耗为 0.0003530kW·h，即分离水的理论最小单位分离电耗为 0.0003533/0.0009679=0.365kW·h/t。如果将 1000g 的海水完全分离，则理论上的最小分离电耗等于三者之和：0.0016387+0.0002684+0.0003533=0.0022604kW·h，即分离海水的理论最小单位分离电耗为 2.260kW·h/t。

假定海水淡化所消耗的电来自 100%效率[0.12284kg/(kW·h)]的热机，则分离出 1t NaCl 的理论最低燃料单耗为 7.455kg；分离出 1t $MgCl_2$ 的理论最低燃料单耗为 6.464kg；而分离出 1t 水的理论最低燃料单耗只有 0.045kg。根据这一海水成分构成，分离 1t 海水的理论最低燃料单耗为 0.278kg。其中分离出 27kg 的 NaCl 消

耗燃料 7.451× 27/1000=0.201kg,分离出 5.1kg 的 $MgCl_2$ 消耗燃料 6.460×5.1/1000 = 0.033kg, 分离出 967.9kg 的水消耗燃料 0.0448×967.9/1000=0.043kg, 合计消耗燃料 0.201+ 0.033+0.043=0.277kg。

如果将这一人工海水视为理想溶液,将 NaCl 和 $MgCl_2$ 的活度系数也都取为 1, 则分离海水的理论最低燃料单耗为 0.261kg/t, 即理想溶液的分离功耗要低一些。

另外, 最小单位分离电耗随海水浓度变化。海水浓度越高, 最小单位分离电耗越大, 如图 12.1 所示。

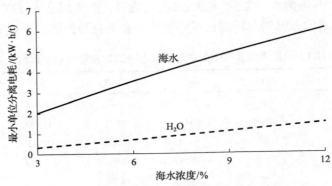

图 12.1　最小单位分离电耗随海水浓度的变化

12.3　海水淡化的统一化评价指标体系

12.3.1　电驱动海水淡化的电耗率及能源利用效率

电驱动海水淡化技术主要有反渗透、电渗析和机械压缩蒸馏等。参考第 5 章的内容, 电驱动海水淡化过程的性能评价用单位淡水产量的电耗率指标表示, 如式(12.5)所示。

目前, 反渗透海水淡化装置的电耗率 ecr 已达到 3.9kW·h/t 的水平, 与海水的理论最低单位功耗(2.2592kW·h/t)处于相同的数量级。但是, 通常的海水淡化只是从海水中提取部分淡水, 理应以分离一定量的淡水功耗作为比较的基准。根据表 12.1, 从海水中分离淡水的理论最小单位分离电耗为 $W_d^{min} = 0.365kW·h/t$, 反渗透的实际电耗远远高于这一数值, 其第二定律效率只有 0.365/3.9=9.36%。如果再乘以电网火电机组平均约 40%的供电效率, 其能源利用第二定律效率约为 3.74%。

反渗透膜的单级脱盐率已达 99.6%的水平, 对于总溶解固体含量(TDS)为 35000mg/L 的海水, 其产品淡水的 TDS 约为 140mg/L。但随着运行时间的持续, 反渗透膜的脱盐率会降低, 产品淡水的 TDS 在 300~600mg/L 是比较常见的。根据世界卫生组织(WHO)颁布的《饮用水水质指南》(*Guidelines for Drinking-water*

Quality），600mg/L 及以下是适合饮用的，因此针对制备饮用水的反渗透海水淡化设备，当其产品淡水的 TDS 超过 600mg/L 时需考虑更换反渗透膜。当然，水质参数也不只 TDS，还需要控制其他指标。

机械压缩蒸馏海水淡化的电耗率 ecr 在 7～13kW·h/t，比反渗透要高不少。但其淡水纯度远高于反渗透，一般在 25mg/L 以内，且水质保证率高很多。根据前面的分析，达到相同的水质条件，所需的最小分离功应是不同的。另外，反渗透膜的产水率受海水温度的影响比较大，海水温度降低，淡水产量将显著减小，要保证反渗透装置在冬季低温条件下仍能达到额定出力，必须设置海水加热装置，这将明显增加其能源消耗；反渗透膜的反清洗也需消耗一定电量。更主要的是，反渗透工艺需要良好的海水预处理设施，这套设施也需要消耗相当的电能。而蒸馏工艺的预处理要求则低很多，因此，反渗透装置实际运行电耗率会高于标称的电耗率。

12.3.2 锅炉直供或低温核反应堆海水淡化的当量电耗量

对于锅炉或低温核反应堆海水淡化系统，可以假定把其标准煤耗量（B^s）送入电网机组发电，将可发电量视为海水淡化系统的当量电耗量，即

$$EECR = B^s / \bar{b}_e^s + W_{pf} \tag{12.13}$$

锅炉直供，无论是供热还是制冷，都不是合理的用能方案，对蒸馏法海水淡化亦是如此。对于蒸馏法海水淡化，基本上都采用热电联产方式或者热泵式蒸馏方案（即机械压缩蒸馏工艺）。

12.3.3 热电联产海水淡化的当量电耗量

多级闪蒸和多效蒸馏海水淡化系统主要消耗的是热能，还需要少量电能以维持系统运行。由于热、电的不等价性以及热能可能来自火电厂汽轮机的低压抽汽、燃气轮机与内燃机余热、低温核反应堆或锅炉等不同的能量系统，常规性能评价指标之间缺乏可比性。为了解决这一问题，并与电驱动海水淡化系统进行比较，应将海水淡化系统所消耗的热能按实际技术水平折算为等价的电量（当量电耗量 EECR），以单位淡水产量的当量电耗率指标进行性能评价，参考第 5 章的介绍。

对于热电联产海水淡化，其当量电耗量可以用式（12.14）计算：

$$EECR = D_h(h - h_c)\eta_{mg} / 3600 + W_{pf} \tag{12.14}$$

式中，D_h 为机组供热抽汽量；h 为抽汽比焓；h_c 为机组排汽比焓；η_{mg} 为机组机械效率和电机效率的乘积。

12.3.4　单位淡水产量的当量电耗率

已知当量电耗量，其单位淡水产量的当量电耗率为

$$eecr = EECR / M_d \qquad (12.15)$$

以 eecr 作为决策变量进行系统参数优化设计分析，比单位淡水产量的热耗率 q 有明显的优势。比如，对于多级闪蒸海水淡化系统，海水顶值温度（t_m）的提高，显著提高了扩容闪蒸的温降范围，因此单位淡水产量的耗热率（q）会随之明显降低。但是，单位淡水产量的当量电耗率（eecr）却变化不大，如图 12.2 所示（Song et al.，1991）。这意味着低温多效蒸馏海水淡化的能耗水平可以得到有效的控制，因为当量电耗率（eecr）指标是绩效性指标。

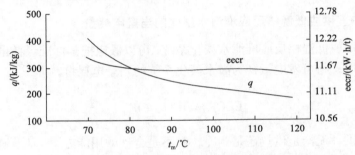

图 12.2　eecr 及 q 对海水顶值温度的依变关系（MSF）

现实海水淡化技术的发展也证实了这一分析方法的有效性。为控制海水的腐蚀与结构影响，低温多效蒸馏海水淡化技术得到长足发展。另外，相对于 MSF 技术，MED 技术的一个优势是单位淡水产量的流程泵功消耗更低。MSF 的流程泵功消耗在 4～4.5kW·h/t 的水平，MED 的流程泵功消耗在 1.2～1.5kW·h/t 的水平。

12.3.5　海水淡化的产品燃料单耗计算方法

已知单位淡水产量的（当量）电量率，就可以很方便地计算单位淡水产量的燃料单耗。

$$b = \bar{b}_e^s \cdot ecr , \qquad 电驱动海水淡化 \qquad (12.16)$$

$$b = b_e^s \cdot eecr , \qquad 热电联产海水淡化 \qquad (12.17)$$

$$b = \bar{b}_e^s \cdot eecr , \qquad 锅炉房直供海水淡化 \qquad (12.18)$$

式中，b_e^s 为热电联产机组当量供电燃料单耗，参考第 5 章。

12.3.6 海水淡化的能源利用第二定律效率

已知单位产品燃料单耗及理论最低燃料单耗，其能源利用第二定律效率可以统一化地表示为如下形式：

$$\eta^{ex} = b^{min} / b \tag{12.19}$$

12.3.7 海水淡化的单耗构成

根据单耗分析理论，海水淡化的单耗构成可以表示为如下形式：

$$b = b^{min} + \sum b_j = b^{min} + \frac{T_0 \sum S_j^{gen}}{e_f^s M_d} = b^{min} + \frac{T_0 \sum S_j^{gen}}{q_l^s M_d} \tag{12.20}$$

通过系统全面的熵产分析，就可以掌握海水淡化的单耗构成。

12.4 TVC 低温多效蒸馏海水淡化系统的㶲平衡分析

多效蒸馏系统流程设计多种多样，取决于设计者的经验及意愿。如图 12.3 所示，一系列蒸发器串联起来，上一效蒸发器中海水蒸发产生的二次蒸汽在下一效作为加热蒸汽，其凝结成产品淡水的同时加热使海水蒸发，产生新的二次蒸汽，这一生产工艺称为多效蒸馏。

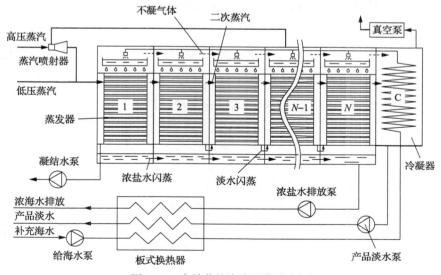

图 12.3 多效蒸馏海水淡化流程图

　　为节能及降低成本，蒸馏法海水淡化多采用热电联产方式。根据热力学原理，如果汽轮机的抽汽压力与蒸馏装置的要求相匹配，则这一低压蒸汽可直接进入第一效蒸发器，这是一种节能的蒸馏海水淡化方案，如图 12.3 所示。但是，由于火电机组与海水淡化装置的设计与制造并未进行协调优化，实际能供给海水淡化装置的抽汽参数往往大大高于需要，从而使热电联产的热经济性大打折扣。比如，河北国华沧东发电有限责任公司引进法国 SIDEM 公司 2×10000t/d 低温多效蒸馏海水装置，其海水顶值温度为 61.6℃，对应饱和压力为 21.5kPa。实际采用的热源来自电厂 600MW 亚临界机组中压缸排汽，额定工况下的压力为 0.77MPa，温度为335.6℃。不仅如此，为减小机组低负荷运行时的抽汽压力降低对海水淡化装置运行的影响，提供给厂家作为设计依据的压力是 5.5MPa。

　　压力严重失配造成的损失很大，为减小损失，热电联产低温多效蒸馏海水淡化系统多配备蒸汽喷射器，用来引射压缩海水淡化系统中间某一效的二次蒸汽至第一效蒸发器共同作为加热蒸汽，以减小汽轮机抽汽量，这一工艺流程称为 TVC（thermo-vapor compression）热喷射压缩低温多效蒸馏海水淡化。然而，由于蒸汽喷射器本身就是效率非常低的设备，因此，这一技术方案虽然能起到节能效果，但不能扭转压力失配造成的巨大损失。

　　如果采用汽轮机低压抽汽作为低温多效蒸馏海水淡化系统的热源，则不必配置蒸汽喷射器，这时进入第一效蒸发器的加热蒸汽流量 $G_0 = D_i$；如果抽汽压力比较高，则往往配置蒸汽喷射器，如图 12.3 所示，这时 G_0 为

$$G_0 = (1 + \mu)D_i \tag{12.21}$$

式中，μ 为蒸汽喷射器的引射系数；D_i 为汽轮机抽汽量。

　　对于海水淡化系统，其物质平衡为

$$M_d = M_f - M_b \tag{12.22}$$

式中，M_d 为淡水产量；M_f 为补充海水量；M_b 为浓海水排放量。

　　如果忽略淡水中的含盐量，则海水淡化系统的浓缩率 ε 定义为

$$\varepsilon = \frac{\xi_b}{\xi_0} = \frac{M_f}{M_b} \tag{12.23}$$

式中，ξ_b 和 ξ_0 分别为浓缩海水和原海水浓度。

　　对于淡水产量为 M_d 的海水淡化装置，补给海水流量可以用式（12.24）计算：

$$M_f = \frac{\varepsilon}{\varepsilon - 1} M_d \tag{12.24}$$

　　汽轮机抽汽压力和温度分别用 p_i 和 T_i 表示，相应的比焓和比熵分别用 h_i 和 s_i

表示。假设被引射的二次蒸汽是第 k 效蒸发器，其蒸发温度为 t_k，蒸发压力需考虑海水沸点升高的影响，可近似用 t_k 减沸点升高值计算或查表得到，相应的二次蒸汽比焓和比熵用 $h_{d,k}$ 和 $s_{d,k}$ 表示。蒸汽喷射器出口蒸汽压力 p_d 可以根据第一效蒸发器蒸发温度 t_1 加上所需传热温度 Δt 计算或查表确定，相应的蒸汽比焓和比熵分别用 h_d 和 s_d 表示。

因此，蒸汽喷射器的熵产可以用式(12.25)计算：

$$S_{ej}^{gen} = (1+\mu)D_i s_d - D_i s_i - \mu D_i s_{d,k} \tag{12.25}$$

如果忽略喷嘴和引射蒸汽入口以及扩压器出口蒸汽流速及重力高度变化的影响，蒸汽喷射器的热平衡方程如下：

$$(1+\mu)h_d = h_i + \mu h_{d,k} \tag{12.26}$$

第一效冷凝蒸发过程的热平衡方程可以写成如下形式：

$$\begin{aligned}(1+\mu)D_i(h_d - h_{ds}) &= M_{d,1}h_{d,1} + (M_{f,1} - M_{d,1})h_{b,1} - M_{f,1}h_c \\ &\approx M_{d,1}l_1 + M_{f,1}(h_{b,1} - h_c)\end{aligned} \tag{12.27}$$

式中，h_{ds} 为第一效加热蒸汽的凝结水比焓；$h_{d,1}$ 为第一效蒸发的二次蒸汽比焓；$h_{b,1}$ 为第一效出口浓海水比焓；h_c 为冷凝器出口海水比焓；$M_{d,1}$ 为第一效蒸发量；$M_{f,1}$ 为进入第一效的海水流量；l_1 为第一效海水蒸发潜热(可近似取第一效饱和压力下的水蒸气潜热)。

从式(12.27)不难看出，加热蒸汽的潜热总有一部分用来加热海水达到饱和温度，这使第一效蒸发量小于进入该效的加热蒸汽量。对于如图 12.3 所示的无海水预热器的多效蒸馏系统，海水温度比较低，影响比较大。如果各效都设置预热器，则可实现梯级加热，从而提高系统的热经济性，但系统会复杂一些。

与吸收式制冷一样，蒸发过程中海水也是逐步被浓缩的，计算时应考虑这一特性，根据海水的热物理性质参数进行计算(Sharqawy et al.，2011；Nayar et al.，2016)，并根据平均浓度确定蒸汽参数。但是海水浓度多只在 3%的水平，低温多效蒸馏海水淡化的浓缩率一般不超过 2，加上整体温度水平不高，因此沸点升高值一般在 0.3~0.75℃的范围内(Sharqawy et al.，2011)，忽略海水沸点升高值对热平衡的影响，以水的饱和态参数计算误差不大。

如果忽略阻尼损失，第一效蒸发器的熵产为

$$\begin{aligned}S_{ht,k=1}^{gen} &= M_{d,1}s_{d,1} + (M_{f,1} - M_{d,1})s_{b,1} - (1+\mu)D_i(s_d - s_{ds}) - M_{f,1}s_c \\ &= M_{d,1}(s_{d,1} - s_{b,1}) + M_{f,1}(s_{b,1} - s_c) - (1+\mu)D_i(s_d - s_{ds})\end{aligned} \tag{12.28}$$

式中，s_{ds} 为第一效加热蒸汽的凝结水比熵；$s_{d,1}$ 为第一效二次蒸汽比熵；$s_{b,1}$ 为第一效出口浓海水比熵；s_c 为冷凝器出口海水比熵。

第二效冷凝蒸发过程的热平衡方程可以写成如下形式：

$$M_{d,1}(h_{d,1} - h_{ds,1}) = M_{d,2}h_{d,2} + (M_{f,2} - M_{d,2})h_{b,2} - M_{f,2}h_c$$
$$\approx M_{d,2}l_2 + M_{f,2}(h_{b,2} - h_c) \tag{12.29}$$

式中，$h_{ds,1}$ 为第一效二次蒸汽的凝结水比焓；$h_{d,2}$ 为第二效二次蒸汽比焓；$h_{b,2}$ 为第二效出口浓海水比焓；$M_{d,2}$ 为第二效蒸发量；$M_{f,2}$ 为进入第二效的海水流量；l_2 为第二效海水蒸发潜热（近似取第二效饱和压力下的潜热）。

相应地，第二效蒸发器蒸发传热过程的熵产为

$$S_{ht,k=2}^{gen} = M_{d,2}s_{d,2} + (M_{f,2} - M_{d,2})s_{b,2} - M_{d,1}(s_{d,1} - s_{ds,1}) - M_{f,2}s_c$$
$$= M_{d,2}(s_{d,2} - s_{b,2}) + M_{f,2}(s_{b,2} - s_c) - M_{d,1}(s_{d,1} - s_{ds,1}) \tag{12.30}$$

式中，$s_{ds,1}$ 为第一效二次蒸汽的凝结水比熵；$s_{d,2}$ 为第二效的二次蒸汽比熵；$s_{b,2}$ 为第二效出口浓海水比熵。

假设第一效浓海水节流进入第二效达到完全热平衡，其过热度全部转化为二次蒸汽，则这一节流过程的闪蒸热平衡方程为

$$(M_{f,1} - M_{d,1})h_{b,1} = M_{db,2}h_{d,2} + (M_{f,1} - M_{d,1} - M_{db,2})h_{b,2} \tag{12.31}$$

或者

$$(M_{f,1} - M_{d,1})(h_{b,1} - h_{b,2}) \approx M_{db,2}l_2 \tag{12.31a}$$

式中，$M_{db,2}$ 为第一效浓海水节流进入第二效蒸发器闪蒸产生的二次蒸汽。

浓海水节流的熵产为

$$S_{b,k=2}^{gen} = M_{d,2}s_{d,2} + (M_{f,1} - M_{d,1} - M_{db,2})s_{b,2} - (M_{f,1} - M_{d,1})s_{b,1}$$
$$= M_{d,2}(s_{d,2} - s_{b,2}) + (M_{f,1} - M_{d,1})(s_{b,2} - s_{b,1}) \tag{12.32}$$

第三效冷凝蒸发过程的热平衡方程可以写成如下形式：

$$(M_{d,2} + M_{db,2} + M_{dd,2})(h_{d,2} - h_{ds,2}) = M_{d,3}h_{d,3} + (M_{f,3} - M_{d,3})h_{b,3} - M_{f,3}h_c$$
$$\approx M_{d,3}l_3 + M_{f,3}(h_{b,3} - h_c) \tag{12.33}$$

式中，$h_{ds,2}$ 为第二效二次蒸汽的凝结水（也称产品淡水）比焓；$h_{d,3}$ 为第三效二次蒸汽比焓；$h_{b,3}$ 为第三效出口浓海水比焓；$M_{d,3}$ 为第三效蒸发量；$M_{f,3}$ 为进入第三效的海水流量；$M_{dd,2}$ 为进入第三效产品淡水节流闪蒸的二次蒸汽量；l_3 为第三效蒸发潜热。

假设第二效凝结的产品淡水节流进入第三效完全达到热平衡状态，则这一闪蒸过程的热平衡方程为

$$M_{d,1}h_{ds,1} = M_{dd,2}h_{d,2} + (M_{d,1} - M_{dd,2})h_{ds,2} \tag{12.34}$$

或

$$M_{d,1}(h_{ds,1} - h_{ds,2}) \approx M_{dd,2}l_3 \tag{12.34a}$$

淡水节流闪蒸熵产为

$$S_{d,k=3}^{gen} = M_{dd,2}(s_{d,2} - s_{ds,2}) + M_{d,1}(s_{ds,2} - s_{ds,1}) \tag{12.35}$$

相应地，第三效蒸发器冷凝蒸发传热过程的熵产为

$$
\begin{aligned}
S_{ht,k=3}^{gen} &= M_{d,3}s_{d,3} + (M_{f,3} - M_{d,3})s_{b,3} - (M_{d,2} + M_{db,2} + M_{dd,2})(s_{d,2} - s_{ds,2}) - M_{f,3}s_c \\
&= M_{d,3}(s_{d,3} - s_{b,3}) + M_{f,3}(s_{b,3} - s_c) - (M_{d,2} + M_{db,2} + M_{dd,2})(s_{d,2} - s_{ds,2})
\end{aligned}
\tag{12.36}
$$

式中，$s_{ds,2}$ 为第二效二次蒸汽的凝结水比熵；$s_{d,3}$ 为第三效的二次蒸汽比熵；$s_{b,3}$ 为第三效出口浓海水比熵。

相应地，第二效浓海水节流进入第三效的闪蒸热平衡方程为

$$
\begin{aligned}
&(M_{f,1} + M_{f,2} - M_{d,1} - M_{d,2} - M_{db,2})h_{b,2} \\
&= M_{db,3}h_{d,3} + (M_{f,1} + M_{f,2} - M_{d,1} - M_{d,2} - M_{db,2} - M_{db,3})h_{b,3}
\end{aligned}
\tag{12.37}
$$

或

$$(M_{f,1} + M_{f,2} - M_{d,1} - M_{d,2} - M_{db,2})(h_{b,2} - h_{b,3}) \approx M_{db,3}l_3 \tag{12.37a}$$

式中，$M_{db,3}$ 为浓海水闪蒸产生的二次蒸汽。

浓海水节流的熵产为

$$S_{b,k=3}^{gen} = M_{db,3}(s_{d,3} - s_{b,3}) + (M_{f,1} + M_{f,2} - M_{d,1} - M_{d,2} - M_{db,2})(s_{b,3} - s_{b,2}) \tag{12.38}$$

第 k 效出口海水流量为

$$G_{\mathrm{b},k} = \sum_{i=1}^{k} M_{\mathrm{f},i} - \sum_{i=1}^{k} M_{\mathrm{d},i} - \sum_{i=1}^{k} M_{\mathrm{db},i} \tag{12.39}$$

式中，$M_{\mathrm{f},k}$ 为进入第 k 效蒸发器的海水流量；$M_{\mathrm{d},k}$ 为第 k 效蒸发器的蒸发量；$M_{\mathrm{db},k}$ 为进入第 k 效蒸发器的浓海水闪蒸蒸发量，其中，$M_{\mathrm{db},1} = 0$。

忽略淡水中的含盐量，第 k 效的盐量平衡方程为

$$M_{\mathrm{f},k}\xi_0 + G_{\mathrm{b},k-1}\xi_{\mathrm{b},(k-1)} = G_{\mathrm{b},k}\xi_{\mathrm{b},k} \tag{12.40}$$

式中，$\xi_{\mathrm{b},(k-1)}$ 为从第 $k-1$ 效流进第 k 效的浓海水浓度；$\xi_{\mathrm{b},k}$ 为流出第 k 效（或流进第 $k+1$ 效）的浓海水（$G_{\mathrm{b},k}$）的浓度。

第 k 效出口二次蒸汽量为

$$G_k = M_{\mathrm{d},k} + M_{\mathrm{db},k} + M_{\mathrm{dd},k} \tag{12.41}$$

式中，$M_{\mathrm{dd},k}$ 为进入第 $k+1$ 效的淡水闪蒸蒸发量。其中，第 1 效的淡水闪蒸蒸发量 $M_{\mathrm{dd},1} = 0$。

对于配置蒸汽喷射器的多效蒸馏海水淡化系统，如果从第 k 效抽取部分二次蒸汽 μD_i 引射压缩至第一效蒸发器作为加热蒸汽，则第 k 效出口二次蒸汽量为

$$G_k = M_{\mathrm{d},k} + M_{\mathrm{db},k} + M_{\mathrm{dd},k} - \mu D_i \tag{12.42}$$

由于进入下一效的二次蒸汽量减小了，第 k 效及后续各效蒸发器的入口海水流量 $M_{\mathrm{f},k}$ 因此减小。

第 k 效出口淡水流量为

$$G_{\mathrm{d},k} = \sum_{1}^{k-1} (M_{\mathrm{d},k} + M_{\mathrm{db},k}) \tag{12.43}$$

第 k 效蒸发器热平衡可以写成如下形式：

$$\begin{aligned} G_{k-1}l_{k-1} = G_{k-1}(h_{\mathrm{d},k-1} - h_{\mathrm{ds},k-1}) &= M_{\mathrm{d},k}h_{\mathrm{d},k} + (M_{\mathrm{f},k} - M_{\mathrm{d},k})h_{\mathrm{b},k} - M_{\mathrm{f},k}h_{\mathrm{c}} \\ &\approx M_{\mathrm{d},k}l_k + M_{\mathrm{f},k}(h_k - h_{\mathrm{c}}) = M_{\mathrm{d},k}l_k + M_{\mathrm{f},k}\overline{c}_{p,k}(t_k - t_{\mathrm{c}}) \end{aligned} \tag{12.44}$$

式中，t_k 为第 k 效蒸发温度；h_k 为海水在 t_k 温度下的饱和比焓；$\overline{c}_{p,k}$ 为海水平均比定压热容；t_{c} 为冷凝器出口海水温度；h_{c} 为 t_{c} 温度下海水比焓；l_k 可近似取值

为 t_k 温度下的水蒸气潜热，可以近似用式 (12.45) 计算：

$$l_k \approx h_{\mathrm{d},k} - h_{\mathrm{ds},k} \tag{12.45}$$

第 k 效浓海水的闪蒸蒸发量近似用式 (12.46) 计算：

$$M_{\mathrm{db},k} l_k = G_{\mathrm{b},k-1}(h_{k-1} - h_k) = G_{\mathrm{b},k-1} \overline{c}_{p,(k-1)}(t_{k-1} - t_k) \tag{12.46}$$

式中，$\overline{c}_{p,(k-1)}$ 为浓海水平均比定压热容。

第 k 效淡水闪蒸蒸发量近似用式 (12.47) 计算：

$$M_{\mathrm{dd},k} l_k = G_{\mathrm{d},k-1}(h_{\mathrm{ds},k-1} - h_{\mathrm{ds},k}) = G_{\mathrm{d},k-1} \overline{c}_{pd,(k-1)}(t'_{k-1} - t'_k) \tag{12.47}$$

式中，$\overline{c}_{pd,(k-1)}$ 为淡水平均比定压热容；t'_k 为第 k 效蒸发器中的蒸汽凝结温度，用式 (12.48) 表示：

$$t'_k = t_{k-1} - \mathrm{BPE}_{k-1} - \Delta t^1_{k-1} \tag{12.48}$$

其中，BPE_{k-1} 为第 $k-1$ 效海水蒸发的沸点升高值；Δt^1_{k-1} 为阻尼造成的凝结温降。

通常，多效蒸馏海水淡化系统各效采用等温降设计，即第 k 效蒸发温度可以表示为

$$t_k = t_1 - (k-1)\Delta t \tag{12.49}$$

式中，$t_1 = t_\mathrm{m}$ 为第一效海水蒸发温度，也称为顶值温度；Δt 为各效平均温差，用式 (12.50) 计算：

$$\Delta t = (t_1 - t_N)/(N-1) \tag{12.50}$$

其中，N 为系统蒸发器的效数。

第 k 效蒸发器的有效传热温差用式 (12.51) 表示：

$$\Delta t_k = \Delta t - (\mathrm{BPE}_k + \Delta t^1_k) \tag{12.51}$$

第 k 效蒸发器的传热过程熵产为

$$\begin{aligned} S_{\mathrm{ht},k}^{\mathrm{gen}} &= M_{\mathrm{d},k} s_{\mathrm{d},k} + (M_{\mathrm{f},k} - M_{\mathrm{d},k}) s_{\mathrm{b},k} - G_{\mathrm{d},k-1}(s_{\mathrm{d},k-1} - s_{\mathrm{ds},k-1}) - M_{\mathrm{f},k} s_\mathrm{c} \\ &= M_{\mathrm{d},k}(s_{\mathrm{d},k} - s_{\mathrm{b},k}) + M_{\mathrm{f},k}(s_{\mathrm{b},k} - s_\mathrm{c}) - G_{\mathrm{d},k-1}(s_{\mathrm{d},k-1} - s_{\mathrm{ds},k-1}) \end{aligned} \tag{12.52}$$

第 k 效蒸发器浓海水节流的熵产为

$$\begin{aligned} S_{\mathrm{b},k}^{\mathrm{gen}} &= M_{\mathrm{db},k} s_{\mathrm{d},k} + (G_{\mathrm{b},k-1} - M_{\mathrm{db},k}) s_{\mathrm{b},k} - G_{\mathrm{b},k-1} s_{\mathrm{b},k-1} \\ &= M_{\mathrm{db},k}(s_{\mathrm{d},k} - s_{\mathrm{b},k}) + G_{\mathrm{b},k-1}(s_{\mathrm{b},k} - s_{\mathrm{b},k-1}) \end{aligned} \tag{12.53}$$

第 k 效蒸发器淡水节流的熵产为

$$
\begin{aligned}
S_{\mathrm{d},k}^{\mathrm{gen}} &= M_{\mathrm{dd},k}s_{\mathrm{d},k} + (G_{\mathrm{d},k-1} - M_{\mathrm{dd},k})s_{\mathrm{ds},k} - G_{\mathrm{d},k-1}s_{\mathrm{ds},k-1} \\
&= M_{\mathrm{dd},k}(s_{\mathrm{d},k} - s_{\mathrm{ds},k}) + G_{\mathrm{d},k-1}(s_{\mathrm{ds},k} - s_{\mathrm{ds},k-1})
\end{aligned} \tag{12.54}
$$

冷凝器是多效蒸馏海水淡化系统的余热排出设备，也兼具一级海水预热的功能。其热平衡方程如下：

$$
G_N l_N = G_N(h_{\mathrm{d},N} - h_{\mathrm{ds},N}) = M_{\mathrm{f}}(h_{\mathrm{c}} - h_{01}) = \sum_{k=1}^{N} M_{\mathrm{f},k}(h_{\mathrm{c}} - h_{01}) \tag{12.55}
$$

式中，$M_{\mathrm{f}} = \sum\limits_{k=1}^{N} M_{\mathrm{f},k}$ 为海水流量；h_{01} 为冷凝器入口海水比焓。

相应地，如果不计阻尼等的影响，冷凝器的传热熵产可以用式(12.56)计算：

$$
\begin{aligned}
S_{\mathrm{con}}^{\mathrm{gen}} &= M_{\mathrm{f}}(s_{\mathrm{c}} - s_{01}) - G_N(s_{\mathrm{d},N} - s_{\mathrm{ds},N}) \\
&= \sum_{k=1}^{N} M_{\mathrm{f},k}(s_{\mathrm{c}} - s_{01}) - G_N(s_{\mathrm{d},N} - s_{\mathrm{ds},N})
\end{aligned} \tag{12.56}
$$

式中，s_{01} 为预热器出口原料海水比熵。

夏季运行时，原海水温度高，如果补充海水及其温升不足以保证进入冷凝器的蒸汽凝结，则需增加海水侧的流量，多余的海水排出系统。而在冬季运行时，则需增设预热器，对补充海水进行预热。有时根据不同要求，需要对产品淡水进行冷却。二者可以结合起来。如果产品淡水不足以预热补充海水，则需要利用浓海水对补充海水进行预热。对海水的预热及对产品淡水和浓海水的冷却，可分别设置换热器，海水分两路在预热器中预热，出来后混合进入冷凝器。目前的低温多效蒸馏海水淡化系统的海水预热器多采用板式换热器。对于如图 12.3 所示的简易流程，预热器的热平衡关系如下：

$$
G_{\mathrm{b}}(h_{\mathrm{b},N} - h_{\mathrm{b}}) + G_{\mathrm{d},N}(h_{\mathrm{ds},N} - h_{\mathrm{db}}) = M_{\mathrm{f}}(h_{01} - h_0) \tag{12.57}
$$

式中，$G_{\mathrm{b}} = M_{\mathrm{b}} = G_{\mathrm{b},N}$ 为浓海水排放量(第 N 效出口浓海水流量)；$G_{\mathrm{d},N}$ 为第 N 效出口产品淡水流量；h_0 为原海水比焓；h_{b} 为排放浓海水比焓；h_{db} 为产品淡水出口比焓。

预热器熵产为

$$
S_{\mathrm{ph}}^{\mathrm{gen}} = M_{\mathrm{f}}(s_{01} - s_0) - G_{\mathrm{b}}(s_{\mathrm{b},N} - s_{\mathrm{b}}) - G_{\mathrm{d},N}(s_{\mathrm{ds},N} - s_{\mathrm{db}}) \tag{12.58}
$$

式中，s_0 为原海水比熵；s_{b} 为预热器出口排放浓海水比熵；s_{db} 为预热器出口产品淡水比熵。

由于海水淡化装置的运行温度高于环境温度，这里以海水设计温度(T_0)为参考，从海水淡化装置排出的产品淡水（T_{db}，p_d）和浓海水（T_b，p_b）相对于环境温度仍有具有做功能力。如果产品淡水冷却至环境温度，这部分做功能力将全部损失；目前浓海水多排放至大海，由于浓海水与海水具有浓度差，浓海水排放除了有余热排放熵产，还有浓度差所致熵产。

从预热器排出的产品淡水如果放置冷却至环境温度，会造成余热损失，可用式（12.59）计算：

$$Q_{wh,d} = G_{d,N}(h_{db} - h_{0,d}) = G_{d,N}\bar{c}_{pd}(T_{db} - T_0) \tag{12.59}$$

式中，$\bar{c}_{pd}$ 为淡水平均比定压热容。

此项余热损失所致熵产用式（12.60）计算：

$$
\begin{aligned}
S_{wh,d}^{gen} &= \frac{1}{T_0}\left(1 - \frac{T_0}{\bar{T}_{db}}\right)Q_{wh,d} \\
&= \frac{M_{d,N}(h_{db} - h_{0,d})}{T_0} - M_{d,N}(s_{db} - s_{0,d})
\end{aligned}
\tag{12.60}
$$

式中，$h_{0,d}$ 为环境温度下产品淡水比焓；$\bar{T}_{db} = (T_{db} - T_0)/\ln(T_{db}/T_0)$ 为产品淡水冷却至环境温度的平均热力学温度，其中 T_{db} 为产品淡水出口温度；$s_{0,d}$ 为环境温度压力下产品淡水比熵。

还有一部分产品淡水 μD_i 从第一效引出，如果冷却至环境温度也存在余热损失熵产，亦可用式（12.60）的形式计算。但如果有其他利用方式，则需根据具体条件计算。

从预热器排出的浓海水排放返回大海，也存在余热损失。

$$Q_{wh,b} = G_{b,N}(h_b - h_{0,b}) = G_{b,N}\bar{c}_{pb}(T_b - T_0) \tag{12.61}$$

式中，$\bar{c}_{pb}$ 为浓海水平均比定压热容；T_b 为浓海水排放温度；$h_{0,b}$ 为环境温度下浓海水比焓。

此项余热损失所致熵产为

$$S_{wh,b}^{gen} = \frac{1}{T_0}\left(1 - \frac{T_0}{\bar{T}_b}\right)Q_{wh,b} = \frac{G_{b,N}(h_b - h_{0,b})}{T_0} - G_{b,N}(s_b - s_{0,b}) \tag{12.62}$$

式中，$\bar{T}_b = (h_b - h_{0,b})/(s_b - s_{0,b})$ 为浓海水冷却至环境温度的热力学平均温度。

对于浓海水混入环境海水，需考虑各组分（$x_{1,b}, x_{2,b}, \cdots, x_{n,b}$）相对于环境海水（$x_{1,0}, x_{2,0}, \cdots, x_{n,0}$）的扩散㶲，因此，需对浓海水㶲的计算式进行修正。假设环境温度和压力下，浓海水各组分的活度分别表示为（$a_{1,b}^0, a_{2,b}^0, \cdots, a_{n,b}^0$），则浓海水混入大海的熵产可以用式(12.63)计算。

$$
\begin{aligned}
S_{\mathrm{b}}^{\mathrm{gen}} &= G_{\mathrm{b}}[(h_{0,\mathrm{b}} - h_0 - T_0(s_{0,\mathrm{b}} - s_0) + \sum \zeta_i R_i T_0 \ln(a_{i,\mathrm{b}}^0/a_{i,0}^0)] / T_0 \\
&= G_{\mathrm{b}} \left[\frac{h_{0,\mathrm{b}} - h_0}{T_0} - (s_{0,\mathrm{b}} - s_0) + \sum \zeta_i R_i \ln(a_{i,\mathrm{b}}^0/a_{i,0}^0) \right] \qquad (12.63) \\
&= \frac{G_{\mathrm{b}} \Delta q_{\mathrm{mix,b}}}{T_0} - G_{\mathrm{b}}(s_{0,\mathrm{b}} - s_0) + G_{\mathrm{b}} \sum \zeta_i R_i \ln(a_{i,\mathrm{b}}^0/a_{i,0}^0)
\end{aligned}
$$

式中，h_0 为环境海水比焓；s_0 为环境海水比熵；ζ_i 为组元 i 的质量分数；$\Delta q_{\mathrm{mix,b}} = h_{0,\mathrm{b}} - h_0$ 相当于 1kg 浓海水环境温度压力下混入环境海水的混合热。

假设全部产品淡水和浓海水冷却至环境温度，其压力等于环境压力。TVC 热电联产低温多效蒸馏海水淡化系统总熵产等于喷射器、蒸发器、冷凝器、预热器以及各股流体带出系统并冷却至环境温度的熵产之和，加上浓海水混入大海的熵产，可以近似地写成如下形式：

$$
\begin{aligned}
\sum S_{\mathrm{TVC},j}^{\mathrm{gen}} &= S_{\mathrm{ej}}^{\mathrm{gen}} + \sum_{k=1}^{N} (S_{\mathrm{ht},k}^{\mathrm{gen}} + S_{\mathrm{b},k}^{\mathrm{gen}} + S_{\mathrm{d},k}^{\mathrm{gen}}) + S_{\mathrm{con}}^{\mathrm{gen}} + S_{\mathrm{ph}}^{\mathrm{gen}} + S_{\mathrm{wh,d}}^{\mathrm{gen}} + S_{\mathrm{wh,b}}^{\mathrm{gen}} + S_{\mathrm{b}}^{\mathrm{gen}} \\
&= \frac{Q_{\mathrm{wh,d}} + Q_{\mathrm{wh,b}}}{T_0} + D_i(s_{\mathrm{ds}} - s_i) + \frac{G_{\mathrm{b}} \Delta q_{\mathrm{mix,b}}}{T_0} + G_{\mathrm{b}} \sum \zeta_i R_i \ln(a_{i,\mathrm{b}}^0/a_{i,0}^0) \\
&\quad + M_{\mathrm{d}} s_{0,\mathrm{d}} + G_{\mathrm{b}} s_0 - M_{\mathrm{f}} s_0 \\
&= (Q_{\mathrm{wh,d}} + Q_{\mathrm{wh,b}}) \left(\frac{1}{T_0} - \frac{1}{\overline{T}_i} \right) + \frac{G_{\mathrm{b}} \Delta q_{\mathrm{mix,b}}}{T_0} + G_{\mathrm{b}} \sum \zeta_i R_i \ln(a_{i,\mathrm{b}}^0/a_{i,0}^0) + M_{\mathrm{d}}(s_{0,\mathrm{d}} - s_0) \\
&= \frac{1}{T_0} Q_{\mathrm{h}} \left(1 - \frac{T_0}{\overline{T}_i} \right) + \frac{G_{\mathrm{b}} \Delta q_{\mathrm{mix,b}}}{T_0} + \frac{M_{\mathrm{d}} \Delta q_{\mathrm{mix,d}}}{T_0} + G_{\mathrm{b}} \sum \zeta_i R_i \ln(a_{i,\mathrm{b}}^0/a_{i,0}^0) \\
&\quad + M_{\mathrm{d}} R_{\mathrm{H_2O}} \ln a_{\mathrm{H_2O,0}}^0 - \frac{M_{\mathrm{d}} e_{0,\mathrm{d}}}{T_0}
\end{aligned}
$$

$$(12.64)$$

式中，$a_{\mathrm{H_2O,0}}^0$ 为环境温度和压力下海水中水的活度；$\overline{T}_i = (h_i - h_{\mathrm{ds}}) / (s_i - s_{\mathrm{ds}})$ 为从汽轮机抽汽参数至凝结水参数的热力学平均温度；Q_{h} 为输入系统的热量：

$$
Q_{\mathrm{h}} = D_i(h_i - h_{\mathrm{ds}}) = Q_{\mathrm{wh,d}} + Q_{\mathrm{wh,b}} \qquad (12.65)
$$

即，抽汽在海水淡化装置中释放的热量等于全部产品淡水和浓海水排出系统带走的热量。当然，这是忽略设备散热损失的结果，如果已知系统内部的详细参数，就可以参照第 4 章的方法，分解出散热所致熵产。

根据海水热物理性质(Sharqawy et al.，2011)，环境温度和压力下，浓度越高，海水比焓和比熵越小。浓海水排入大海，是被稀释而熵增加的过程，又是等温放热过程，放热量如下：

$$\Delta q_{\mathrm{mix,b}} = h_{0,\mathrm{b}} - h_0 < 0 \tag{12.66}$$

产品淡水相对于环境海水的比㶲应考虑淡水相对于海水的扩散㶲，可以写成如下形式：

$$
\begin{aligned}
e_{0,\mathrm{d}} &= h_{0,\mathrm{d}} - T_0 s_{0,\mathrm{d}} - (h_0 - T_0 s_0) + R_{\mathrm{H_2O}} T_0 \ln(a_{\mathrm{H_2O,0}}^0) \\
&= \Delta q_{\mathrm{mix,d}} - T_0 (s_{0,\mathrm{d}} - s_0) + R_{\mathrm{H_2O}} T_0 \ln(a_{\mathrm{H_2O,0}}^0)
\end{aligned} \tag{12.67}
$$

式中

$$\Delta q_{\mathrm{mix,d}} = h_{0,\mathrm{d}} - h_0 > 0 \tag{12.68}$$

为环境温度和压力下，产品淡水比焓与海水比焓之差，相当于产品淡水混入环境海水的混合热。

TVC 多效蒸馏海水淡化系统输入的热量㶲（忽略流程泵功）为

$$E = \left(1 - \frac{T_0}{T_i}\right) Q_{\mathrm{h}} \tag{12.69}$$

在环境温度和压力下，从 M_{f} 的环境海水中分离出 M_{d} 的淡水，剩余浓海水流量为 $G_{\mathrm{b}} = M_{\mathrm{b}}$，有

$$
\begin{cases}
\Delta H_{\mathrm{s}}^0 = G_{\mathrm{b}} h_{0,\mathrm{b}} + M_{\mathrm{d}} h_{0,\mathrm{d}} - M_{\mathrm{f}} h_0 \\
\Delta h_{\mathrm{s}}^0 = h_{0,\mathrm{b}} / (\varepsilon - 1) + h_{0,\mathrm{d}} - h_0 \varepsilon / (\varepsilon - 1)
\end{cases} \tag{12.70}
$$

式中，Δh_{s}^0 为单位淡水产量的海水淡化标准分离焓，类似于环境温度和压力下的标准化学反应焓；ΔH_{s}^0 为环境温度和压力下海水淡化的分离焓。相应地，还有标准分离熵和标准分离自由焓。

$$
\begin{cases}
\Delta S_{\mathrm{s}}^0 = G_{\mathrm{b}} s_{0,\mathrm{b}} + M_{\mathrm{d}} s_{0,\mathrm{d}} - M_{\mathrm{f}} s_0 \\
\Delta s_{\mathrm{s}}^0 = s_{0,\mathrm{b}} / (\varepsilon - 1) + s_{0,\mathrm{d}} - s_0 \varepsilon / (\varepsilon - 1)
\end{cases} \tag{12.71}
$$

$$
\begin{cases}
\Delta G_{\mathrm{s}}^0 = G_{\mathrm{b}} g_{0,\mathrm{b}} + M_{\mathrm{d}} g_{0,\mathrm{d}} - M_{\mathrm{f}} g_0 \\
\Delta g_{\mathrm{s}}^0 = g_{0,\mathrm{b}} / (\varepsilon - 1) + g_{0,\mathrm{d}} - g_0 \varepsilon / (\varepsilon - 1)
\end{cases} \tag{12.72}
$$

如果将海水视为理想溶液，环境温度和压力下的海水淡化分离焓 $\Delta H_{\mathrm{s}}^0 = 0$，也就是式（12.73）成立。

$$G_{\mathrm{b}} \Delta q_{\mathrm{mix,b}} + M_{\mathrm{d}} \Delta q_{\mathrm{mix,d}} = 0 \tag{12.73}$$

对于理想溶液，各组元的活度等于其摩尔分数，因此，式(12.64)可以进一步写成

$$\sum S_{\text{TVC},j}^{\text{gen}} = \frac{1}{T_0} Q_h\left(1-\frac{T_0}{T_i}\right) + G_b\sum \zeta_i R_i \ln(x_{i,0}/x_{i,b}) + M_d R_{\text{H}_2\text{O}}\ln x_{\text{H}_2\text{O},0} - \frac{M_d e_{0,d}}{T_0} \quad (12.74)$$

但是，目前的海水热物理性质参数并未区分其成分构成的影响，而是笼统地以含盐浓度确定，因而无法满足式(12.74)计算的要求。根据 12.7 节的案例，在给定海水构成假设及浓缩率的条件下，中间两项之和所致不可逆损失占系统总输入㶲的0.51%，参考第 3 章燃料㶲分析及前面的熵产分析，可以去掉这两项，对节能问题的分析研究不构成实质影响。另外，为简单起见，可将淡水相对于海水的比㶲取为从海水中分离出淡水的理论最小单位分离电耗 $w_d^{\min}$，于是，式(12.74)可以写成如下形式：

$$\sum S_{\text{TVC},j}^{\text{gen}} = \frac{1}{T_0} Q_h\left(1-\frac{T_0}{T_i}\right) - \frac{M_d w_d^{\min}}{T_0} \quad (12.75)$$

因此，海水淡化系统的㶲效率可以用式(12.76)计算：

$$\eta_{\text{TVC}}^{\text{ex}} = \frac{M_d w_d^{\min}}{Q_h(1-T_0/\overline{T}_i)} \quad (12.76)$$

根据 12.2 节的分析，从海水中分离淡水的理论最小单位分离电耗很低，因此，多效蒸馏海水淡化系统输入的热量㶲 $Q_h(1-T_0/\overline{T}_i)$ 几乎全部损失。

如果海水淡化系统排出的浓海水作为制盐工艺的原料，则在推导海水淡化系统的总熵产时，需去掉式(12.63)计算的熵产，而将之视为副产品。

需说明的是，多效蒸馏系统流程设计非常灵活。对于流程不同的多效蒸馏系统，其物质平衡、热平衡及熵平衡会有所不同，这里提供的计算方法需做相应的调整。

12.5　蒸汽喷射器的热力学分析及熵产计算

蒸汽喷射器不需要消耗机械功就可以提升蒸汽压力，具有结构简单、工作可靠的特点，因此，在许多工业领域得到广泛的应用，如真空系统、蒸汽喷射制冷以及带蒸汽喷射压缩(又称 TVC 热压缩)的热电联产低温多效蒸馏海水淡化等。但高速工作蒸汽与被引射蒸汽的混合动量传递过程，一般都称为混合过程(Aly et al., 1999; Rogdakis and Alexis, 2000; El-Dessouky et al., 2002; Varga et al., 2009; Antonio et al., 2012; Eldakamawy et al., 2017)。为了简单，图 12.4 沿用了这一说法。但从热力学角度看，这一认识存在明显的不足。第 4 章给出了混合动量传递过程的熵产分析，为正确认识影响蒸汽喷射器性能的各种因素奠定了理论基础，本节开展

蒸汽喷射器的专题热力学分析及计算。

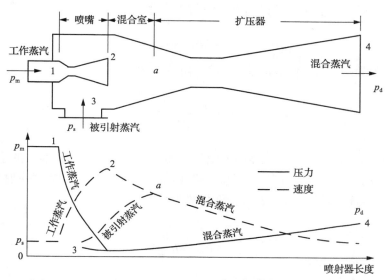

图 12.4　蒸汽喷射器基本结构和工作原理示意图

12.5.1　蒸汽喷射器工作原理及主要性能参数

图 12.4 显示了蒸汽喷射器的基本结构和工作原理。蒸汽喷射器主要由喷嘴、混合室和扩压器组成。压力较高的工作蒸汽经喷嘴减压膨胀由 p_m 降至 p_s，其速度由 c_1 增加至 c_2，引射压力为 p_s 的蒸汽。两股蒸汽在混合室内进行动量和动能的交换，形成单一均匀的混合蒸汽（a 点）。混合蒸汽流经扩压器，速度减小，气体动能转化为压力势能，压力增加到 p_d，从而提高被引射蒸汽的压力和温度。

蒸汽喷射器的性能可以用如下指标进行评价。

引射系数是被引射蒸汽（在多效蒸馏系统中是第 k 效蒸发器的二次蒸汽）流量与工作蒸汽量之比：

$$\mu = M_s / M_m \tag{12.77}$$

式中，M_m 和 M_s 分别为工作蒸汽和被引射蒸汽流量。

压比是扩压器出口蒸汽压力与被引射蒸汽压力之比：

$$\sigma = p_d / p_s \tag{12.78}$$

式中，p_s 和 p_d 分别为被引射蒸汽压力和扩压器出口蒸汽压力。

膨胀比是工作蒸汽压力和被引射蒸汽压力之比：

$$\beta = p_m / p_s \tag{12.79}$$

式中，p_m 为工作蒸汽压力。

压力恢复比是扩压器出口蒸汽压力与工作蒸汽压力之比：

$$\psi = p_d / p_m \tag{12.80}$$

不考虑蒸汽重力势能和动能，喷射器的效率可以定义为

$$\eta = \frac{(1+\mu)\Delta h_d}{\Delta h_m^*} \tag{12.81}$$

式中，Δh_d 为混合蒸汽在扩压器中的焓升；Δh_m^* 为工作蒸汽在喷嘴中的定熵焓降。

蒸汽喷射器也可用于制冷，这是一种热驱动的制冷技术。蒸汽喷射制冷的性能用制冷量与耗热量之比 ζ 表示，称为热力系数。

$$\zeta = \frac{\mu(h_{ev} - h_{con})}{(h_m - h_{con})} \tag{12.82}$$

式中，h_{ev} 为蒸发器出口饱和蒸汽比焓；h_{con} 为冷凝器出口饱和水比焓；h_m 为喷射器工作蒸汽入口比焓。

12.5.2　理想蒸汽喷射引射压缩过程及其热力学分析

为了清晰地揭示蒸汽喷射引射压缩器工作过程，这里首先讨论理想蒸汽喷射引射压缩过程，构成如下：①工作蒸汽定熵膨胀过程 1→2，压力从 p_m 降低至 p_s；②高速工作蒸汽 2 以动量守恒方式等压引射蒸汽 3，充分混合为 a 点；③混合气体的定熵压缩过程 a→4，压力从 p_s 升至 p_d，如图 12.5 所示。

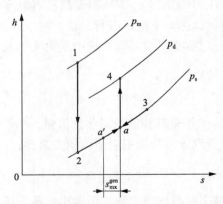

图 12.5　理想蒸汽喷射引射压缩过程

为简单起见，这里先假设工作蒸汽、被引射蒸汽的初始速度及混合蒸汽压缩

终了速度均为 0，并忽略重力势能变化的影响。对于 1kg 工作蒸汽经过喷嘴的等熵膨胀过程 1→2，其能量平衡方程为

$$h_1 = h_2 + \frac{c_2^2}{2} \tag{12.83}$$

$$c_2 = \sqrt{2(h_1 - h_2)} \tag{12.84}$$

混合过程的动量守恒方程为

$$c_2 = (1 + \mu)c_a \tag{12.85}$$

混合过程的能量平衡方程为

$$h_2 + \frac{c_2^2}{2} + \mu h_3 = (1 + \mu)\left(h_a + \frac{c_a^2}{2}\right) \tag{12.86}$$

于是，

$$h_a = \frac{1}{1 + \mu}(h_2 + \mu h_3) + \mu \frac{c_a^2}{2} \tag{12.87}$$

有了混合点 a 的焓 h_a 和压力 p_s，就可以确定混合蒸汽熵 s_a 等气体热力参数。混合蒸汽 a 定熵压缩过程 $a \to 4$ 的终点焓为

$$h_4 = h_a + \frac{c_a^2}{2} = \frac{1}{1 + \mu}\left(h_2 + \frac{c_2^2}{2} + \mu h_3\right) = \frac{1}{1 + \mu}(h_1 + \mu h_3) \tag{12.88}$$

有了压缩终点 4 的焓 h_4 和熵 s_a，即可确定 4 点的压力 p_d、温度等其他热力参数，继而可以得到理想蒸汽喷射引射压缩过程的压比 σ。压比 σ 是蒸汽喷射器的重要参数，决定了被引射蒸汽是否能够达到所需的压力，从而实现蒸汽喷射器的功能。压缩过程 $a \to 4$ 的焓升为

$$h_4 - h_a = \frac{c_a^2}{2} = \frac{1}{(1 + \mu)^2}\frac{c_2^2}{2} = \frac{h_1 - h_2}{(1 + \mu)^2} \tag{12.89}$$

可得

$$\frac{h_4 - h_a}{h_1 - h_2} = \frac{1}{(1 + \mu)^2} \tag{12.90}$$

众所周知，引射系数 μ 越高，蒸汽消耗量（能耗）越低，因此追求更高的引射系数 μ 是设计蒸汽喷射器的重要目标。然而，由式(12.88)，结合图 12.5 和图 4.14，

不难得出以下结论。

(1)引射系数 μ 为 0 时，工作蒸汽可以从定熵膨胀终点 2，可逆地回到初始点 1，犹如无阻尼的钟摆运动。

(2)引射压缩过程的熵升($h_4 - h_a$)与压比正相关，由于压缩过程的熵升随引射系数 μ 的增大而迅速减小，因此压比亦随之迅速减小。

(3)如果将定熵膨胀过程的熵降与定熵压缩过程的熵升视为有用功，由式(12.81)和式(12.90)，可得理想蒸汽喷射引射压缩过程的效率 η：

$$\eta^* = \frac{(1+\mu)(h_4 - h_a)}{h_1 - h_2} = \frac{1}{1+\mu} \tag{12.91}$$

引射系数 μ 越高，效率 η 越低，如图 12.6 所示。引射系数 μ 为 1，理想蒸汽喷射引射压缩过程的效率 η 只有 50%。显然，蒸汽喷射器的效率非常低。

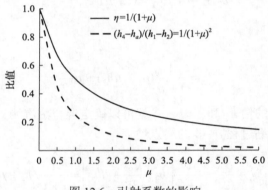

图 12.6　引射系数的影响

理想蒸汽喷射引射压缩过程的效率 η 低于 100%的原因在于混合过程存在流体的动能损失，即引射混合过程中流体宏观动能是不守恒的，可用引射混合过程的动能传递效率 η_k（混合前后的流体动能之比的倒数）进行描述。对于理想蒸汽喷射引射压缩过程，动能传递效率 η_k 为

$$\eta_k = \frac{\frac{1}{2}(1+\mu)c_a^2}{\frac{1}{2}c_2^2} = \frac{1}{1+\mu} \tag{12.92}$$

对比式(12.91)，不难理解，理想蒸汽喷射引射压缩过程的效率 η 等于混合过程的动能传递效率。事实上，理想蒸汽喷射引射压过程中只有引射混合过程存在损失，其他两个过程是可逆过程，因此，这一结果是显而易见的。

由于实际蒸汽喷射器中的混合过程存在动量损失，其动能传递效率将明显低于式(12.92)的数值。另外，工作蒸汽膨胀过程、混合蒸汽扩压(压缩)过程也存在摩阻、激波等引起的不可逆损失。因此，实际蒸汽喷射引射压缩过程的效率将明显低于式(12.91)的数值，出口蒸汽压力(压力恢复比 $\Psi = p_d / p_m$)将明显降低。相应地，出口压力所对应的饱和蒸汽温度随之降低，表现为饱和温升$[t_s(p_d)-t_s(p_s)]$的降低。对于蒸汽喷射制冷、热泵系统以及 TVC 热压缩多效蒸馏海水淡化系统，被引射压缩前后的蒸汽的饱和温升是非常重要的性能指标，是压比决定的参数。

$$\Delta t_s = t_s(p_d) - t_s(p_s) \tag{12.93}$$

式中，$t_s(p_d)$ 和 $t_s(p_s)$ 分别为压力 p_d 和 p_s 对应的饱和温度。

一般来讲，引射压缩低压气体是为了达到更高的压力以排出系统，如真空泵等，或者是为了将低压蒸汽潜热用于工艺加热以达到节能的目的，如热电联产 TVC 多效蒸馏海水淡化等。因此，压比和饱和温升是蒸汽喷射器技术应用的关键参数，理想蒸汽喷射器的压比及饱和温升随引射系数的变化，对于判断其技术应用的经济性有重要的指导作用。

混合过程的动能损失为

$$\Delta e_k = \frac{1}{2}c_2^2 - \frac{1}{2}(1+\mu)c_a^2 = \frac{1}{2}(\mu+\mu^2)c_a^2$$
$$= \frac{\mu}{1+\mu}\cdot\frac{1}{2}c_2^2 \tag{12.94}$$

混合过程的熵产为

$$s_{mix}^{gen} = (1+\mu)s_a - \mu s_3 - s_2 \tag{12.95}$$

或

$$s_{mix}^{gen} = (1+\mu)(s_a - s_{a'}) \tag{12.96}$$

a' 点的焓($h_{a'}$)可以由动能传递效率为 100%条件下混合过程的能量平衡方程计算求取。a' 点的熵则可以根据二次蒸汽压力 p_s 和 a' 点的焓($h_{a'}$)计算或查表得到，也可以式(12.97)计算：

$$s_{a'} = \frac{\mu s_3 + s_2}{1+\mu} \tag{12.97}$$

式(12.97)的物理意义是混合过程的出口熵等于入口熵，混合过程的熵产为 0。

对于理想蒸汽喷射器，工作蒸汽压力和引射系数的影响如图 12.7 所示。计算条件是被引射二次蒸汽压力为 19.946kPa，对应饱和温度为 60℃。从图中可以看出，压比和饱和温升随工作蒸汽压力的提高而提高，随引射系数的提高而迅速减小。压力恢复比随工作蒸汽压力和引射系数的提高而减小。混合过程的熵产随工作蒸汽压力和引射系数的提高而增大，引射系数的影响主要体现在混合室动能传递效率之上，如式 (12.92) 所示。而工作蒸汽压力提高，膨胀比随之增加，喷嘴出口蒸汽速度提高，即使动量传递效率为 100%，动能损失的绝对量也会增加，如式 (12.94) 所示，因此熵产随之增大。

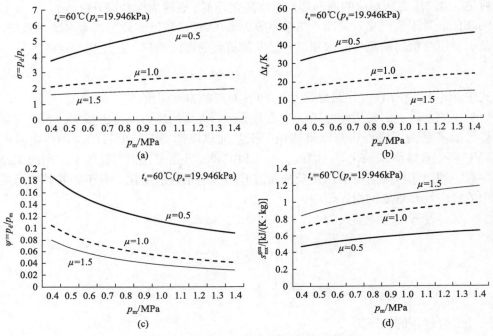

图 12.7　工作蒸汽压力和引射系数的影响

工作蒸汽压力一定 ($p_m = 1.0$MPa) 时，二次蒸汽压力 (膨胀比) 和引射系数变化的影响如图 12.8 所示。膨胀比越大，压比越高，饱和温升也越高；但压力恢复比却降低；并且，膨胀比越大，熵产也越高。

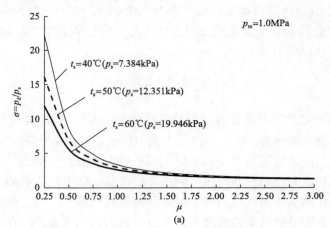

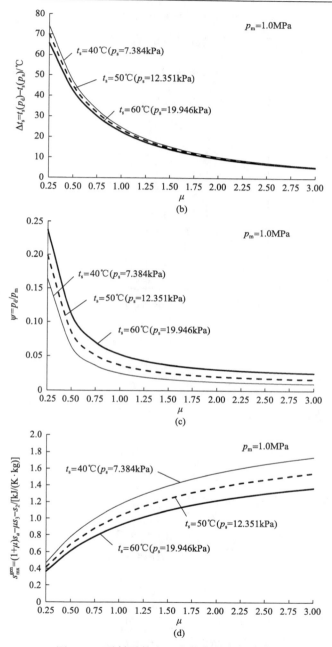

图 12.8　引射系数和二次蒸汽压力的影响

12.5.3　实际蒸汽喷射引射压缩过程的热力学分析

实际蒸汽喷射引射压缩过程如图 12.9 所示。对于引射混合过程，可以假设动

量传递效率为 η_m ，如果工作蒸汽流速与被引射蒸汽流速方向一致，则被引射蒸汽动量能够得以利用，此时的引射混合过程的动量平衡方程为

$$\eta_m(c_2 + \mu c_3) = (1+\mu)c_a \tag{12.98}$$

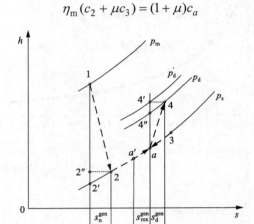

图 12.9　实际蒸汽喷射引射压缩过程

可得

$$c_a = \eta_m \frac{c_2 + \mu c_3}{1+\mu} \tag{12.99}$$

相应的动能传递效率为

$$\eta_k = \frac{(1+\mu)c_a^2}{c_2^2 + \mu c_3^2} \tag{12.100}$$

将式（12.99）代入式（12.100），得

$$\eta_k = \eta_m^2 \frac{(c_2 + \mu c_3)^2}{(1+\mu)(c_2^2 + \mu c_3^2)} \tag{12.101}$$

由于

$$\frac{(c_2 + \mu c_3)^2}{(1+\mu)(c_2^2 + \mu c_3^2)} - 1 = -\frac{\mu(c_2 - c_3)^2}{(1+\mu)(c_2^2 + \mu c_3^2)} < 0 \tag{12.102}$$

而且动量传递效率 $\eta_m < 100\%$ ，从式（12.101）不难看出，引射混合过程的动能传递效率 η_k 将明显低于动量传递效率 η_m 。

如果被引射蒸汽流速 c_3 为 0 或可以忽略不计，则式（12.101）变为

$$\eta_k = \eta_m^2 \frac{1}{1+\mu} \tag{12.103}$$

这说明，被引射蒸汽的初始速度对于提高动能传递效率 η_k 有益，因此蒸汽喷射器设计时，应尽可能让工作蒸汽和被引射蒸汽速度矢量的方向相同。

若引射混合过程的动量传递效率 η_m 为 100%，则式 (12.103) 即为式 (12.92)。

工作蒸汽膨胀过程 1→2 与混合蒸汽减速扩压 (压缩) 过程 a→4 均存在摩阻等不可逆损失，其内效率可以参考式 (4.54) 和式 (4.50) 计算。针对实际蒸汽喷射器中的热力过程 (图 12.9)，二者的具体形式为

$$\eta_i^{1\to2} = \frac{h_1 - h_2}{h_1 - h_{2'}} \tag{12.104}$$

$$\eta_i^{a\to4} = \frac{h_{4'} - h_a}{h_4 - h_a} \tag{12.105}$$

这里需要说明的是，一般的工程热力计算中，流体介质的动能和势能比介质的焓值小很多，因此常常被忽略。但是，在蒸汽喷射器和汽轮机中，介质流速是重要的影响因素，如果要精确地计算并取得更好的设备性能，就需要考虑介质流速和势能的利用问题。相应地，应用上述公式进行效率计算时，严格来讲需要加以修正。

显然，实际蒸汽喷射引射压缩过程的效率为

$$\eta = \eta_i^{1\to2} \eta_k \eta_i^{a\to4} \tag{12.106}$$

实际工作蒸汽膨胀过程 1→2 的能量平衡方程为

$$h_1 + \frac{1}{2}c_1^2 = h_2 + \frac{1}{2}c_2^2 \tag{12.107}$$

$$c_2 = \sqrt{2(h_1 - h_2) + c_1^2} \tag{12.108}$$

引射混合过程的能量平衡方程为

$$h_2 + \frac{1}{2}c_2^2 + \mu\left(h_3 + \frac{1}{2}c_3^2\right) = (1+\mu)\left(h_a + \frac{1}{2}c_a^2\right) \tag{12.109}$$

将式 (12.99) 代入式 (12.109)，得

$$h_a = \frac{1}{1+\mu}\left[h_2 + \frac{1}{2}c_2^2 + \mu\left(h_3 + \frac{1}{2}c_3^2\right)\right] - \frac{1}{2}\eta_m^2\left(\frac{c_2 + \mu c_3}{1+\mu}\right)^2 \tag{12.110}$$

混合过程的动能损失为

$$\Delta e_k = \frac{1}{2}c_2^2 + \frac{1}{2}\mu c_3^2 - \frac{1}{2}(1+\mu)c_a^2 = (1-\eta_k)\frac{1}{2}(c_2^2 + \mu c_3^2)$$

$$= \frac{1}{2}c_2^2 + \frac{1}{2}\mu c_3^2 - \frac{1}{2}\eta_m^2 \frac{(c_2 + \mu c_3)^2}{1+\mu} \tag{12.111}$$

如果忽略被引射汽流的初始速度 c_3，则式(12.111)简化为

$$\Delta e_k = \frac{1}{2}c_2^2 - \frac{1}{2}(1+\mu)c_a^2 = \frac{1+\mu-\eta_m^2}{1+\mu} \cdot \frac{1}{2}c_2^2 \tag{12.112}$$

动能损失转化为混合蒸汽的等压焓升，混合过程的出口焓可以用式(12.113)计算：

$$h_a = \frac{h_2 + \mu h_3 + \Delta e_k}{1+\mu} \tag{12.113}$$

相应地，混合汽流的出口熵 s_a 可以用工作引射压力 p_s 和混合过程出口焓 h_a 计算或从工质物性表查得。

如果动能传递效率为 100%，则混合汽流出口焓 $h_{a'}$ 为

$$h_{a'} = \frac{h_2 + \mu h_3}{1+\mu} \tag{12.114}$$

混合汽流出口熵 $s_{a'}$ 可以用工作压力和混合气流出口焓 $h_{a'}$ 计算或从工质物性表查得。混合动量传递过程的熵产为

$$s_{mt}^{gen} = (1+\mu)(s_a - s_{a'}) \tag{12.115}$$

混合动量传递过程的熵产如图 4.14 所示。

单相汽流的混合动量传递过程(或混合过程发生在过热蒸汽区)中，汽流之间往往存在温度差，因此会产生流体混合温差传热造成的熵产，可用式(12.116)计算：

$$s_{ht}^{gen} = (1+\mu)s_{a'} - \mu s_3 - s_2 \tag{12.116}$$

如果这一混合动量传递过程发生在湿蒸汽区，两股汽流温度相等，则不存在温差传热熵产。因此，蒸汽喷射器的入口工作蒸汽的状态参数接近饱和区更有利，如果工作蒸汽过热度过大，可采用喷水减温的方式降低其过热度。虽然这一过程也存在不可逆损失，但直接增加了进入喷射器的工作蒸汽流量，在所需引射汽流量一定的条件下，喷射器的引射系数减小，从而可以提高蒸汽喷射器的效率。

工作蒸汽膨胀过程、引射混合动量传递以及混合蒸汽减速扩压(压缩)过程的效率都是需要通过实验获得的经验数据。一些文献给出了蒸汽喷射器效率的参考数据，如表 12.2 所示(索科洛夫和津格尔, 1977; El-Dessouky et al., 2002; Varga et al., 2009; Eldakamawy et al., 2017)。

表 12.2　一些文献中的蒸气喷射器效率

喷嘴效率 (η_n)	动量传递效率 (η_m)	扩压器效率 (η_d)
0.85	0.95	0.85
0.9	—	0.75
—	0.8	0.8
0.85	—	0.85
0.7~1	—	0.7~1
0.8~1	—	0.8~1
0.85~0.98	—	0.65~0.85
0.75	—	0.9
0.9	0.95	0.9
0.95	—	0.85
0.95	0.975	0.9
0.95	0.98	0.85

喷射器总熵产可以用式(12.117)计算:

$$\sum s^{gen} = (1+\mu)s_4 - s_1 - \mu s_3$$
$$= s_2 - s_1 + [(1+\mu)s_a - \mu s_3 - s_2] + (1+\mu)(s_4 - s_a) \quad (12.117)$$
$$= s_n^{gen} + s_{mix}^{gen} + s_d^{gen}$$

式中，混合动量传递过程的熵产 s_{mix}^{gen} 包括了可能存在的混合温差传热熵产。式(12.117)说明，喷射器总熵产等于喷嘴、混合动量传递过程、扩压器熵产之和。

12.5.4　实际蒸汽喷射器性能评估

蒸汽喷射器已广泛用于蒸汽喷射制冷和低温多效蒸馏(low temperature multi-effect distillation，LT-MED)海水淡化系统。这里将应用本书给出的方法对一些文献研究过的蒸汽喷射器进行评估。由于这些文献仅仅提供了喷射器的出入口压力、引射系数或蒸汽喷射制冷的系数等，不足以完全开展对比分析，需先行假设一些性能参数，如喷嘴和扩压器效率等，动量传递效率和动能传递效率则通过反复迭代计算，判别标准是所有参数匹配合理。由于假设数据在一定程度上具有任意性，计算结果可能不具有唯一性，但计算结果是合理的，说明了本书给出的方法的有效性。如果喷射器各节点的热力学参数充分，结果的唯一性将显著增加，也将更接近实际。

　　表 12.3 中的沧东数据为针对河北国华沧东发电有限责任公司(简称沧东电厂)引进法国 SIDEM 公司 2×10000t/d 低温多效蒸馏海水装置的计算结果。该系统包括 4 效蒸发器，采用蒸汽喷射器引射压缩末效蒸发器的部分二次蒸汽到第一效蒸发器作为加热蒸汽，以达到减小汽轮机抽汽，提高海水淡化装置造水比 PR(淡水产品与蒸汽耗量之比)，从而节能的目的。在低温多效蒸馏海水淡化业界，这一技术方案称为热压缩。AI-Najem 等(1997)对此进行了分析计算。在沧东电厂低温多效海水淡化装置中，海水顶值温度为 61.6℃，第四效蒸发温度为 51.8℃。电厂供蒸汽喷射器的抽汽参数为压力为 0.55MPa 和温度为 320℃，在进入喷射器之前采用第一效的凝结水喷水(6.296t/h)对工作蒸汽减温，以降低其过热度。减温后，蒸汽过热度约 9.2℃。虽然喷水减温也存在不可逆损失，但是由于引射系数是决定喷射器性能的主要参数，喷射器进汽量增大，其本体的引射系数减小，从而提高了喷射器的性能。从表中可以看到，喷射器本体的实际引射系数为 1.0908，而名义引射系数为 1.2348，是引射的第四效二次蒸汽量(58.9t/h)与抽汽量(47.7t/h)之比。另行计算表明，如果维持引射系数不变，不采用喷水减温措施，喷射器出口蒸汽压力从 24.81kPa 降低至 23.17kPa，相应的饱和温升从 12.99℃ 降至 11.47℃；如果维持喷射器出口蒸汽压力不变，则喷射器本体引射系数从 1.0908 降至 0.9778。计算中假设了喷嘴和扩压器效率都为 90%，动量传递效率为 95%，其他参数通过反复迭代计算得到，如表 12.3 所示。经核算，喷射器效率等于喷嘴效率、动能传递效率以及扩压器效率的乘积，说明计算数据合理。

　　与此对应，AI-Najem 等(1997)所给喷射器的膨胀比远大于沧东电厂设备的设计值，压比较大，引射系数(本体)略高。要得到合理的计算结果，其动量传递效率和动能传递效率都低于沧东电厂设备。

　　Aphornratana 和 Eames(1997)(表 12.3 中以 Aphor.表示)研究的是蒸汽喷射制冷。这些喷射器的引射系数都比较小，膨胀比和压比都比较高。对这些喷射器，只有喷嘴和扩压器效率假设在 80%的水平，其他参数和性能才比较合理。动量传递效率也明显低不少。但是，由于引射系数不高，其动能传递效率并不低。因此，影响喷射器效率的决定性因素是所要求的引射系数。另外，计算结果还显示，压比越高，引射系数越低，这说明压比的影响大于膨胀比。

表 12.3　实际蒸汽喷射器的热力学分析结果

指标名称	单位	沧东电厂	AI-Najem等(1997)	Aphor.	Aphor.	Aphor.	Aphor.	Aphor.
理想喷射系数(μ^*)	—	1.4580	1.5360	1.0025	0.9246	0.9425	0.9926	0.9599
引射系数(μ)	—	1.0908	1.1630	0.3014	0.2142	0.2248	0.2248	0.2397
喷射制冷热力系数(ζ)	—	—	—	0.278	0.197	0.207	0.207	0.221
工作蒸汽压力(p_m)	MPa	0.55	2.50	0.270	0.284	0.270	0.270	0.248
饱和温度[$t_s(p_m)$]	℃	155.46	223.96	130	131.70	130.00	130.00	127.20
被引射蒸汽温度[$t_s(p_s)$]	℃	51.8	46.0	10.0	7.5	7.5	7.5	7.0
被引射蒸汽压力(p_s)	kPa	13.141	10.098	1.228	1.037	1.037	1.037	1.002
膨胀比(β)	—	41.86	247.55	220.05	274.14	260.62	260.62	247.87
喷嘴效率(η_n)	%	90	90	80	80	80	80	80
喷嘴熵产(s_n^{gen})	kJ/(K·kg)	0.1771	0.2572	0.5165	0.5384	0.5333	0.5333	0.5283
动量传递效率(η_m)	%	95.00	90.76	81.94	79.67	79.64	77.87	79.89
动能损失(Δe_k)	kJ/kg	287.04	452.10	281.54	287.30	287.50	301.25	286.05
动能传递效率(η_k)	%	44.56	38.82	51.89	52.48	52.00	49.70	51.70
动量传递熵产(s_{mix}^{gen})	kJ/(K·kg)	0.8848	1.4166	0.9943	1.0237	1.0244	1.0734	1.0211
扩压器效率(η_d)	%	90	90	80	80	80	80	80
扩压器熵产(s_d^{gen})	kJ/(K·kg)	0.0627	0.0782	0.1723	0.1775	0.1749	0.1669	0.1733
扩压器出口蒸汽压力(p_d)	kPa	24.81	21.87	4.76	4.76	4.57	4.25	4.25
饱和温度[$t_s(p_d)$]	℃	64.79	62.00	32.00	32.00	31.28	30.01	30.01
压比(σ)	—	1.8880	2.1650	3.8756	4.5902	4.4070	4.0980	4.2411
压力恢复比(ψ)	—	0.045110	0.008746	0.017610	0.016740	0.016910	0.015730	0.017110
饱和温升[$t_s(p_d)-t_s(p_s)$]	℃	12.99	16.00	22.00	24.50	23.78	22.51	23.01
喷射器效率(η)	%	36.09	31.44	33.19	33.57	33.27	31.80	33.09
理想喷射器效率(η^*)	%	47.83	39.40	49.90	52.00	51.50	50.20	51.00
总熵产(Σs^{gen})	kJ/(K·kg)	1.1247	1.7520	1.6831	1.7396	1.7327	1.7737	1.7227

从表 12.3 还可以看到，喷射制冷热力系数不足 0.3，远低于第 8 章介绍的吸收式制冷系统，即蒸汽喷射制冷的能效更为低下。

熵产分析表明，动量传递过程的熵产是总熵产的主要部分，即动能传递过程的损失是喷射器低效的主要原因。

经核算，式(12.106)及式(12.81)的计算结果完全吻合。

需要说明的是，表 12.3 中所列的理想引射系数（μ^*）是基于相同参数的理想蒸汽喷射器的概念计算的。实际引射系数明显低于理想蒸汽喷射器，实际喷射器效率也明显低于理想蒸汽喷射器。

综上，决定喷射器效率的最主要因素是所要求的引射系数。

所有计算基于 1kg 工作蒸汽流量，工作蒸汽初始速度为 30m/s，引射蒸汽初始流速和扩压器出口蒸汽流速均为 15m/s。

12.6　TVC 低温多效蒸馏海水淡化的燃料单耗构成分析

单耗分析方法将 EECR 作为热电联产海水淡化的㶲输入。由于 EECR 明显小于抽汽的热量㶲，因此存在一个折算㶲差。

$$E_{zs} = \text{EECR} \cdot e_{p,e} - Q_h \cdot e_h \tag{12.118}$$

相应的折算熵差为

$$S_{zs} = E_{zs} / T_0 = (\text{EECR} \cdot e_{p,e} - Q_h \cdot e_h) / T_0 \tag{12.119}$$
$$= [\text{EECR} - Q_h(1 - T_0 / \bar{T}_i)] / T_0$$

因此，热电联产TVC多效蒸馏海水淡化系统的总熵产可以用式(12.120)计算：

$$\sum S_{\text{CHP},j}^{\text{gen}} = \sum S_{\text{TVC},j}^{\text{gen}} + S_{zs} = \frac{\text{EECR}}{T_0} - \frac{M_d w_d^{\min}}{T_0} \tag{12.120}$$

根据 Gouy-Stodola 公式 $I_r = T_0 S^{\text{gen}}$ [式(2.198)]，热电联产海水淡化系统的总不可逆损失为

$$\sum I_{\text{rCHP},j} = T_0 \sum S_{\text{CHP},j}^{\text{gen}} = \text{EECR} - M_d w_d^{\min} \tag{12.121}$$

因此，热电联产海水淡化系统的第二定律效率为

$$\eta_{\text{CHP}}^{\text{ex}} = \frac{M_d \cdot w_d^{\min}}{\text{EECR} \cdot e_{p,e}} = \frac{1}{\text{eecr}} w_d^{\min} \tag{12.122}$$

热电联产海水淡化系统的反平衡第二定律效率为

$$\eta_{\text{CHP}}^{\text{ex}} = 1 - \frac{\sum I_{\text{rCHP},j}}{\text{EECR} \cdot e_{p,e}} = 1 - \frac{T_0 \sum S_{\text{CHP},j}^{\text{gen}}}{\text{EECR}} \tag{12.123}$$

热电联产机组的供电燃料单耗 b_e^s 用式 (12.124) 计算：

$$b_e^s = \frac{B^s}{W_n + \text{EECR}} \qquad (12.124)$$

式中，B^s 为热电联产机组的总煤耗量；W_n 为热电联产机组净供电量。

热电联产海水淡化系统的燃料消耗量可以用式 (12.125) 计算：

$$B_d^s = b_e^s \cdot (\text{EECR} + W_{pf}) \qquad (12.125)$$

式中，b_e^s 为热电联产机组的当量供电燃料单耗，相当于基于凝汽发电的计算值；W_{pf} 为海水淡化系统的各流程泵泵功之和。

热电联产机组生产 $\text{EECR} + W_{pf}$ 电量的㶲平衡关系式可以写成

$$B_d^s e_f^s = b_e^s(\text{EECR} + W_{pf})e_f^s = (\text{EECR} + W_{pf})e_{p,e} + \sum I_{r,e} \qquad (12.126)$$

热电联产机组生产这部分当量电耗量 $(\text{EECR} + W_{pf})$ 的单耗分析模型是

$$b_e^s = \frac{B_d^s}{\text{EECR} + W_{pf}} = 0.12284 + \frac{\sum I_{r,e}}{(\text{EECR} + W_{pf})e_f^s} \qquad (12.127)$$

因此，热电联产海水淡化系统的当量电耗量 $(\text{EECR} + W_{pf})$ 所携带的不可逆损失为

$$\sum I_{r,e} = (b_e^s - 0.12284)(\text{EECR} + W_{pf})e_f^s \qquad (12.128)$$

这部分不可逆损失所对应的熵产为

$$\sum S_e^{gen} = \frac{\sum I_{r,e}}{T_0} = \frac{(b_e^s - 0.12284)(\text{EECR} + W_{pf})e_f^s}{T_0} \qquad (12.129)$$

因此，热电联产海水淡化系统的总㶲平衡关系式如下：

$$B_d^s e_f^s = M_d w_d^{min} + T_0 \sum S_{CHP,j}^{gen} + \sum I_{r,e} \qquad (12.130)$$

两边同除以 $M_d e_f^s$，得热电联产海水淡化系统的单耗分析模型：

$$b = \frac{B_d^s}{M_d} = \frac{w_d^{min}}{e_f^s} + \frac{\sum T_0 S_{CHP,j}^{gen} + \sum I_{r,e}}{M_d e_f^s}$$

$$= b_d^{min} + \frac{T_0 \sum S_{CHP,j}^{gen} + \sum I_{r,e}}{M_d e_f^s} = b_d^{min} + \sum b_{CHP,j} + \sum b_e \qquad (12.131)$$

式中

$$b_{\mathrm{d}}^{\min} = \frac{w_{\mathrm{d}}^{\min}}{e_{\mathrm{f}}^{\mathrm{s}}} = 0.12284 w_{\mathrm{d}}^{\min} \tag{12.132}$$

热电联产海水淡化系统不可逆损失所造成的附加燃料单耗为

$$\sum b_{\mathrm{CHP},j} = \frac{T_0 \sum S_{\mathrm{CHP},j}^{\mathrm{gen}}}{M_{\mathrm{d}} e_{\mathrm{f}}^{\mathrm{s}}} \tag{12.133}$$

热电联产海水淡化系统的当量耗电量所携带的不可逆损失对应的附加燃料单耗为

$$\sum b_{\mathrm{e}} = \frac{\sum I_{\mathrm{r,e}}}{M_{\mathrm{d}} e_{\mathrm{f}}^{\mathrm{s}}} \tag{12.134}$$

热电联产海水淡化系统的燃料单耗还可以用式(12.135)计算。

$$b = \frac{B_{\mathrm{d}}^{\mathrm{s}}}{M_{\mathrm{d}}} = \frac{B_{\mathrm{d}}^{\mathrm{s}}}{\mathrm{EECR} + W_{\mathrm{pf}}} \cdot \frac{\mathrm{EECR} + W_{\mathrm{pf}}}{M_{\mathrm{d}}} = b_{\mathrm{e}}^{\mathrm{s}} \cdot \mathrm{eecr} \tag{12.135}$$

这里参见 12.3 节的分析。

热电联产海水淡化系统的正平衡能源利用第二定律效率为

$$\eta_{\mathrm{E,CHP}}^{\mathrm{ex}} = \frac{M_{\mathrm{d}} e_{\mathrm{p,d}}}{B_{\mathrm{d}}^{\mathrm{s}} e_{\mathrm{f}}^{\mathrm{s}}} = \frac{b_{\mathrm{d}}^{\min}}{b} = \frac{b_{\mathrm{e}}^{\min}}{b_{\mathrm{e}}^{\mathrm{s}}} \cdot \frac{w_{\mathrm{d}}^{\min}}{\mathrm{eecr}} \tag{12.136}$$

$$= \eta_{\mathrm{e}}^{\mathrm{s}} \eta_{\mathrm{CHP}}^{\mathrm{ex}}$$

相应地，反平衡能源利用第二定律效率为

$$\eta_{\mathrm{E,CHP}}^{\mathrm{ex}} = 1 - \frac{T_0 \sum S_{\mathrm{CHP},j}^{\mathrm{gen}} + \sum I_{\mathrm{r,e}}}{B_{\mathrm{d}}^{\mathrm{s}} \cdot e_{\mathrm{f}}^{\mathrm{s}}} \tag{12.137}$$

通常，高温蒸馏脱盐过程的盐水顶值温度为 110~120℃，合适的加热蒸汽压力为 0.18~0.22MPa，对于低温蒸馏脱盐过程(顶值温度约为 70℃)，合适的加热蒸汽压力为 0.025~0.035MPa，现有燃煤火电机组的抽汽参数难以与之很好地匹配。实践中,抽汽压力往往高出海水淡化装置的需要值很多,于是蒸汽喷射器有了应用的条件。但由于蒸汽喷射器效率很低,利用效果无论如何也不会强于参数匹配的情况。

图 12.10 给出了国产 300MW 机组在理想抽汽(匹配)情况下的热电联产海水淡化的燃料单耗及能源利用第二定律效率特性(未计流程泵功),其中从海水中分离淡水的理论最低燃料单耗取表 12.1 中的 0.0448kg/t。从图中可以看到,热电联产海水淡化的能效很低。关于海水淡化的流程泵功,多级闪蒸工艺在 4~4.5kW·h/t 的水平,多效蒸馏工艺在 1.2~2.5kW·h/t 的水平。

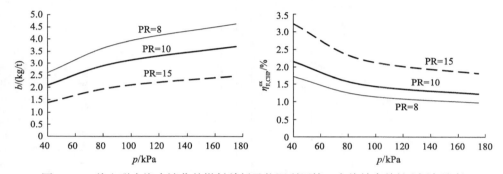

图 12.10　热电联产海水淡化的燃料单耗及能源利用第二定律效率特性(未计泵功)

12.7　案　例　分　析

12.7.1　TVC 低温多效蒸馏海水淡化系统的第二定律分析示例

图 12.11 为沧东电厂一期引进法国公司的日产万吨的低温多效蒸馏海水淡化系统流程图,图中数据为厂家提供的原始数据,表 12.4 和表 12.5 是根据流程参数验算的结果。与图 12.3 所示流程有所不同,沧东电厂引进的装置只有四效蒸发器,来自电厂的抽汽在减温消减过热度之后进入蒸汽喷射器,引射压缩第四效的部分二次蒸汽,一并作为加热蒸汽进入第一效蒸发器凝结放热,第四效剩余的部分二次蒸汽进入冷凝器冷凝并预热海水。由于电厂热力系统使用了联胺进行化学水处理,抽汽中携带此物质。根据国际饮用水标准,饮用水中不容许该物质出现,因此包括一部分产品淡水(μD_l)的凝结水不能与第四效出口的产品淡水混合,而被单独冷却处理,然后进入电厂水处理系统。冷却器的设置缘于电厂根据水处理系统运行提出的要求,凝结水温度需降至 35℃,造成凝结水余热损失。

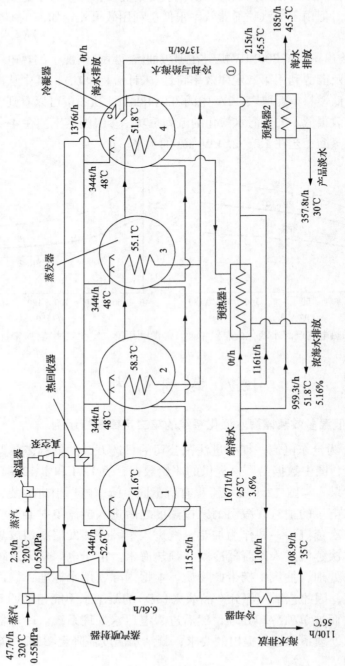

图12.11　10000t/d低温多效蒸馏海水淡化系统流程图

表 12.4　TVC 低温多效蒸馏海水淡化系统参数及熵平衡分析

序号	名称	单位	数值	备注
1	抽汽压力	MPa	0.55	图 12.11
2	相应饱和温度	℃	155.46	$t_s(p_m)$
3	抽汽温度	℃	320	图 12.11
4	抽汽流量	t/h	47.7	图 12.11
5	抽汽比焓	kJ/kg	3104.79	—
6	抽汽比熵	kJ/(K·kg)	7.4869	—
7	真空系统耗汽	t/h	2.3	图 12.11
8	减温器减温水量	t/h	6.2964	6.6×47.7/50
9	冷却水温度	℃	64.79	$t_s(p_d)$
10	饱和水比焓	kJ/kg	271.22	
11	减温器出口蒸汽比焓	kJ/kg	2774.37	
12	减温器出口蒸汽温度	℃	164.71	
13	减温器出口蒸汽熵	kJ/(K·kg)	6.8394	
14	引射蒸汽量	t/h	58.9	=115.5–50–6.6
15	名义引射系数	—	1.235	=58.9/47.7
16	喷射器本体引射系数	—	1.091	=58.9/(47.7+6.2964)
17	蒸汽喷射器出口压力	MPa	0.02481	p_d
18	蒸汽喷射器出口温度	℃	91.76	
19	喷射器出口比焓	kJ/kg	2680.72	
20	喷射器出口比熵	kJ/(K·kg)	8.0123	
21	冷却水比熵	kJ/(K·kg)	0.891	第一效加热蒸汽凝结水
22	喷射器出口蒸汽流量	t/h	112.906	(1+1.091)×(47.7+6.2964)
23	减温器熵产	kW/K	1.8241	$\Sigma S^{out} - \Sigma S^{in}$
24	引射蒸汽比焓	kJ/kg	2594.59	表 12.5(第四效二次蒸汽)
25	引射蒸汽比熵	kJ/(K·kg)	8.0565	表 12.5(第四效二次蒸汽)
26	喷射器本体熵产	kW/K	16.8693	$\Sigma S^{out} - \Sigma S^{in}$
27	蒸发器出口浓海水比焓	kJ/kg	202.4	61.6℃, 5.21%
28	蒸发器出口浓海水比熵	kJ/(K·kg)	0.6736	61.6℃, 5.21%
29	蒸发器出口淡水比焓	kJ/kg	214.58	
30	蒸发器出口淡水比熵	kJ/(K·kg)	0.7200	
31	入口海水温度	℃	25	图 12.11
32	海水浓度	%	3.6	图 12.11

续表

序号	名称	单位	数值	备注
33	排放浓海水浓度	%	5.21	无散热损失的计算值
34	淡水产量	t/h	425.19	无散热损失的计算值
35	浓缩率	—	1.447	$\varepsilon=5.21/3.6$
36	海水比熵	kJ/(K·kg)	0.3491	25℃, 101.325kPa, 3.6%
37	海水比焓	kJ/kg	99.62	25℃, 101.325kPa, 3.6%
38	补充海水流量	t/h	1376	$\varepsilon/(\varepsilon-1)M_{\mathrm{d}}$ (图 12.11)
39	浓海水排放量	t/h	950.81	$G_{\mathrm{b}}=M_{\mathrm{b}}=M_{\mathrm{f}}-M_{\mathrm{d}}$
40	造水比	—	8.914	425.19/47.7[①]
41	进入冷凝器的蒸汽量	t/h	49.19	无散热损失的计算值
42	冷凝器蒸汽放热量	kW	117079.84	
43	需补充/冷却海水流量	t/h	1464.89	高于图 12.11 的 1376t/h
44	冷凝器出口冷却海水排放量	t/h	88.89	1464.89–1376
45	绕过预热器 1 的海水流量	t/h	1249.89	高于图 12.11 的 1161t/h
46	预热器 2 产品淡水放热	kW	9074.64	
47	需冷却补充/海水流量	t/h	398.78	小于图 12.11 的 400t/h(215+185)
48	预热器 2 出口排放海水流量	t/h	183.78	398.78–215=183.78<185
49	①处海水混合出口温度	℃	28.02	热平衡计算
50	蒸发器本体总熵产	kW/K	7.7872	表 12.5
51	第一效凝结产品水余热熵产	kW/K	0.5563	以 58.9t/h 引射蒸汽量计算
52	冷凝器熵产	kW/K	2.0028	
53	浓海水余热排放熵产	kW/K	5.4722	
54	预热器 2 传热熵产	kW/K	0.4874	
55	预热器 2 出口淡水余热熵产	kW/K	0.0609	
56	预热器 2 出口海水余热熵产	kW/K	0.4561	183.78t/h 海水排放
57	预热器 2 出口海水混合熵产	kW/K	0.5226	
58	冷凝器出口海水余热熵产	kW/K	0.0776	88.89t/h 海水排放
59	热电联产海水淡化总熵产	kW/K	36.1166	总物理㶲损耗/298.15
60	系统输入热量(耗热量)	kW	37544.8	47.7×(3104.79−271.22)/3.6
61	放热平均温度	K	429.59	$\overline{T}=\Delta h/\Delta s$
62	热电联产海水淡化输入㶲	kW	11487.71	$E=Q(1-T_0/\overline{T})$
63	输入㶲折算熵产	kW/K	38.53	E/T_0 (假设输入㶲100%损失)[②]
64	分离焓	kW	−22.4	$\Delta H_{\mathrm{s}}^{0}=M_{\mathrm{d}}h_{0,\mathrm{d}}+G_{\mathrm{b}}h_{0,\mathrm{b}}-M_{\mathrm{f}}h_0$

续表

序号	名称	单位	数值	备注
65	分离熵	kW/K	−1.4589	$\Delta S_s^0 = M_d s_{0,d} + G_b s_{0,b} - M_f s_0$
66	分离自由焓	kW	412.57	$\Delta G_s^0 = M_d g_{0,d} + G_b g_{0,b} - M_f g_0$
67	标准分离焓	kJ/kg	0.1896	$\Delta h_s^0 = \Delta H_s^0 / M_d$
68	标准分离熵	kJ/(K·kg)	−0.01235	$\Delta s_s^0 = \Delta S_s^0 / M_d$
69	标准分离自由焓	kJ/kg	3.4932	$\Delta g_s^0 = \Delta G_s^0 / M_d$
70	浓海水混入大海的㶲损耗	kW	309.21	式(12.63)，$a_{i,0} = x_{i,0}$，$a_{i,b} = x_{i,b}$
71	浓海水混入大海的熵产	kW/K	1.0371	309.21/298.15
72	产品淡水㶲	kW	174.09	式(12.67)，$a_{H_2O,0} = x_{H_2O,0}$
73	最小淡水分离功	kW	174.11	$M_d R_{H_2O} T_0 \ln x_{H_2O,0} / 3.6$
74	折算熵产	kW/K	0.584	174.11/298.15
75	真空泵余热回收热量	kW	1762.7	
76	回收的热量㶲	kW	137.88	
77	折算熵产	kW/K	0.4624	137.88/298.15
78	热电联产的熵产平衡	kW/K	38.6625	36.1166+1.0371+0.584+2×0.4624[3]
79	冷凝器排放海水余热	kW	2270.14	
80	浓海水余热	kW	27795.98	
81	预热器 2 出口淡水余热	kW	2137.96	
82	预热器 2 排放海水余热	kW	4182.13	
83	第一效凝结产品水余热	kW	2720.83	
84	真空泵回收余热	kW	−1762.7	
85	余热合计	kW	37344.34	与耗热量(37544.8)相差 0.53%
86	淡水最小单位分离电耗	kW·h/t	0.4095	25℃，101.325kPa，3.6%[4]
87	淡水理论最低燃料单耗	kg/t	0.0503	0.12284×0.4095
88	相应的产品水㶲值	kW	174.11	$0.0503 M_d q_1^s / 3600$
89	折算熵产	kW/K	0.5834	173.94/298.15
90	TVC 多效蒸馏海水淡化系统㶲效率	%	1.52	174.11/11487.71

①真空泵耗汽不属于海水淡化系统必须消耗的"热源性"蒸汽量，这里未纳入造水比计算，也未纳入能效评价。如果纳入能效考核，海水淡化系统的热经济性还要差一些。

②表中折算熵产概念的引入是为了便于进行系统熵产平衡分析。

③外部热量进入海水淡化系统，系统得到热量㶲，并带来额外的熵产减量，有节能效果。在熵平衡分析中，这一"外部"热量㶲输入的影响是 2 倍的关系，一方面是作为输入热量㶲的折算熵产，另一方面还直接减小了系统不可逆损失。事实上，如果没有此余热回收，进入第一效蒸发器的海水过冷度更大，要满足淡水的生产，势必需要消耗更多抽汽，导致更大的系统熵产。

④计算条件为海水浓度 3.6%，其中 NaCl 3%，$MgCl_2$ 0.6%。

表 12.5　各效蒸发器主要参数验算结果及熵产

项目	单位	第一效	第二效	第三效	第四效
蒸发温度	℃	61.6	58.3	55.1	51.8
饱和压力	MPa	0.02147	0.01843	0.01584	0.01350
入口海水温度	℃	52.6	48.0	48.0	48.0
入口海水浓度	%	3.6	3.6	3.6	3.6
浓海水浓度	%	5.296	5.240	5.210	5.210
凝结压力	MPa	0.02089	0.01794	0.01542	0.01314
凝结温度	℃	61.00	57.72	54.54	51.25
沸点升高	℃	0.60	0.58	0.56	0.55
出口淡水比熵	kJ/(K·kg)	0.8438	0.8026	0.7621	0.7200
出口淡水比焓	kJ/kg	255.36	241.64	228.32	214.58
入口海水比熵	kJ/(K·kg)	0.7033	0.6463	0.6463	0.6463
入口海水比焓	kJ/kg	210.00	191.56	191.56	191.56
出口浓海水比焓	kJ/kg	240.80	227.99	215.45	201.05
出口浓海水流量	t/h	233.838	472.793	713.082	950.813
二次蒸汽比焓	kJ/kg	2611.76	2606.01	2600.40	2594.59
二次蒸汽比熵	kJ/(K·kg)	7.8957	7.9484	8.0009	8.0565
加热蒸汽量	t/h	112.896	110.162	105.400	104.912
蒸发量	t/h	110.162	103.778	101.211	102.360
出口浓海水比熵	kJ/(K·kg)	0.7896	0.7515	0.7136	0.6746
出口淡水流量	t/h	0	110.162	215.207	318.918
淡水闪蒸量	t/h	0	0.636	1.201	1.820
海水闪蒸量	t/h	0	1.2670	2.5000	3.9089
熵产	kW/K	2.3684	1.9342	1.7248	1.7599
总熵产	kW/K	7.7872			

　　低温多效蒸馏系统的真空泵也采用蒸汽喷射器技术，为了节能，让其排汽进入热回收器作为第一效入口海水预热的热源，凝结后汇入第一效凝结水之中。给海水分两股分别进入预热器 1 和预热器 2，设计工况下(海水温度 25℃)，海水无须吸收浓海水的余热，从旁路绕过预热器 1，之后与预热器 2 出口的海水混合进入冷凝器。产品淡水被要求冷却至 30℃，预热器 2 完成此项任务。进入冷凝器的二次蒸汽的全部潜热被给海水吸收，从冷凝器出来的海水排放为 0。夏季，海水

温度超过 25℃，需增加冷却海水流量，这时，会有部分海水从冷凝器排出海水淡化系统。设置预热器是为了冬季海水温度过低时保证海水淡化装置的正常运行。此海水淡化装置的浓海水排放温度高达 51.8℃，是电厂主管单位报给法国公司抽汽价格（15 元/t）偏低所致。能源成本过低，直接导致海水淡化装置的热力学完善性低下。沧东电厂二期的国产装置在引进设备设计参数的基础上，增加了两效蒸发器，其热力性能得到有效提高。事实上，如果根据夏季 30℃的海水温度及约 3.2℃的效间温差，完全可以增加四效蒸发器。

热电联产 TVC 多效蒸馏海水淡化系统输入热量为 37544.8kW，输入㶲为 11487.71kW，如果全部损失，折算熵产为 38.53kW/K（=11487.71/298.15）。经系统热平衡核算，抽汽输入系统的热量与各股水流排出系统带走的热量的相对误差为 0.53%。计算中未计及设备散热损失和流程泵功，在图 12.11 中所示输入的汽轮机抽汽及补充海水流量以及温度参数的条件下，该多效蒸馏海水淡化系统的淡水产量达 425.19t/h，高出 416.7t/h 的铭牌出力约 2%，符合设计理念。基于这一结果，进入冷凝器的二次蒸汽量增大，需要额外冷却海水 88.89t/h，而不是图 12.11 所示的 0。另外，从冷凝器出口引出的产品淡水冷却至 30℃所释放的热量，不足以加热图 12.11 所给的 400t/h 海水达到 45.5℃，只能预热 398.78t/h 的冷却/补充海水，于是预热器 2 出口排放海水流量从 185t/h 变为 183.78t/h。

从表 12.4 可以看出，实际计算热电联产系统各部分的物理㶲损耗之和对应的总熵产为 36.1166kW/K，明显低于 TVC 多效蒸馏海水淡化系统输入热量㶲的折算熵产（38.53kW/K）。这是由于真空泵余热回收、浓海水混入大海以及产品淡水㶲的影响未及考虑。真空泵所耗抽汽未计入系统输入能耗，回收真空泵的余热相当于系统额外得到了一股热量㶲，存在折算熵产，另外，它又使蒸发器的传热温差减小，相当于发挥了 2 倍的作用。此项余热回收输入的热量㶲折算熵产为 0.4624kW/K，如果余热没有得到回收，相当于熵产增加 2×0.4624kW/K。事实上，如果这一真空泵余热没有回收，在其他条件不变的情况下，淡水产量将会降低约 2.49%，相比之下，回收的热量㶲（137.88kW）占输入㶲（11487.71kW）约 1.2%。因此，考虑 2 倍的折算熵产是合理的。浓海水排放混入大海，造成 1.0371kW/K 的熵产，而淡水最小分离电耗折算熵产为 0.584kW/K。这四项之和为 36.1166+1.0371+2×0.4624+0.584=38.6625kW/K，与抽汽输入系统的热量㶲的折算熵产 38.53kW/K 基本持平，说明计算结果正确合理。浓海水混入大海的不可逆损失仅占输入热量㶲的 2.7%，目前尚无技术利用浓海水的扩散㶲，因此，为简单起见，可以参照在燃料㶲分析时处理标准反应熵的方法，在熵产计算公式中直接去掉扩散㶲折算熵产这一项。

表 12.4 给出了单位淡水产量的海水淡化标准分离焓、标准分离熵和标准分离自由焓。所谓的标准分离焓、标准分离熵和标准分离自由焓类似于化学反应的标准反应焓、标准反应熵和标准反应自由焓。由于海水的热物理性质参数是以理想

溶液为基础确定的(Sharqawy et al., 2011)，环境温度和压力下海水淡化的分离熵应为 0，实际计算值为-22.4kW。对于如此大容量的海水淡化装置，这一数值其实是非常小的，与 37544.81kW 的系统输入热量相比，完全可以忽略不计。相应地，海水淡化分离熵为-1.4589kW/K，分离自由焓为412.57kW。

喷射器的熵产高达 16.8693kW/K，再考虑减温器的熵产 1.8241W/K，喷射器系统的熵产所造成的不可逆损失占整个 TVC 海水淡化输入㶲的 48.5%，是不可逆损失最大的设备，符合 12.5 节蒸汽喷射器的熵产分析结论。海水淡化装置的末效蒸发温度过高，导致余热排放熵产过大，达 6.623kW/K，所致不可逆损失占总输入㶲的 17.2%。蒸发器各效的熵产之和为 7.7872kW/K，所致不可逆损失占总输入㶲的 20.2%，这是由于蒸发器效间温差选择过高，通常的多效蒸馏海水淡化装置的效间温差在 2.5℃，而本例效间温差达 3.2℃的水平。

假设海水浓度为 3.6%，其中 NaCl 为 3%，$MgCl_2$ 为 0.6%，因此，淡水最小单位分离电耗为 0.4095kW·h/t，最低燃料单耗为 0.0503kg/t，425.19t/h 淡水产量的㶲值为 174.11kW，海水淡化系统的㶲效率为 1.52%。浓海水混入大海的熵产，以淡水含盐量为 0、盐分等比例增加为条件计算。

如果再考虑热电厂机组约 40%的电效率，本案例的热电联产 TVC 低温多效蒸馏海水淡化系统的能源利用效率仅在 0.6%的水平，这还是未考虑真空泵所耗蒸汽和流程泵泵功及散热损失的结果，如果全部考虑在内，效率将更低。

所用蒸汽喷射器的详细数据参见表 12.3。

如果开展了浓海水制盐及综合利用，浓海水混入大海的损失则可以避免，海水淡化的效率问题需要进一步的分析。

另外，即便不考虑浓海水相对于环境海水的扩散㶲，熵产分析的误差也十分有限，对于蒸馏法海水淡化的节能分析是足够有效的，其第二定律分析完全可以简化一些。

12.7.2　TVC 低温多效蒸馏海水淡化系统的单耗计算

沧东电厂 600MW 机组额定工况下的抽汽压力为 0.77MPa。这里以 0.55MPa、320℃为计算条件，开展热电联产海水淡化系统的单耗计算。汽轮机排汽比焓按表 5.1 中春季参数确定，取 2404.73kJ/kg，于是抽汽当量电耗量（EECR）为

$$EECR = D_i(h_i - h_c)\eta_{mg} / 3600$$

$$=47.7 \times (3104.79 - 2404.73) \times 0.99 \times 0.99 / 3.6 = 9091.2kW$$

单位淡水产量的当量电耗率（eecr）为

$$eecr = EECR / M_d = 9091.2/425.19 = 21.38kW \cdot h/t$$

假定机组额定工况下供电燃料单耗为 $320\mathrm{g/(kW \cdot h)}$，则单位淡水产量的燃料单耗为

$$b = b_\mathrm{e}^\mathrm{s} \cdot eecr = 0.320 \times 21.38 = 6.842\mathrm{kg/t}$$

3.6%海水浓度（$3\%\mathrm{NaCl}$, $0.6\mathrm{MgCl_2}$）的理论最低燃料单耗为

$$b^\mathrm{min} = 0.12284 w_\mathrm{d}^\mathrm{min} = 0.12284 \times 0.4095 = 0.0503\mathrm{kg/t}$$

热电联产海水淡化的能源利用第二定律效率为

$$\eta_\mathrm{E,CHP}^\mathrm{ex} = b^\mathrm{min} / b = 0.0503/6.842 = 0.735\%$$

有了熵产分析的数据，开展热电联产海水淡化的单耗构成计算就非常容易了，第 6、8、9、11 章都有详细的分析案例，这里就略去了。

需要指出的是，正因为目前海水淡化效率低下，所以成本居高不下，这是海水淡化技术广泛应用的根本障碍。目前，海水淡化成本在 5～7 元/t，有的甚至更高，且普遍高于全国城市居民生活用自来水的价格，有的在 2 倍以上。但是，海水淡化技术可以将产品淡水处理到可以直接饮用的水质标准，而针对饮用水，海水淡化的能耗及成本其实是不高的。因为基于历史的和传统的原因以及一直以来的自来水水质条件，民众出于卫生的考虑往往要将水"烧开"后饮用。如果以目前已被广泛使用的电热水壶烧开水方式计算，从 25℃ 的常温加热至 100℃，吨水电耗为 $87.23\mathrm{kW \cdot h/t}$，远超海水淡化的吨水能耗。如果以人均每日 1.5L 的饮用水计算，全国 14.0005 亿人口（2019 年[①]）全年用于烧开水的标准煤耗达 2052.06 万 t[= $14.0005 \times 10^8 \times (1.5/1000) \times 365 \times 87.23 \times (306.9 \times 10^{-6})/10000$]，占 2019 年全国一次能源消费总量（48.6 亿 t 标准煤）的 0.42%，这是一个很高的能耗。如果采用分质供水，饮用水可以直饮，这部分能耗有相当一部分是可以节省的。从各种瓶装矿泉水等实际饮用情况看，在许多情况下，人们喝常温水不是问题。分质供水是在西方发达国家广泛采用的给水方式，被证明是成熟有效的，值得借鉴。目前，国内已有许多家用水处理设备在销售及使用，但普遍存在设备利用率不高、水资源浪费大、水质保障存在隐患等诸多问题。事实上，自来水的安全及可靠供应问题是提高人民生活质量和促进经济社会建设的重要内容。

12.8　海水淡化的热效率问题

对于蒸馏法海水淡化，由于淡水在环境温度下没有"有效热量"，无法计算海

---

① 数据来自国家统计局网站。

水淡化过程的热效率。但是，如果要"强行"计算海水淡化过程的热效率，则可以根据蒸馏过程的原理，考察蒸汽潜热重复多次利用和梯级利用的情况。

1）锅炉及低温核反应堆海水淡化系统的热效率

假定蒸汽平均汽化潜热 l=2400kJ/kg，所消耗的蒸汽热能直接来自热效率为 η_b 的锅炉或低温核反应堆，热网效率为 η_n，其热效率可以定义为蒸发 M_d 淡水的总潜热（相当于有效热量）与锅炉总热耗量之比。

$$\eta \approx \frac{2400M_d}{\dfrac{2400M_d}{PR}\cdot\dfrac{1}{\eta_b\cdot\eta_n}} = PR\cdot\eta_b\cdot\eta_n \tag{12.138}$$

式（12.138）中没有计及流程泵功 W_{pf} 消耗，如果考虑这一泵功消耗，式（12.138）可以写成

$$\eta_{db} \approx \frac{2400M_d}{\dfrac{2400M_d}{PR}\cdot\dfrac{1}{\eta_b\cdot\eta_n}+q_l^s\cdot\overline{b}_e^s\cdot W_{pf}} \tag{12.139}$$

2）电驱动海水淡化系统的热效率

对于容量为 M_d 的电驱动海水淡化系统，假定其消耗的电量 W 来自电网，其热效率可以近似表示为

$$\eta_{de} \approx \frac{2400\cdot1000M_d}{q_l^s\cdot\overline{b}_e^s\cdot W} = \frac{81.9}{\overline{b}_e^s\cdot ecr} \tag{12.140}$$

3）热电联产海水淡化系统的热效率

对于热电联产系统，可以根据其抽汽参数和流量计算出其 EECR，然后再参照电驱动海水淡化系统计算其热效率。

$$\eta_{dc} \approx \frac{2400\cdot1000M_d}{q_l^s\cdot b_e^s\cdot EECR} = \frac{81.9}{b_e^s\cdot eecr} \tag{12.141}$$

4）与供热热效率的关系

为了方便与供热对比，可以进一步将海水淡化的热效率表示为如下形式，参考第9章的小结及式（12.138）：

$$\eta_{dc} \approx PR\cdot\Pi\eta_{hi} \tag{12.142}$$

式中，$\Pi\eta_{hi}$ 为供热各子系统热效率连乘积。

因为蒸汽潜热的重复利用和梯级利用，蒸馏法海水淡化的造水比 PR 可达到 10 及以上，海水淡化的热效率会大大超过 100%，这真实地反映了蒸汽潜热重复利用和梯级利用带来的客观效果。并且随着造水比的提高，这一效率还将进一步提高。但是，这已不是传统意义上的热效率，且无法用于与其他能源利用效率进行比较。

参 考 文 献

白泉, 刘静茹, 符冠云, 等. 2017. 中国节能管理制度体系: 历史与未来[M]. 北京: 中国经济出版社.

鞭岩, 森山昭, 蔡志鹏. 1981. 冶金反应过程学[M]. 谢裕生, 译. 北京: 科学出版社.

布罗章斯基. 1996. 烟方法及其应用[M]. 王加璇, 译. 北京: 中国电力出版社.

蔡睿贤. 1987. 功热并供评价准则及燃气轮机功热并供基本分析[J]. 工程热物理学报, 8(3): 201-205.

陈庆勋, 王善珂, 张文伟, 等. 2004. 西气东输管道压气站设置[J]. 油气储运, 23(3): 19-23.

崔文富. 2000. 直燃型溴化锂吸收式制冷工程设计[M]. 北京: 中国建筑工业出版社.

樊泉桂. 2008. 锅炉原理[M]. 北京: 中国电力出版社.

范从振. 1986. 锅炉原理[M]. 北京: 水利电力出版社.

范季贤, 汤蕙芬, 张伏生. 1996. 供热制冷设备手册[M]. 天津: 天津科学技术出版社.

郭奇志, 郭斌继. 2017. 综合管廊内供热管道的热损失计算与通风系统设计[J]. 区域供热, (2): 39-43.

贺平, 孙刚, 王飞, 等. 2009. 供热工程[M]. 4 版. 北京: 中国建筑工业出版社.

华泽钊, 张华, 刘宝林, 等. 2009. 制冷技术[M]. 北京: 科学出版社.

江亿, 杨秀. 2010. 在能源分析中采用等效电方法[J]. 中国能源, 32(5): 5-11.

库兹涅佐夫. 1976. 锅炉机组热力计算标准方法[M]. 北京锅炉厂设计科, 译. 北京: 机械工业出版社.

李洪桂. 2005. 冶金原理[M]. 北京: 科学出版社 4.

李军, 金永龙, 关志刚. 2009. 宝钢高炉热风炉热平衡计算与分析[J]. 冶金能源, 28(4): 29-32.

李如生. 1986. 非平衡态热力学和耗散结构[M]. 北京: 清华大学出版社.

李振全, 尹艳山, 张国妮, 等. 2006. 我国电站锅炉热力计算方法应用的现状[J]. 锅炉技术, 37(3): 41-44.

李正刚, 王志武, 赵博, 等. 2007. 电站锅炉"四管"爆漏失效统计分析[J]. 金属热处理, 32: 36-39.

林万超. 1994. 火电厂热系统节能理论[M]. 西安: 西安交通大学出版社.

林之光, 张家诚. 1985. 中国的气候[M]. 西安: 陕西人民出版社.

刘浩, 周少祥, 胡三高, 等. 2014. 余热引入电厂热力系统的热经济性分析方法[J]. 动力工程学报, 34(5): 411-416.

刘帅, 刘玉春. 2018. 重型燃气轮机发展现状及展望[J]. 电站系统工程, 34(5): 61-63.

那树人. 2005. 炼铁计算[M]. 北京: 冶金工业出版社.

宋之平. 1992. 单耗分析的理论和实施[J]. 中国电机工程学报, 12(4): 15-21.

宋之平. 1996. 试论联产电厂热电单耗分摊中的人为规定性与客观实在性[J]. 中国电机工程学报, 16(4): 217-220.

宋之平. 1997. 新模式热电联产系统: 联合供热的一个发展[J]. 工程热物理学报, 18(5): 536-539.

宋之平, 王加璇. 1985. 节能原理[M]. 北京: 水利电力出版社.

索科洛夫, 津格尔. 1977. 喷射器[M]. 黄秋云, 译. 北京: 科学出版社.

索科洛夫. 1988. 热化与热力网[M]. 安英华, 陈希博等, 译. 北京: 机械工业出版社.

汤蕙芬, 范季贤. 1999. 热能工程设计手册[M]. 北京: 机械工业出版社 0.

王加璇, 张树芳. 1991. 烟方法及其在火电厂中的应用[M]. 北京: 水利水电出版社.

王建国. 2005. 燃气锅炉热效率分析[J]. 区域供热, (5): 25-27.

王宇清. 2018. 供热工程[M]. 北京: 中国建筑工业出版社.

王竹溪. 2014. 热力学[M]. 2 版. 北京: 北京大学出版社.

魏寿昆. 2010. 冶金过程热力学[M]. 北京: 科学出版社.

吴仲华. 1988. 能的梯级利用与燃气轮机总能系统[M]. 北京: 机械工业出版社.

西安热工研究院有限公司. 2011. 机组效率核实程序和方法学. 研究报告[R]. 北京: 国家财政部, 全球环境基金会.

严子浚. 2004. 理想气体与热力学第三定律不相容[J]. 大学物理, 23(7): 22-44.

彦启森, 石文星, 田长青. 2010. 空调调节用制冷技术[M]. 北京: 中国建筑工业出版社.

杨世铭. 1980. 传热学[M]. 北京: 人民教育出版社.

于萍. 2008. 工程流体力学[M]. 北京: 科学出版社.

岳东方. 2016. 8t/h 燃气冷凝蒸汽锅炉的设计[J]. 工业锅炉, (5): 26-29.

曾丹苓, 敖越, 张新铭, 等. 1980. 工程热力学[M]. 北京: 人民教育出版社.

张春发, 崔映红, 杨文滨, 等. 2003. 汽轮机组临界状态判别定理及改进型 Flugel 公式[J]. 中国科学: E 辑, 33(3): 264-272.

张福明, 梅丛华, 银光宇, 等. 2012. 首钢京唐 5500m³ 高炉 BSK 顶燃式热风炉设计研究[J]. 中国冶金, 22(3): 27-32.

张呼生, 武涛. 2013. 架空热水供热管道热损失、沿程温降计算分析[J]. 煤气与热力, 33(12): 13-14.

张全斌. 2018. 超长距离蒸汽供热技术探析[J]. 区域供热, (2): 114-118, 138.

张祉祐. 1987. 制冷原理与设备[M]. 北京: 机械工业出版社.

郑体宽, 杨晨. 2008. 热力发电厂[M]. 2 版. 北京: 中国电力出版社.

周传锦. 2016. 长距离蒸汽管道供热技术及其应用实践探微[J]. 中国电业(技术版), (1): 42-44.

周伏秋. 2006. 国际能源评价指标体系及对我国的启示[J]. 中国能源, 28(11): 39-41.

周强泰, 周克毅, 冷伟, 等. 2013. 锅炉原理[M]. 3 版. 北京: 中国电力出版社.

周少祥. 2005. "0"是人类认识世界的基础和方法[J]. 华北电力大学学报(社科版), (4): 93-98.

周少祥. 2008. 对云滴凝结增长方程的质疑[J]. 沙漠与绿洲气象, 2(4): 55-59.

周少祥. 2010. "无穷大"及其相关事实浅析[J]. 华北电力大学学报(社科版), (4): 90-95.

周少祥, 胡三高. 2001a. 总能系统与能源利用的统一性性能评价指标体系[J]. 动力工程, 21(1): 1069-1077.

周少祥, 胡三高. 2001b. 海水淡化过程的统一性性能评价指标[J]. 水处理技术, 27(2): 74-79.

周少祥, 胡三高, 陈庚. 1999. 制冷过程的统一性性能评价指标[J]. 现代电力. 16(3): 28-32.

周少祥, 胡三高, 齐革军. 2004. 凝汽机组低品位化供热改造及其应用前景[J]. 热能动力工程, 19(2): 206-208, 218.

周少祥, 胡三高, 程金明. 2006a. 能源利用的环境影响评价指标的统一化研究[J]. 工程热物理学报, 27(1): 5-8.

周少祥, 胡三高, 宋之平, 等. 2006b. 单耗分析理论与结构系数法的对比分析[J]. 工程热物理学报, 27(42): 549-552.

周少祥, 胡三高, 宋之平, 等. 2008. 单耗分析理论与能源利用的效率问题[J]. 中国能源, 30(2): 42-44.

周少祥, 姜媛媛, 胡三高, 等. 2009. 单耗分析理论与超(超)临界机组机炉参数匹配问题研究[J]. 工程热物理学报, 30(12): 1995-1998.

周少祥, 姜媛媛, 吴智泉, 等. 2012. 电厂锅炉单耗分析模型及应用[J]. 动力工程学报, 32(1): 59-65.

周少祥, 宋之平. 2008. 论能源利用的评价基准[J]. 工程热物理学报, 29(8): 1267-1271.

周少祥, 邹文波, 胡三高, 等. 2013. 基于热力学第二定律的余热资源定量分析方法[J]. 动力工程学报, 33(10): 803-807.

周少祥, 刘浩, 胡三高, 等. 2015. 电站锅炉熵产分析模型及应用[J]. 工程热物理学报, 36(5): 927-932.

周少祥, 刘玉梅, 孔维盈, 等. 2016. 节能量计算的第二定律方法及其应用[J]. 热能动力工程, 31(4): 12-16.

AI-Najem N M, Darwish M A, Youssef F A. 1997. Thermovapor compression desalters: Energy and availability-analysis of single-and multi-effect systems [J]. Desalination, 110: 223-238.

Aly N H, Karameldin A, Shamloul M M. 1999. Modelling and simulation of steam jet ejectors [J]. Desalination, 123(1): 1-8.

Antonio Y M, Périlhon C, Descombes G, et al. 2012. Thermodynamic modelling of an ejector with compressible flow by a one-dimensional approach [J]. Entropy, (14): 599-613.

Aphornratana S, Eames I W. 1995. Thermodynamic analysis of absorption refrigeration cycles using the second law of thermodynamics method [J]. International Journal of Refrigeration, 18(4): 244-252.

Aphornratana S, Eames I W. 1997. A small capacity steam-ejector refrigerator: Experimental investigation of a system using ejector with moveable primary nozzle [J]. International Journal of Refrigeration, 20: 352-358.

Barin I. 1995. Thermochemical Data of Pure Substances [M]. 3rd ed. New York: VCH Publishers Inc.

Bejan A. 2006. Advanced Engineering Thermodynamics [M]. 3rd ed. New York: Wiley.

Bilgen S, Kaygusuz K. 2008. The calculation of the chemical exergies of coal-based fuels by using the higher heating values [J]. Applied Energy, 85(8): 776-785.

Çengel Y A, Boles M A, et al. 2002. Thermodynamics: An Engineering Approach [M]. 4th ed. New York: Mcgraw-Hill Companies Inc.

Chua H T, Toh H K, Malek A, et al. 2000. Improved thermodynamic property fields of LiBr-H_2O solution [J]. International Journal of Refrigeration, 23(6): 412-429.

Damiani L, Revetria R. 2014. Numerical exergetic analysis of different biomass and fossil fuels gasification [J]. International Journal of Renewable Energy & Biofuels: 1-18.

Eames I W, Aphornaratana S, Haider H. 1995. A theoretical and experimental study of a small-scale steam jet refrigerator [J]. International Journal of Refrigeration, 18(6): 378-385.

Eldakamawy M H, Sorin M V, Brouillette M, et al. 2017. Energy and exergy investigation of ejector refrigeration systems using retrograde refrigerants [J]. International Journal of Refrigeration, 78: 176-192.

El-Dessouky H, Ettouney H, Alatiqi I, et al. 2002. Evaluation of steam jet ejectors [J]. Chemical Engineering and Processing, 41: 551-561.

Ertem M E, Gürgen S. 2006. Energy balance analysis for Erdemir blast furnace number one [J]. Applied Thermal Engineering, 26: 1139-1148.

Ertesvåg I S. 2007. Sensitivity of chemical exergy for atmospheric gases and gaseous fuels to variations in ambient conditions [J]. Energy Conversion and Management, 48(7): 1983-1995.

Govin O V, Diky V V, Kabo G J, et al. 2000. Evaluation of the chemical exergy of fuels and petroleum fractions [J]. Journal of Thermal Analysis and Calorimetry, 62(1): 123-133.

Ikumi S, Luo C D, Wen C Y. 1982. A method of estimating entropies of coals and coal liquids [J]. The Canadian Journal of Chemical Engineering, 60: 551-555.

Izquierdo M, Venegas M, Garcí N, et al. 2005. Exergetic analysis of a double stage LiBr–H_2O thermal compressor cooled by air/water and driven by low grade heat [J]. Energy Conversion and Management, 46: 1029-1042.

Kaita Y. 2001. Thermodynamic properties of lithium bromide-water solutions at high temperatures [J]. International Journal of Refrigeration, 24: 374-390.

Karaca F. 2013. Chemical exergy calculations for petroleum and petroleum-derived liquid fractions [J]. International Journal of Exergy, 12(4): 451-462.

Khurana S, Benerjee R, Gaitode U. 2002. Energy balance and cogeneration for a cement plant [J]. Applied Thermal Engineering, 22(5): 485-494.

Kilic M, Kaynakli O. 2007. Second law-based thermodynamic analysis of water-lithium bromide absorption refrigeration system [J]. Energy, 32: 1505-1512.

Kotas T J. 1985. The Exergy Method of Thermal Plant Analysis [M]. London: Butterworths.

Lemmon E W, Jacobsen R T, Penoncello S G, et al. 2000. Thermodynamic properties of air and mixtures of nitrogen, argon, and oxygen from 60 to 2000K at pressures to 2000MPa [J]. Journal of Physical and Chemical Reference Data, 29(3): 331-385.

Maryami R, Dehghan A A. 2017. An exergy based comparative study between LiBr/water absorption refrigeration systems from half effect to triple effect [J]. Applied Thermal Engineering, 124: 103-123.

McGlade C, Ekins P. 2015. The geographical distribution of fossil fuels unused when limiting global warming to 2℃[J]. Nature, 517: 187-190.

Morosuk T, Tsatsaronis G. 2008. A new approach to the exergy analysis of absorption refrigeration machines [J]. Energy, 33(6): 890-907.

Nayar K G, Sharqawy M H, Banchik L D. 2016. Thermophysical properties of seawater: A review and new correlations that include pressure dependence [J]. Desalination, 390: 1-24.

Paliwoda A. 1989. Generalized method of pressure drop and tube length calculation with boiling and condensing refrigerants with in the entire zone of saturation [J]. International Journal of Refrigeration, 12(6): 314-322.

Paliwoda A. 1992. Generalized method of pressure drop calculation across pipe components containing two-phase flow of refrigerants [J]. International Journal of Refrigeration, 15(2): 119-125.

Reistad G M. 1975. Available energy conversion and utilization in the United States [J]. ASME Transactions Journal of Engineering Power, 97(3): 429-434.

Robert R W, Mc Donald A T. 1985. Introduction to Fluid Mechanics [M]. 3rd ed. John Wiley & Sons, Inc: 741.

Rogdakis E D, Alexis G K. 2000. Design and parametric investigation of an ejector in an air-conditioning system [J]. Applied Thermal Engineering, 20: 213-226.

Sciubba E, Wall G. 2007. A brief commented history of exergy from the beginnings to 2004 [J]. International Journal of Thermodynamics, 10 (1): 1-26.

Şencan A, Kemal A, Soteris A, et al. 2005. Exergy analysis of lithium bromide/water absorption systems [J]. Renewable Energy, 30: 645-657.

Sharqawy M H, John H L V, Zubair S M. 2010. Thermophysical properties of seawater: A review of existing correlations and data [J]. Desalination & Water Treatment, 16(1-3): 354-380.

Sharqawy M H, John H L V, Zubair S M. 2011. On exergy calculations of seawater with applications in desalination systems [J]. International Journal of Thermal Sciences, 50: 187-196.

Shieh J H, Fan L T. 1982. Estimation of energy (enthalpy) and exergy (availability) contents in structurally complicated materials [J]. Energy Sources, 6(1-2): 1-46.

Song Z, Hu S, Zhou S. 1991. Indigenous construction of sizeable desalination units for dual-purpose power plants in China [J]. Energy, 16(4): 721-726.

Stepanov V S. 1995. Chemical energies and exergies of fuels [J]. Energy, 20 (3): 235-242.

Swamee P K, Jain A K. 1976. Explicit equations for pipe-flow problems [J]. Proceedings of the ASCE, Journal of the Hydraulics Division, 102(5): 657-664.

Szargut J. 1989. Chemical exergies of the elements [J]. Applied Energy, 32: 269-286.

Szargut J, Styrylska T. 1964. Approximate evaluation of the exergy of fuels [J]. Brennstoff-Waerme-Kraft, 16(12): 589-596.

Szargut J, Morris D R, Steward F R. 1988. Exergy Analysis of Thermal Chemical and Metallurgical Processes [M]. New York: Hemisphere Publishing Corporation.

Szargut J, Valero A, Stanek W, et al. 2005. Towards an international legal reference environment [A]. Proceedings of ECOS: 409-420.

Talbi M M, Agnew B. 2000. Exergy analysis: An absorption refrigerator using lithium bromide and water as the working fluids [J]. Applied Thermal Engineering, 20: 619-630.

Tomasek M L, Radermacher R. 1995. Analysis of a domestic refrigerator cycle with an ejector [J]. ASHRAE Transactions, (1): 1431-1438.

Tozer R, Syed A, Maidment G. 2005. Extended temperature-entropy (T-s) diagrams for aqueous lithium bromide absorption refrigeration cycles [J]. International Journal of Refrigeration, 28: 689-697.

Valero A, Valero A. 2011. The actual exergy of fossil fuel reserves [C]. Proceedings of ECOS, Novi Sad: 931-938.

Varga S, Armando C, Oliveira, et al. 2009. Numerical assessment of steam ejector efficiencies using CFD [J]. International Journal of Refrigeration, 32: 1203-1211.

Vera-García F, García-Cascales J R, Gonzálvez-Maciá J, et al. 2010. A simplified model for shell-and-tubes heat exchangers: Practical application [J]. Applied Thermal Engineering, 30: 1231-1241.

Zanchini E, Terlizzese T. 2009. Molar exergy and flow exergy of pure chemical fuels [J]. Energy, 34: 1246-1259.

Zhou S, Hu S, Liang S. 1999. The critical heat-power ratio of CHP plant [C]. IJPGC-International Conference on Power Engineering-99, San Francisco: 505-510.

Zhou S. 2004. The unified benchmark evaluating the thermodynamic performance of energy utilization systems [C]. 17th ECOS International Conference, México: Guanajuato: 1219-1226.

Zhou S. 2017. Chemical Exergy of Fuels and Efficiency Analysis of Energy Utilizations [A]. Proceedings of ASME's International Mechanical Engineering Congress and Exposition. November 3-9, 2017, Tampa, Florida, USA: IMECE2017-71053.

后 记

  《现代节能原理》即将付梓出版，然而作为本书作者之一的宋之平先生却无法亲眼看到自己一辈子从事节能理论与技术研究的重要学术成果面世，让人扼腕痛惜。先生已于 2018 年 7 月 18 日驾鹤西游，世上少了一位令人尊敬的长者，我永远失去了有问题可以随时请教与交流的授业恩师。《现代节能原理》的出版，是对先生的最好纪念。

  先生学术造诣深厚，一辈子淡薄名利，在学校和学术界有崇高的威望。1985年先生出版了国内第一部节能原理专著。本书起草初期，对于能写成什么样我不是很有把握，对于书名和署名，也一直拿不定主意。由于所论述的节能理论自成体系，因此撰写过程也是一个分析研究的过程。每当有新的认知，我会与同事及朋友谈及，并就当前能源领域的一些热点问题展开讨论。谈及书名问题，有同事建议将现代节能原理作为书名，我觉得不错，遂与先生商量，先生表示认可。当本书初具雏形的时候，我拿着一份打印稿去看他，请示联合署名的事。先生推辞说自己一个字没有写，推辞署名。我说，现代节能原理的核心——能源利用的单耗分析理论是先生提出的，署名是名副其实；不只如此，本书成稿过程中，每当我遇到问题及困惑，或有了新的认知时，我都去先生那里讨教和交流，对本书的撰写，先生也做出了实实在在的贡献。看我这么说，先生便没再推辞。许多学术相关问题的澄清，也让我深深体会到先生的渊博学识和超强的记忆力。现在回想起来，那一段时间与先生的交流是最多的，超过我攻读硕士和博士学位期间，受益也最多。

  热力学第二定律分析方法是业界公认的最有效的节能分析方法，但由于㶲概念的复杂性和抽象性，这一方法在工程应用及能源管理方面迄今未能得到有效利用。当年修完先生开设的节能原理课程，我还曾对先生说，完全可以不用开展热力学第二定律分析，把它当一个原则遵守即可，比如对于换热器，尽可能减小传热温差、让冷热流体的热容量尽可能趋于相等，就可以减小不可逆损失，能效也就提高了。单耗分析理论的提出，彻底改变了我的认识。

  我于 1987 年到先生名下攻读硕士学位，学位论文以热电联产多级闪蒸海水淡化为研究课题。在计算海水淡化的淡水成本时，发现热电联产煤耗和成本分摊的方法不少，存在的争议也多。我对这些方法持有不同意见，于是我将抽汽供热减少的发电量作为供热当量电耗与热电联产机组实际发电量一起分摊成本。由于不同于现有理论及法定的计算方法，于是我向先生做了汇报，他表达了支持意见。

1991 年先生在 *ENERGY* 杂志上发表关于大容量热电联产海水淡化装置国产化研究的文章，提出以当量电耗率作为热电联产海水淡化的性能评价指标。这一小小技巧最终成为终端产品燃料单耗计算的关键，解决了同一用能目的、不同技术方案之间的能效指标的可比性问题。1992 年先生在《中国电机工程学报》上发表"单耗分析理论和实施"一文，该文解构了终端产品燃料单耗的构成。它揭示耗能产品生产的燃料单耗等于其理论最低燃料单耗与各工艺环节之不可逆因素所致附加燃料单耗之和，每一个不可逆损失都对应着确定的煤耗增量，非常直观，合乎能源利用过程的内在能效演变机制。这一方法的提出让我非常震惊，心想这才是真正的节能理论，因此才可以说此次出版的《现代节能原理》是 1985 年出版的《节能原理》的升级版。希望这一先进的节能理论能够有益于国家能源事业的可持续发展。

周少祥

2022 年 3 月 25 日